Technology by
TEXAS INSTRUMENTS ARM中国大学计划教材

嵌入式系统教程

——基于 Tiva C 系列 ARM Cortex - M4 微控制器

沈建华　郝立平　等编著

U0244491

北京航空航天大学出版社

内 容 简 介

本书介绍嵌入式系统的基础知识,并以 ARM Cortex‐M4 内核 MCU TM4C123x 为核心,详细讲述 MCU 应用相关的各种外设模块的原理和编程结构,并给出操作例程代码,包括电源与时钟管理、存储器、通用输入/输出(GPIO)、定时器、PWM、异步和同步通信接口(UART、SPI、I²C 等)、模拟外设(ADC、DAC、AC)等。同时,对嵌入式软件设计方法、嵌入式 C 语言基础、RTOS 等作了简明阐述。最后介绍 MCU 的软硬件开发环境、软件库,以及低功耗设计和电磁兼容性基础等。

本书配套有完整的教学资源,包括 PPT 课件、DY‐Tiva‐PB 口袋实验平台和实验指导书等。

本书可作为高等院校计算机、电子、自动化、仪器仪表等专业嵌入式系统、微机接口、单片机等课程的教材,也适合广大从事单片机应用系统开发的工程技术人员学习、参考。

图书在版编目(CIP)数据

嵌入式系统教程 :基于 Tiva C 系列 ARM Cortex‐M4 微控制器 / 沈建华等编著. ‐‐ 北京 :北京航空航天大学出版社,2015.4

ISBN 978‐7‐5124‐1758‐8

Ⅰ. ①嵌… Ⅱ. ①沈… Ⅲ. ①微处理器—教材 Ⅳ. ①TP332

中国版本图书馆 CIP 数据核字(2015)第 073089 号

嵌入式系统教程

——基于 Tiva C 系列 ARM Cortex‐M4 微控制器

沈建华　郝立平　等编著

责任编辑　张冀青

*

北京航空航天大学出版社出版发行

北京市海淀区学院路 37 号(邮编 100191)　http://www.buaapress.com.cn
发行部电话:(010)82317024　传真:(010)82328026
读者信箱:emsbook@gmail.com　邮购电话:(010)82316936
北京建宏印刷有限公司印装　各地书店经销

*

开本:710×1 000　1/16　印张:31.75　字数:677 千字
2015 年 4 月第 1 版　2021 年 7 月第 2 次印刷　印数:3 001～3 600 册
ISBN 978‐7‐5124‐1758‐8　定价:69.00 元

前　言

　　目前,很多高校都开设了嵌入式系统的课程,有的学校还有嵌入式系统专业,关于嵌入式系统教学内容的讨论也随之而来。其实,嵌入式系统这个概念很大,计算机技术和计算机应用技术的每个方面,几乎都可以找到与嵌入式系统有特殊关联的内容,如微处理器架构、硬件系统设计、软件设计与优化、算法与控制、接口与通信、嵌入式操作系统、嵌入式系统设计、应用技术等。因此,完整的嵌入式系统教学内容,应该是一个课程体系,包括一系列的课程。对于普通院校的一门"嵌入式系统"类课程,则不必拘泥(或统一)于某一特定的内容,完全可以根据各自学校、专业的特点,选定教学内容。为此,我们也查阅了美国一些高校(如哥伦比亚大学、德克萨斯大学、密西根大学等)的"嵌入式系统"课程教学内容,各高校类似名称的课程,其教学内容也相差很多,有的偏重于系统建模,有的偏重于控制和应用。总体而言,偏重于应用、控制方面的,选用微控制器(MCU)教学的较为普遍。

　　在国内高校,除了专门设立嵌入式系统专业外,有条件的还可以开设一系列嵌入式系统课程。对于一般的学校,涉及嵌入式系统相关教学内容的,可能也就是 1～2门课。对于计算机专业而言,大多是原来"微机原理与接口"、"单片机原理与应用"这类课程教学内容的更新。我们华东师范大学计算机系也是如此。目前,"嵌入式系统"这门课,就是原来"微机原理与接口"的改进版,希望把原来基于 x86 系统的内容(包括 825x 系列接口芯片),改为基于 ARM MCU 的内容。考虑到计算机专业软件课程(包括操作系统)已经很多,所以我们这门课的教学内容更多定位于 MCU 及其各种外设的原理与应用。

　　随着 MCU 的应用日趋广泛,对其综合性能、功能的要求也越来越高。随着物联网(IoT)时代的到来,新的应用出现了一些新的需求,主要体现在以下几个方面:

　　(1) 以电池供电的应用越来越多,而且由于产品体积的限制,很多是用小型电池供电,要求系统功耗尽可能低、电源管理功能完善,如智能仪表、玩具等。

　　(2) 应用的复杂性,对处理器的功能和性能要求也不断提高,既要外设丰富,功能灵活,又要有一定的运算能力,能处理一些实时算法和协议,如基于 ZigBee、WiFi的网络化产品。

　　(3) 产品更新速度快,开发时间短,希望开发工具简单、廉价,功能完善。特别是开发环境、工具要有延续性,便于代码移植,同时有丰富的软件库支持。

　　基于 ARM Cortex - M 处理器的各种 MCU,很好地满足了现代 MCU 应用的上述需求，也符合嵌入式系统发展的趋势，是嵌入式系统教学、实验平台的最佳选择。

　　嵌入式系统教学是注重实践的。考虑到目前 MCU 开发工具已经非常成熟、廉价，而且学生基本都有自己的 PC 或笔记本电脑，为了让学生有尽可能多的实验时间，做尽可能多的实验内容，希望每个学生都有一个小巧的 MCU 实验平台，可以在学生任何方便的时间和地点进行实验，摆脱到固定实验室做实验的束缚，于是提出了"口袋实验室"的设想。该设想得到了德州仪器(TI)大学计划的大力支持，为此我们编写了教材、教案，并设计开发了配套的"口袋实验板"(DY‑Tiva‑PB)及相应的实验例程，构成了一套较为完整的教学、实验系统。

　　考虑到教学内容的完整性、学生基础的差异性，以及便于学习参考，本书的第 7～9 章还补充了嵌入式软件设计方法、嵌入式 C 语言基础、软硬件开发环境以及低功耗设计和电磁兼容性方面的基础知识。

　　配套的口袋实验平台采用了美国德州仪器(TI)的新一代 Tiva C 系列 MCU TM4C123x，它率先采用 65 nm 闪存工艺技术制造，基于 ARM Cortex‑M4 内核，为实现更高速、更大容量、更低功耗的 MCU 奠定了发展空间。Tiva C 系列的软件开发建立在通用软件库基础之上，有助于简化在未来 Tiva ARM MCU 中的软件移植，以充分满足各种互联应用需求。

　　华东师范大学计算机系嵌入式系统实验室曾与多家全球著名的半导体厂商(如 TI、Atmel、ST 等)合作，在 MCU 应用开发、推广方面积累了丰富的经验。本书内容也是结合了我们多年"微机原理与接口"、"嵌入式系统引论"等课程教学及 MCU 应用项目的开发经验，并经过了一届学生的试用。为了让广大读者更快地学好、用好 Tiva C系列 MCU，除了编著出版此书，我们还编著了更贴近实际应用的《Tiva C 系列 ARM Cortex‑M4 微控制器实战演练》一书，其中包含了大量具体的实验例程，敬请关注。

　　参与本书编写和资料整理、硬件设计和代码验证等工作的，还有华东师范大学计算机系彭晓晶、候立阳、贺佳杰、王昕、林晓祥、胡旭、李凯、郝立平等。在本书统稿过程中，得到了 TI 大学计划经理沈洁、黄争、崔萌，上海德研电子科技有限公司陈宫、姜哲的大力支持，在此向他们表示衷心的感谢！

　　由于时间仓促和水平所限，本书有些内容还不尽完善，错误之处也在所难免，恳请读者批评指正，以便我们及时修正。有关此书的信息和配套资源，会及时发布在网站上(www.emlab.net)。

沈建华

2015 年 1 月于华东师范大学

目　录

嵌入式系统教程

——基于 Tiva C 系列 ARM Cortex-M4 微控制器

第 **1** 章

嵌入式系统与微控制器

嵌入式系统作为计算机应用的一个分支,在后 PC 时代发展迅速,正成为一个独立的研究与应用方向。本章将对嵌入式系统的基础知识、基本开发调试方法等进行介绍,并引入美国德州仪器(TI)公司基于 Cortex – M4 系列的 Tiva TM4C123 微控制器(MCU)。通过对本章的学习,读者可以对嵌入式系统的基础知识及微控制器(MCU)有初步的了解。

1.1 嵌入式系统概述

嵌入式系统是以应用为中心,以计算机技术为基础,软硬件可裁剪,满足对功能、可靠性、成本、体积、功耗等特定要求的专用计算机系统。嵌入式系统是一种专用的计算机系统,作为装置或设备的一部分。通常,嵌入式系统是一个控制程序存储在 ROM 或 Flash 中的嵌入式控制板,有些嵌入式系统还包含完整的操作系统,但大多数嵌入式控制系统都是由单个程序实现整个控制逻辑,被嵌入的系统通常是一个包含硬件和机械部件的完整设备。嵌入式系统具有计算机的某些功能,但又不称为计算机。

嵌入式系统简单的应用是基于单片机的,大多以可编程控制器的形式出现,具有监测、伺服、设备指示等功能,通常应用于各类工业控制和飞机、导弹等武器装备中,一般没有操作系统的支持,只能通过汇编/C 语言对系统进行直接编程控制。这些装置虽然已经初步具备了嵌入式的应用特点,但一般仅仅使用 8 位的单片机来执行单线程的程序,因此严格地说还谈不上完整"系统"的概念。嵌入式系统从简单到复杂,差异性非常大。

现代嵌入式系统通常是基于微处理器或微控制器(集成存储器和外设接口的处理单元)的。通用型处理器、专门进行某类计算的处理器、为手持应用订制设计的处理器等,都可能被应用到嵌入式系统。嵌入式系统的关键特性是专用于处理特定的任务,通常应用于消费类、工业、自动化、医疗、商业及军事领域。

如果嵌入式系统脱离应用而发展,则会失去市场。因此,嵌入式系统的开发人员中,不仅包括信息技术类相关专业的人员,也包括其他相关技术领域的专业人员。例如,数字医疗设备往往是由生物医学工程技术人员和信息技术类专业的技术人员一起参与开发的。

嵌入式系统的硬件核心是嵌入式微处理器。因此,嵌入式处理器的技术指标,如功耗、体积、成本、可靠性、速度、处理能力、电磁兼容性等方面均受到应用要求的制约,这些技术指标也是各半导体厂商之间竞争的热点。嵌入式系统的软件是实现嵌入式系统功能的关键。一般来说,软件要求固化存储,应用软件的代码要求高效率、高可靠性。同时,嵌入式操作系统也要求强实时性。

目前的个人计算机中也包含了一些嵌入式子系统,如键盘、打印机等,其本身就是一个嵌入式系统,均包含了所需的嵌入式处理器和相应的处理软件。

1.1.1 嵌入式系统的发展与应用

嵌入式系统是随着计算机技术、微处理器技术、电子技术、通信技术、集成电路技术的发展而发展起来的,现已成为计算机技术和计算机应用领域的一个重要组成部分。

20 世纪中叶,微电子技术处于发展的初级阶段,集成电路处于中小规模发展时期,各种新材料、新工艺尚未成熟,元件集成规模还比较小,工业控制系统基本使用继电器逻辑技术,还没有嵌入式系统的概念。直到 20 世纪 70 年代微处理器的出现,计算机才出现了历史性的变化。以微处理器为核心的微型计算机,以其小型、价廉、高可靠性等特点,迅速走出机房。基于高速数值运算能力的微型机,表现出的智能化水平引起了控制专业人士的兴趣,要求将微型机嵌入到一个对象体系中,实现对象体系的智能化控制。例如,将微型计算机经电气加固、机械加固,并配置各种外围接口电路后,安装到大型舰船中构成自动驾驶仪或轮机状态监测系统。这样一来,计算机便失去了原来的形态和通用计算机功能。为了区别于原有的通用计算机系统,把嵌入到对象体系中,实现对象体系智能化控制的计算机,称为嵌入式计算机系统。

从 20 世纪 70 年代单片机的出现,到今天各式各样的嵌入式微处理器以及微控制器的大规模应用,嵌入式系统已经有了 30 多年的发展历史。

嵌入式系统的出现最初是基于单板机或单片机的,如有用 Zilog 公司 Z80 微处理器设计的单板机(控制板),以及后来 Intel 80386EX 单板机等。70 年代单片机的出现,使得汽车、家电、工业机器、通信装置以及其他电子产品,可以通过内嵌单片机,使系统获得更好的性能,更便于使用,价格也更便宜。随着嵌入式系统规模的不断发展,嵌入式芯片的工艺不断改进,成本逐步下降,性能得到提高,在各个方面都有了广泛的应用。从企业应用,到家庭、移动应用,嵌入式系统不断走进人们的生活,应用市场也在不断壮大。如图 1.1 所示,嵌入式系统的发展趋势以指数级上升。到 2013 年,基于 ARM 的处理器出货量超过了 10 亿片。

在嵌入式软件方面,从 20 世纪 80 年代早期开始,嵌入式系统的程序员开始用商业级的"操作系统"编写嵌入式应用软件,有效缩短了开发周期,降低了开发成本,提高开发效率,"嵌入式系统"真正出现了。确切地说,这个时期的操作系统是一个实

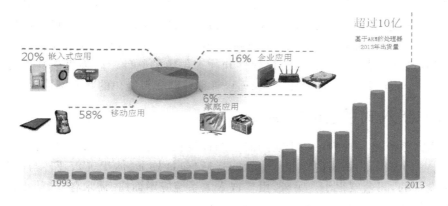

图 1.1 嵌入式系统发展趋势图

时内核,具备许多传统操作系统的特征,包括任务管理、任务间通信、同步与相互排斥、中断支持及内存管理等功能。

20 世纪 90 年代以后,随着对实时性要求的提高,软件规模不断扩大,实时内核逐渐发展为实时多任务操作系统(RTOS),并作为一种软件平台,逐步成为嵌入式系统的主流。更多的公司看到了嵌入式系统的广阔发展前景,开始大力发展自己的嵌入式操作系统。除了上面的几家老牌公司以外,还出现了 μC/OS‑II、FreeRTOS、Palm OS、WinCE、VxWorks 及嵌入式 Linux 等操作系统。

当前,嵌入式系统的应用领域非常广泛。EETimes 美国版编辑群选出的 10 大热门应用技术,包括电子书阅读器、智能电网、物联网、微型投影仪、远程医疗、生物/医疗电子及 3D 电视等,几乎都与嵌入式系统或者与相关的电子技术有紧密联系。

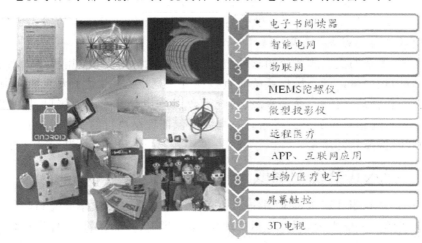

1. 电子书阅读器
2. 智能电网
3. 物联网
4. MEMS陀螺仪
5. 微型投影仪
6. 远程医疗
7. APP、互联网应用
8. 生物/医疗电子
9. 屏幕触控
10. 3D电视

图 1.2 与嵌入式相关的 10 大热门应用

　　21世纪是一个网络的时代,随着嵌入式技术的发展前景日益广阔,未来的嵌入式系统需要适应网络高速发展的需求。嵌入式系统将提供各种网络通信接口,支持IEEE 1394、USB、CAN、Bluetooth、ZigBee、WiFi、Ethernet等通信接口中的一种或者几种,同时提供相应的通信组网协议软件和物理层驱动软件。软件方面甚至可以在设备上嵌入Web服务器、接入点,实现远程管理控制和智能化的物联网应用。

1.1.2　嵌入式系统的特点

　　嵌入式系统是一种满足特定应用需求的计算机应用系统,其最主要的特点就是专用性。一个嵌入式系统的功能与非功能指标(包括外形、体积等)、硬件与软件,都是特定设计的,冗余度很小。另外,由于嵌入式系统应用面广、需求各异,使得各种嵌入式系统的软硬件复杂度差异很大,行业难以被垄断。

　　嵌入式系统的硬件核心是嵌入式微处理器。嵌入式微处理器一般具备以下特点:

　　① 性能、功能差异很大,覆盖面广。这是由嵌入式系统应用特点决定的,而各种嵌入式应用对处理器的要求差异非常大,需要有不同性能、功能的微处理器来满足。

　　② 对实时多任务有很好的支持,能完成多任务并且有较短的中断响应时间,从而使内部的代码和实时内核的执行时间减少到最低限度。

　　③ 具有功能很强的存储区保护功能。对于多任务的应用,由于嵌入式系统的软件已经模块化,而为了避免在软件模块之间出现错误的交叉作用,需要有存储区保护功能,这样有利于软件诊断。

　　④ 可扩展的处理器结构、工具链完善,能快速开发出满足应用的、不同性能的嵌入式微处理器。在这方面,ARM处理器有很大的优势。

　　⑤ 低功耗。尤其是用于电池供电的便携式无线和移动设备中的嵌入式处理器,需要的功耗可为mW甚至μW级。

　　一般地,复杂的嵌入式系统的软件包括嵌入式操作系统和应用程序。对于小系统而言,应用程序可以没有操作系统而直接在处理器上运行;对于大系统来说,为了合理地调度和管理多任务、系统资源、系统函数以及与专家库函数接口,用户需要选择与嵌入式系统相对应的开发平台。这样才能保证程序执行的实时性、可靠性,并减少开发时间,保障软件质量。

1.1.3　嵌入式系统的组成

　　作为一个"专用计算机系统"的嵌入式系统,同样也是由软件系统和硬件系统两大部分组成的。一般来说,硬件包括处理器/微处理器、存储器、I/O外设器件及图形控制器等。软件部分包括操作系统软件OS(要求实时和多任务操作)和应用软件。有时设计人员会把这两种软件组合在一起。嵌入式系统使用的操作系统可能是相同的,但根据应用领域的不同,应用程序(应用软件)却可以千差万别。应用软件控制着系统的运作和行为,而操作系统则控制着应用程序与硬件的交互作用。

嵌入式系统有时还包括其他一些机械部分,如机电一体化装置、微机电系统、光学系统(如数码相机)等。它是为完成某种特定的功能而设计的,有时也称为嵌入式设备。

1. 嵌入式系统硬件部分

嵌入式系统的硬件结构如图 1.3 所示,硬件部分的核心部件就是嵌入式处理器。本书中主要介绍的 ARM 处理器就是一个典型的嵌入式处理器。

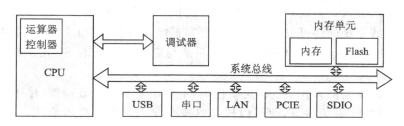

图 1.3　嵌入式系统硬件结构示意框图

目前,全世界嵌入式处理器的型号已经有 1 000 多种,流行的体系结构多达 30 个,嵌入式处理器的寻址空间也从 64 KB～4 GB 不等,其处理速度可以从 0.1～2 000 MIPS。一般来说,可以把嵌入式处理器分成以下 4 类:

① MPU(Micro Processor Unit)微处理器。目前 MPU 以 ARM Cortex‑A、MIPS、X86 等内核为主,其工作主频一般都大于 500 MHz,外扩大容量 SDRAM,运行 Linux、Android、iOS 等完整的操作系统。

② MCU(Micro Controller Unit)微控制器。目前 MCU 主要有 ARM Cortex‑M、AVR、PIC、MSP430、MCS‑51 等内核,其工作主频一般为 8～200 MHz,内嵌 SRAM(几百至几百 KB),运行 RTOS 或无操作系统。MCU 是本书介绍的重点。

③ 嵌入式 DSP(Digital Signal Processor)处理器,专用于数字信号处理,具有极强的乘‑累加(MAC)计算能力,常用于音视频编解码、马达控制等。

④ 嵌入式片上系统 SoC(System on Chip),是把微处理器和某些特定应用外设结合在一起、为某些应用而定制的专用芯片。如 CC3200 嵌入式 WiFi 芯片,就是一个专用于物联网应用的嵌入式 WiFi SoC。

根据系统规模,嵌入式系统的存储器差异很大。一般的 MCU 系统都使用 MCU 自带的 Flash 和 SRAM,代码固化在 Flash,可直接执行,无须外扩存储器。而 MPU 系统则需外扩 SDRAM 作为系统内存,外扩 NAND Flash 作为系统外存。程序平时保存在外存,需要运行时由 OS 调入到内存再执行。

嵌入式系统硬件部分除了嵌入式处理器和存储器外,还包括各种外设接口。也正是基于这些丰富的外围接口,才使嵌入式系统具越来越丰富的应用。现在的 ARM 微控制器内部的外设接口非常丰富,像 I²C、SPI、UART 和 USB 等接口基本上都是"标准"配置。在设计系统的时候,通常只要把微控制器和相应接口的外部设备进行简单的物理连接,就可以实现外部接口扩展了。

嵌入式系统的硬件部分,随着高度集成化技术的发展,嵌入式处理器集成的外设越来越多,功能也越来越强,需要扩展的外部设备/接口电路变得越来越少了,整个硬件系统设计也就变得越来越简单了。比如,很多 ARM 微控制器里面就已经集成了 Flash、SRAM 和很多通信接口,有的内部还集成了 DSP、LCD 控制器等。

2. 嵌入式系统软件部分

一般来说,嵌入式系统软件是由嵌入式操作系统和应用软件两部分组成的。具体点说,嵌入式系统软件可以分成启动代码和板级支持包(Boot Loader、BSP)、操作系统内核与驱动(Kernel & Driver)、文件系统与应用程序(File System & Application)等几部分。

Boot Loader 是嵌入式系统的启动代码,主要用来初始化处理器、传递内核启动参数给嵌入式操作系统内核,使得内核可以按照我们的参数要求启动。另外,Boot Loader 通常都具有搬运内核代码到 RAM 并跳转到内核代码地址运行的功能。板级支持包(BSP)则完成了不同硬件与操作系统接口的软件映射。

操作系统内核主要有 4 个任务:进程管理、进程间通信与同步、内存管理及 I/O 资源管理。驱动程序也应该算是内核中的一个部分,主要给上层提供应用程序,是通过处理器外设接口控制器和外部设备进行通信的一个媒介。

文件系统可以让嵌入式软件工程师灵活方便地管理和使用系统资源,包括其他系统软件/中间件,如 GUI、网络协议栈等,都是按需选用的。应用程序是真正针对需求的,可能是嵌入式软件工程师完全自主开发的。

总的来说,嵌入式系统的硬件部分是整个系统的基石,嵌入式系统的软件部分则是在这个基石上面建立起来的不同功能的大楼。对于任何一个需求明确的嵌入式系统来说,两者缺一不可。在对系统做了相对完整而细致的需求分析之后,通常采用软件和硬件同步进行的方式来开发,前期硬件系统的设计要比软件系统设计稍微提前,到了后期,软件系统的开发工作量会比硬件系统的开发工作量大很多。

1.1.4 嵌入式系统的种类

根据不同的分类标准,嵌入式系统有不同的分类方法。这里根据嵌入式系统的复杂程度和应用面,将嵌入式系统分为以下 4 类。

1. 单个嵌入式处理器(单片机)

这类系统一般由单片嵌入式处理器(单片机、MCU)构成。单片机上集成了处理器、存储器、I/O 接口、外围设备(如 A/D 转换器)等,加上简单的外部元件,如电源、时钟元件等就可以工作了。这样的系统广泛应用于各种小型设备,如小家电、玩具、传感器、烟雾和气体探测器等。

2. 嵌入式处理器可扩展的系统

系统使用的处理器根据需要可以扩展外部存储器和外围设备，在处理器上扩充少量的存储器和 I/O 接口设备，构成嵌入式系统。这类系统可在工业过程控制装置、智能变送器等中找到。以前由于 MCU 功能简单，往往需要外扩存储器、外设来满足应用需求，这类系统较为多见。

3. 较复杂的嵌入式系统

组成这样的嵌入式系统的嵌入式处理器一般是 32 位的 MCU/MPU，适于较大规模的应用。由于软件量大，因此可能需要扩展外部存储器，扩展存储器一般在几十 MB 以上。输入/输出接口一般仍然集成在处理器上。常用的嵌入式处理器有 ARM Cortex 系列、MIPS、X86、Power PC、DSP 等不同系列。这类系统可见于智能手机、平板电脑、大型控制器、交换机、路由器、数据采集系统、诊断与实时控制系统及军事应用等。

4. 在制造或过程控制中使用的计算机系统

对于这类系统，计算机与仪器、机械及设备相连来控制这些装置的工作，包括自动仓储系统、自动发货系统和自动生产控制系统。在这些系统中，计算机用于总体控制和监视，而不是对单个设备直接控制。过程控制系统可与业务系统连接（如根据销售额和库存量来决定订单或产品量）。在许多情况下，两个功能独立的子系统可在一个主系统操作下协同运行。如控制系统和安全系统：控制子系统控制处理过程，使系统中的不同设备能正确操作和相互作用以生产产品；而安全子系统则用来降低那些会影响人身安全或危害环境的误操作风险。

1.1.5　嵌入式系统的调试方法

调试是开发过程中必不可少的环节，通用的桌面操作系统与嵌入式系统在调试环境上存在明显的差别。前者，调试器与被调试的程序往往是运行在同一台机器、相同的操作系统上的两个进程，调试器进程通过操作系统专门提供的调用接口来控制被调试的进程。而在嵌入式系统中，开发主机和目标机处于不同的机器中，程序在开发主机上进行开发，然后下载到嵌入式系统中进行运行和远程调试。也可以说，调试器运行于桌面操作系统，而被调试的程序运行于嵌入式系统中。这就引出了如下问题，即位于不同操作系统中的调试器与被调试程序之间如何通信，被调试程序出现异常现象将如何通知调试器，调试器又如何控制以及访问被调试程序等。目前有两种常用的调试方法可解决上述问题，即 Monitor 方式和片上调试方式。

Monitor 方式指的是在目标操作系统与调试器内分别添加一些功能模块，两者相互通信来实现调试功能。调试器与目标系统通过指定的通信端口，并依据远程调试协议来实现通信。目标系统的所有异常处理最终都必须转向通信模块，通知调试器此时的异常信号,调试器再依据该异常信号向用户显示被调试程序发生了哪一类型的异常现象。调试器控制及访问被调试程序的请求都将被转换为对调试程序的地址空间或目标平台的某些寄存器的访问,目标系统接收到此类请求时可直接进行处理。采用 Monitor 方式,目标系统必须提供支持远程调试协议的通信模块和多任务调试接口,此外还需改写异常处理的有关部分。

片上调试方式是在嵌入式处理器内部嵌入额外的硬件控制模块,当满足特定的触发条件时进入某种特殊状态。在该状态下,被调试程序停止运行,主机的调试器可以通过嵌入式处理器外部特设的通信接口来访问系统资源并执行指令。主机通信端口与目标板之间通过相关的信号转换装置相互通信。嵌入式处理器内嵌的控制模块以监控器或纯硬件资源的形式存在,包括一些提供给用户的接口,如 JTAG(Joint Test Action Group,联合测试行动小组)方式。

下面将介绍常用的调试方式和调试手段:基于主机的调试和 JTAG 仿真器。

1. 基于主机的调试

部分集成开发环境提供了指令集模拟器,可方便用户在 PC 机上完成一部分简单的调试工作;但是,由于指令集模拟器与真实的硬件环境相差很大,因此即使用户使用指令集模拟器调试通过的程序,也有可能无法在真实的硬件环境下运行,最终用户必须在硬件平台上完成整个应用的开发。基于主机调试的硬件结构如图 1.4 所示。

图 1.4　嵌入式系统硬件结构示意图

虽然可以在计算机上进行一些调试工作,但是桌面系统硬件与目标系统硬件之间总是存在差别,这些差别决定了开发工程师必须把最终测试工作转移到目标系统上。

通常,采用 C 语言进行嵌入式软件开发。因此,某些不依赖于硬件的软件模块(如算法函数)可以在通用计算机上进行开发、调试,然后移植到嵌入式系统中运行。

对于汇编语言代码部分,可以在桌面系统上使用指令集模拟器运行它们,这一过程可以一直持续到需要测试代码与目标系统特殊硬件之间进行实时交互操作时为止。

在基于主机的调试中,需要考虑到通用计算机与嵌入式系统的字长和字节顺序的差异及兼容性问题。

字长的兼容性可以通过定义可移植的数据类型来解决。关于字节排序问题,主要指的是大开端和小开端问题,如果通用计算机不支持大、小开端的配置,那么需要在软件移植到目标系统上之后,特别注意大、小开端问题。

2. JTAG 仿真器

JTAG 仿真器,又称 JTAG 调试器,是通过目标芯片的 JTAG 边界扫描接口进行调试的设备。JTAG 仿真器比较便宜,连接比较方便,通过现有的 JTAG 边界扫描口与处理器内核通信,属于完全非插入式调试,它无需目标存储器,不占用目标系统的任何端口,而这些是驻留监控软件所必需的。另外,由于 JTAG 调试的目标程序是在目标板上执行的,仿真更接近于目标硬件,因此,许多接口问题,如高频操作限制、AC 和 DC 参数不匹配、电线长度的限制等被最小化了。使用集成开发环境配合 JTAG 仿真器进行开发是目前采用最多的一种调试方式。

JTAG 是用来补充电路板测试仪不足之处的,等效于通过将计算机板上所有的测试点连接到一个很长的移位寄存器的二进制位上来进行测试。每个二进制位表示电路中的一个测试点,JTAG 仿真器的软件通过分析移位寄存器的输出数据来判断电路板的状态。

为了使 JTAG 能正常工作,在设计中使用的集成电路器件(处理器或 PLD 器件)必须符合 JTAG 标准。这意味着电路部件的每个 I/O 引脚应当包含一个电路元件,且此元件的接口能连接到 JTAG 上。当进行调试时,每个引脚的状态都被 JTAG 单元采样。因此,以正确的顺序适当地重构串行二进制位流,一次就能采样整个电路的状态。可以通过向串行数据流中相应的 JTAG 位置写入二进制值来设置电路上的某个 I/O 引脚的状态,JTAG 仿真器可以采样引脚的状态并进行分析。由于串行数据流可能有几百位长,所以管理 JTAG 循环的算法非常复杂,并且要求非常迅速。目前的 JTAG 仿真器的价格不同,一般分析高速处理器的仿真器(仿真器内部嵌入了高速的处理器,用于分析 JTAG 端口输出的串行数据流)成本较高。

JTAG 命令独立于处理器的指令系统,可以完全控制处理器的运作,因此 JTAG 调试方式也成为目前最有效的调试方式之一。与在线仿真器(ICE)相比,JTAG 方式成本较低;与 Monitor 方式相比,该方式功能更为强大,局限性小(因为使用 Monitor 方式时,要求硬件电路板的主要部分(包括处理器、存储器等)工作正常,而 JTAG 仿真器可以查找硬件的故障点)。

目前,大多数嵌入式处理器厂商在其处理器上都集成了 JTAG 接口,如 ARM 系列处理器。不管 ARM 内核的处理器来源于哪个厂家,其 JTAG 接口都是相互兼容的。通过 JTAG 仿真器,用户可以采样并修改寄存器组、存取内存、控制程序的执行等。大多数的嵌入式处理器厂商使用 JTAG 协议或类 JTAG 协议,将其应用到自己的处理器的调试内核中。使用 JTAG 的器件有处理器、DSP、可编程器件等,它们基于 JTAG 命令,使用标准的 JTAG 协议,通过调试命令来移动串行二进制位流并控制调试内核,其系统结构如图 1.5 所示。图 1.6 是一个常用的 USB - JTAG 仿真器(JLINK)的实物图。

本教材中的 Tiva LaunchPad 使用了板载 TIICDI 调试器,其通过 USB 接口对 MCU 进行在线仿真调试,并且可在 JTAG/SWD 模式间进行切换。

JTAG 采用串行协议,它只需要相对较少的微处理器 I/O 引脚就可以与调试器连接(由于 I/O 引脚数对于注重节约成本的器件(比如微控制器)来说非常关键),因此 JTAG 优点十分明显。注意,JTAG 引脚定义包括 TDI 和 TDO 引脚,因此数据流

嵌入式系统教程——基于 Tiva C 系列 ARM Cortex-M4 微控制器

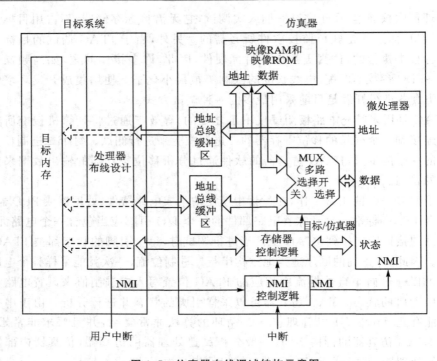

图 1.5 仿真器在线调试结构示意图

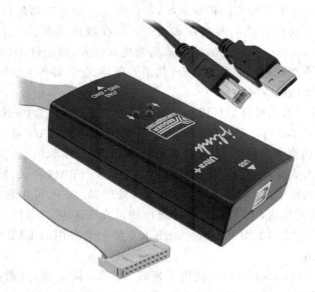

图 1.6 JLINK 仿真器实物图

从进入 CPU 核心到输出 CPU 核心会形成一个很长的循环;并且 JTAG 接口是个开放标准,许多处理器都可以使用它。然而,JTAG 标准仅仅定义了与处理器一起使用的通信协议,而 JTAG 循环如何连接到核心元件,以及作为运行控制或观察元件的命令集做什么,都由特定厂商自己决定。

表 1.1 给出了 JTAG/SWD 调试接口的引脚描述。SWD(串行线调试)是一种 JTAG 的简化接口。SWD 进一步减少了调试所占用的 MCU 引脚数,它只需要两根信号线:串行时钟线 SWCLK 和串行数据线 SWDIO。

表 1.1　IEEE 1149.1 JTAG/SWD 调试接口的引脚描述

引　脚	描　述
TCK/SWCLK	同步 JTAG 端口逻辑操作的时钟输入
TMS/SWDIO	测试模式选择输入,在 TCK 的上升沿被采样到内部状态机控制器(TAP 控制器)序列
TDI	输入测试数据流,在 TCK 的上升沿被采样
TDO	输出测试数据流,在 TCK 的下降沿被采样
TRST	低位有效的异步复位

1.2　MCU 概述

本书将重点阐述嵌入式微控制器(MCU)的原理、接口和应用,这里先对 MCU 的一些基础知识作一介绍。

1.2.1　MCU 的发展历史

单片机(Single Chip Microcomputer,SCM)诞生于 20 世纪 70 年代末,经历了 SCM、MCU、SoC 三个比较大的阶段,但这三者并无明确的界限和定义,更多可能只是名称的差异,现在很多 MCU、SoC 也称为单片机。相对而言,早期把一个 CPU、少量存储器和 I/O 外设集成在一起的一个芯片,便称为单片机。随着时间的推移和技术的进步,把性能更好的处理器、更多的存储器和外设集成在一起,也是单片机。单片机是一个无明确应用指向的名称,而 MCU、SoC 则应用指向相对更强一些。

MCU 即微控制器(Micro Controller Unit),这类单片机以控制对象系统为目标,要求具有各种外围电路与接口电路,以突显其对象的智能化控制能力,所涉及的领域都与对象系统相关,广泛应用在电气、电子技术领域。国外学校开设的"嵌入式控制系统"类课程,主要讲述 MCU 及其编程开发。MCU 单片机的整体结构如图 1.7 所示,主要包括 CPU

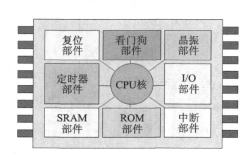

图 1.7　MCU 单片机结构示意图

核、时钟源、存储器、外设等部分。

其中,MCU 按其存储器类型可分为 MASK(掩膜)ROM、OTP(一次性可编程)ROM、Flash(闪存)等类型。MASK ROM 的 MCU 价格便宜,但程序在出厂时已经固化,适合程序固定不变的应用场合。MASK ROM 也适用于现代 MCU 内固化的启动代码。OTP ROM 的 MCU 有一次性可编程能力,成本较低,但由于工艺的原因,现在已经基本被淘汰。Flash 的 MCU 程序可以反复擦写,灵活性很强,是现代 MCU 的首选。

经过技术不断的进步和发展,MCU 的性能历经 4 位、8 位、16 位、32 位的发展阶段。

最早的单片机是 Intel 公司的 8048,它出现在 1976 年,后来有 8051、Motorola 公司的 68HC05 等。这些早期的单片机一般含有 128～256 字节的 RAM、4 KB 的 ROM(非 Flash)、4 个 8 位并口、1 个全双工串行口、2 个 16 位定时器。8051 是 Intel 公司在 8048 基础上研制的,这在单片机的历史上是值得纪念的一页。

目前,在一些简单应用中,如玩具、小家电、电表、遥控器、键盘、鼠标等,8 位/16 位的 MCU 还有广泛的应用。随着应用的日趋复杂,对 MCU 的性能、功能要求越来越高,特别是 32 位 ARM 处理器的 MCU 价格已经接近传统的 8 位/16 位 MCU,在新的设计中,开始普遍转向使用 32 位的 MCU。目前常见的 MCU 系列包括:MCS - 51 系列(8 位)、AVR 系列(8～32 位)、MSP430 系列(16 位)、PIC 系列(8～32 位)、ARM Cortex - M 系列(32 位)。

图 1.8 列出了当前常见的一些 8 位、16 位和 32 位嵌入式微控制器。本教材使用的 TI 公司的 Tiva 系列微控制器是一款属于 ARM Cortex - M 系列的 32 位 ARM 处理器。

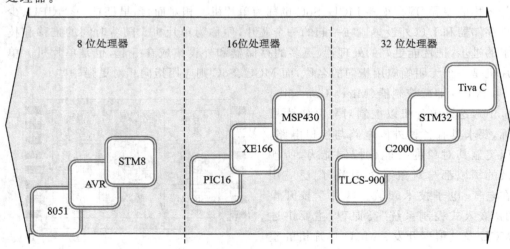

图 1.8 常见嵌入式微处理器

1.2.2　MCU 的特点

虽然 MCU 品种繁多、应用繁杂,但其主要功能是相似的。现代 MCU 的主要特点是:

① 集成度高。MCU 一般集成了一个微型计算机系统的全部资源,包括处理器、存储器、常用外设、通信接口、电源管理、中断控制、时钟发生、复位等。堪称"麻雀虽小、五脏齐全"。

② 高性能。目前很多 MCU 内核(如 ARM Cortex – M4)都是 32 位字长,工作主频可超过 100 MHz,而且带浮点处理单元(FPU),相当于当时 Intel 80486 的计算能力。可适合数字滤波、电机控制、音频处理等运算密集的应用,而不仅是简单的逻辑控制。

③ 外设丰富。MCU 面向数据采集、控制类应用,一般都集成丰富的外设,包括定时器、UART、SPI、I^2C、I^2S、CAN、USB、ADC、DAC 等,功能强大、使用方便,力求单片满足应用需求。

④ 低功耗。这也是 MCU 相对于其他微处理器最具优势的。目前很多 MCU 可以做到 $50\sim100~\mu A/MHz$ 的运行功耗,在休眠模式耗电可降至 μA 级。而且具有多种电源管理和低功耗模式,通过软件配合,可以获得最佳的功耗性能。这在电池供电的设备中尤其重要,可大大增强电池的续航能力。

⑤ 产品线广。每种 MCU 都有一个系列产品,存储器资源、外设种类、工作主频、引脚数、封装形式等都可有不同的选择,用户可根据自己的应用需求,选择最合适的 MCU 芯片,设计出性价比最好的产品。

本教材使用的 TM4C123x 微控制器是德州仪器公司(Texas Instruments,TI)于 2011 年推出的 32 位微处理器,是基于 ARM 公司最新的 Cortex – M4F 架构设计的 SoC 器件。它率先采用了 65 nm 闪存工艺技术制造,具有强劲的运算能力。TM4C123x 具有扩展的单周期乘累加指令、优化的单指令多数据(SIMD)运算和单精度浮点运算指令。此外,它还提供了 256 KB 闪存、32 KB SRAM 和丰富的外设。作为 TI Stellaris 系列 LM4F 的继任者,Tiva TM4C123x 微处理器可广泛应用于测试测量、工业监控、运动控制、汽车监控、医疗仪器、音频及游戏设备等领域。

1.3　ARM Cortex – M4 处理器简介

1.3.1　ARM 处理器架构

ARM 架构,过去称为高级精简指令集机器(Advanced RISC Machine),是一个 32 位精简指令集(RISC)处理器架构。ARM 处理器低成本、高性能、低耗电的特点,使 ARM 架构处理器占据了市面上 32 位嵌入式 RISC 处理器 90% 的份额。ARM 处理器的性能/功耗比,在当今流行的的处理器系列中是做得最好的。

　　ARM 处理器经历了几代的发展,从 ARM7 开始获得成功,然后是同样成功的 ARM9,在 ARM9 后曾经推出了 ARM10 和 ARM11,这两个就不如前两个成功了。随后 ARM 公司推出了具有里程碑意义的新一代微处理器,即 ARM Cortex 系列。整个 ARM 处理器系列如图 1.9 所示。

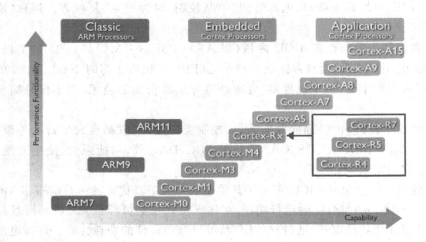

图 1.9　ARM 处理器系列

　　ARM7、ARM9、ARM Cortex 等都是 ARM 的产品系列,但 ARM 真正的版本是以体系结构的版本号来区分的。到目前为止,ARM 共推出多个版本的 ARM 架构。V4 版架构是 ARM7 和 ARM9 两个产品系列采用的体系结构,而 ARM11 则是 V6 版本的架构,如今的 ARM Cortex 则是 V7 版本的架构。

　　ARM Cortex 系列又分成 3 个子系列,分别是 Cortex‐A、Cortex‐R 和 Cortex‐M 系列。虽然都是属于 V7 版本架构的,但这三个子系列差别还是非常大的,它们分别针对不同的目标市场。其中 A 系列是针对高端应用市场的,如平板电脑,手机等,是 ARM 目前最高端的 CPU 了,其特性是高性能(A 是 Application 的首字母)。M 系列是面向工业控制市场的,其中 M 就是 Microcontroller 的首字母,它实际上是取代 ARM7,用来与传统的 8 位/16 位单片机竞争的。R 系列是面向实时性要求高的应用的,R 即 Real_Time 的首字母。目前 A 和 M 系列获得了巨大成功,几乎所有做处理器芯片的厂商都购买了 ARM 的 Cortex‐A 或 Cortex‐M 的 CPU 内核,在此基础上做出自己的芯片销售,如 TI、Freescale、NXP、Apple、Samsung、Atmel、ST 等。

1.3.2　Cortex‐M4 处理器

　　ARM 目前已经推出的 Cortex‐M 系列处理器内核包括:Cortex‐M0、Cortex‐M0+、Cortex‐M3、Cortex‐M4。M0 是最低端的,其目标就是和 8 位/16 位单片机

进行竞争。Cortex – M0＋是 Cortex – M0 的一个增强版本。而 Cortex – M3 和 Cor-tex – M4 则面向相对高端的 MCU 市场。所有这些 CPU 都基于 ARM Cortex – M 体系结构(V7 架构),如表 1.2 所列。

表 1.2　ARM Cortex – M 体系结构

ARM Cortex – M0/M0＋	ARM Cortex – M3	ARM Cortex – M4
8/16 位应用	16/32 位应用	32 位/数字信号控制应用
低成本,简单性	性能效率	数字信号控制监测

ARM Cortex – M 体系结构相当于定义了一个全集(针对整个 MCU 市场),而 Cortex – M0~Cortex – M4 这些具体的 CPU 内核则是分别实现 M 体系结构中的一个子集,即它们是根据具体需要,实现 M 体系结构的一部分功能。

ARM Cortex – M3 的推出获得了巨大的市场反响,众多芯片厂商,包括 TI、NXP、ST 都推出了基于 Cortex – M3 的 MCU。比较著名的有 ST 公司的 STM32 系列、Atmel 的 SAM 系列,以及 TI 公司的 Stellaris 系列。

ARM Cortex – M4 可以看作是 Cortex – M3 的升级版本,提供了更好的性能,但整体上两者是类似的。Cortex – M4 的整体结构如图 1.10 所示。

15

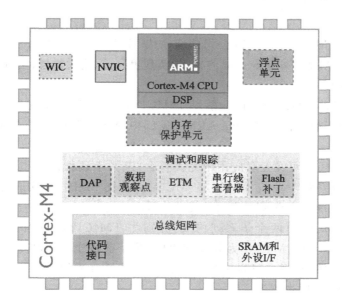

图 1.10　Cortex – M4 处理器结构示意图

Cortex – M4 继承了 Cortex – M3 的所有功能,同时还增加和增强了如下功能:
- 增加了高精度 MAC,使得在做算法计算时的性能更高;
- 增加了浮点单元 FPU;

● 增加了具有 SIMD 功能的 DSP 指令。

这些功能使得 Cortex-M4 拥有了部分类 DSP 的功能。例如，Cortex-M4 可以利用 FPU 单元，比 Cortex-M3 更好地进行 MP3 软解码。

Cortex-M4 是一个 32 位处理器内核，其内部的数据通路宽度、寄存器位数，以及存储器接口都是 32 位长度。Cortex-M4 采用了 ARMv7E-M 哈佛架构，拥有独立的指令总线和数据总线，可以同时并行执行取指令操作和数据访问操作。此外，Cortex-M4 还提供了一个可选的 MPU 模块，可用来提供内存保护。本教材使用的 TM4C123GH6PM 微处理器集成了该模块。

Cortex-M4 还提供多种调试手段，用于在硬件水平上支持调试操作，如指令断点、数据观察点等，极大地方便了开发。

Cortex-M4 的浮点单元（FPU）也是可选的，对于集成 FPU 的 Cortex-M4，我们称为 Cortex-M4F。此外，Cortex-M4 还集成了一个高性能的中断控制器 NVIC（嵌套向量中断控制器）。

Cortex-M4 的指令集是 32 位的 Thumb2 指令集，避免了原 ARM7 的 ARM（32 位）和 Thumb（16 位）混合使用的麻烦。

1.4　Tiva 系列 MCU

Tiva 系列 TM4C123x 是 TI 公司的新一代 MCU，它率先采用 65 nm 闪存工艺技术制造，基于 ARM Cortex-M4 内核，为实现更高速、更大容量、更低功耗的 MCU 奠定了发展空间。

Stellaris LM4F MCU 的 Tiva 系列 TM4C123x 的软件开发建立在通用软件库基础之上，有助于简化在未来 Tiva ARM MCU 中的软件移植，可充分满足各种互联应用需求。

Tiva 系列 MCU 可在互联应用中完美整合 TI 片上高性能模拟产品、稳健的软件产业环境以及系统专业技术。TI 的 MCU、低功耗 MSP430、实时控制以及安全 MCU 平台，可帮助客户选择充分满足其设计需求的完美 MCU。

Tiva 系列 MCU 由两个子系列构成，分别为 TM4C123x 和 TM4C129x 系列。两者都采用了 Cortex-M4F 作为其硬件内核，两个系列分别有很多不同外设功能、不同封装的芯片型号，用户可以根据应用需求选择最合适的型号。具体可查阅 TI 官网 Tiva 系列 MCU 选型表。

1.4.1　TM4C123 系列

TM4C123x 系列工作主频可达 80 MHz，采用 ARM Cortex-M4 浮点内核，其整体框图如图 1.11 所示。

同时，TM4C123x 也包含了高达 256 KB 的闪存及 32 KB 的 SRAM。

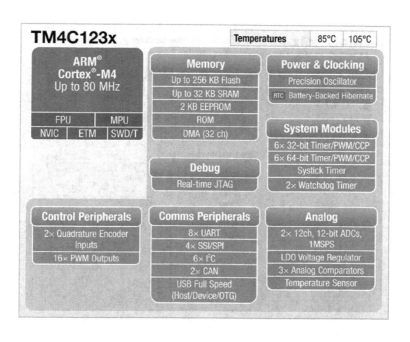

图 1.11　TM4C123x 系列架构框图

TI 的 Tiva LaunchPad 实验板采用了 TM4C123GH6PM，芯片为 64Pin LQFP 封装。该实验板是本教材教学实验的基础实验板，详见第 9 章介绍。

1.4.2　TM4C129 系列

TM4C129x 是 TM4C123x 的增强版本，其工作主频为 120 MHz。与 TM4C123x 相比，TM4C129x 拥有更大的 SRAM 及闪存。TM4C129x 最大的改进是其集成了以太网控制器、LCD 控制器，以及片内数据保护功能。其中，片内数据保护功能集成了硬件 AES/DES/SHA 加密算法（在 PC 机上，通常只有较高端的 Intel 处理器才具备硬件加密）。

TM4C129x 的强悍性能，使得其可支持多路可控制输出、多事件管理；适用于照明、传感、运动、显示与开关等传感器聚合的应用。其整体框图如图 1.12 所示。

TM4C129x 系列产品引脚与引脚（Pin to Pin）兼容，可充分满足不同应用存储器的需求：256 KB 的集成 SRAM 与 6 KB 的 EEPROM 支持更强的功能性，而 512 KB～1 MB 的可扩展闪存存储器则支持 100 000 次程序循环写入，可大大延长其可靠工作的时间。

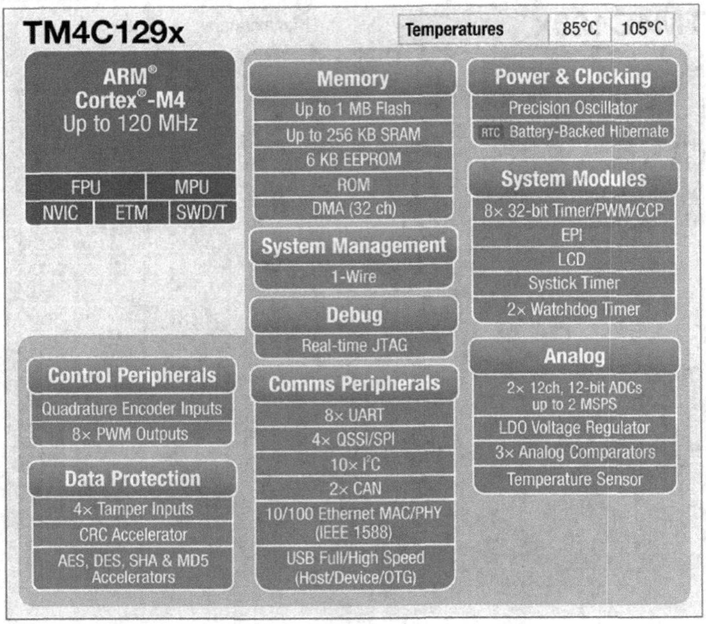

图 1.12 TM4C129x 系列架构框图

1.5 TM4C123GH6PM 引脚与电气特性

本教材使用了 EK - TM4C123GXL LaunchPad 作为实验硬件开发板,其搭载了一颗主频高达 80 MHz 的 TM4C123GH6PM 微处理器、256 KB Flash、32 KB SRAM;同时,其具有 USB Host、Device 和 OTG 的能力;支持休眠模式以及广泛的外设。其封装引脚如图 1.13 所示。

Tiva LaunchPad 上的 TM4C123GH6PM 使用了 LQFP 封装的方式;其封装引脚之间距离很小(0.65 mm),外形尺寸较小,寄生参数小,适合高频应用,也便于 SMT 表面安装及 PCB 布线。

TM4C123GH6PM 的每个 GPIO 信号都有其 GPIO 端口标识,如图 1.13 所示,在 RESET 后,GPIO 端口功能可将其配置为相应的外设功能引脚。由于 Tiva 系列 MCU 内部集成了上电复位、时钟电路,当该系列 MCU 最简单应用时,仅需外部提供电源即可工作。

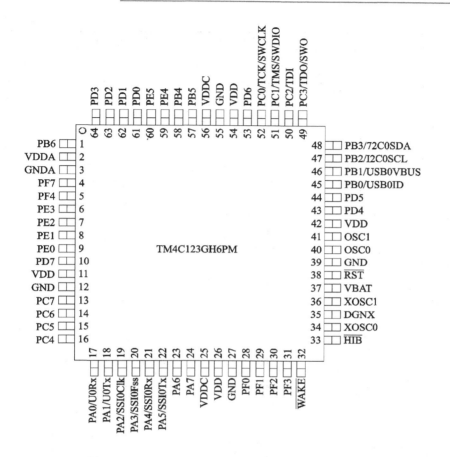

图 1.13　TM4C123GH6PM 64 针 LQFP 封装引脚图

1.5.1　GPIO 引脚功能选择

为节省芯片的封装成本、减小芯片体积,MCU 的很多引脚功能都是复用的,一个引脚可以被配置为相应的某个外设功能。例如,配置为通用输入/输出(GPIO),或者配置为 UART。因此,在使用外设前,需要先对 MCU 的引脚进行 GPIO 功能复用配置。

TM4C123GH6PM 的 GPIO 配置如表 1.3 所列。

表 1.3　TM4C123GH6PM GPIO PIN MUX 配置

I/O	引脚	模拟功能	数字功能(GPIOPCTLPMCx Bit Field Encoding)										
			1	2	3	4	5	6	7	8	9	14	15
PA0	17	—	U0Rx	—	—	—	—	—	—	CAN1Rx	—	—	—
PA1	18	—	U0Tx	—	—	—	—	—	—	CAN1Tx	—	—	—
PA2	19	—	—	SSI0Clk	—	—	—	—	—	—	—	—	—
PA3	20	—	—	SSI0Fss	—	—	—	—	—	—	—	—	—

I/O	引脚	模拟功能	1	2	3	4	5	6	7	8	9	14	15
			数字功能（GPIOPCTLPMCx Bit Field Encoding）										
PA4	21	—	—	SSI0Rx	—	—	—	—	—	—	—	—	—
PA5	22	—	—	SSI0Tx	—	—	—	—	—	—	—	—	—
PA6	23	—	—	—	I2C1SCL	—	M1PWM2	—	—	—	—	—	—
PA7	24	—	—	—	I2C1SDA	—	M1PWM3	—	—	—	—	—	—
PB0	45	USB0ID	U1Rx	—	—	—	—	—	T2CCP0	—	—	—	—
PB1	46	USB0VBUS	U1Tx	—	—	—	—	—	T2CCP1	—	—	—	—
PB2	47	—	—	—	I2C0SCL	—	—	—	T3CCP0	—	—	—	—
PB3	48	—	—	—	I2C0SDA	—	—	—	T3CCP1	—	—	—	—
PB4	58	AIN10	—	SSI2Clk	—	M0PWM2	—	—	T1CCP0	CAN0Rx	—	—	—
PB5	57	AIN11	—	SSI2Fss	—	M0PWM3	—	—	T1CCP1	CAN0Tx	—	—	—
PB6	1	—	—	SSI2Rx	—	M0PWM0	—	—	T0CCP0	—	—	—	—
PB7	4	—	—	SSI2Tx	—	M0PWM1	—	—	T0CCP1	—	—	—	—
PC0	52	—	TCK/SWCLK	—	—	—	—	—	T4CCP0	—	—	—	—
PC1	51	—	TMS/SWDIO	—	—	—	—	—	T4CCP1	—	—	—	—
PC2	50	—	TDI	—	—	—	—	—	T5CCP0	—	—	—	—
PC3	49	—	TDO/SWO	—	—	—	—	—	T5CCP1	—	—	—	—
PC4	16	C1—	U4Rx	U1Rx	—	M0PWM6	—	IDX1	WT0CCP0	U1RTS	—	—	—
PC5	15	C1+	U4Tx	U1Tx	—	M0PWM7	—	PhA1	WT0CCP1	U1CTS	—	—	—
PC6	14	C0+	U3Rx	—	—	—	—	PhB1	WT1CCP0	USB0EPEN	—	—	—
PC7	13	C0—	U3Tx	—	—	—	—	—	WT1CCP1	USB0PFLT	—	—	—
PD0	61	AIN7	SSI3Clk	SSI1Clk	I2C3SCL	M0PWM6	M1PWM0	—	WT2CCP0	—	—	—	—
PD1	62	AIN6	SSI3Fss	SSI1Fss	I2C3SDA	M0PWM7	M1PWM1	—	WT2CCP1	—	—	—	—
PD2	63	AIN5	SSI3Rx	SSI1Rx	—	M0FAULT0	—	—	WT3CCP0	USB0EPEN	—	—	—
PD3	64	AIN4	SSI3Tx	SSI1Tx	—	—	—	IDX0	WT3CCP1	USB0PFLT	—	—	—
PD4	43	USB0DM	U6Rx	—	—	—	—	—	WT4CCP0	—	—	—	—
PD5	44	USB0DP	U6Tx	—	—	—	—	—	WT4CCP1	—	—	—	—
PD6	53	—	U2Rx	—	—	M0FAULT0	—	PhA0	WT5CCP0	—	—	—	—
PD7	10	—	U2Tx	—	—	—	—	PhB0	WT5CCP1	NMI	—	—	—
PE0	9	AIN3	U7Rx	—	—	—	—	—	—	—	—	—	—
PE1	8	AIN2	U7Tx	—	—	—	—	—	—	—	—	—	—
PE2	7	AIN1	—	—	—	—	—	—	—	—	—	—	—
PE3	6	AIN0	—	—	—	—	—	—	—	—	—	—	—
PE4	59	AIN9	U5Rx	—	I2C2SCL	M0PWM4	M1PWM2	—	—	CAN0Rx	—	—	—
PE5	60	AIN8	U5Tx	—	I2C2SDA	M0PWM5	M1PWM3	—	—	CAN0Tx	—	—	—
PF0	28	—	U1RTS	SSI1Rx	CAN0Rx	—	M1PWM4	PhA0	T0CCP0	NMI	C0o	—	—
PF1	29	—	U1CTS	SSI1Tx	—	—	M1PWM5	PhB0	T0CCP1	—	C1o	TRD1	—
PF2	30	—	—	SSI1Clk	—	M0FAULT0	M1PWM6	—	T1CCP0	—	—	TRD0	—
PF3	31	—	—	SSI1Fss	CAN0Tx	—	M1PWM7	—	T1CCP1	—	—	TRCLK	—
PF4	5	—	—	—	—	M1FAULT0	IDX0	T2CCP0	USB0EPEN	—	—	—	—

通过对 TM4C123GH6PM 的 GPIO 引脚进行配置,可以分别将其选择为通用数字 I/O 或者连接到集成外设 I/O 信号。外设包括系统外设(DMA、EEI、ROM、GPIO、Watchdog Timer、Hibernation Module、通用定时器)、串行通信外设(USB OTG、SSI、UART、I²C、CAN 控制器)、模拟外设(Analog Competitors、ADC)以及运动控制外设 PWM 等。

对于详细的 GPIO 配置以及库函数调用,请参阅本书 4.1 节,或参阅 TI 官网的 Tiva 系列数据手册。

1.5.2 TM4C123GH6PM 电气特性

本节将对 TM4C123GH6PM 的电压、电流、工作频率、工作温度、功耗等特性进行介绍,硬件设计时应注意这些参数。详细的参数指标请参阅最新版的 TI 官方手册。

1. 电压范围

表 1.4 列述了 TM4C123GH6PM 微控制器的电压、温度范围,若超出最大值,则可能对芯片造成永久性损坏。

表 1.4 工作电压及温度范围

参　数	数　值	
	最小值	最大值
V_{DD} 电压(主电源)/V	0	4
V_{DDA} 电压(第二电源)/V	0	4
V_{BAT} 电池电压/V	0	4
V_{BAT} 电池电压最大变化率/$(V \cdot \mu s^{-1})$	0	0.7
GPIO 输入电压/V	−0.3	5.5
PD4、PD5、PB0、PB1 配置为 GPIO 的输入电压/V	−0.3	$V_{DD} + 0.3$
每个引脚的最大输出电流/mA	—	25
芯片存储温度/℃	−65	150
芯片能够承受的温度/℃	—	150

静电放电 ESD(Electro - Static Discharge)会对电子元器件产生严重影响。ESD 和相关电压瞬变引起的闩锁效应(Latch - Up)是造成半导体器件失效的重要原因之一。TM4C123GH6PM 的 I/O 接口内部有一些保护电路,可对 ESD 起到一定的保护作用,但是 ESD 阈值不能超过其最大耐受电压,否则会对芯片造成性能失效,或是永久性损坏。ESD 最大耐受电压如表 1.5 所列。

表 1.5　ESD 最大耐受电压

参　　数	最大值	单　位
人体模型耐受电压	2.0	kV
充电器件模型耐受电压	500	V

更详细的电压、温度耐受范围信息，请参阅 TM4C123GH6PM 数据手册。

2. 建议电压范围

表 1.6 和表 1.7 分别列述了 TM4C123GH6PM 的 DC、GPIO 电压范围，若超出最大值可能对芯片造成永久性损坏。

表 1.6　建议 DC 电压范围

参　数	参数名称	最小值	标准值	最大值	单位
V_{DD}	V_{DD} 电压	3.15	3.3	3.63	V
V_{DDA}	V_{DDA} 电压	2.97	3.3	3.63	V
V_{DDC}	V_{DDC} 电压	1.08	1.2	1.32	V
V_{ab}	V_{DDC} 电压，深度睡眠模式	1.08	—	1.32	V

表 1.7　建议 GPIO 电压范围

参　数	参数名称	最小值	标准值	最大值	单　位
V_{IH}	GPIO 输入高电压	$0.65V_{DD}$	—	5.5	V
V_{IL}	GPIO 输入低电压	0	—	$0.35V_{DD}$	V
V_{HYS}	GPIO 输入滞后	0.2	—	—	V
V_{OH}	GPIO 输出高电压	2.4	—	—	V
V_{OL}	GPIO 输出低电压	—	—	0.4	V
I_{OH}	输出高电流 $V_{OH}=2.4$ V				
	2 mA 驱动	2.0	—	—	mA
	4 mA 驱动	4.0	—	—	mA
	8 mA 驱动	8.0	—	—	mA
I_{OL}	输入低电流 $V_{OL}=0.4$ V				
	2 mA 驱动	2.0	—	—	mA
	4 mA 驱动	4.0	—	—	mA
	8 mA 驱动	8.0	—	—	mA
	8 mA 驱动，$V_{OL}=1.2$ V	18.0	—	—	mA

更详细的电压范围信息，请参阅 TM4C123GH6PM 数据手册。

嵌入式系统教程——基于 Tiva C 系列 ARM Cortex-M4 微控制器

3. 系统时钟与 PLL 锁相环

表 1.8 列述了 TM4C123GH6PM 的 PLL 锁相环特性。

PLL 作用是将电路输出的时钟与其外部的参考时钟保持同步。当参考时钟的频率或相位发生改变时,锁相环会检测到这种变化,并且通过其内部的反馈系统来调节输出频率,直到两者重新同步。该数值将直接影响 MCU 的运行速度。

表 1.8　PLL 锁相环特性

参　数	参数名称	最小值	标准值	最大值	单　位
F_{REF_XTAL}	晶振参考	5	—	25	MHz
F_{REF_EXT}	外部时钟参考	5	—	25	MHz
F_{PLL}	PLL 频率	—	400	—	MHz
T_{READY}	PLL 锁定时间, 使能 PLL	—	—	$512(N+1)$	参考时钟 s
	PLL 锁定时间, 修改 RCC/RCC2 寄存器的 XTAL 位域, 或者从 MOSC、PIOSC 选择 OSCSRC		—	$128(N+1)$	参考时钟 s

更详细的 PLL 相关信息,请参阅 TM4C123GH6PM 数据手册。

4. 电流与功耗

表 1.9 列述了 TM4C123GH6PM 在不同频率、温度、时钟源下的耗电电流大小。

表 1.9　耗电电流

参　数	参数名称	条　件	系统时钟		标准值				最大值		单位
			频　率	时钟源	-40℃	25℃	85℃	105℃	85℃	105℃	
I_{DD_RUN}	运行模式 (Flash loop)	$V_{DD}=3.3\ V$ $V_{DDA}=3.3\ V$ 外围设备 = All ON	80 MHz	MOSC 与 PLL	45.0	45.1	45.7	46.1	54.9	58.7	mA
			40 MHz	MOSC 与 PLL	31.9	32.0	32.7	33.0	40.6	44.5	mA
			16 MHz	MOSC 与 PLL	19.6	19.7	20.3	20.5	27.6	31.5	mA
			16 MHz	PIOSC	17.5	17.6	18.0	18.2	25.3	28.8	mA
			1 MHz	PIOSC	10.0	10.1	10.5	10.8	17.5	21.3	mA
		$V_{DD}=3.3\ V$ $V_{DDA}=3.3\ V$ 外围设备 = All OFF	80 MHz	MOSC 与 PLL	24.5	24.7	25.2	25.5	31.3	35.0	mA
			40 MHz	MOSC 与 PLL	19.7	19.7	20.4	20.7	25.9	29.6	mA
			16 MHz	MOSC 与 PLL	12.1	12.2	12.7	12.9	18.7	22.3	mA
			16 MHz	PIOSC	10.1	10.1	10.5	10.8	16.4	20.0	mA
			1 MHz	PIOSC	5.45	5.50	5.98	6.18	11.6	15.2	mA

参　数	参数名称	条　件	系统时钟		标准值				最大值		单位
			频　率	时钟源	-40℃	25℃	85℃	105℃	85℃	105℃	
I_{DD_RUN}	运行模式 (SRAM loop)	V_{DD} = 3.3 V V_{DDA} = 3.3 V 外围设备 = All ON	80 MHz	MOSC 与 PLL	34.7	34.9	35.5	35.9	44.2	47.8	mA
			40 MHz	MOSC 与 PLL	22.2	22.4	22.9	23.3	30.2	33.8	mA
			16 MHz	MOSC 与 PLL	14.7	14.8	15.3	15.7	21.8	25.4	mA
			16 MHz	PIOSC	12.8	12.9	13.4	13.7	19.7	23.3	mA
			1 MHz	PIOSC	8.07	8.16	8.61	8.95	14.6	18.1	mA
		V_{DD} = 3.3 V V_{DDA} = 3.3 V 外围设备 = All OFF	80 MHz	MOSC 与 PLL	15.2	15.3	15.8	16.2	21.7	25.2	mA
			40 MHz	MOSC 与 PLL	10.3	10.5	10.9	11.3	16.2	19.8	mA
			16 MHz	MOSC 与 PLL	7.32	7.45	7.92	8.28	13.0	16.5	mA
			16 MHz	PIOSC	5.87	5.96	6.35	6.69	13.7	16.2	mA
			1 MHz	PIOSC	3.54	3.63	4.07	4.41	8.84	12.3	mA
I_{DDA}	运行、睡眠、深度睡眠模式 深度睡眠模式	V_{DD} = 3.3 V V_{DDA} = 3.3 V 外围设备 = All ON	—	MOSC 与 PLL, PIOSC	2.71	2.71	2.71	2.71	3.97	3.98	mA
			30 kHz	LFIOSC	2.54	2.54	2.54	2.54	3.68	3.69	mA
	运行、睡眠、深度睡眠模式	V_{DD} = 3.3 V V_{DDA} = 3.3 V 外围设备 = All OFF	—	MOSC 与 PLL, PIOSC, LFIOSC	0.28	0.28	0.29	0.29	0.56	0.57	mA
I_{DD_SLEEP}	睡眠模式 (FLASHPM = 0x0)	V_{DD} = 3.3 V V_{DDA} = 3.3 V 外围设备 = All ON LDO = 1.2 V	80 MHz	MOSC 与 PLL	29.3	29.5	30.0	30.4	38.1	41.7	mA
			40 MHz	MOSC 与 PLL	19.5	19.7	20.2	20.5	27.1	30.7	mA
			16 MHz	MOSC 与 PLL	13.6	13.8	14.2	14.6	20.6	25.2	mA
			16 MHz	PIOSC	11.7	11.8	12.2	12.5	18.5	22.0	mA
			1 MHz	PIOSC	7.01	7.06	7.93	8.14	12.0	14.3	mA
		V_{DD} = 3.3 V V_{DDA} = 3.3 V 外围设备 = All OFF LDO = 1.2 V	80 MHz	MOSC 与 PLL	9.60	9.73	10.2	10.5	15.4	18.9	mA
			40 MHz	MOSC 与 PLL	7.49	7.60	8.06	8.41	13.2	16.6	mA
			16 MHz	MOSC 与 PLL	6.22	6.33	6.78	7.12	11.7	15.1	mA
			16 MHz	PIOSC	4.28	4.35	4.77	5.11	9.52	13.1	mA
			1 MHz	PIOSC	3.52	3.59	4.01	4.34	8.70	12.1	mA
	睡眠模式 (FLASHPM = 0x2)	V_{DD} = 3.3 V V_{DDA} = 3.3 V 外围设备 = All OFF LDO = 1.2 V	80 MHz	MOSC 与 PLL	28.4	28.6	29.2	29.6	37.2	40.7	mA
			40 MHz	MOSC 与 PLL	18.6	18.8	19.3	19.7	26.2	29.7	mA
			16 MHz	MOSC 与 PLL	12.7	12.9	13.3	13.7	19.7	23.2	mA
			16 MHz	PIOSC	10.8	10.9	11.3	11.7	17.5	21.0	mA
			1 MHz	PIOSC	7.09	7.20	7.67	8.02	13.6	17.0	mA

参　数	参数名称	条　件	系统时钟		标准值				最大值		单位
			频　率	时钟源	-40℃	25℃	85℃	105℃	85℃	105℃	
I_{DD_SLEEP}	睡眠模式 (FLASHPM = 0x2)	V_{DD} = 3.3 V V_{DDA} = 3.3 V 外围设备 = All OFF LDO = 1.2 V	80 MHz	MOSC 与 PLL	8.66	8.82	9.31	9.68	14.5	17.9	mA
			40 MHz	MOSC 与 PLL	6.55	6.69	7.17	7.54	12.1	15.6	mA
			16 MHz	MOSC 与 PLL	5.27	5.41	5.89	6.26	10.7	14.2	mA
			16 MHz	PIOSC	3.34	3.44	3.88	4.24	8.65	12.0	mA
			1 MHz	PIOSC	2.58	2.67	3.13	3.48	7.85	11.2	mA
$I_{DD\_DEEPSLEEP}$	深度睡眠模式 (FLASHPM = 0x0)	V_{DD} = 3.3 V V_{DDA} = 3.3 V 外围设备 = All ON LDO = 1.2 V	16 MHz	PIOSC	9.29	9.29	9.66	10.0	15.9	19.4	mA
			30 kHz	LFIOSC	5.10	5.10	5.48	5.82	11.2	14.7	mA
		V_{DD} = 3.3 V V_{DDA} = 3.3 V 外围设备 = All OFF LDO = 1.2 V	16 MHz	PIOSC	3.51	3.51	3.91	4.26	8.67	12.2	mA
			30 kHz	LFIOSC	2.00	2.00	2.39	2.73	7.24	10.6	mA
	深度睡眠模式 (FLASHPM = 0x2)	V_{DD} = 3.3 V V_{DDA} = 3.3 V 外围设备 = All ON LDO = 1.2 V	16 MHz	PIOSC	8.34	8.36	8.77	9.12	14.9	18.4	mA
			30 kHz	LFIOSC	4.14	4.18	4.59	4.94	10.4	13.8	mA
		V_{DD} = 3.3 V V_{DDA} = 3.3 V 外围设备 = All OFF LDO = 1.2 V	16 MHz	PIOSC	2.56	2.60	3.02	3.37	7.79	11.2	mA
			30 kHz	LFIOSC	1.04	1.07	1.49	1.86	6.48	9.75	mA
I_{HIB_NORTC}	休眠模式 (外部唤醒, RTC 关闭)	V_{BAT} = 3.0 V V_{DD} = 0 V V_{DDA} = 0 V 系统时钟 = OFF 休眠模块 = 32.768 kHz	—	—	1.23	1.38	1.54	1.93	5.20	6.32	μA
I_{HIB_RTC}	休眠模式 (RTC开启)	V_{BAT} = 3.0 V V_{DD} = 0 V V_{DDA} = 0 V 系统时钟 = OFF 休眠模块 = 32.768 kHz	—	—	1.27	1.40	1.69	2.07	5.24	6.44	μA
I_{HIB_VDD3ON}	休眠模式 (VDD3 ON模式, RTC开启)	V_{BAT} = 3.0 V V_{DD} = 3.3 V V_{DDA} = 3.3 V 系统时钟 = OFF 休眠模块 = 32.768 kHz	—	—	3.17	4.49	10.6	21.3	28.1	74.2	μA
	休眠模式 (VDD3 ON模式, RTC关闭)	V_{BAT} = 3.0 V V_{DD} = 3.3 V V_{DDA} = 3.3 V 系统时钟 = OFF 休眠模块 = 32.768 kHz	—	—	3.16	4.33	10.4	20.9	27.7	73.0	μA

思考题与习题

1. 简述嵌入式系统的发展过程和主要应用。

2. 从硬件来看,嵌入式系统由哪几部分组成?

3. 从软件来看,嵌入式系统由哪几部分组成?

4. 常用的嵌入式处理器按体系结构分为哪几类?

5. 嵌入式系统主要由软件和硬件两大部分组成,其中有的功能既可以用软件实现,又可以用硬件实现,那么软件和硬件的划分一般有哪些原则?举出几个同一个功能既可以用软件实现,又可以用硬件实现的例子。

6. 简述 MCU、MPU、DSP 的概念及其应用领域。

7. 请网上查阅、列举出目前常用的嵌入式处理器、控制器、数字信号处理器各三种(包括制造商、芯片型号),并介绍其各自的特点。

8. 通过查阅资料,你认为嵌入式系统的发展趋势如何?

9. 现代嵌入式微控制器(MCU)的主要特点有哪些?

10. 嵌入式系统的本机模拟器调试与仿真器调试有何区别? 哪些操作不能用模拟器进行调试?

11. PC 机不是嵌入式系统,但是 PC 机中却包含了许多嵌入式子系统。请列举其中包含的嵌入式子系统(至少三个),并对每个嵌入式子系统作简单的说明。

12. 简述 ARM Cortex 处理器分为哪几个子系列? 分别针对什么应用场合?

13. TI 公司的 Tiva 系列 MCU 的主要特点是什么?

14. 当 Tiva MCU 工作于 3.3 V 电源电压时,其通用输入引脚的输入低电平、输入高电平的额定范围分别是多少?

15. 当 Tiva MCU 工作于 3.3 V 电源电压、工作时钟为 50 MHz、内部所有外设都打开时,其耗电电流估计是多少?

16. 简述 ARM Cortex - M 系列处理器的特点。请上网查阅,列举出 5 个不同厂商、不同型号的 ARM Cortex - M 内核的 MCU 型号,并说明其所用内核、工作主频、内置存储器容量等基本特征。

第 **2** 章

系统控制

系统控制是保障 MCU 正常工作所需的一些最基本配置，包括复位控制、电源控制、非屏蔽中断、时钟控制和低功耗模式等，只有系统控制被正确配置后，MCU 系统才能正常启动、执行代码。本章将结合 Tiva MCU 介绍系统控制的具体功能。

2.1 功能描述

系统控制模块提供以下功能：
- 器件标识。
- 本地控制，如复位控制、电源控制和时钟控制。
- 系统控制，如运行、睡眠和深度睡眠。

2.1.1 器件标识

目前，几乎所有的微控制器 MCU 都会提供一些器件标识信息，最简单的就是 Chip_ID，一般是一个多字节的唯一标识码。有些只读寄存器（或 ROM 单元）向软件提供有关微控制器的其他信息，如版本、产品型号、内存容量和目前设备上的外设情况等。软件对这些信息只可读取，不可改写。Tiva 设备标识 0（DID0）和设备标识 1（DID1）寄存器提供微控制器版本和有关设备的版本、封装、温度范围等详细信息。从系统控制偏移量 0x300 开始的外设寄存器（如看门狗外设存在寄存器 PPWD），提供关于器件中各种类型外设模块的数量信息。有关片上外设功能的信息，在每一个外设寄存器空间的偏移量 0xFC0 处提供（如外设属性寄存器 GPTM）。以前的器件，使用器件功能寄存器（DC0～DC9）描述关于外设及其性能的信息。这些寄存器用于向后兼容软件，但不提供之前器件所不适用的外设信息。

2.1.2 复位控制

复位是任何一个微处理器所必须有的操作功能。复位的基本作用是使 CPU 恢复到一个初始的默认状态，主要是 CPU 内部指令指针和状态寄存器被设定为一个默认值，使 CPU 可以从一个固定地址（一般是 0 地址）开始正常执行指令。本节将介绍复位过程中硬件方面的功能和复位序列之后的系统软件操作。

1. 复位源

TM4C123GH6PM 微控制器有 6 个复位源：

① 上电复位（POR）。

② 外部复位输入引脚有效（$\overline{RST}$）。

③ 掉电检测可以由以下任一事件引起：

● V_{DD}低于 BOR0，触发值是 BOR0 的最高 V_{DD}电压值；

● V_{DD}低于 BOR1，触发值是 BOR1 的最高 V_{DD}电压值。

④ 软件启动复位（利用软件复位寄存器）。

⑤ 违反看门狗复位条件。

⑥ MOSC 故障。

表 2.1 提供了各种复位操作结果的概述。

表 2.1　复位源

复位源	内核复位	调试接口复位	片上外设复位
上电复位	是	是	是
外部复位	是	仅引脚配置	是
掉电复位	是	仅引脚配置	是
软件系统请求复位，使用 APINT 寄存器 SYSRESREQ 位	是	仅引脚配置	是
软件系统请求复位，使用 APINT 寄存器 VECTRESRET 位	是	仅引脚配置	否
软件外设复位	否	仅引脚配置	是[a]
看门狗复位	是	仅引脚配置	是
MOSC 故障复位	是	仅引脚配置	是

注：a. 使用软件复位控制寄存器可实现在模块基础上进行编程。

图 2.1 所示为复位控制结构图。

复位后，复位原因（RESC）寄存器根据复位原因置位。该寄存器中的位具有黏着特性，经过多个复位序列后仍能保持其状态，内部 POR 复位除外。内部 POR 复位后，RESC 寄存器中除 POR 指示器对应位之外的所有位都清零。RESC 寄存器的单独一位可以通过写 0 来清零。

在任何复位内核的复位操作中，用户可以通过在启动配置（BOOTCFG）寄存器中配置相应的 GPIO 信号，以便选择让内核直接执行 ROM 的 Boot Loader 或 Flash 存储器上的应用程序。

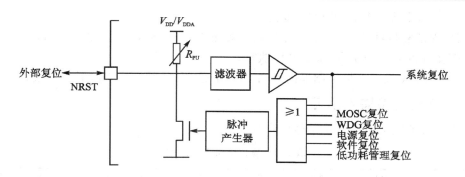

图 2.1　复位控制结构图

复位时,执行下列顺序:

① 读取 BOOTCFG 寄存器。如果 EN 位被清除,则执行 ROM 的 Boot Loader。

② 在 ROM 的 Boot Loader 下,将指定的 GPIO 引脚的状态与规定的极性相比较。如果引脚状态与指定的极性匹配,那么将 ROM 映射到地址 0x00000000,并继续执行 ROM 的 Boot Loader。

③ 如果 EN 位置位或引脚状态与规定的极性不匹配,则读取地址 0x00000004 的数据。如果在这个地址的数据是 0xFFFFFFFF,那么 ROM 映射到地址 0x00000000 并继续 ROM 的 Boot Loader。

④ 如果地址 0x00000004 的数据不是 0xFFFFFFFF,那么堆栈指针(SP)将加载 Flash 地址 0x00000000 的数据,程序计数器(PC)将加载地址 0x00000004 的数据。随后用户应用程序开始执行。

例如,如果 BOOTCFG 寄存器写入值 0x00003C01 并提交,那么复位将检测 PB7 以确定是否执行 ROM 的 Boot Loader。如果 PB7 为低,则内核无条件地开始执行 ROM 的 Boot Loader。如果 PB7 为高,而且 0x00000004 地址的复位向量不是 0xFFFFFFFF,那么执行 Flash 中的应用程序。若复位向量是 0xFFFFFFFF,则执行 ROM 的 Boot Loader。

2. 上电复位(POR)

***

注:JTAG 控制器只能被上电复位置位。

***

内部上电复位(POR)　电路监测电源电压(V_{DD}),并且在电源达到阈值(VDD_POK)时向包括 JTAG 在内的所有内部逻辑产生复位信号。当片上的电源上电复位脉冲结束时,该微控制器必须在规定的工作参数范围内工作。当应用要求使用外部复位信号让微控制器更长时间地保持在复位状态时(相对使用内部 POR 而言),可以使用 RST 输入,具体原因请参阅 2.1.2 小节。

上电复位的顺序如下:

① 微控制器等待内部 POR 变为无效。

② 内部复位释放，内核从内存加载初始堆栈指针、初始化程序计数器以及程序计数器指向的第一条指令，最后开始执行。

内部 POR 只有在微控制器的最初上电时或者从睡眠模式唤醒时才有效。

3. 外部复位输入引脚

表 2.2 所列为系统复位信号引脚分配。

表 2.2　复位信号引脚分配

引脚名称	引脚号	引脚复用/引脚分配	引脚类型	缓冲类型	描　述
复位	38	固定的	输入	TTL	系统复位中断

注：TTL 表示该引脚与 TTL 电平一致。

注：建议 RST 信号的跟踪线路越短越好。确保连接 RST 信号的任何元件布置得尽可能靠近微控制器。

如果应用程序仅适用于内部 POR 电路，那么 RST 输入必须通过一个可选的上拉电阻（$0\sim100$ kΩ）连接到电源（V_{DD}），如图 2.2 所示。$\overline{\text{RST}}$ 输入滤波需要一个最小脉冲宽度的复位脉冲，以便复位脉冲被识别。

外部复位引脚（$\overline{\text{RST}}$）复位微控制器，包括内核和所有片上外设。外部复位序列如下：

① 外部复位引脚（$\overline{\text{RST}}$）由特定的 T_{MIN} 声明，然后失效。

② 内部复位释放，内核从内存加载初始堆栈指针、初始化程序计数器以及程序计数器指向的第一条指令，最后开始执行。

为了提高抗干扰性和/或延迟上电复位，$\overline{\text{RST}}$ 输入可以连接一个 RC 网络，如图 2.3 所示。

如果应用程序需要使用外部复位开关，图 2.4 显示了适当的电路来使用。

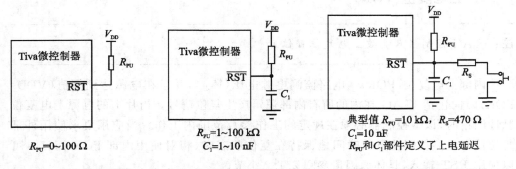

图 2.2　RST 基本配置　　图 2.3　外部电路扩展上电复位　　图 2.4　复位电路控制开关

4. 掉电复位(BOR)

微控制器提供一个由以下事件触发的掉电检测电路：

- V_{DD} 低于掉电检测复位 0(BOR0)。外部提供的 V_{DD} 电压低于规定的 V_{DD} BOR0 值。触发值是 BOR0 的最高 V_{DD} 电压值。
- V_{DD} 低于掉电检测复位 1(BOR1)。外部提供的 V_{DD} 电压低于规定的 V_{DD} BOR1 值。触发值是 BOR1 的最高 V_{DD} 电压值。

该应用程序通过读取复位原因寄存器可以识别导致复位的 BOR 事件。当检测到掉电条件,默认条件将产生一个复位。BOR 事件也可以通过编程,在清除上电和掉电复位控制寄存器(PBORCTL)的 BOR0 位或 BOR1 位时产生中断。

掉电复位顺序如下：

① 当 V_{DD} 降至低于 V_{BORnTH} 时,内部 BOR 条件将置位。

② 如果 BOR 条件存在,则内部复位有效。

③ 内部复位释放,微控制器获取并加载初始堆栈指针、初始程序计数器以及由程序计数器指定的第一条指令,然后开始执行。

掉电复位的效果等同于一次有效的外部 RST 输入,并且该复位将会保持有效,直到 V_{DD} 恢复到正确的电压级别。在复位中断处理程序中可以检查 RESC 寄存器,以确定掉电条件是否是复位的原因,从而使软件确定需要恢复哪些操作。

5. 软件复位

软件可以复位某个特定的外设或者复位整个微控制器。

通过系统控制偏移量 0x500 处开始的外设复位寄存器(例如看门狗定时器软件复位(SRWD)寄存器),外设可以单独由软件复位。如果外设对应的位被置位并随后清零,那么该外设被复位。

包括内核在内的整个微控制器,可以通过设置应用中断和复位控制寄存器的 SYSESREQ 位实现复位。软件启动的系统复位序列如下：

① 通过置位 SYSRESREQ 位即可产生软件微控制器复位。

② 内部复位有效。

③ 内部复位释放,微控制器从存储器加载初始堆栈指针、初始程序计数器以及由程序计数器指定的第一条指令,然后开始执行。

内核只能由设置 APINT 寄存器中的 ECTRESET 位实现复位。软件启动的内核复位序列如下：

① 内核复位通过设置 VECRTESET 位启动。

② 内部复位有效。

③ 内部复位释放,微控制器从存储器加载初始堆栈指针、初始程序计数器以及由程序计数器指定的第一条指令,然后开始执行。

6. 看门狗定时器复位

看门狗定时器模块的功能是阻止系统挂起。TM4C123GH6PM 微控制器有两个看门狗定时器模块,以防其中一个看门狗时钟源出现故障。一个看门狗脱离系统时钟运行,另一个脱离精确内部振荡器(PIOSC)运行。除了由于 PIOSC 看门狗定时器模块处于不同的时钟域,对寄存器的访问必须在它们之间有一个时间延迟外,每个模块还应以相同的方式运行。看门狗定时器可被配置为在第一次超时的时候向微控制器产生一个中断或不可屏蔽中断,在第二次超时的时候产生一个复位。

看门狗第一次超时事件后,32 位看门狗计数器会重载看门狗定时器装载寄存器(WDTLOAD)的值并从该值递减计数。如果在第一次溢出中断被清除之前,定时器递减至零,并且复位信号使能,那么看门狗定时器将复位信号传给微控制器。看门狗定时器复位序列如下:

① 看门狗定时器第二次溢出时没有被复位。

② 内部复位有效。

③ 内部复位释放,微控制器从存储器加载初始堆栈指针、初始程序计数器以及由程序计数器指定的第一条指令,然后开始执行。

有关看门狗定时器模块的更多信息见 4.4 节。

2.1.3 电源控制

TM4C123GH6PM 微控制器提供一个集成的 LDO 稳压器,用于给内核及其逻辑电路提供电源。图 2.5 描述了 MCU 电源架构,内核电压无需使用外部 LDO。为保证内部模拟电路的正常工作和精度、噪声指标,芯片有独立的模拟电源引脚 V_{DDA}。所有电源引脚必须有良好的退耦。

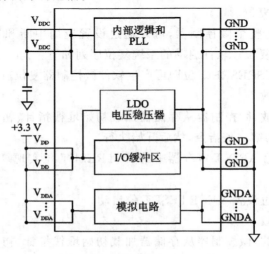

图 2.5 电源架构

注：V_{DDA}引脚必须由满足技术特性的电压来供电,否则微控制器不能正常工作。V_{DDA}可用于设备上所有的模拟电路,包括时钟电路。

2.1.4 时钟控制

任何一个微处理器都需要至少一个时钟源提供工作时钟,以实现指令执行、定时等操作。为了满足各种不同应用对处理器主频、功耗的要求,现代 MCU 的系统控制都带有时钟控制功能,以选择不同的时钟源、PLL 倍频、分频等。

1. 基础时钟源

微控制器中使用了多个时钟源:

① 内部高精度振荡器(PIOSC):内部高精度振荡器是一个片上时钟源,在 POR 期间和之后,微控制器使用该时钟源。它不需要使用任何外部元件,并提供一个 16 MHz 时钟,其校准精度为±1%,整个温度范围内的精度为±3%。PIOSC 是为需要精确时钟源并减少系统开销的应用而考虑的。如果需要主振荡器,软件必须在复位后使能主振荡器,并在改变时钟参考前让主振荡器达到稳定。不论 PIOSC 是否是系统时钟源,PIOSC 可以被配置为 ADC 时钟源以及 UART 和 SSI 的波特率时钟,见表 2.3。

② 主振荡器(MOSC):可通过两种方式提供一个频率精确的时钟源,即外部单端时钟源连接到 OSC0 输入引脚,或者外部晶振串接在 OSC0 输入引脚和 OSC1 输出引脚间。如果 PLL 正在使用,则晶振的值必须是 5～25 MHz(含)之间的一个支持的频率。如果 PLL 没有被使用,则晶振可以是 4～25 MHz 之间的任何一个支持的频率。支持的晶振在 RCC 寄存器的 XTAL 位域列出。注意,MOSC 必须为 USB PLL 提供一个时钟源,并且必须连接到晶体或振荡器。主振荡器引脚如表 2.4 所列。

表 2.3 主振荡器引脚表

引脚名称	引脚号	引脚复用/引脚分配	引脚类型	缓冲类型	描 述
振荡器 0	40	固定的	输入	模拟	主振荡器晶体输入,或外部时钟参考输入
振荡器 1	41	固定的	输出	模拟	主振荡器晶体输出,当采用外部单端参考时钟源时,此引脚应悬空

③ 内置低频振荡器(LFIOSC):低频内部振荡器适用于深度睡眠省电模式。其

频率范围较宽。该省电模式受益于精简的内部配电系统,同时也允许 MOSC 关闭。此外,在深度睡眠模式中时 PIOSC 可以掉电。

④ 休眠模式时钟源:频率为 32.768 Hz。该时钟源用于实时时钟,或者为深度睡眠(或休眠)节能模式提供准确的时钟。

内部系统时钟(SysClk)源于上述任一时钟源,同时增加两项:主内部 PLL 输出和 4 分频的精确内部振荡器(4 MHz ± 1%)。PLL 时钟参考频率必须在范围 5～25 MHz(含)内。

表 2.4 显示了不同的时钟源如何在系统中使用。

表 2.4　时钟源选项

时钟源	驱动 PLL		用于系统时钟	
内部高精度振荡器	是	BYPASS = 0, OSCSRC = 0x1	是	BYPASS = 1, OSCSRC = 0x1
内部高精度振荡器 4 分频(4 MHz)	否	—	是	BYPASS = 1, OSCSRC = 0x2
外部主振荡器	是	BYPASS = 0, OSCSRC = 0x0	是	BYPASS = 1, OSCSRC = 0x0
内置低频振荡器	否	—	是	BYPASS = 1, OSCSRC = 0x3
休眠模式时钟源	否	—	是	BYPASS = 1 OSCSRC = 0x7

2. 时钟配置

运行模式的时钟配置(RCC)和运行模式时钟配置 2(RCC2)寄存器提供控制系统时钟。RCC2 寄存器用来扩充域,提供了 RCC 寄存器之外的其他编码。使用时,RCC2 寄存器中域的值被 RCC 寄存器相应域的逻辑使用。特别是,RCC2 提供了更为多样的时钟配置选项。这些寄存器控制以下的时钟功能:

● 睡眠和深度睡眠模式下的时钟源;

● 源自 PLL 或者其他时钟源的系统时钟;

● 振荡器或 PLL 的使能/失能;

● 时钟分频;

● 晶振输入选择。

重要:写 RCC 寄存器后再写 RCC2 寄存器。

● 在将系统时钟的基础时钟源变更为 MOSC 时,必须先将 MOSCDIS 位置位,然后再重新选择 MOSC,否则可能偶尔会出现未定义的系统时钟配置。

● 系统时钟的配置在 EEPROM 操作过程中不可更改。软件必须等到 EEP-

ROM 完成状态（EEDONE）寄存器中的 WORKING 位清零之后，才能对系统时钟作出更改。

图 2.6 所示为时钟树。

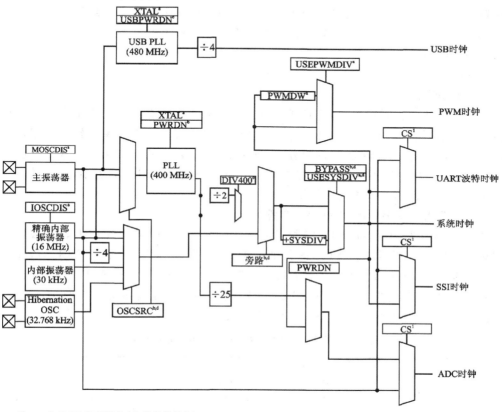

注：a 由 RCC 寄存器位/字段提供控制。

　　b 由 RCC 寄存器位/字段提供控制，或者如果 RCC2 寄存器位 USERCC2 置位，则由 RCC2 寄存器的位/域提供控制。

　　c 由 RCC2 寄存器位/字段提供控制。

　　d 当处于深度睡眠模式时，也可由 DSLPCLKCFG 控制。

　　e 由 RCC 寄存器的 SYSDIV 字段提供控制，如果位 USERCC2 置位，则由 RCC2 寄存器的 SYSDIV2 字段提供控制；如果 USERCC2 和 DIV400 位都置位，则由［SYSDIV2，SYSDIV2LSB］字段提供控制

　　f 由 UARTCC、SSICC 和 ADCCC 寄存器字段提供控制

图 2.6　时钟树

外设模块由系统时钟信号驱动，并能被单独地使能/失能。如果 PLL 被禁用，则可从 PIOSC 或系统时钟中选择 ADC 时钟信号；如果 PLL 被启用，则可从分频至 16 MHz 的 PLL 输出中选择 ADC 时钟信号。PWM 时钟信号是系统时钟的同步分

频,如果 PLL 被禁用,则可从 PIOSC 或系统时钟中选择 ADC 时钟信号;如果 PLL 被启用,可从分频至 16 MHz 的 PLL 输出中选择 ADC 时钟信号(通过设置 RCC 的 PWMDIV 位实现)。

注意:如果 ADC 模块未使用 PIOSC 作为时钟源,则系统时钟必须至少为 16 MHz。当 USB 模块运行时,MOSC 必须为时钟源(无论是否使用 PLL),并且系统时钟必须至少为 20 MHz。

---

(1) 通信时钟源

除了上述的主时钟树外,UART、SSI 模块在外设的寄存器映射中都有一个时钟控制寄存器(偏移地址为 0xFC8),可以用来选择时钟模块的波特率时钟源。用户可以在作为波特率时钟默认源的系统时钟和 PIOSC 之间进行选择。注意,当选用 PIOSC 作为波特率时钟源时,可能有特殊的条件限制。若想了解更多信息,请参阅时钟控制寄存器描述模块的操作说明。

(2) 使用 SYSDIV 和 SYSDIV2 字段

RCC 寄存器中的 SYSDIV 字段指定哪个分频器用于产生来自 PLL 输出或振荡器源(取决于该寄存器中 BYPASS 位如何配置)的系统时钟。当使用 PLL 时,在应用分频前,400 MHz 的 VCO 频率先被 2 分频。表 2.5 描述了 SYSDIV 编码如何影响系统时钟频率,这取决于是使用 PLL(BYPASS=0)还是使用另一个时钟源(BYPASS=1)。分频数相当于 SYSDIV 编码加 1。

表 2.5 用于 SYSDIV 字段的可能系统时钟频率

SYSDIV	分频数	频率/MHz (BYPASS=0)	频率 (BYPASS=1)	TivaWare 参数[a]
0x0	/1	保留	时钟源 1 分频	SYSCTL_SYSDIV_1
0x1	/2	保留	时钟源 2 分频	SYSCTL_SYSDIV_2
0x2	/3	66.67	时钟源 3 分频	SYSCTL_SYSDIV_3
0x3	/4	50	时钟源 4 分频	SYSCTL_SYSDIV_4
0x4	/5	40	时钟源 5 分频	SYSCTL_SYSDIV_5
0x5	/6	33.33	时钟源 6 分频	SYSCTL_SYSDIV_6
0x6	/7	28.57	时钟源 7 分频	SYSCTL_SYSDIV_7
0x7	/8	25	时钟源 8 分频	SYSCTL_SYSDIV_8
0x8	/9	22.22	时钟源 9 分频	SYSCTL_SYSDIV_9
0x9	/10	20	时钟源 10 分频	SYSCTL_SYSDIV_10
0xA	/11	18.18	时钟源 11 分频	SYSCTL_SYSDIV_11
0xB	/12	16.67	时钟源 12 分频	SYSCTL_SYSDIV_12

SYSDIV	分频数	频率/MHz （BYPASS＝0）	频率 （BYPASS＝1）	TivaWare 参数[a]
0xC	/13	15.38	时钟源 13 分频	SYSCTL_SYSDIV_13
0xD	/14	14.29	时钟源 14 分频	SYSCTL_SYSDIV_14
0xE	/15	13.33	时钟源 15 分频	SYSCTL_SYSDIV_15
0xF	/16	12.5（默认）	时钟源 16 分频	SYSCTL_SYSDIV_16

注：a 该参数用于 TivaWare 外围驱动库函数的 SysCtlClockSet()。

　　RCC2 寄存器的 SYSDIV2 字段比 SYSDIV 字段宽 2 位，因此能提供更大的分频（最高可达 64 分频），允许较低的系统时钟频率以节省深度睡眠模式降低功耗。当使用 PLL 时，在分频器作用前，400MHz 的 VCO 频率要先 2 分频。分配器相当于 SYSDIV2 编码加 1。表 2.6 显示了 SYSDIV2 是如何使用 PLL（BYPASS2＝0）或另一个时钟源（BYPASS2＝1）作用于系统时钟频率的。对于可能的时钟源的列表，请参阅表 2.4。

表 2.6　用于 SYSDIV2 字段的可能系统时钟频率的几个例子

SYSDIV2	分频数	频率/MHz （BYPASS2＝0）	频率 （BYPASS2＝1）	TivaWare 参数[a]
0x0	/1	保留	时钟源 1 分频	SYSCTL_SYSDIV_1
0x1	/2	保留	时钟源 2 分频	SYSCTL_SYSDIV_2
0x2	/3	66.67	时钟源 3 分频	SYSCTL_SYSDIV_3
0x3	/4	50	时钟源 4 分频	SYSCTL_SYSDIV_4
0x4	/5	40	时钟源 5 分频	SYSCTL_SYSDIV_5
…	…	…	…	…
0x9	/10	20	时钟源 10 分频	SYSCTL_SYSDIV_10
…	…	…	…	…
0x3F	/64	3.125	时钟源 64 分频	SYSCTL_SYSDIV_64

注：a 该参数用于 TivaWare 外围驱动库函数的 SysCtlClockSet()。

　　为了在使用 PLL 时能有更多的频率选择，器件提供了 DIV400 位和 SYSDIV2LSB 位。设置 DIV400 位后，第 22 位变成 SYSDIV2 的 LSB 位。在这种情况下，分频器等于 SYSDIV2 编码加 SYSDIV2LSB 再加 1。表 2.7 显示了 DIV400 置位后的频率选择。当 DIV400 位被清零后，SYSDIV2LSB 位被忽略，系统时钟频率仍然取决于表 2.6 所列的时钟频率值。

表 2.7　DIV400 置 1 的几个可能的系统时钟频率的例子

SYSDIV	SYSDIV2LSB	分频数	频率/MHz	TivaWare 参数[a]
0x00	保留	/2	保留	—
0x01	0	/3	保留	—
	1	/4	保留	—
0x02	0	/5	80	SYSCTL_SYSDIV_2_5
	1	/6	66.67	SYSCTL_SYSDIV_3
0x03	0	/7	保留	—
	1	/8	50	SYSCTL_SYSDIV_4
0x04	0	/9	44.44	SYSCTL_SYSDIV_4_5
	1	/10	40	SYSCTL_SYSDIV_5
...	...	...	...	...
0x3F	0	/127	3.15	SYSCTL_SYSDIV_63_5
	1	/128	3.125	SYSCTL_SYSDIV_64

注：a 注意，当 BYPASS2＝0 时，DIV400 和 SYSDIV2LSB 只有一个有效。该参数用于 TivaWare 外围驱动库函数的 SysCtlClockSet()。

3. 精密内部振荡器操作(PIOSC)

微控制器上电后运行 PIOSC。如果希望运行时钟源，则 PIOSC 在用于内部功能时必须保持启用，因为它用于内部功能，仅可以在深度睡眠模式期间禁用 PIOSC。它可以通过置位 DSLPCLKCFG 寄存器中的 PIOSCPD 位掉电。

PIOSC 产生一个 16 MHz 的时钟，在室温下具有±1%的准确度。在整个全温度范围内精度为±3%。在工厂室温下，PIOSC 被设置为 16 MHz，而该频率可以通过软件在以下三种方式下调节为其他电压或者温度条件。

- 默认校准：在精密内部振荡器的校准寄存器清除 UTEN 位并置位 UPDATE 位。
- 用户自定义校准：用户可以通过编写 UT 值来调整 PIOSC 频率。由于 UT 值的增加，生成周期随之增加。为了提交一个新的 UT 值，首先设置 UTEN 位，接着编写 UT 字段，然后置位 UPDATE 位。该调整在几个时钟周期内完成，然后频率突变。
- 自动校准，使用 32.768 kHz 时钟作为时钟源的休眠模式：设置 PIOSCCAL 寄存器的 CAL 位，校准结果显示在精密内部振荡器统计寄存器(PIOSC-STAT)的 RESULT 字段中。校准完成后，将校准值写入到 CT 字段。

4. 用于主振荡器的晶体配置(MOSC)

主振荡器支持的晶振值为 4～25 MHz。

RCC 寄存器的 XTAL 位描述了可用的晶振选择和默认编码值。

软件通过晶振值配置 RCC 寄存器的 XTAL 字段。如果在设计中使用 PLL,那么 XTAL 字段值会从内部转换到 PLL 设置中。

5. 主 PLL 频率配置

主 PLL 在上电复位情况下默认为禁用,如果需要可稍后通过软件启用。软件指定输出分频来设置系统时钟的频率,同时使能主 PLL 来驱动输出。PLL 以 400 MHz 的频率工作,但是在输出分频应用前先被二分频,除非 RCC2 寄存器中的 DIV400 位置位。

为将 PIOSC 配置为主 PLL 的时钟源,需将运行模式时钟配置 2(RCC2)寄存器的 OSCRC2 域写入 0x1。

如果主振荡器给主 PLL 提供了时钟基准,软件可以从 PLL 频率 n(PLL-FREQn)寄存器中使用由硬件提供的转换(该转换通常用于对 PLL 进行编程)。内部转换可提供 ± 1% 的目标 PLL VCO 频率。

在运行模式时钟配置(RCC)寄存器中的晶振字段(XTAL)描述了可用的晶体选择和默认的 PLLFREQn 寄存器编程。只要 XTAL 字段改变,新的设置就会被转换,同时内部 PLL 设置也被更新。

6. USB PLL 频率配置

USB PLL 在上电复位情况下默认为禁用,如果需要可在稍后通过软件启用。为实现适当的 USB 功能,USB PLL 必须被使能运行。主振荡器是 USB PLL 唯一的时钟参考。USB PLL 通过清除 RCC2 寄存器的 USBPWRDN 位来使能。RCC 寄存器的 XTAL 位字段(晶振值)描述了可用的晶体选择。为了正确地产生 USB 时钟,主振荡器必须连接以下的晶振值之一:5 MHz、6 MHz、8 MHz、10 MHz、12 MHz、16 MHz、18 MHz、20 MHz、24 MHz 或 25 MHz。只有这些晶振能提供与 USB 时序规范一致的 USB PLL VCO 频率。

7. PLL 模式

两个 PLL 都有两种操作模式:正常模式和掉电模式。

正常模式:PLL 倍频输入时钟参考并驱动输出。

掉电模式:大部分 PLL 内部电路被禁用,PLL 不能再驱动输出。

使用 RCC/RCC2 寄存器的域来编程 PLL 模式。

8. PLL 操作

如果 PLL 配置改变,PLL 输出频率将不稳定,直到它重新恢复到新的设定值(重新锁定)。配置改变和重新锁定之间的时间是 T_{READY}。在重新锁定期间,受影响的 PLL 不可用作时钟参考。软件可以轮询 PLL 状态寄存器(PLLSTAT)中的 LOCK 位来确定何时 PLL 被锁定。

PLL 可通过下列方法之一更改：

● 改变 RCC 寄存器中 XTAL 值——写入相同的值不会导致重新锁定。

● 使 PLL 从掉电模式转变为正常模式。

使用根据系统时钟计时的计数器测量 T_{READY} 的要求。如果 PLL 上电，则递减计数器初值设为 0x200。如果 PLLFREQn 寄存器的 M 或 N 的值发生改变，则计数器应被设置为 0xC0。此时，要提供硬件来保持 PLL 不被用作系统时钟，直到上述更改完成并满足 T_{READY} 条件为止。用户要确保在 RCC/RCC2 寄存器切换到使用 PLL 之前必须有一个稳定的时钟源（例如主振荡器）。

如果主 PLL 启用并且系统时钟一步切换到使用 PLL，系统控制硬件会继续使用 RCC/RCC2 寄存器选择的振荡器作为微控制器的时钟，直到主 PLL 稳定（满足 T_{READY} 时间）为止才更改到 PLL。软件可以使用很多方法来确保系统由主 PLL 提供时钟，包括周期性地检测原始中断状态（RIS）寄存器的 PLLLRIS 位，并且启用 PLL 锁定中断。

USB PLL 在锁定（T_{READY}）期间是不受保护的，软件必须确保在使用该接口前 USB PLL 已经锁定。软件可以使用很多方法来确保 T_{READY} 周期已经过去，包括周期性地检测原始中断状态（RIS）寄存器的 USBPLLLRIS 位，以及启用 USB PLL 锁定中断。

9. 主振荡器校验电路

时钟控制包括能确保主振荡器工作在合适频率的电路。如果频率在相连晶振允许的频带范围外，该电路会监测主振荡器频率和信号。

通过使用主振荡器控制器寄存器的 VCAL 位使能检测电路。如果该电路启用并且检测到错误，且 MOSCCTL 寄存器的 MOSCIM 位被清除，硬件会执行下面的序列：

① 将复位原因寄存器的 MOSCFAIL 位置位。

② 系统时钟从主振荡器转换到 PIOSC。

③ 内部上电复位启动。

④ 复位失效，在复位过程中处理器被定向到 NMI 处理程序。

如果 MOSCCTL 寄存器的 MOSCIM 位被置位，那么下面的序列由硬件执行：

① 系统时钟从主振荡器转换到 PIOSC。

② RIS 寄存器的 MOFRIS 位被置位，以指示 MOSC 故障。

2.1.5　非屏蔽中断

非屏蔽中断（NMI）是软件不能屏蔽的中断，一般用于系统内比较重要或紧急的事件处理。Tiva 微控制器有 4 个非屏蔽源：

- 非屏蔽中断信号有效确认。
- 主振荡器校验故障。
- 中断控制状态寄存器（INTCTRL）的 NMISET 位（Cortex‐M4F）。
- 看门狗控制寄存器（WDTCTL）的 INTTYPE 位置位时，看门狗模块超时中断。

软件必须检查中断原因以区分来源。

1. 非屏蔽中断引脚

NMI 信号是 GPIO 端口引脚 PD7 或 PF0 的复用功能。如"通用输入/输出（GPIO）"所描述的那样，若想将该信号用于中断，则必须启用 GPIO 中的复用功能。请注意，启用 NMI 复用功能需要使用 GPIO 锁定和提交功能，正如与 JTAG/SWD 功能相关的 GPIO 端口引脚那样。NMI 信号为高电平有效，若 NMI 信号高于 V_{IH} 则触发 NMI 中断序列。

表 2.8 列出了非屏蔽中断信号的引脚分配。GPIO 复用功能选择（GPIOAFSEL）寄存器中的 AFSEL 位置位后选择非屏蔽中断功能。括号中的引脚号表示是必须被编写到 GPIO 端口控制（GPIOPCTL）寄存器中 PMCn 位域里的编码，以将 NMI 信号分配到指定的 GPIO 端口引脚。

表 2.8　NMI 信号引脚表

引脚名称	引脚号	引脚复用/引脚分配	引脚类型	缓冲类型	描　述
非屏蔽中断	10 28	PD7(8) PF0(8)	输入	TTL	不可屏蔽中断

注：TTL 表示该引脚与 TTL 电平一致。

2. 主振荡器校验失败

TM4C123GH6PM 微控制器提供了一个主振荡器校验电路，如果振荡器运行得太快或太慢，该电路会产生一个错误条件。如果主振荡器校验电路被使能，且发生一个错误条件，此时会产生一个上电复位并将控制权交给 NMI 处理程序，或产生中断。MOSCCTL 寄存器 MOSCIM 位用于确定哪些动作发生。在这两种情况下，系统时钟源自动切换到 PIOSC。MOSC 故障复位时，NMI 处理程序用于解决主振荡器检验故障，因为可以从通用复位处理程序去除必要的代码，加快复位处理。通过将主振荡器控制（MOSCCTL）寄存器的 CVAL 位置位来启用检测电路。主振荡器校验故障由复位原因（RESC）寄存器的主振荡器故障状态位（MOSCFAIL）显示。

2.1.6　低功耗模式控制

为了降低功耗，Tiva MCU 提供了多种处理器运行模式。应用程序可以根据不同的需求（性能、功耗等），控制进入不同的处理器运行模式。

外设专用的 RCGCx、SCGCx 和 CGCx 寄存器（例如，RCGCWD）分别控制 MCU 在运行模式、睡眠模式和深度睡眠模式时该外设或系统模块的时钟门控逻辑。这些寄存器位于系统控制寄存器影射区域，偏移量的起始量分别为 0x600、0x700、0x800。在访问任何模块寄存器之前，在 RCGC 寄存器中启用外设模块时必须有三个系统时钟的延迟。

注：为支持传统软件，RCGCn、SCGCn 和 DCGCn 寄存器的访问偏移量为 0x100～0x128。当写入任意一个寄存器时，也会写入特定外设 RCGCx、SCGCx 和 DCGCx 寄存器的相应位。软件必须使用特定外设寄存器支持那些目前不在传统寄存器的模块。建议新软件使用新的寄存器，不依赖于传统的操作。

如果软件使用外设专用寄存器对传统外设（如 TIMER0）执行写操作，则写操作会产生正确操作，但是该位的值不在传统寄存器中得到反映。通过对传统寄存器的写操作更改的任何位都可以通过对传统寄存器的读操作进行正确回读。如果软件使用传统和外设专用寄存器访问，则必须通过读—修改—写的操作来访问外设专用寄存器，因为该操作仅影响不在传统寄存器中的外设。通过这种方法，外设专用寄存器和传统寄存器具有了一致的信息。

有四种对微控制器的操作，定义如下：

- 运行模式；
- 睡眠模式；
- 深度睡眠模式；
- 休眠模式。

接下来的章节详细描述了这四种不同的模式。

注意：如果 Cortex-M4F 调试访问端口（DAP）已被使能，并且设备在低功耗睡眠模式或深度睡眠模式下被唤醒，内核将在所有外设时钟配置为运行模式之前开始执行代码。DAP 通常由软件工具使能，那么当调试或闪存编程时，将通过 JTAG 或 SWD 接口来访问。如果该条件成立，那么当软件访问一个带有无效时钟的外设时会触发一次硬件故障。

软件延时循环可用在从 WFI 指令（等待中断）唤醒系统的中断程序开始处。这样可以延迟执行可能会产生错误的访问外设寄存器的指令。对于产品软件来说，该循环可以去除，因为在正常执行期间 DAP 几乎不可能被使能。

由于 DAP 默认情况（上电复位）下被禁用，所以用户也可以让设备按上电周期运行。DAP 只有通过 JTAG 或 SWD 接口才能启用。

---

1. 运行模式

在运行模式中,微控制器主动执行代码。运行模式提供处理器和那些被特定外设寄存器(RCGCS)使能的外设正常操作。系统时钟可以是包括 PLL 在内的任一可用时钟。

2. 睡眠模式

在睡眠模式,运行中外设的时钟频率不变,但是处理器和存储器子系统不使用时钟,所以不再执行代码。睡眠模式是通过 Cortex - M4F 内核执行一条 WFI(等待中断)指令完成的。系统中任何正确配置的中断时间都会使得处理器返回运行模式。

当自动时钟门控启用时,外设专用 SCGC 寄存器启用的外设时钟被使用(请参考 RCC 寄存器);当自动时钟门控禁用时,外设专用 RCGC 寄存器启用的外设时钟被使用。系统的时钟源和频率与运行模式期间是一样的。

另外,睡眠模式可以降低 SRAM 的功耗和 Flash 的内存。然而,较低功耗模式的睡眠和唤醒速度较慢。详细描述请参考 2.1.6 小节内容。

重要:执行 WFI 指令之前,软件必须通过检查 EEPROM 完成状态寄存器(EEDONE)的 WORKING 位被清除,以确定 EEPROM 未处于忙状态。

---

3. 深度睡眠模式

在深度睡眠模式中,除了正在停止的处理器时钟之外,可以改变有效外设的时钟频率(通过深度睡眠模式时钟配置)。中断可以使微控制器从睡眠模式返回到运行模式;代码请求可以进入睡眠模式。要进入深度睡眠模式,首先设置系统控制寄存器(SYSCTRL)的 SLEEPDEEP 位,之后执行 WFI 指令。在系统中,任何正确配置的中断事件都会使得处理器回到运行模式。

在深度睡眠模式下,Cortex - M4F 处理器内核和存储器子系统不计时。当自动时钟门控启用时,外设专用 DSCGC 寄存器启用的外设时钟被使用(请参考 RCC 寄存器);当自动时钟门控禁用时,外设专用 RCGC 寄存器启用的外设时钟被使用。系统时钟源在寄存器 DSLPCLKCFG 中规定:当使用 DSLPCLKCFG 寄存器时,使用内部振荡器提供时钟,若有必要须将其时钟关闭。当执行 WFI 指令时 PLL 正在运行,硬件会让 PLL 掉电并将 RCC/RCC2 寄存器中的 SYSDIV 域分别改写为"/16"或"/64",具体由 DSLPCLKCFG 寄存器的 DSDIVORIDE 设置决定。在执行 WFI 指令时 USB PLL 没有断电。当退出深度睡眠事件发生时,硬件会把系统时钟带回到深度睡眠模式开始时的源和频率,然后使能在深度睡眠期间停止的时钟。如果 PIOSC 用于 PLL 参考时钟源,它将在深度睡眠模式中继续提供时钟。

重要：执行 WFI 指令之前，软件必须通过检查看到 EEPROM 完成状态寄存器（EE-DONE）的 WORKING 位被清除，以确定 EEPROM 未处于忙状态。

要实现尽可能低的深度睡眠功耗，以及无需为时钟更改而重新配置外设即可从外设唤醒处理器的能力，一些通信模块在模式寄存器空间中的偏移量 0xFC8 处提供了时钟控制寄存器。时钟控制寄存器中 CS 域允许用户选择 PIOSC 作为模块波特率时钟的时钟源。微控制器进入深度睡眠模式时，PIOSC 也成为模块时钟的源，允许发送和接收 FIFO 在该部分处于深度睡眠时继续操作。图 2.7 描述了如何选择时钟。

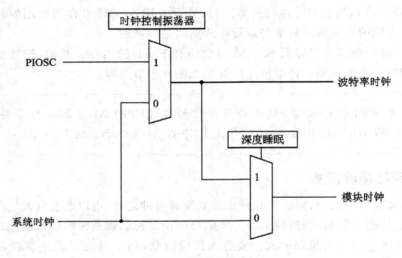

图 2.7 模块时钟选择

另外，深度睡眠模式可以有效降低 SRAM 和 Flash 的功耗。然而，较低功耗的模式的深度睡眠和唤醒速度较慢。详细信息请参考 2.1.6 小节的内容。

4. 动态电源管理

除了睡眠、深度睡眠和片上门控时钟模式外，还有几个额外的电源控制模式选项，允许 LDO、闪存和 SRAM 在睡眠或深度睡眠模式中进入不同程度的省电模式。注意，这些特性将不会在所有器件上有效。系统属性（SYSPROP）寄存器提供关于给定的 MCU 是否支持某一个模块的信息。以下寄存器提供了这些信息：

- LDO 睡眠电源控制（LDOSPCTL）：控制睡眠模式中的 LDO 值。
- LDO 深度睡眠电源控制（LDODPCTL）：控制深度睡眠模式中的 LDO 值。
- LDO 睡眠电源校准（LDOSPCAL）：在睡眠模式下提供工厂推荐的 LDO 值。
- LDO 深度睡眠电源校准（LDODPCAL）：在深度睡眠模式下提供工厂推荐的 LDO 值。

● 睡眠功率配置寄存器（SLPPWRCFG）：控制睡眠模式下 Flash 和 SRAM 的省电模式。

● 深度睡眠功率配置寄存器（SLPPWRCFG）：控制深度睡眠模式下 Flash 和 SRAM 的省电模式。

● 深度睡眠时钟配置（DSLPCLKCFG）：控制深度睡眠模式的计时。

● 睡眠/深度睡眠功率模式状态（SDPMST）：提供不同省电模式的状态信息。

（1）LDO 功率控制

注：当设备通过 JTAG 连接时，关于睡眠或深度睡眠的 LDO 控制设置是不可用的，而且不会被应用。

用户可以通过使用 LDOSPCTL 寄存器或 LDODPCTL 寄存器动态地请求提高或降低 LDO 电压水平以平衡功率/性能。要降低 LDO 电平，软件必须在 RCC/RCC2（适用于睡眠模式）或 DSLPCLKCFG（适用于深度睡眠模式）中为降低后的 LDO 值配置系统时钟，然后再请求降低 LDO。

LDO 功率校准寄存器 LDOSPCAL 和 LDODPCAL，为不同模式的 LDO 提供推荐电压值。如果软件请求的 LDO 值过高或过低，那么该电压值将不被接受，并且在 SDPMST 寄存器产生一个错误报告。

表 2.9 描述了特定 LDO 电压的最高系统时钟频率和 PIOSC 的最高频率。

表 2.9　特定 LDO 电压的最高系统时钟频率和 PIOSC 最高频率

操作电压（LDO）/V	最高系统时钟频率/MHz	PIOSC 频率
1.2	80	16
0.9	20	16

（2）闪存和 SRAM 电源控制

在睡眠或深度睡眠模式下，闪存能够处于默认的主动模式或低功耗模式；SRAM 能够处于默认的主动模式、待机模式或低功耗模式。在各种情况下，主动模式可为睡眠和唤醒提供最快的速度，但是消耗更多能量。低功耗模式提供最低功耗，但需要较长时间的睡眠和唤醒时间。

配置系统属性（SYSPROP）寄存器的 SRAMSM 位可使 SRAM 禁用所有电源管理功能。此配置的工作方式与传统 Stellaris 器件一样，可提供最快的睡眠和唤醒速度，但是在睡眠和深度睡眠模式中消耗的功率最大。其他电源选项均为保留模式和具有较低 SRAM 电压的保留模式。虽然低电压 SRAM 保留模式功耗最低，但是它需要的睡眠唤醒时间也最长。这些模式可以通过 SLPPWRCFG 和 DSLPP-WRCFG 寄存器单独配置 Flash 寄存器和 SRAM。

以下省电选项在睡眠和深度睡眠模式中可用：

● 可以根据外设专用 SCGC 或 DCGC 寄存器中的设置为时钟安装门控。

● 在深度睡眠模式中，时钟源可以改变并且 PIOSC 可被断电（如果没有有效的外设需求），该操作通过设置 DSLPCLKCFG 寄存器实现。这些选项在睡眠模式下是不可用的。

● LDO 电压可通过 LDOSPCTL 或 LDODPCTL 寄存器改变。

● 可以将 Flash 存储器置入低功率模式。

● 可以将 SRAM 置入待机模式或低功耗模式。

SDPMST 寄存器提供发出动态电源管理命令后的结果。如果它在运行，还提供可以通过调试器或内核查看的一些实时状态。这些事件不会触发中断，仅提供信息以帮助调整电源管理软件。在每一个动态电源管理时间请求开始时，状态寄存器被写入。尚无机制清零这些位，它们在下一个事件时被覆盖。实时提供实时数据，并无事件记录该信息。

5. 休眠模式

在该模式下，在微控制器的主要部分，电源被禁用，只有休眠模块的电路有效。外部唤醒事件或 RTC 事件可以使微控制器返回到运行模式。Cortex – M4F 处理器和休眠模块之外的外设可看到一个正常的"上电"序列且处理器开始运行代码。软件可以确定是否是通过检查休眠模块寄存器将微控制器从休眠模式重新启动。有关休眠模式的详细信息请参看"休眠模块"。

2.2　初始化及配置

通过直接写入寄存器 RCC/RCC2 来配置 PLL。如果 RCC2 寄存器正被使用，则必须设置 USERCC2 位和使用适当的 RCC2 位/字段。成功改变基于 PLL 的系统时钟所需的步骤如下：

① 通过设置 RCC 寄存器的 BYPASS 位并清零 USESYS 位来旁路 PLL。因此，配置微控制器运行"原始"时钟源，并在系统时钟切换到 PLL 之前，允许新的 PLL 配置被确认。（调用 SysCtlClockSet()函数实现）

② 选择晶振值（XTAL）和振荡器时钟源（OSCSRC），并清除 RCC/RCC2 中的 PWRDN 位。为合适的晶体设置 XTAL 字段，自动配置合适的 PLL 数据，并清除 PWRDN 位电源，使能 PLL 以及它的输出。（通过调用 SysCtlClockSet()函数实现）

③ 在 RCC/RCC2 选择需要的系统分频并在 RCC 中设置 USESYS 位。SYS-DIV 字段确定微控制器的系统频率。（通过调用 SysCtlClockSet()函数实现）

④ 通过查询原始中断状态（RIS）寄存器的 PLLLRIS 位来等待 PLL 被锁定。（通过调用 SysCtlDelay()函数实现）

⑤ 通过清除 RCC/RCC2 的 BYPASS 位来使能 PLL 的应用。（通过调用 SysCtlPeripheralEnable（）函数实现）

2.3 操作示例

本示例通过改变 CPU 的时钟源、时钟分频系数，观察 LED 闪烁频率的变化，来验证 LaunchPad 上的系统时钟配置。

接下来，通过程序流程图宏观地了解本示例的大体操作步骤；然后通过列出的库函数和示例代码进一步掌握系统时钟的配置与操作；最后通过观察操作现象，验证本示例是否正确实现了相应的功能。

2.3.1 程序流程图

本示例流程步骤：

① 设置时钟。

② 使能相应端口和外设，配置 LED 引脚。

③ 程序循环，持续点亮或关闭 LED 灯，并延迟一段时间，通过改变时钟频率来观察 LED 灯闪烁的速度。

示例程序流程图如图 2.8 所示。

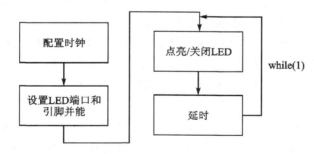

图 2.8 示例流程图

2.3.2 库函数说明

TivaWare 提供了一个非常简单的 API，可以方便地实现时钟系统的配置。

1）函数 SysCtlClockSet（）

功　　能：设置设备的时钟。

原　　型：void SysCtlClockSet（uint32_t ui32Config）；

参　　数：ui32Config 为设备时钟所需要的配置。

描　　述：该函数功能配置了设备的时钟，如：输入晶振频率、振荡器、PLL、系统
　　　　　时钟分频等。参数 ui32Config 是几个不同值的逻辑"或"，它们分别都

被分成多个组,其中在每个组中只能选择一个值。

系统时钟分频器的选择为以下参数之一:SYSCTL_SYSDIV_1、SYSCTL_SYSDIV_2、SYSCTL_SYSDIV_3、…、SYSCTL_SYSDIV_64。

PLL 选择:SYSCTL_USE_PLL 或者 SYSCTL_USE_OSC。

外部晶振频率的选择为如下参数之一:SYSCTL_XTAL_4MHZ、SYSCTL_XTAL_4_09MHZ、SYSCTL_XTAL_4_91MHZ、SYSCTL_XTAL_5MHZ、SYSCTL_XTAL_5_12MHZ、SYSCTL_XTAL_6MHZ、SYSCTL_XTAL_6_14MHZ、SYSCTL_XTAL_7_37MHZ、SYSCTL_XTAL_8MHZ、SYSCTL_XTAL_8_19MHZ、SYSCTL_XTAL_10MHZ、SYSCTL_XTAL_12MHZ、SYSCTL_XTAL_12_2MHZ、SYSCTL_XTAL_13_5MHZ、SYSCTL_XTAL_14_3MHZ、SYSCTL_XTAL_16MHZ、SYSCTL_XTAL_16_3MHZ、SYSCTL_XTAL_18MHZ、SYSCTL_XTAL_20MHZ、SYSCTL_XTAL_24MHZ、SYSCTL_XTAL_25MHz。

当 PLL 工作时,参数值小于 SYSCTL_XTAL_5MHZ 时无效。

振荡器的选择为如下参数之一:SYSCTL_OSC_MAIN、SYSCTL_OSC_INT、SYSCTL_OSC_INT4、SYSCTL_OSC_INT30、SYSCTL_OSC_EXT32。SYSCTL_OSC_EXT32 仅应用于拥有休眠模式的设备,而且只有当休眠模式使能时才有效。

SYSCTL_INT_OSC_DIS 和 SYSCTL_MAIN_OSC_DIS 标识位分别使能内部振荡器和主振荡器。外部时钟源必须由外部振荡器提供。那些试图使能应用于时钟设备的外部振荡器的行为,是被硬件阻止的。

使用 SYSCTL_USE_OSC|SYSCTL_OSC_MAIN 设置外部时钟源(比如一个外部晶振)作为系统的时钟。使用 SYSCTL_USE_OSC|SYSCTL_OSC_MAIN 设置主振荡器作为系统的时钟。使用 SYSCTL_USE_PLL|SYSCTL_OSC_MAIN 设置 PLL 作为系统的时钟源,并选择一个合适的晶振频率 SYSCTL_XTAL_xxx 的值。

注:如果选择 PLL 作为系统时钟源(通过 SYSCTL_USE_PLL),则该函数将通过 PLL 锁中断来确定何时锁定 PLL。如果一个系统控制中断准备就绪,并且它反馈、清除 PLL 锁中断,则该活动将延迟到发生超时而不是 PLL 锁结束时立即完成。

返回值:无

2) 函数 SysCtlPeripheralEnable( )

功　能:使能外设。

原　型：void SysCtlPeripheralEnable(uint32_t ui32Peripheral)；

参　数：ui32Peripheral 为要使能的外设。

描　述：函数的功能是使能一个外设。上电时，所有外设为失能状态；它们必须在使能后才能操作或响应寄存器的读/写。

外设参数必须为以下参数之一：SYSCTL_PERIPH_ADC0、SYSCTL_PERIPH_ADC1、SYSCTL_PERIPH_GPIOA、SYSCTL_PERIPH_GPIOB、SYSCTL_PERIPH_GPIOC、SYSCTL_PERIPH_GPIOD、SYSCTL_PERIPH_GPIOE、SYSCTL_PERIPH_GPIOF、SYSCTL_PERIPH_GPIOQ、SYSCTL_PERIPH_HIBERNATE 等，其余参数请查看外设驱动库文档。

注：写使能外设后，要经过 5 个时钟周期外设才真正被使能。在这期间，试图访问外设将导致总线错误。要注意确保在这段时间内，外设不能够被访问。

返回值：无

3）函　数 SysCtlClockGet( )

功　能：获取处理器时钟频率。

原　型：uint32_tSysCtlClockGet(void)；

参　数：无

描　述：该函数获得处理器时钟频率和外设模块的时钟频率（除了 PWM 外，它有自己的时钟分频，其他外设有不同的时钟）。

返回值：无

49

4）函数 SysCtlDelay( )

功　能：提供一个短暂延时。

原　型：void SysCtlDelay(uint32_t ui32Count)；

参　数：无

描　述：该函数提供一种延时方法，延迟时间为执行 ui32Count 次简单的 3 个指令周期循环的指令所花费的时间。

返回值：无

2.3.3　示例代码

下面的示例代码利用系统控制的库函数控制系统时钟频率，然后通过 LED 灯的闪烁来观察现象，代码中设置了使用主振荡源输出 16 MHz 和使用锁相环输出 80 MHz 的时钟频率（测试的时候需要把另一种设置的代码注释，另外，对于 GPIO 控制 LED 灯的代码目前不做要求，在 4.1 节会有详解）。

```
/*********************************
* 函数名:main
* 描　　述:主函数,通过控制系统时钟的输出频率来控制 LED 灯的闪烁
* 输　　入:无
*********************************/
int main(void)
{
    SysCtlClockSet(SYSCTL_SYSDIV_1|SYSCTL_USE_OSC
    |SYSCTL_XTAL_16MHZ |SYSCTL_OSC_MAIN);              //16 MHz 的主振荡源
    //SysCtlClockSet(SYSCTL_SYSDIV_1|SYSCTL_USE_OSC
    //|SYSCTL_XTAL_16MHZ |SYSCTL_OSC_INT);            //16 MHz 内部时钟源
    //SysCtlClockSet(SYSCTL_SYSDIV_2_5 |SYSCTL_USE_PLL
    //|SYSCTL_XTAL_16MHZ |SYSCTL_OSC_MAIN);           //80 MHz,使用 PLL 锁相环

    SysCtlPeripheralEnable(SYSCTL_PERIPH_GPIOF);
    //ENABLE PORTF
    GPIOPinTypeGPIOOutput(GPIO_PORTF_BASE,GPIO_PIN_1); //LED 引脚设置为输出
    while(1)
    {
    GPIOPinWrite(GPIO_PORTF_BASE,GPIO_PIN_1, GPIO_PIN_1);
    //点亮 LED
    SysCtlDelay(10000000);
    //DELAY
    GPIOPinWrite(GPIO_PORTF_BASE,GPIO_PIN_1,0x00);
    //关闭 LED
    SysCtlDelay(10000000);
    }
}
```

2.3.4　操作现象

将 LaunchPad 连接到电脑上,把不同时钟的程序分别烧写到板子中。按下复位键,观察 LED 灯的闪烁频率,然后选择另外一种时钟频率的输出,以相同的方法测试,再次观察 LED 灯的闪烁频率有何变化。

思考题与习题

1. MCU 的复位有什么作用?为何需要有多个复位源?
2. 如何产生一个可靠的外部复位信号?Tiva MCU 的外部复位信号要求什么?
3. Tiva C 系列 MCU 支持哪些可用时钟源?每个时钟源的特点及所提供的时

钟频率、精度是多少？

4. 请说明 Hibernate OSC 的用途。

5. 请简述 PLL 的作用。

6. 在 PLL 分频时，为什么是从 200 MHz 的基础上分频，而不是从 400 MHz 呢？

7. 什么是非屏蔽中断？Tiva C 系列 MCU 支持哪些非屏蔽中断？

8. 配置 TM4C123 的时钟树。控制一个 LED 发光二极管的亮、灭，改变 CPU 的时钟源、时钟分频系数，观察 LED 灯闪烁频率的变化。

9. 简述 Tiva 微控制器的四种不同的工作模式和各个工作模式的使用场景。

第 **3** 章

存储器

存储器是嵌入式系统的重要组成部分。由于嵌入式系统应用面广,存储要求各不相同,需要各种不同特性的存储器来存放不同的代码、数据和参数等。本章将介绍存储器的基础知识、存储器空间映射和地址译码等,并结合 Tiva 芯片自带的随机存储器(SRAM)、只读存储器(ROM)、闪存(Flash)以及电可擦可编程只读存储器(EE-PROM),介绍它们的使用方法。

3.1 存储器简介

存储器是计算机及嵌入式系统中的记忆设备,存储器系统是整个嵌入式系统设计的重要部分,涉及存储器的选型、层次组织、地址空间分配、扩展存储器怎样接入系统等很多方面。

现代嵌入式系统设计中,为了实现高性能,微处理器内核必须连接一个容量大、速度高的存储器系统。而存储器的容量和速度、价格之间有一些矛盾的关系,一般而言,存储器容量越大,速度就越慢;而速度越高,价格也越高。所以当今的存储器系统解决方案普遍采用复合的存储器系统,也就是多级存储器层次的概念,如图 3.1 所示。

多级存储器系统包括一个容量小但速度高的高速缓存(Cache)以及一个容量大但速度低的主存储器,这是个典型的 2 级结构。2 级结构可以扩展为多级存储器层次,如通常的由 Cache、主存和硬盘构成的 3 级存储层次。根据系统需求,Cache 还可以进一步分为 L1、L2、L3 Cache 等。

存储器按存取方式进行分类,可分为随机存储器(RAM)、只读存储器(ROM)、Flash 存储器(闪存)三类,如图 3.2 所示。

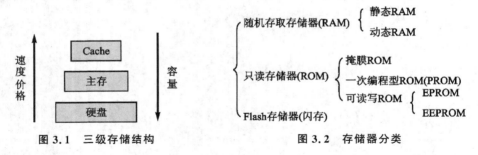

图 3.1 三级存储结构   图 3.2 存储器分类

下面将分别对 RAM、ROM、Flash 及常用的存储器进行介绍。

3.1.1　SRAM

　　静态随机存储器 SRAM(Static Random - Access Memory)是随机存取存储器的一种。所谓"静态"是指这种存储器只要保持通电,里面储存的数据就可以一直保存在内存中不丢失;与 SRAM 对应的是动态随机存储器 DRAM(DRAM 需要周期性刷新数据)。当停止供电时,SRAM 储存的数据将丢失。图 3.3 是一个典型的 SRAM 内部存储单元结构图。

　　与 DRAM 相比,SRAM 具有较高的读写速度,功耗也较低,但 SRAM 的容量密度较低。在相同阶段,单片 SRAM 的位容量一般只有 DRAM 的几十分之一。

　　SRAM 芯片一般采用 CPU 总线接口,具有独立的地址总线、数据总线和控制总线。图 3.4 是一个 SRAM 芯片的逻辑引脚示意图。芯片地址线的位数(n)决定了其内部的存储单元数目(2^n);芯片数据线的位数(m)决定了每次读写的数据宽度(m);一个 SRAM 芯片的位容量就是 $2^n \times m$。

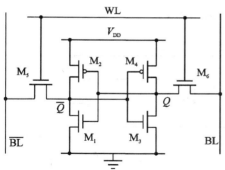

图 3.3　SRAM 芯片的存储单元结构图　　　　图 3.4　SRAM 芯片逻辑示意图

　　IS61LV25616AL 是一种常见的 DSP 外扩 SRAM,地址线为 18 位,数据线为 16 位,容量为 256K×16。其芯片引脚如图 3.5 所示。

　　对 SRAM 芯片的读取,是 CPU 通过地址总线把要读取单元的地址传送到相应的地址引脚,并激活片选($\overline{\text{CS}}$或 $\overline{\text{E}}$)引脚选择该 SRAM 芯片,随后激活芯片的读信号($\overline{\text{RD}}$或 $\overline{\text{G}}$)引脚。在等待相应的输出延时后,所读地址单元的数据即出现在芯片的数据线上。CPU 利用读信号($\overline{\text{RD}}$或 $\overline{\text{G}}$)的上升沿把数据总线的数据锁存到内部寄存器中。图 3.6 为 SRAM 读取周期时序示意图。

　　对 SRAM 的写操作与读操作类似,只是数据也是由 CPU 提供,并用写信号($\overline{\text{WR}}$)代替读信号($\overline{\text{RD}}$)。

　　MCU 内部都集成了一些 SRAM,但容量普遍较小,一般为几百 B 到几百 KB。在 MPU 系统中,SRAM 一般仅用于高速缓冲存储器(Cache)。

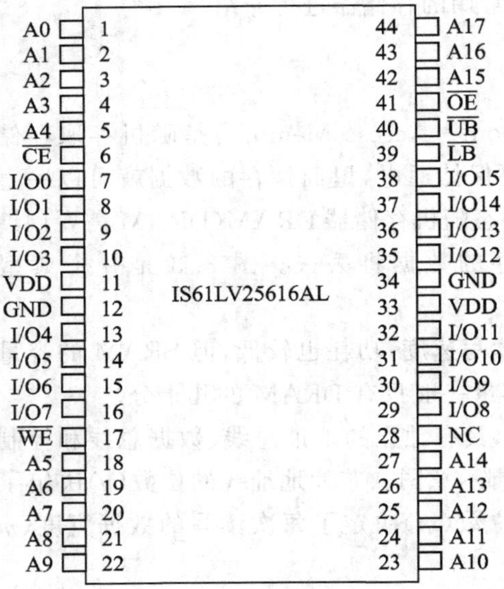

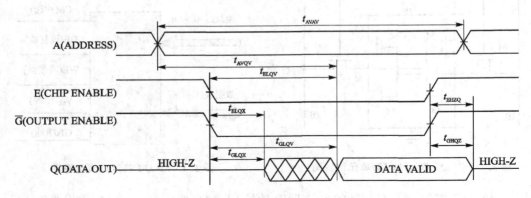

引脚名	引脚描述
A0~A17	地址输入
I/O0~I/O15	数据输入/输出
$\overline{CE}$	芯片使能
$\overline{OE}$	输出使能
$\overline{WE}$	写使能
$\overline{LB}$	低字节选择
$\overline{UB}$	高字节选择
NC	空
VDD	电源
GND	地

图 3.5　IS61LV25616AL SRAM 芯片

图 3.6　SRAM 读取周期时序图

在高性能计算机系统或通信接口中,还会使用一种较为特殊的双端口 SRAM(简称双口 RAM),一般用于双处理器之间高速信息交换和高速数据缓冲。双端口 RAM 是在一个 SRAM 存储器上具有两套完全独立的数据线、地址线和读写控制线,并允许两个独立的系统同时对该存储器进行随机性的访问,如图 3.7 所示。

双端口 RAM 最大的特点是存储数据共享。一个存储器配备两套独立的地址、数据和控制线,

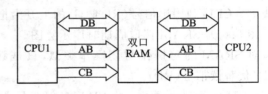

图 3.7　双端口 RAM 示意图

允许两个独立的 CPU 或控制器同时异步地访问存储单元。因为数据共享,就必须存在访问仲裁控制。内部仲裁逻辑控制提供以下功能:对同一地址单元访问的时序控制;存储单元数据块的访问权限分配;信令交换逻辑(例如中断信号)等。

3.1.2　DRAM

DRAM(Dynamic Random Access Memory),即动态随机存取存储器,是最为常见的系统内存。DRAM 只能将数据保持很短的时间。为了保持数据,DRAM 使用电容存储,所以必须隔一段时间刷新(refresh)一次,如果存储单元没有被刷新,存储的信息就会丢失。

与 SRAM 相比,DRAM 的优势在于结构简单——每一个比特的数据存储只需一个电容和一个晶体管来处理,相比之下,在 SRAM 上一个比特的存储通常需要 6 个晶体管。正因为如此,DRAM 拥有非常高的存储密度,单位体积的容量较高且成本较低。但由于需要刷新,DRAM 也有访问速度较慢、耗电量大的缺点。

图 3.8 是一个 DRAM 芯片的存储单元结构图。DRAM 存储器采用"读出"方式进行刷新:在读的过程中恢复了存储单元的 MOS 栅极电容电荷,保持了原来的内容。一般,在刷新过程中只改变行选择线地址,每次刷新一行。依次对每行进行读出,从而完成对整个 DRAM 的刷新。

DRAM 芯片的地址线是复用的,由行地址选通(RAS)和列地址选通(CAS)来区分,而不是一般 CPU 地址总线接口。因此,使用 DRAM 都需要有 DRAM 控制器来配合,以完成 CPU 总线接口与 DRAM 总线接口的转换和时序的匹配,DRAM 控制器同时完成 DRAM 的刷新控制。DRAM 芯片地址总线的位数(n)决定了其内部的存储单元数目(最大为 2^n);芯片数据总线的位数(m)决定了每次读写的数据宽度(m);一个 SRAM 芯片的位容量最大就是 $2^n \times m$。图 3.9 是一个 DRAM 芯片的逻辑引脚示意图。

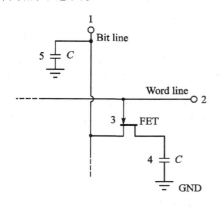
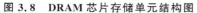

图 3.8　DRAM 芯片存储单元结构图

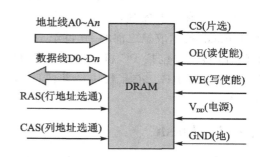

图 3.9　DRAM 芯片逻辑示意图

DRAM 读取周期时序示意图如图 3.10 所示。首先行地址信息会被送到

DRAM 中,进行"行选通($\overline{\text{RAS}}$)";然后送入列地址信息,进行"列选通($\overline{\text{CAS}}$)";随后拉低输出使能引脚,在等待相应的读取延时后,才能从数据线上读出数据。

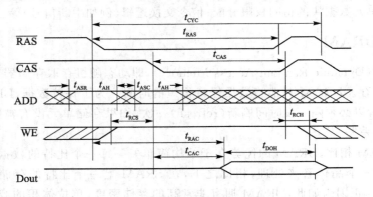

图 3.10　DRAM 读取周期时序图

DRAM 一般用于 MPU 系统的主存,具有容量大、成本低的优点。现代 MPU 系统用的 SDRAM、DDRRAM 等,都是传统 DRAM 的升级改进版,在读写速度、功耗方面有了较大的改进。在 MCU 系统中,DRAM 几乎不被采用。

3.1.3　ROM

只读存储器 ROM(Read‐Only Memory)是一种只能读出事先所存数据的固态半导体存储器。其特性是一旦储存资料就无法再将之改变或删除。通常在制造过程中,数据被烧录于线路中,在之后的工作过程中,只能读出不能写入。

ROM 所存数据稳定,断电后所存数据也不会改变;同时其结构较简单,成本比 Flash 低,因而常用于存储各种固定程序和数据,如芯片的启动引导代码、固定库函数、字库数据等。在实际应用中,开发者只需要了解 ROM 提供的程序功能、API 或数据格式,无需了解其内部实现的细节。

EPROM 是一种改进型的 ROM,它可以通过紫外线照射(约 10 min)来删除 EPROM 中存储的内容,然后通过专用的 EPROM 编程器来写入新的内容。这种芯片在 Flash 技术成熟之前的 20 世纪 70—90 年代非常流行,广泛用于各种单片机系统的程序存储,包括 PC 机主板上的 BIOS,也用的是 EPROM 芯片。一般容量为几 KB 到几百 KB。90 年代中后期,随着 Flash 技术的成熟,EPROM 逐渐退出了历史舞台。

3.1.4　Flash

闪存(Flash Memory)是一种长寿命的非易失性存储器。

Flash 结合了 RAM 和 ROM 的部分优点,不仅可擦除可编程,还可以快速读取数据,数据也不会因为断电而丢失。通常 U 盘和 MP3 播放器所用的就是该存储器。

随着技术的不断发展,Flash 全面代替了 EPROM 在嵌入式系统中的地位,用于存储用户程序代码及数据。目前大部分 MCU 都集成了 Flash,用于存放用户开发的程序代码。

Flash 是电子可擦除只读存储器(EEPROM)的变种,其成本比 EEPROM 低,但是其数据擦写不是以字节为单位,而是以固定的区块为单位(注:NOR Flash 为字节存储)的,区块大小一般为 256 KB～20 MB。

Flash 分为 NOR Flash 和 NAND Flash 两种形式,其性能特点有很大不同。一般 NOR Flash 具有 CPU 总线接口(类似于 SRAM 接口),读取速度很快,可固化代码,直接在 Flash 中被执行;而 NAND Flash 一般采用 I/O 接口,地址、数据都是通过命令形式传送,读写速度相对较慢,一般用于取代磁盘,用作外存。在读写时,NAND Flash 也是以类似磁盘的扇区为单位的。Flash 的擦写次数(寿命)都是有限的,一般为几万次到上百万次,所以 Flash 不能用于高速、频繁擦写的场合。另外,Flash 读取速度比较快,但擦写速度较慢,擦写时间一般都是 ms 级的。

相对而言,NOR Flash 的容量比 NAND Flash 小,但可靠性比较高;NAND Flash 容量大、价格低,但更容易发生数据丢失或损坏。目前,U 盘、SD 卡、固态硬盘等,都使用 NAND Flash。为了提高写入的速度,一般还要采用 RAM 作为数据缓冲器。

并行接口的 NAND Flash 芯片是按 I/O 设备设计的,所有信息(地址、数据、控制等)的传输都是通过 8 位(或 16 位)并行数据线进行的。例如对 NAND Flash 的读操作,首先需要使能片选,然后向 NAND 芯片发送命令以及地址,并且等待命令数据被锁存后,再读取数据。NAND Flash 芯片的引脚示意图如图 3.11 所示。

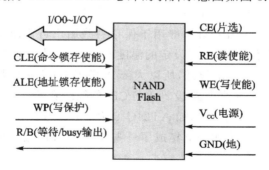

图 3.11　NAND Flash 芯片引脚示意图

NAND Flash 芯片通过 ALE/CLE(高电平有效)来区分数据线上的数据是命令(CLE 有效)、地址(ALE 有效)还是数据(CLE/ALE 都无效)。

NAND Flash 芯片的读取周期时序如图 3.12 所示。详细的读写数据命令格式请参考相应芯片的数据手册。

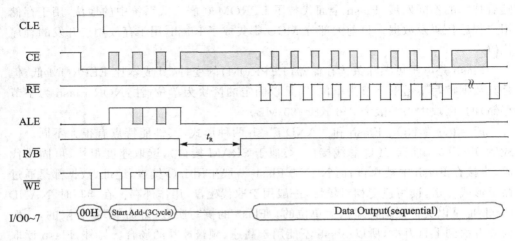

图 3.12　NAND Flash 芯片读取周期时序图

3.1.5　EEPROM

电可擦可编程只读存储器 EEPROM（Electrically Erasable Programmable Read-Only Memory）是一种长寿命的非易失性的存储器,掉电后数据不会丢失,但其容量通常较小。

EEPROM 的成本较高,其特点是可以针对非常小的单元(如字节单元)进行擦写操作。与 Flash 不同的是,EEPROM 能以字节为单位进行删除和重写,而不是整个芯片或块的擦写,Flash 一般都需要按块或扇区擦除。另外,EEPROM 的可擦写次数通常要比 Flash 高一个数量级。

在 MCU 系统中,EEPROM 一般用于保存一些用户可修改的配置参数,这些参数在系统断电后不能丢失,如用户设定的温度上限、下限值。由于这些操作不是经常发生的,而且对读写速度要求很低,所以大部分 EEPROM 芯片都采用 I^2C(二线)或 SPI 总线接口,以方便硬件电路设计和 PCB 布线。典型的 EEPROM 芯片就是 AT24Cxx 系列(xx 表示位容量),如 AT24C16 为 2 KB(16K 位)的芯片。

现在部分新型的 MCU 中,也集成了一些 EEPROM,包括本书介绍的 Tiva 系列 MCU。

EEPROM 的读取速度比较快,但擦写速度较慢,擦写时间一般都是 ms 级的。

3.1.6　存储器扩展

每一个存储器芯片的容量都是有限的,而且其字长有时也不能正好满足系统对字长的要求,因此,存储器可以由多个存储器芯片共同构成。对存储芯片进行扩展与连接时要考虑两方面的问题:一是如何用容量较小、字长较短的芯片,组成满足系统容量要求的存储器;另一个是存储器如何与微处理器连接。

嵌入式系统教程——基于 Tiva C 系列 ARM Cortex-M4 微控制器

存储芯片的扩展包括位扩展、字扩展和字位同时扩展三种情况。这些知识在"计算机组成"课程中有详细的阐述,以下将分别对这三种情况进行简单介绍。

1. 位扩展

位扩展是指存储芯片的字(单元)数满足要求而位数不够,需对每个存储单元的位数进行扩展。如图 3.13 所示,使用 $256K \times 1$ 的 RAM 存储器芯片,使用位扩展构成 $256K \times 32$ 的存储器。这种位扩展一般是把各个芯片的地址线和控制线分别并接在一起,把每个芯片的数据线分别连接到系统数据总线的不同数据位线。

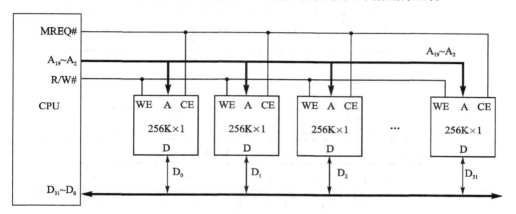

图 3.13　位扩展

2. 字扩展

字扩展是空间扩展。如需要 $2M \times 8$ 容量的存储器,而目前只有 $256K \times 8$ 的 RAM 芯片可用,这时就需要进行存储器字扩展。通过译码器把系统地址总线的高位地址进行地址译码(分页),把译码信号与存储器芯片的片选引脚($\overline{CS}$)连接,按地址分段选中不同的存储器芯片,达到扩展存储容量的目的。如图 3.14 所示,3 个高位地址输入(C、B、A),经过译码后,8 个输出中只有一个变为低电平,从而可以根据不同的地址范围选择 8 个不同的存储器芯片。

3. 字位扩展

在实际应用中,往往会遇到字数和位数都需要扩展的情况。如果需要字和位(宽度和空间)的同时扩展,那么就必须将位扩展和字扩展结合起来。若使用 $j \times k$ 位的存储器芯片构成一个容量为 $M \times N$ 位($M > j$,$N > k$)的存储器,那么这个存储器共需要 $(M/j) \times (N/k)$ 个存储器芯片。连接时可将这些芯片分成 (M/j) 个组,每组有 (N/k) 个芯片,组内采用位扩展法,组间采用字扩展法,如图 3.15 所示。

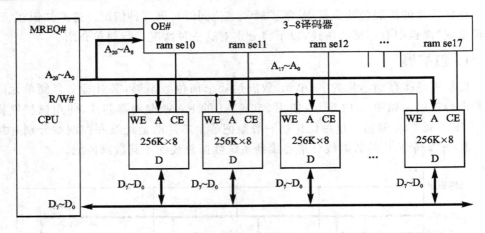

图 3.14 字扩展

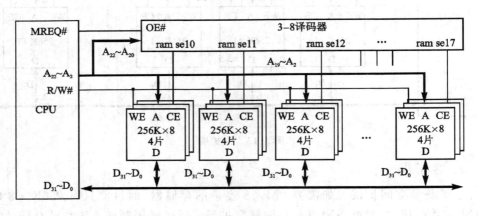

图 3.15 字位扩展

3.1.7 地址译码

地址译码就是如何把一个存储器或 I/O 设备,放置到系统规定的地址空间或位置。一般是使用一个组合逻辑电路,把系统的高位地址进行译码,产生一个片选($\overline{CS}$)来选中相应的存储器或外设。常见的地址译码方法有译码器译码、与非门译码、PLD 译码等,下面将对这几种译码方式进行介绍。

1. 译码器译码

译码器是一个多输入、多输出的组合逻辑电路。它把给定的编码输入信号变成相应的独立输出状态,使输出信号中相应的一路有信号输出。

图 3.16 使用 3-8 译码器,将输入的三位地址信号($A15$、$A14$、$A13$)翻译成相应的 8 个片选信号,用于选择 8 个独立的存储芯片。图中每个存储芯片是 8 KB,共同组成了一个 64 KB 的存储器,系统地址是 0xF0000~0xFFFFF,因为只有当系统地

址的最高 4 位(A19~A16)为全 1 时,译码器才被使能工作。

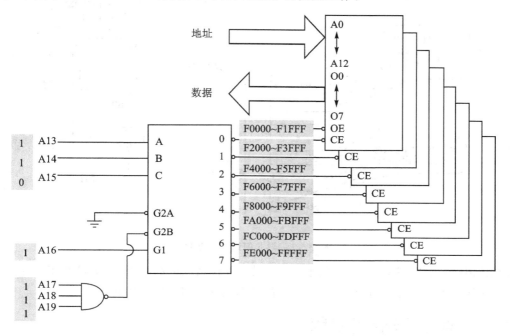

图 3.16　译码器译码示意图

2. "与非"门译码

"与非"门是数字逻辑中实现逻辑"与非"的一种通用逻辑门。当一个"与非"门的所有输入均为高电平(逻辑 1)时,输出为低电平(逻辑 0)。若输入中至少有一个为低电平(逻辑 0),则输出为高电平(逻辑 1)。

译码器一般用于大段地址的译码,而"与非"门则适用于少量端口地址的译码。这类译码输入信号较多、输出很少,典型应用就是 I/O 设备的端口地址译码,如 UART 的一些端口寄存器。

图 3.17 利用"与非"门实现了简单的小容量 EPROM 的片选控制,使得 2 KB 的 EPROM 定位于系统地址空间的 0xFF800~0xFFFFF。使用"与非"门实现电路译码使得电路结构更为简单、紧凑。

3. PLD 译码

PLD 是一种可编程逻辑电路器件,它可以使用软件对器件进行编程或改写,使器件具有不同的逻辑功能。以前常见的简单 PLD 有三种,分别是 PLA(可编程逻辑阵列)、PAL(可编程阵列逻辑)、GAL(门阵列逻辑)。现在基本采用 CPLD(复杂可编程逻辑器件)和 FPGA(现场可编程门阵列)。用户可以根据自己的需要,设计逻辑功能并对这类器件进行编程,完成包括地址译码在内的各种逻辑功能,甚至某些算法。

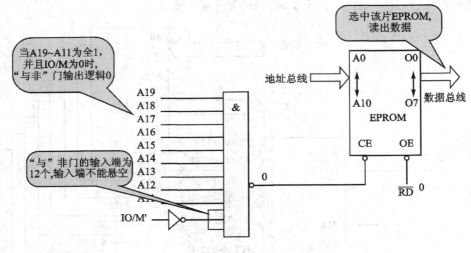

图 3.17　与非门译码示意图

采用 Flash 或 EEPROM 技术的 PLD,可以实现在系统内的编程,大大简化了硬件逻辑的设计和系统功能的变更,也是实现硬件即插即用(PnP)的基础。

3.2　存储器空间映射

通常 MCU 芯片具有许多外设,这些外设访问的标准方法是使用存储器映射的 I/O,为外设的每个寄存器都分配一个地址。从这些地址装载数据用于读入,向这些地址保存/写入数据用于输出。有些地址的装载和保存用于外设的控制功能,而不是输入或输出功能。

空间映射是指把芯片中或芯片外的 Flash、RAM、外设等进行统一编址,即用地址来表示对象。这些映射地址绝大多数是由厂家规定好的,用户只能在外扩 RAM、Flash 或 I/O 设备的情况下,才可自己定义芯片或设备地址,并用 3.1 节所介绍的地址译码方法去实现。

按照通常体系架构对计算机系统进行分类,可将其分为普林斯顿结构和哈佛结构。

3.2.1　普林斯顿结构

普林斯顿结构,又称为冯·诺依曼结构,是一种将程序指令存储器和数据存储器合并在一起的存储器结构。取指令和取操作数都在同一总线上,通过分时复用的方式进行。缺点是在高速运行时,不能达到同时取指令和存取操作数,从而形成传输过程的总线瓶颈。普林斯顿结构如图 3.18 所示。

由于程序指令存储地址和数据存储地址指向同一个存储器的不同物理位置,因

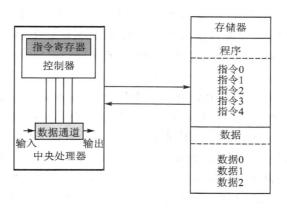

图 3.18　普林斯顿结构示意图

此指令和数据的宽度相同,如 Intel 公司的 8086 处理器的程序指令和数据都是16 位宽。

3.2.2　哈佛结构

哈佛结构是一种将程序指令存储和数据存储分开的存储器结构。中央处理器首先到指令存储器中读取指令内容,解码后得到数据地址,再到相应的数据存储器中读取数据,并进行下一步的操作(通常是执行)。指令存储和数据存储分开,可以使指令和数据有不同的数据宽度,如 Microchip 公司的 PIC16 芯片的程序指令是 14 位宽度,而数据是 8 位宽度。哈佛结构如图 3.19 所示。

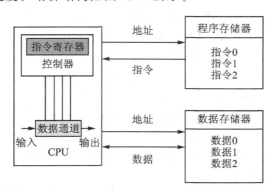

图 3.19　哈佛结构示意图

哈佛结构的微处理器通常具有较高的执行效率。其指令和数据分开组织和存储,执行时可以预先读取下一条指令,这是流水线处理器所必需的。使用哈佛结构的微处理器和微控制器有很多,包括 Microchip 公司的 PIC 系列芯片、Atmel 公司的AVR 系列和 ARM 公司的 ARM9、ARM10、ARM11 等。

哈佛结构采用独立的程序和数据空间,目的是为了减轻程序运行时的访存瓶颈。

例如在最常见的卷积运算中,一条指令同时取两个操作数,在流水线处理时,同时还有一个取指操作,如果程序和数据通过一条总线访问,则取指和取数必会产生冲突,而这对大运算量循环的执行效率是很不利的。哈佛结构能较好地解决取指和数据访问的冲突问题。

目前,几乎所有的 32 位 RISC 流水线处理器,内核都采用了哈佛结构,也就是在内核 CPU 层次,指令、数据存储器分别使用独立的总线,尽管它们在外部(内存层次)可能是映射在一个地址空间的不同地址段(页)。

对于 I/O 空间映射,由于 I/O 端口总的数量很少,一般都把 I/O 端口映射到系统的数据空间中,也就是在系统的数据空间中,拿出一小部分地址空间分配给 I/O 端口使用。只有极少的处理器系统(如 8086 系统),会使用独立的 I/O 空间映射并有单独的 I/O 指令(如 IN、OUT 指令)。

3.2.3　大小端模式

计算机系统通常采用字节作为存储寻址单位。当处理器操作数据的物理单位(寄存器)的宽度大于 1 个字节时,在存储时就要区分字节顺序。在存储器系统有两种映射机制(格式):大端和小端。

- 小端存储器系统:在小端格式中,存储器的低地址单元存放低字节数据。以 32 位字长为例,存储器系统的 0 地址(或 4、8、c 地址)字节数据线被连接到系统数据总线的 D7~D0。
- 大端存储器系统:在大端格式中,存储器的低地址单元存放高字节数据。以 32 位字长存储系统为例,存储器系统的 0 地址(或 4、8、c 地址)字节数据线被连接到系统数据总线的 D31~D24。

大端、小端在存储器中的存储方式如图 3.20 所示。

一个基于 ARM 内核的芯片可以只支持大端模式或小端模式,也可以两者都支持。在 ARM V4 指令集中不包含任何直接选择大小端的指令,但是一个同时支持大小端模式的 ARM 芯片可以通过硬件配置(一般使用芯片的某个引脚来配置)来匹配存储器系统所使用的规则。

0x12345678 字数据的大小端存储方式

图 3.20　大端、小端存储结构示意图

大小端问题在不同硬件平台上的软件移植、数据通信时,要特别引起重视,否则可能会产生一些怪异的问题。如当一个 16 位(双字节)的音频数据文件,通过网络从一个大端格式的机器传送给一个小端格式的机器时,如果没有相关说明和解析,则可能会导致数据文件格式错误。

3.3 Tiva 微控制器存储器

TM4C123GH6PM 芯片包含了 SRAM、ROM、Flash、EEPROM 四类内部存储器。其中，SRAM 大小为 32 KB；Flash 大小为 256 KB；EEPROM 大小为 2 KB。芯片内部的 ROM 模块可提供库函数的 ROM 副本，使得 Flash 中的程序可以调用 ROM 中的库函数，以达到节约 Flash 的目的。

TM4C123GH6PM 微处理器内部的 SRAM、ROM 和 Flash 块的模块结构如图 3.21所示。

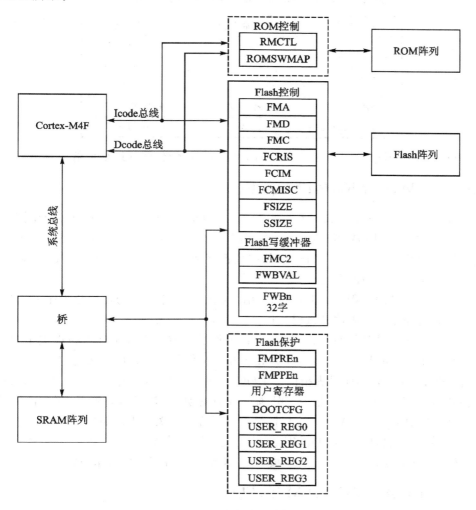

图 3.21 内部存储器框图

ROM 部分的数据存储由 ROM 阵列构成；Flash 部分的数据存储由 Flash 存储

阵列构成。

　　在存储器操作中，μDMA 控制器可以与 SRAM 通信。但是，因 Flash 和 ROM 都位于单独的内部总线上，所以 μDMA 控制器不能从 Flash 或 ROM 传输数据。

3.3.1　TM4C123GH6PM 存储器地址映射

　　Cortex-M4 系列处理器对内存和外设进行了统一编址，存储器映射列出了指令和数据在存储器中存放的位置，Flash、ROM、SRAM 以及外设对应的存储器位置如表 3.1 所列。

表 3.1　Flash、ROM、SRAM 以及外设对应的存储器位置

存储器类型	起始地址	结束地址
Flash	0x00000000	0x0003FFFFF
ROM	0x01000000	0x1FFFFFFF
SRAM	0x20000000	0x20007FFF
SRAM 位带	0x22000000	0x220FFFFF
外设及 EEPROM	0x40000000	0x400FFFFF

　　数据在存储器中按照小端模式（Little Endian）存储，即低地址放低位字节。

3.3.2　TM4C123GH6PM 的 ROM

　　TM4C123GH6PM 的 ROM 主要存放了库函数（Tiva Driver Library）的副本，将库函数副本放置于 ROM 中，可大大减小编译出的 Binary 的大小，节省 Flash 开销。

　　目前，ROM 主要包含了 Tiva 引导加载程序和向量表以及外围设备的驱动程序库（Driver Library），如下所述。

　　① Tiva 引导加载程序。TivaWare 引导程序的作用是作为初始化程序来加载程序，或在应用程序触发固件升级时使用。

　　② Tiva 外围设备的驱动程序库。TI 为使用不同的 Tiva 系列设备提供了 DriverLib 函数子集，同时，Driverlib/rom_map.h 头文件包含了相应函数的定义。

　　在 ROM 开始处的向量表指向了 ROM 提供的 API 入口点，其 API 表被拆分成主表和附表两个部分。主表指向了外围设备的辅助表（副表），而副表中包含了与该外设关联的 API。每个 API 与该指针是一一对应的。关于 DriverLib 的库函数详细定义以及使用方法，应参考《TivaWare 外围设备的驱动程序库》一书。

　　需要注意的是，ROM 中没有集成 Tiva 关于 GUI 和 USB 的库功能。

3.3.3　TM4C123GH6PM 的 Flash

　　TM4C123GH6PM 的 Flash 用来存放用户编译的 Binary 镜像，其总大小为 256 KB。

Flash 的擦除块操作会导致整个内容块（即每个位）被重置为 1。1 KB 的块可与 2 KB 的块配对形成写入保护。系统可为不同的块提供不同级别的代码保护。

Flash 的只读块不能被删除或编程，只执行块不能被删除或编程，以避免这些块的内容被控制器或调试器读取。

当 TM4C123GH6PM 的系统时钟速度为 40 MHz 或更慢时，Flash 在一个周期中即被读取。Flash 区块被分割为一系列可以单独擦除的 1 KB 块。每个 32 位字长的块可从 1 更改为 0。

1. 预读缓冲区

CPU 频率大于 40 MHz 时，Flash 控制器的预读缓冲区将自动启用。在此模式下，Flash 在一半系统时钟的速度下工作。当顺序执行代码时，预读缓冲区每个时钟读取两个 32 位字，使得 CPU 可以顺序执行代码。

此外，预读缓冲区还包括一个分支检测机构，当检测到一个分支跳转前，通过避免读取下一个 WORD，可减少等待状态。

2. Flash 保护

系统提供了两种形式的 Flash 区块保护，每 2 KB Flash 块与 4 个 32 位寄存器进行配对，控制其保护位。FMPPEn 寄存器以及 FMPREn 寄存器的每个保护位为 Flash 提供了不同的保护策略，如表 3.2 所列。

表 3.2　Flash 保护策略

FMPPEn	FMPREn	保护策略
0	0	执行保护，只可执行代码，不能写入和擦除
1	0	可写入，擦除，执行代码，但不能读取
0	1	只读保护，可执行代码，但不能写入或擦除
1	1	未保护，可读写，擦除，执行代码

尝试读取受读取保护的块（FMPREn 被设置位）时，操作将被禁止，同时系统产生 BusFault 中断。当尝试写入或擦除受擦除保护的块（FMPPEn 被设置位）时，操作将被禁止，同时系统产生中断（将 Flash 控制器中断掩码 FCIM 寄存器的 AMASK 设置），以提示开发人员进行调试。

FMPREn 和 FMPPEn 寄存器的出厂设置为 1。这些设置为 Flash 提供了读写和可编程性。通过清除特定寄存器位，可更改相应的寄存器位，并且所做的更改将立即生效；但是若没有进行提交操作，只是临时性的，如将该位从 1 更改为 0，此时进行系统复位，而没有进行提交操作，则对该位的操作将被还原。

3. 执行保护

该保护提供了 Flash 块防止修改的功能，并且使得该区块不可见。该模式可用于提供设备调试时,应用程序的部分空间必须在受外访问保护的情况下使用。

例如,Tiva C 设备中已有部分受保护的代码,但向最终用户提供时,提供其能在未受保护区域添加自定义代码的功能。

Flash 中的一些数据受到并发机制的保护。当 C 代码编译和链接时,编译器通常将常量等文字池放置在 TEXT 段部分。在程序执行时,系统使用 LDR 指令,将数据从 Flash 载入内存,并使 PC 指向相对内存地址加载运行时的 TEXT 段数据。LDR 指令执行时,将产生一次读取事务,并输出到 M3 DCode 总线上。若被访问的块仅被标记为可执行,则该事务被中止。因此,启用只执行保护时,需要以不同的方式解决该问题。

4. 只读保护

只读保护防止 Flash 块的内容被重新编程,同时仍然允许处理器或调试接口读取其内容。若 FMPREn 位被清除,则所有对 Flash 块的读取将被禁止,Flash 的任何数据都不允许访问。因此,数据不应存储在 FMPREn 位被清除的 Flash 块中。

只读模式下,Flash 可被读取,但不能进行擦除和写入。

5. 永久禁用调试

对于极为敏感的应用程序,可以永久禁用处理器和外围设备的调试接口,阻止所有对 JTAG 或接口设备的访问。调试接口被禁用时,仍可执行标准 IEEE 操作(如边界扫描操作),但访问处理器和外围设备将被阻止。

调试接口也应提供一些机制(如引导程序)供客户安装更新或修复 bug。一旦调试接口被禁用,将不能再启用。

6. Flash 编程

Tiva 为 Flash 编程提供了以下三个寄存器,用于对 Flash 进行擦除/编程操作:Flash 地址寄存器(FMA)、Flash 数据寄存器(FMD)以及 Flash 控制寄存器(FMC)。

在 Flash 块操作(写、擦除或进行大规模擦除)时,MCU 不能访问 Flash。如果此时需执行 Flash 指令,则必须从 SRAM 中执行代码,并从那里执行 Flash 操作。

3.3.4 EEPROM

Tiva 的 EEPROM 模块接口为用户提供了随机访问以及顺序访问的读写样式。

同时,EEPROM 模块提供了对块的锁定机制,可防止在特殊情况下对块的读写操作保护。

1. 区 块

每个 EEPROM 由 32 块组成,每块由 16 个字组成。对 EEPROM 的读取可以是按字节或半字长,并且,这些读取操作也不需要依照字边界对齐。每次读取,会读取整个字长,任何不需要的数据将被简单地忽略。每次写入必须要按字对齐。要向

EEPROM 写入一个字节,应先读出值,修改相应的字节,再进行回写。

EEPROM 的每个块都是根据偏移量寻址的,可通过块选择寄存器对操作的块进行选择。

当前操作的块由 EEBLOCK 当前块寄存器决定,当前偏移量由 EEPROM 偏移量寄存器决定。若 EEPROM 自增寄存器被置 1,则每次读写操作都会自动递增 EEPROM 读写偏移量。

EEPROM 的块是受单独保护的。若尝试对未授权的块读写,将返回 0xFFFFFFFF 的错误值,并且 EEDONE 寄存器也被置位。

2. 读写时机

在启用或重置 EEPROM 模块后,要对 EEPROM 的寄存器进行操作,且必须等到 EEDONE 寄存器的 WORKING 位被清除。

在对 EEPROM 进行写入或擦除时,可能被 Flash 的写入、擦除中断打断,因此该操作可能会增加 EEPROM 操作花费的时间。

在进入睡眠或深度睡眠模式之前,必须完成 EEPROM 操作。进入睡眠或深度睡眠前必须检查 EEPROM 的 EEDONE 寄存器,确保 EEPROM 操作在 WFI 指令发送前完成。

若系统时钟比 EEPROM 的速度快很多,则读取 EEPROM 将需插入等待时间,对 EEOFFSET 寄存器的操作不会增加时延。

对 EEBLOCK 寄存器的操作不会增加时延,但对 EEBLOCK 指向空间的操作进行读取会产生 4 个时钟周期的延迟。

3. 锁定及密码

EEPROM 可按模块或块进行锁定。EEPROM 的锁由存储在 EEPROM 密码寄存器(EEPASSn)控制。密码长度可以为任何 32~96 位的值。块 0 是主块,因此块 0 的密码同样保护了控制寄存器,以及其他所有块。

如果为块 0 设置了密码,则整个模块将受到保护。直到块 0 解锁,块 1~31 都不可访问。因此,块 0 未解锁时,不能更改 EEBLOCK 寄存器。

在系统重置时,所有受密码保护的块都被锁定。解锁需要将正确的密码通过 EEPASSn 寄存器写入 32 位、64 位或 96 位的密码三次。用于配置 EEPASS0 寄存器的值必须在最后一次写入。如,密码为 96 位,则用于配置 EEPASS2 寄存器的值必须第一个写,其次写入 EEPASS1 和 EEPASS0 的寄存器值。若向 EEUNLOCK 寄存器写入 0xFFFFFFFF,则会重新锁定块(因 0xFFFFFFFF 不是有效的密码)。

4. 保护和访问控制

EEPROM 的保护位提供了每个块的读取和写入权限控制。

保护模式包括:

- 无密码保护：可读、可写；默认模式，无密码。
- 无密码保护：可读但不可写。
- 密码保护：可读，解锁时可写。
- 密码保护：解锁时可读写。
- 密码保护：解锁时可读，不可写。

另外，可根据处理器模式应用访问保护。在这种配置下，默认情况可允许特权访问以及普通访问。特权访问模式还可以屏蔽由 μDMA 和调试器发起的访问。

此外，主块可用于控制保护机制自身的访问保护。若块 0 仅被配成特权访问，则整个模块只能在特权模式下访问。

注意：若块 0 被设密码，并且未被解锁，则块 1～31 同样无法访问。若块 0 设有主密码，则其余块同样受到主密码的保护。

5. 隐藏区块

隐藏区块机制提供了 EEPROM 的临时保护形式。除了 0 块外，EEPROM 的每个块都可被隐藏，直到下一次复位前都将生效。

这种机制可以保护数据在系统启动和初始化时被访问，随后被保护，因此可在非调试模式下提供良好的数据隔离保护功能。

例如，可将密码、密钥、哈希值等敏感信息保存在隐藏区块中，用来验证程序及模块的完整性。启动后隐藏块即不可访问，直到下一次重启，再次进入初始化代码。

6. EEPROM 存取

EEPROM 使用传统的 Flash 模式进行存取，而擦除操作则是按扇区进行的。

EEPROM 的每个扇区包含两个区块，每个块包含一个主要副本，六个冗余副本。EEPROM 的操作密码、保护位和控制数据都存储在页中。

当页面的存储长度超出原先分配的空间时，EEPROM 会启用复制缓冲区。复制缓冲区保存了每个块的最新数据。缓冲区的数据最终将会写回页中。

这种机制可以确保数据不丢失，但是，EEPROM 错误仍然是不可避免的。

7. 调试及批量擦除

EEPROM 批量清除操作可快速擦除 EEPROM。为了确保擦除正确，擦除时不应对 EEPROM 进行操作。

要进行该操作，应将 SREEPROM 寄存器的 R0 位置位，并且等到 EEDONE 寄存器被清除，再使能 EEDBGME 寄存器的 ME 位进行批量擦除。

8. 错误处理

正常的 EEPROM 写入操作包含了两个基本操作：控制字写入和数据写入。如果控制字写入成功，但数据写入失败（如由于电压不足），则写入操作即为失败。

在系统重置或在向 EEPROM 写入任何数据前，必须检查 EESUPP 寄存器是否存在错误(例如擦除操作正在进行,或系统复位)。如 PRETRY 或 ERETRY 位已设置,则应通过设置并清除 SREEPROM 寄存器的 R0 位重置外围设备,再检查错误指示寄存器 EESUPP 的状态。

　　此过程可确保 EEPROM 从擦除错误中恢复。在 EEPROM 完成恢复之后,则可继续写入在初始故障发生时未写入的数据。

3.4　操作示例

　　本小节的示例程序通过对片内 Flash 进行擦除、写入、读取操作,展示使用库函数对 Tiva 存储器操作的基本方法。程序首先对指定的 Flash 位置进行擦除,再向该位置写入数据,最后从该位置读出数据进行比较验证。

3.4.1　程序流程图

　　Flash 示例程序流程如图 3.22 所示。

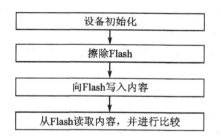

设备初始化

↓

擦除Flash

↓

向Flash写入内容

↓

从Flash读取内容,并进行比较

图 3.22　Flash 示例程序流程图

3.4.2　库函数说明

　　以下简要说明本例程中使用的 SSI 库函数。

1) 函数 FlashErase( )

功　　能:擦除一个 Flash 区块(大小 1 KB)。

原　　型:longFlashErase(unsigned long ulAddress)

参　　数:ulAddress:区块的起始地址,如 0、1 024、2 048 等。

描　　述:请勿擦除正在执行程序代码的 Flash 区块。

返回值:返回 0 表示操作成功,返回 -1 表示操作区块非法,或者操作区块被保护。

2) 函数 FlashProgram( )

功　　能:编程 Flash。

原　　型:longFlashProgram(unsigned long * pulData,
　　　　　　　　　　　　unsigned long ulAddress,unsigned long ulCount)

参　　数：pulData：指向数据缓冲区的指针，编程是按字（4 字节）进行的。

　　　　　ulAddress：编程起始地址，必须是 4 的倍数。

　　　　　ulCount：编程的字节数，也必须是 4 的倍数。

描　　述：无

返回值：返回 0 表示操作成功，返回－1 表示操作失败。

3）函数 FlashProtectSet（　）

功　　能：设置 Flash 区块的保护方式。

原　　型：longFlashProtectSet(unsigned long ulAddress,

　　　　　　　　　　　　　　tFlashProtectionProtect)

参　　数：ulAddress：区块的起始地址。

　　　　　eProtect：枚举类型，区块的保护方式，取 FlashReadWrite、FlashRead-

　　　　　Only、FlashExecuteOnly 值之一。

描　　述：注意，本函数只是提供临时性的保护措施，芯片复位或重新上电就能够

　　　　　解除设置的保护。

返回值：返回 0 表示操作成功，返回－1 表示操作区块非法。

4）函数 FlashProtectSave（　）

功　　能：执行对 Flash 区块保护设置的保存操作（慎重！不可恢复）。

原　　型：longFlashProtectSave(void)

参　　数：无

描　　述：对函数 FlashProtectSet（　）设置的保护进行保存确认，芯片复位或重新

　　　　　上电都不能改变已保存的设置。

返回值：返回 0 表示操作成功，返回－1 表示硬件操作失败。

5）函数 FlashProtectGet（　）

功　　能：获取 Flash 区块的保护情况。

原　　型：tFlashProtectionFlashProtectGet(unsigned long ulAddress)

参　　数：ulAddress：区块的起始地址。

描　　述：无

返回值：返回当前区块保护状态。

6）函数 FlashUserSet（　）

功　　能：设置用户寄存器。

原　　型：longFlashUserSet(unsigned long ulUser0, unsigned long ulUser1)

参　　数：ulUser0：用户寄存器 0；

　　　　　ulUser1：用户寄存器 1。

描　　述：注意，本函数只是提供临时性的设置，芯片复位或重新上电就能够解除

　　　　　设置。

返回值：返回 0 表示操作成功，返回－1 表示硬件操作失败。

7）函数 FlashUserSave( )

功　　能：保存用户寄存器的设置(慎重！不可恢复)。

原　　型：longFlashUserSave(void)

参　　数：无

描　　述：对函数 FlashUserSet( )的设置进行保存确认,芯片复位或重新上电都不能改变已保存的设置。

返回值：返回 0 表示操作成功,返回－1 表示硬件操作失败。

8）函数 FlashUserGet( )

功　　能：获取用户寄存器的内容。

原　　型：longFlashUserGet(unsigned long * pulUser0,
　　　　　　　　　　　　　　　　unsigned long * pulUser1)

参　　数：pulUser0:指向保存用户寄存器 0 的变量指针;
　　　　　　pulUser1:指向保存用户寄存器 1 的变量指针。

描　　述：无

返回值：返回 0 表示操作成功,返回－1 表示硬件操作失败。

3.4.3　示例代码

本例程演示了 Flash 区块的擦写操作。该例程指定要操作的 Flash 扇区号是 62,Flash 擦除操作采用函数 FlashErase( ),编程操作采用函数 FlashProgram( )。

```
#include   "systemInit.h"
#include   "uartGetPut.h"
#include   <hw_flash.h>
#include   <flash.h>
#include   <stdio.h>
//定义 Flash 扇区号(每个扇区 1 024 字节)
#define   SECTION   62


/***********************************
* 函数名:flashRead
* 描　述:Flash 读操作
* 参　数:需要读取的 Flash 地址
***********************************/
char flashRead(unsigned long ulAddress)
{
    char * pcData;
    pcData = (char *)(ulAddress);
    return( * pcData);
```

```
    }

    /*****************************************
     * 函数名:main
     * 描  述:Flash 区块的擦写演示主函数
     * 参  数:无
     *****************************************/
    int main(void)
    {
        charcString[ ] = "Hello, world\r\n";
        unsigned long * pulData;
        inti;
        char c;
        long size;
        clockInit( );          //时钟初始化
        uartInit( );           //UART 初始化

        pulData = (unsigned long * )cString;
        if (FlashErase(SECTION * 1024))                      //擦除 Flash
        {
            uartPuts("<Erase error>\r\n");
            for (;;);
        }
        uartPuts("<Erase ok>\r\n"); size = 4 * (1 + sizeof(cString) / 4);
        if (FlashProgram(pulData, SECTION * 1024, size))       //写入 Flash
        {
        }uartPuts("<Program error>\r\n");
        for (;;);
        uartPuts("<Program ok>\r\n");
        for (i = 0; i<sizeof(cString); i++)
        {
            c = flashRead(SECTION * 1024 + i); uartPutc(c);   //读取 Flash
        }
        uartPuts("<Read ok>\r\n");
        for (;;);
    }
```

3.4.4　操作现象

本例程使用超级终端验证 Flash 写入是否成功。

在电脑"附件"中打开"超级终端",设置 COM 口,波特率为 115 200,奇偶校验为无。当超级终端设置完毕后,将程序烧写到 Tiva 中,观察结果。若读写成功,则会出现三个 ok 的提示,如图 3.23 所示。

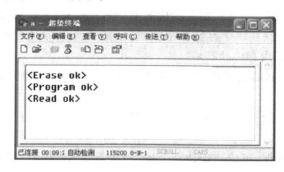

图 3.23　超级终端输出截图

思考题与习题

1. 简述半导体存储器的分类与特点。

2. 简述普林斯顿结构和哈佛结构存储器系统。

3. 举例说明计算机存储器系统的大小端格式。

4. SRAM 与 DRAM 的主要区别是什么？为什么 MCU 使用 SRAM 而不用 DRAM？

5. 地址译码一般有哪些方法？使用与非门译码,把一个 I/O 端口的片选地址定为你的学号(注意十进制与二进制变换)。

6. 某嵌入式系统存储器按字节编址,具有 32 位地址总线,16 位外部数据总线。现有 256K×8 的 SRAM 和 64K×8 的 EPROM 芯片,要求在地址空间的低端(0 地址起)为 1 MB 的内存,在地址空间的高端(顶部为 0xFFFFFFFF)为 128 KB 的 BIOS 区。

(1)需要 SRAM 和 EPROM 芯片各多少片？

(2)画出系统结构原理图。

(3)画出地址译码逻辑图。

7. 存储器系统的地址映射有哪些形式？

8. Tiva 的 ROM 中保存了什么信息？如何节约 Flash 的使用？

9. Flash 和 EEPROM 有什么区别？分别在什么情况下使用 Flash 和 EEP-ROM？

10. NOR Flash 和 NAND Flash 的特点？分别适用于哪些应用？

11. 用什么办法可以将用户烧写到 MCU 的程序 DUMP 出来？

12. Tiva MCU 的存储器数据是以大端还是以小端存储的？

13. 对 Flash 存储器的操作是以什么为单位的？能否在不擦除的情况下，直接改写 Flash 的数据？

14. 编写一个算法，在意外断电的情况下，保证 Flash 存储数据的正确性。

15. 固件程序存储在哪个存储器中？MCU 能否直接访问这个存储器执行代码，而不必将代码复制到内存中执行？

16. 对 Flash 存储器的哪些操作会影响其读写寿命？该如何避免 Flash 的寿命损耗？

17. 嵌入式系统的引导代码通常放在哪种存储器中？用户参数放在哪种存储器中？

18. 编写一个程序，可以正确读写 Tiva 内部 EEPROM 的一些单元。

第 **4** 章

基本接口与外设

基本接口与外设是 MCU 系统必备的一些外设,主要是通用输入/输出(GPIO)、通用定时器(Timer)、看门狗定时器等。在稍微高级一点的 MCU 中,还包括脉宽调制 PWM、DMA 等外设部件。这些外设在一般应用中都会被使用到,学习这些外设的基本原理和使用方法,也是学习嵌入式系统应用开发的起点。本章将在介绍一些基本外设原理的基础上,结合 TM4C123GH6PM 微处理器的系统基本外设 GPIO、通用定时器、PWM、μDMA 和休眠模块等,介绍各模块的初始化设置和基本使用方法。

4.1　通用输入/输出(GPIO)

通用输入/输出(General Purpose Input Output,GPIO)即通用 I/O,是 MCU 最基本、最常用的一种与外部进行信息交互的外设接口。通常用于对一些简单设备或电路的控制,使用传统的串行口或并行口都不合适,比如控制某个发光二极管(LED 灯)的亮或灭,或者通过读取芯片的某个引脚信号电平来判断外部设备的状态。有无 GPIO 接口也是微控制器区别于微处理器的重要特征之一。

在微控制器芯片上一般都会提供一些通用的可编程 I/O 接口,即 GPIO 口。接口至少需要两个寄存器,即通用 I/O 控制寄存器和通用 I/O 数据寄存器。通用 I/O 数据寄存器的各位都直接对应芯片的外部引脚,对数据寄存器每一位的操作,都会映射到对应的引脚。数据位信号的流向(输入或输出),可以通过控制寄存器中的对应位独立地进行设置,比如可以独立设置某一引脚的功能为输入、输出或其他复用功能。

4.1.1　GPIO 简介

GPIO 作为 MCU 一种常见的接口,可为用户提供方便的输入/输出操作。例如,当使用输出功能时,可以分别将输入置高或置低。当使用输入功能时,可以方便地读入外部输入的高、低电平状态。而所有的配置均可通过寄存器的设置方便地实现。

通俗地说,GPIO 就是一些引脚,可以通过它们输出高、低电平,或者通过它们读入引脚的状态——高电平或低电平。用户可以通过 GPIO 和硬件进行数据交互的控制(如 UART 的流控),控制硬件工作(如 LED、蜂鸣器等),读取硬件的工作状态信号（如按键信号）等。GPIO 还可以模拟一些简单的通信接口，如 SPI、I²C 等。

每个 GPIO 口都可以被配置为用户希望的工作模式，一般有如下几种模式：

● 浮空输入；

● 上拉输入；

● 下拉输入；

● 模拟输入；

● 开漏输出；

● 推挽输出；

● 复用推挽输出；

● 复用开漏输出。

在实际使用时，要根据所用到的功能或外设特点，设置相应的模式。

所有 GPIO 在复位后都有个默认方向，一般为了安全起见，默认为输入模式，这是因为考虑到每个 GPIO 在实际应用电路中的连接是未知的。如图 4.1 所示，如果上电复位后系统自动将 PA0 配置为输出，且输出为 1，那么当图中开关闭合时，就会造成 PA0 输出对地短路，时间长了就会损坏 PA0。

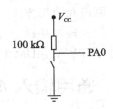

图 4.1 GPIO 端口硬件电路

在 MCU 中，GPIO 是分组的，如 PA、PB、PC 等，每组有 8～32 位，表示为 PA0、PA1、PA2 等。每个 GPIO 引脚通过一组控制位（控制寄存器/配置寄存器）进行配置，如 I/O 端口寄存器中的 PINCFGy 寄存器、DIR 寄存器以及 OUT 寄存器。每个 GPIO 引脚可设置为推拉（PUSH - PULL）、开漏（OPEN - DRAIN）、上（下）拉输入或输出等。下面分别加以介绍。

引脚配置寄存器能够实现引脚的上（下）拉模式配置，是位可操作的，因此可以避免引脚方向和引脚值切换带来的中间不确定状态。在下面的举例说明中，不同的 GPIO 输入、输出模式时，引脚配置寄存器的设置如表 4.1 所列。

表 4.1 寄存器设置

DIR	INEN	PULLEN	OUT	配置描述
0	0	0	X	复位或模拟 I/O；所有数字功能禁用
0	0	1	0	下拉；输入禁用
0	0	1	1	上拉；输入禁用
0	1	0	X	输入
0	1	1	0	下拉输入
0	1	1	1	上拉输入
1	0	X	X	输出；输入禁用
1	1	X	X	输出；输入使能

1. I/O 配置——标准输入

将引脚 y 配置为标准输入模式时,需要将 PINCFGy. PULLEN 位置为 0——禁用内部上(下)拉电阻,PINCFGy. INEN 位置为 1——使能 I/O 引脚的内部缓存,DIR 的第 y 位置为 0——将 I/O 引脚设置为输入。此时引脚配置如图 4.2 所示。当一个 GPIO 被设置为标准输入模式时,该输入引脚必须被外部电路所驱动,输入不能悬空,否则 CPU 会读到不确定的输入状态。

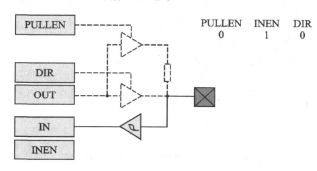

图 4.2 标准输入 I/O 配置

2. I/O 配置——上(下)拉输入

将引脚 y 配置为上(下)拉输入模式时,需要将 PINCFGy. PULLEN 位置为 1——使能内部上(下)拉电阻,PINCFGy. INEN 位置为 1——使能 I/O 引脚的内部缓存,DIR 的第 y 位置为 0——将 I/O 引脚设置为输入。此时引脚配置如图 4.3 所示。当一个 GPIO 被设置为上(下)拉输入模式时,该输入引脚如果没有被外部电路所驱动,CPU 会读到一个上(下)拉的输入状态。

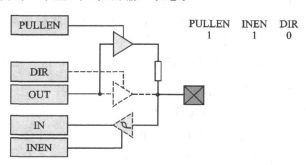

图 4.3 上(下)拉输入 I/O 配置

3. I/O 配置——推拉(PP)输出和开漏(OD)输出

将引脚 y 配置为输入禁用的推拉输出模式时,需要将 PINCFGy. PULLEN 位置为 0——禁用内部上(下)拉电阻,PINCFGy.INEN 位置为 0——禁用 I/O 引脚的内部缓存,DIR 的第 y 位置为 1——将 I/O 引脚设置为输出。此时引脚配置如图 4.4 所示。当一个 GPIO 被设置为推拉输出模式时,该输出引脚的输出电平,取决于对应数据寄存器 OUT 中的位值(1 或 0),而且无论是输出高电平还是低电平,都有足够的驱动能力驱动外部电路。具体输出电流的大小各种芯片有所不同,一般为 5~20 mA,可查看相关的数据手册。

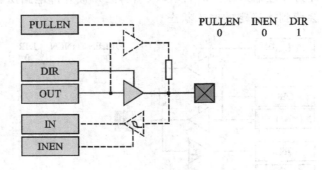

图 4.4 输入禁用的推拉输出 I/O 配置

OD(开漏)输出相当于普通三极管的集电极开路(OC)输出,OD 只能输出低电平(逻辑 0)。在实际应用中,若要得到高电平,需要输出逻辑 1,并在外部接一个上拉电阻。OD 输出适合于做吸收电流型(灌电流)的驱动,其吸收电流的能力相对较强。另外,在使用 GPIO 模拟 I^2C 接口时,也需要使用 OD 输出。

4. I/O 配置——上(下)拉输出

将引脚 y 配置为上(下)拉输出模式时,需要将 PINCFGy.PULLEN 位置为 1——使能内部上(下)拉电阻,PINCFGy.INEN 位置为 0——禁用 I/O 引脚的内部缓存,DIR 的第 y 位置为 0——将 I/O 引脚设置为输入。此时引脚配置如图 4.5 所示。这种模式相当于在推拉输出时串接了一个电阻,限制了输出电流,可以保护 GPIO 引脚,适合外部弱驱动要求的应用(如一般门电路)。这种配置不常用,也不是所有 MCU 都具有这种配置。

5. I/O 配置——复位或模拟 I/O

将引脚 y 配置为复位或模拟 I/O 模式时,需要将 PINCFGy.PULLEN 位置为 0——禁用内部上(下)拉电阻,PINCFGy.INEN 位置为 0——禁用 I/O 引脚的内部缓存,DIR 的第 y 位置为 0——将 I/O 引脚设置为输入。此时引脚配置如图 4.6 所示。一般芯片复位时,GPIO 会被自动配置成这种模式(或输入模式,视不同 MCU)。当 GPIO 引脚与 MCU 模拟外设(如 ADC、DAC)复用,且被模拟外设使用时,该引脚必须与数字电路全部断开,也必须被配置为这种模式。

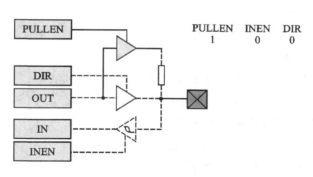

图 4.5   上(下)拉输出 I/O 配置

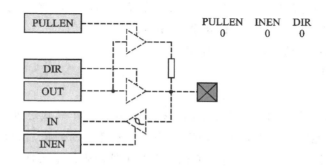

图 4.6   复位或模拟 I/O 配置

以上是对 GPIO 各种模式工作原理和配置的一般说明,具体每种 MCU 所支持的模式、配置方法略有不同,需要根据具体 MCU 型号及操作手册灵活选择。

4.1.2   Tiva 微控制器 GPIO

TM4C123GH6PM 的 GPIO 模块由 6 个 GPIO 模块组成,每个模块对应一个 GPIO 端口(端口 A、端口 B、端口 C、端口 D、端口 E、端口 F)。通过使用外设,GPIO 模块支持多达 43 个可编程输入/输出引脚。

GPIO 模块有以下特点:

① 可配置多达 43 个 GPIO。

② 高度灵活的引脚复用,可以用作 GPIO 或几个外设功能之一。

③ 配置为输入模式可承受 5 V 电压。

④ 可通过高级外设总线(APB)访问 A–F 端口。

⑤ 快速切换能力,在 AHB 端口每个时钟周期实现一次变化;在 APB 端口每两个时钟周期实现一次变化。

⑥ 可编程控制的 GPIO 中断。

嵌入式系统教程
——基于 Tiva C 系列 ARM Cortex-M4 微控制器

⑦ 屏蔽中断发生。

⑧ 上升沿、下降沿或双边沿触发。

⑨ 高低电平的敏感度。

⑩ 读写操作时,可通过地址线进行位屏蔽操作。

⑪ 可以用来启动一个 ADC 采样序列或 μDMA 传输。

⑫ 休眠模式下,引脚状态可被保留。

⑬ 配置为数字输入的引脚均为施密特触发。

⑭ 可编程控制的 GPIO 引脚配置:

● 弱上拉或弱下拉电阻;

● 用于数字通信的 2 mA、4 mA、8 mA 的 I/O 口驱动电流,对于需要大电流的应用,可通过多达 4 个引脚承载 18 mA;

● 8 mA 引脚驱动的转换速率控制;

● 开漏使能;

● 数字输入使能。

TM4C123GH6PM 的 GPIO 除了前面提到的 8 种工作模式之外,还可以用于外部中断映射和功能映射。当某个 GPIO 口映射为外部中断通道后,该 GPIO 口就成为一个外部中断源,外界可以在这个 GPIO 上产生外部事件来实现对 Tiva 内部程序的介入。而当某个 GPIO 被用于功能映射时,它就会被切换为某个外部设备的功能 I/O 口。

1. 信号描述

GPIO 信号有复用硬件功能。表 4.2 和表 4.3 列出了 GPIO 引脚和它们的模拟和数字复用功能。当所有 GPIO 信号配置为输入时,除了 PD4、PD5、PB0 和 PB1 最高可承受 3.6 V 电压外,其他所有 GPIO 引脚都可以承受 5 V 电压。将 GPIO 备用功能选择(GPIOAFSEL)和 GPIODEN 寄存器中相应的位置位,并使用表 4.2 所列的数字编码配置 GPIO 端口控制(GPIOPCTL)寄存器中的 PMCx 字段,即可启用数字复用硬件功能。表 4.2 中的模拟信号也能耐受 5 V 电压,通过清除 GPIO 数字使能(GPIODEN)寄存器的 DEN 位来配置。AINx 模拟信号所具备的内部电路能确保它们不会超过 V_{DD} 的电压,但模拟性能规范仅适用于以下条件:I/O 引脚的输入信号在 0 V$<V_{IN}<V_{DD}$ 范围内。注意,每个引脚必须独立编程;表 4.2 中的列并没有任何分组的意思。表 4.3 中的灰色单元格代表相应 GPIO 引脚的默认值。

重要:所有 GPIO 引脚在复位时都被配置为 GPIO 功能,并且是三态的(GPIOAFSEL=0, GPIODEN=0,GPIOPDR=0,GPIOPUR=0,GPIOPCTL=0),但表 4.2 中的引脚

除外。上电复位(POR)或确认 RST 都会将引脚恢复其默认设置。

表 4.2　非零复位值的 GPIO 引脚

GPIO 引脚	默认状态	GPIOAFSEL	GPIODEN	GPIOPDR	GPIOPUR	GPIOPCTL
PA[1:0]	UART0	0	0	0	0	0x1
PA[5:2]	SSI0	0	0	0	0	0x2
PB[3:2]	I^2C0	0	0	0	0	0x3
PC[3:0]	JTAG/SWD	1	1	1	1	0x1

GPIO 提交控制寄存器提供了保护层,防止意外地对重要硬件信号的意外编程,包括 JTAG / SWD 信号和 NMI 信号。即使不配置成 JTAG/SWD 或 NMI 信号,而是把它们配置成备用功能,这些引脚也必须遵循提交控制过程。

表 4.3　GPIO 引脚和复用功能(64LQFP)

I/O	引脚号	模拟功能	数字功能(GPIOPCTL PMCx Bit Field Encoding)										
			1	2	3	4	5	6	7	8	9	14	15
PA0	17	—	U0Rx	—	—	—	—	—	—	CAN1Rx	—	—	—
PA1	18	—	U0Tx	—	—	—	—	—	—	CAN1Tx	—	—	—
PA2	19	—	—	SSI0Clk	—	—	—	—	—	—	—	—	—
PA3	20	—	—	SSI0Fss	—	—	—	—	—	—	—	—	—
PA4	21	—	—	SSI0Rx	—	—	—	—	—	—	—	—	—
PA5	22	—	—	SSI0Tx	—	—	—	—	—	—	—	—	—
PA6	23	—	—	I2C1SCL	M1PWM2	—	—	—	—	—	—	—	—
PA7	24	—	—	I2C1SDA	M1PWM3	—	—	—	—	—	—	—	—
PB0	45	USB0ID	U1Rx	—	—	—	—	—	T2CCP0	—	—	—	—
PB1	46	USB0VBUS	U1Tx	—	—	—	—	—	T2CCP1	—	—	—	—
PB2	47	—	—	I2C0SCL	—	—	—	—	T3CCP0	—	—	—	—
PB3	48	—	—	I2C0SDA	—	—	—	—	T3CCP1	—	—	—	—
PB4	58	AIN10	SSI2Clk	—	M0PWM2	—	—	—	T1CCP0	CAN0Rx	—	—	—
PB5	57	AIN11	SSI2Fss	—	M0PWM3	—	—	—	T1CCP1	CAN0Tx	—	—	—
PB6	1	—	SSI2Rx	—	M0PWM0	—	—	—	T0CCP0	—	—	—	—
PB7	4	—	SSI2Tx	—	M0PWM1	—	—	—	T0CCP1	—	—	—	—
PC0	52	—	TCK SWCLK	—	—	—	—	—	T4CCP0	—	—	—	—
PC1	51	—	TMS SWDIO	—	—	—	—	—	T4CCP1	—	—	—	—
PC2	50	—	TDI	—	—	—	—	—	T5CCP0	—	—	—	—
PC3	49	—	TDO SWO	—	—	—	—	—	T5CCP1	—	—	—	—
PC4	16	C1−	U4Rx	U1Rx	—	M0PWM6	—	IDX1	WT0CCP0	U1RTS	—	—	—
PC5	15	C1+	U4Tx	U1Tx	—	M0PWM7	—	PhA1	WT0CCP1	U1CTS	—	—	—

嵌入式系统教程——基于 Tiva C 系列 ARM Cortex-M4 微控制器

I/O	引脚号	模拟功能	数字功能（GPIOPCTL PMCx Bit Field Encoding)										
			1	2	3	4	5	6	7	8	9	14	15
PC6	14	C0+	U3Rx	—	—	—	—	PhB1	WT1CCP0	USB0EPEN	—	—	—
PC7	13	C0—	U3Tx	—	—	—	—	—	WT1CCP1	USB0PFLT	—	—	—
PD0	61	AIN7	SSI3Clk	SSI1Clk	I2C3SCL	M0PWM6	M1PWM0	—	WT2CCP0	—	—	—	—
PD1	62	AIN6	SSI3Fss	SSI1Fss	I2C3SDA	M0PWM7	M1PWM1	—	WT2CCP1	—	—	—	—
PD2	63	AIN5	SSI3Rx	SSI1Rx	—	M0FAULT0	—	—	WT3CCP0	USB0EPEN	—	—	—
PD3	64	AIN4	SSI3Tx	SSI1Tx	—	—	—	IDX0	WT3CCP1	USB0PFLT	—	—	—
PD4	43	USB0DM	U6Rx	—	—	—	—	—	WT4CCP0	—	—	—	—
PD5	44	USB0DP	U6Tx	—	—	—	—	—	WT4CCP1	—	—	—	—
PD6	53	—	U2Rx	—	—	M0FAULT0	—	PhA0	WT5CCP0	—	—	—	—
PD7	10	—	U2Tx	—	—	—	—	PhB0	WT5CCP1	NMI	—	—	—
PE0	9	AIN3	U7Rx	—	—	—	—	—	—	—	—	—	—
PE1	8	AIN2	U7Tx	—	—	—	—	—	—	—	—	—	—
PE2	7	AIN1	—	—	—	—	—	—	—	—	—	—	—
PE3	6	AIN0	—	—	—	—	—	—	—	—	—	—	—
PE4	59	AIN9	U5Rx	—	I2C2SCL	M0PWM4	M1PWM2	—	—	CAN0Rx	—	—	—
PE5	60	AIN8	U5Tx	—	I2C2SDA	M0PWM5	M1PWM3	—	—	CAN0Tx	—	—	—
PF0	28	—	U1RTS	SSI1Rx	CAN0Rx	—	M1PWM4	PhA0	T0CCP0	NMI	C0o	—	—
PF1	29	—	U1CTS	SSI1Tx	—	—	M1PWM5	PhB0	T0CCP1	—	C1o	TRD1	—
PF2	30	—	—	SSI1Clk	—	M0FAULT0	M1PWM6	—	T1CCP0	—	—	TRD0	—
PF3	31	—	—	SSI1Fss	CAN0Tx	—	M1PWM7	—	T1CCP1	—	—	TRCLK	—
PF4	5	—	—	—	—	M1FAULT0	IDX0	—	T2CCP0	USB0EPEN	—	—	—

注：灰色阴影的数字信号是相应的 GPIO 引脚上电默认值。

2. 功能描述

每个 GPIO 端口都是同一物理块的单独硬件实例（见图 4.7 和图 4.8）。

TM4C123GH6PM 微控制器包括 6 个端口，因此有 6 个这样的物理 GPIO 模块。请注意，并非每一个模块都有所有的引脚实现。对于片上外设模块来说，有些 GPIO 引脚可以作为 I／O 信号使用。有关 GPIO 引脚复用硬件功能，请参看后续相关章节。

3. 模式控制

GPIO 引脚可以由软件或硬件控制。软件控制是大部分引脚的默认状态，并且与 GPIO 模式对应，此时的 GPIODATA 寄存器用来读写相应的引脚。通过 GPIO 复用功能选择（GPIOAFSEL）寄存器使能硬件控制时，引脚状态由它的复用功能控制（即外设）。

进一步的复用引脚选择通过 GPIO 端口控制（GPIOPCTL）寄存器提供，为每一个 GPIO 选择几种外设功能之一。

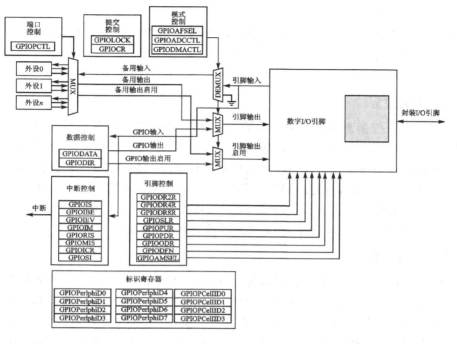

图 4.7　数字 I/O 引脚

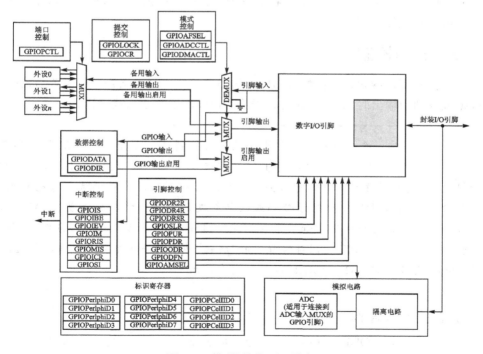

图 4.8　模/数转换 I/O 引脚

注：如果一个引脚用作 ADC 输入，GPIOAMSEL 寄存器的适当的位必须置位，以失能模拟隔离电路。

4. 确认控制

GPIO 确认控制寄存器提供了保护层，以防止对重要硬件外设的意外编程。系统针对可用作 4 个 JTAG/ SWD 引脚（PC [3:0]）和 NMI 引脚（PD6 和 PF0）的 GPIO 提供了保护功能。向 GPIO 复用功能选择（GPIOAFSEL）寄存器、GPIO 上拉电阻选择（GPIOPUR）寄存器、GPIO 下拉电阻选择（GPIOPDR）寄存器、GPIO 数字使能（GPIODEN）寄存器中受保护的位写入数据将不会确认保存，除非 GPIO 锁（GPIOLOCK）寄存器没被锁定，同时 GPIO 确认（GPIOCR）寄存器的相应位被置位。

5. 引脚配置

可以根据应用程序的要求用软件来配置 GPIO 引脚。引脚控制寄存器包括 GPIODR2R、 GPIODR4R、 GPIODR8R、 GPIOODR、 GPIOPUR、 GPIOPDR、 GPIOSLR、GPIODEN 寄存器。这些寄存器控制每个 GPIO 驱动电流的大小、开漏配置、上拉和下拉电阻选择、斜率控制和数字输入使能。如果对配置为开漏输出的 GPIO 施加了 5 V 电压，则输出电压将取决于上拉电阻的强度。GPIO 引脚并未被配置为输出 5 V 电压。

4.1.3 数据控制

数据控制寄存器允许软件配置 GPIO 的操作模式。当数据寄存器配置为捕获输入数据或驱动为输出时，数据方向寄存器将 GPIO 配置为输入或输出。

注：用户可以创建一个软件序列来阻止调试器连接到 TM4C123GH6PM 微控制器。如果程序代码下载到闪存，会立即将 JTAG 引脚变成 GPIO 功能，在 JTAG 引脚功能切换之前，调试器没有足够的时间去连接和终止控制器。结果调试器可能被锁定在该部分外。通过使用一个基于外部或软件触发器的软件程序来修复 JTAG 功能的软件程序可避免这个问题。如果未实施软件例程，且器件锁定在此部分以外，则可通过使用 TM4C123GH6PM 闪存编程器的"解锁"功能解决这个问题。请参阅 TI 网站的 LMFLASHPROGRAMMER 以获取更多信息。

1. 数据方向操作

GPIO 方向（GPIODIR）寄存器用于配置每个独立的引脚为输入或输出。当数据方向位被清零时，GPIO 配置为输入，对应的数据寄存器位可捕获并将值存储在

GPIO 端口。当数据方向位设置时,GPIO 被配置为输出,相对应的数据寄存器位便可驱动 GPIO 端口。

2. 数据寄存器操作

为了提高软件的效率,通过地址总线的[9:2]位作为屏蔽位,对 GPIO 数据(GPIODATA)寄存器的各个位进行修改。通过这种方式,软件驱动程序就可以以一条指令修改任何一个 GPIO 引脚,而不影响其他引脚的状态。此方法与通过读—修改—写来操作 GPIO 引脚的典型做法不同。为了提供这种特性,GPIODATA 寄存器涵盖了存储器映射中的 256 个单元。

在写操作过程中,如果与数据位相关联的地址位被置位,那么 GPIODATA 寄存器的值将发生变化。如果地址位被清零,那么数据位保持不变。

例如,将 0xEB 的值写入地址 GPIODATA+0x098 处,结果将如图 4.9 所示,其中 u 表示写入操作没有改变数据。该示例演示了如何写入 GPIODATA 位 5、位 2 和位 1。

在读操作过程中,如果与数据位相关联的地址位被设置,那么就可以读取到数据寄存器里的值。如果与数据位相关联的地址位被清零,那么无论数据寄存器里实际值是什么,都读作 0。例如,读取地址 GPIODATA+0x0C4 处的值,如图 4.10 所示。这个例子演示了如何读取 GPIODATA 位 5、位 4 和位 0。

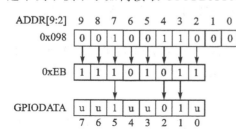

图 4.9　GPIODATA 写入实例

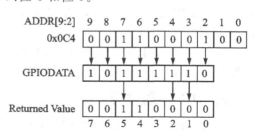

图 4.10　GPIODATA 读取实例

87

4.1.4　中断控制

中断控制是指由一组 7 个寄存器来控制每个 GPIO 端口的中断能力。这些寄存器可用于选择中断源、极性,以及边沿属性。当一个或多个 GPIO 输入产生一个中断时,这个中断输出就被送到整个 GPIO 端口的中断控制器。对于边沿触发,为了让进一步的中断可用,软件必须清除该中断。对于电平触发,必须保持住外部电平的状态才能使控制器识别中断的发生。

以下三个寄存器用来定义中断触发的类型:

● GPIO 中断检测(GPIOIS)寄存器;

● GPIO 中断双边沿(GPIOIBE)寄存器;

● GPIO 中断事件(GPIOIEV)寄存器。

通过 GPIO 中断屏蔽(GPIOIM)寄存器来使能/失能中断。

当中断条件发生时,可以在 GPIO 原始中断状态(GPIORIS)和 GPIO 屏蔽后的中断状态(GPIOMIS)寄存器中观察到中断信号的状态。顾名思义,GPIOMIS 寄存器仅显示允许被传递到中断控制器的中断条件。GPIORIS 寄存器则用于指明 GPIO 引脚满足中断条件,但是不一定发送到中断控制器。

对于 GPIO 电平触发中断,中断信号产生中断必须保持,直到进入中断服务。当产生逻辑判断的中断致使输入信号无效时,GPIORIS 寄存器相应的 RIS 位被清除。对于 GPIO 边沿触发中断,通过向 GPIO 中断清除(GPIOCR)寄存器对应位写 1 来清除 GPIORIS 寄存器的 RIS 位。相应 GPIOMIS 位指示 RIS 位的屏蔽值。

在设置中断控制寄存器(GPIOIS、GPIOIBE、GPIOIEV)时,应该保持中断的屏蔽状态(GPIOIM 清零),以防止发生意外中断。如果相应的位没有被屏蔽,那么向中断控制寄存器写入任意值都可能会产生伪中断。

1. ADC 触发源

通过 GPIO ADC 控制(GPIOADCCTL)寄存器可以将任何一个 GPIO 引脚配置为 ADC 的外部触发源。如果 GPIO 被配置为一个非屏蔽的中断引脚(GPIOIM 的相应位被置位),则当该端口产生中断时,就会发送一个触发信号到 ADC。如果 ADC 事件多路复用选择(ADCEMUX)寄存器被配置为使用外部触发器,那么启动 ADC 转换。

请注意,如果 Port B GPIOADCCTL 寄存器被清零,则 PB4 也可以用作 ADC 的外部触发信号。此传统模式允许在此微控制器中运行针对上一代器件编写的代码。

2. μDMA 触发源

通过 GPIO DMA 控制(GPIODMACTL)寄存器可以将任何一个 GPIO 引脚配置为 μDMA 的外部触发器。如果 GPIO 被配置作为一个非屏蔽的中断引脚(GPIO-IM 的相应位被置位),并且针对该端口产生一个中断,则一个触发信号将被发送到 μDMA。如果 μDMA 被配置为根据 GPIO 信号开始传输数据,那么此时就会启动传输。

4.1.5　初始化及配置

该 GPIO 模块可以通过两个不同的存储器槽访问。传统的高级外设总线(APB)向后兼容以前的设备。另外一种是先进高端总线(AHB),它和 APB 一样拥有相同的寄存器映射,但提供比 APB 总线更好的访问性能。但是,这两种访问方式只能选择一种使用。为指定 GPIO 端口启用的槽由 GPIOHBCTL 寄存器中相应的位来控制。(注:GPIO 只可以通过 AHB 槽访问。)

要将 GPIO 引脚配置为特殊端口,请按以下步骤操作:

① 通过设置 RCGCGPIO 寄存器的相应位使能端口时钟。此外,可按相同的方式设置 SCGCGPIO 和 DCGCGPIO 寄存器,以使能睡眠模式和深度睡眠模式的时钟。(通过调用 SysCtlPeripheralEnable ()函数实现)

② 通过 GPIODIR 寄存器的编程设置 GPIO 端口引脚的方向。写入 1 表示输出,写入 0 表示输入。(通过调用 GPIOPinTypeGPIOOutput 函数实现)

③ 通过配置 GPIOAFSEL 寄存器,将每个位设置为 GPIO 或复用引脚。如果将某个位设置为复用引脚,则必须根据特定外设的需要设置 GPIOPCTL 寄存器的 PMCx 域。另外,还可以通过 GPIOADCCTL 和 GPIODMACTL 两个寄存器将 GPIO 引脚分别设置为 ADC 或 μDMA 触发信号。(通过调用 GPIOPinConfigure ()函数实现)

④ 通过 GPIODR2R、GPIODR4R、GPIODR8R 寄存器设置每个引脚的电流驱动强度。(通过调用 GPIOPadConfigSet ()函数实现)

⑤ 通过 GPIOPUR、GPIOPDR、GPIOODR 寄存器设置端口中每个引脚的功能:上拉、下拉或开漏。如果需要,还可通过 GPIOSLR 寄存器设置斜率。(通过调用 GPIOPadConfigSet ()函数实现)

⑥ 要为 GPIO 引脚启用数字 I/O 功能,应设置 GPIODEN 寄存器的相应的 DEN 位置位。要为 GPIO 引脚启用模拟功能(如果可用),应将 GPIOAMSEL 寄存器的 GPIOAMSEL 位置位。

⑦ 通过 GPIOIS、GPIOIBE、GPIOBE、GPIOEV、GPIOIM 寄存器可配置每个端口的类型、事件和中断屏蔽。(通过调用 GPIOIntTypeSet ()函数实现)

⑧ 软件还可选择将 GPIOLOCK 寄存器中的 LOCK 位置位,以锁定 GPIO 端口引脚的 NMI 和 JTAG/SWD 引脚的配置。

除非另行配置,内部上电复位时,所有的 GPIO 引脚都被配置成无驱动模式(三态):GPIOAFSEL= 0,GPIODEN= 0,GPIOPDR=0,GPIOPUR= 0。表 4.4 列出了 GPIO 端口的所有可能的配置以及实现这些配置的控制寄存器设置。表 4.5 显示了为 GPIO 端口的引脚 2 配置上升沿中断的方法。

表 4.4　GPIO 引脚配置例子

配置模式	GPIO 寄存器位值									
	AFSEL	DIR	ODR	DEN	PUR	PDR	DR2R	DR4R	DR8R	SLR
数字输入(GPIO)	0	0	0	1	?	?	X	X	X	X
数字输出(GPIO)	0	1	0	1	?	?	?	?	?	?
开漏输出(GPIO)	0	1	1	1	X	X	?	?	?	?

嵌入式系统教程——基于 Tiva C 系列 ARM Cortex-M4 微控制器

配置模式	GPIO 寄存器位值									
	AFSEL	DIR	ODR	DEN	PUR	PDR	DR2R	DR4R	DR8R	SLR
开漏输入/输出 (I2CSDA)	1	1	1	1	X	X	?	?	?	?
数字输入/输出 (I2CSCL)	1	X	0	1	X	X	?	?	?	?
数字输入 (定时器 CCP)	1	X	0	1	?	?	X	X	X	X
数字输入 (QEI)	1	X	0	1	?	?	X	X	X	X
数字输出 (PWM)	1	X	0	1	?	?	?	?	?	?
数字输出 (定时器 PWM)	1	X	0	1	?	?	?	?	?	?
数字输入/输出 (SSI)	1	X	0	1	?	?	?	?	?	?
数字输入/输出 (UART)	1	X	0	1	?	?	?	?	?	?
模拟输入 (比较器)	0	0	0	0	0	0	X	X	X	X
模拟输出 (比较器)	1	X	0	1	?	?	?	?	?	?

注：X＝忽略(无关位)；"?"表示根据配置所需，为 0 或 1。

表 4.5　GPIO 中断配置例子

寄存器	所期望的中断事件触发	Pin2 的位值							
		7	6	5	4	3	2	1	0
GPIOIS	0＝边沿 1＝电平	X	X	X	X	X	0	X	X
GPIOIBE	0＝单边沿 1＝双边沿	X	X	X	X	X	0	X	X
GPIOIEV	0＝低电平或下降沿 1＝高电平或上升沿	X	X	X	X	X	1	X	X
GPIOM	0＝屏蔽位 1＝非屏蔽位	0	0	0	0	0	1	0	0

注：X＝忽略(无关位)。

4.1.6　操作示例

下面通过两个简单的示例来具体说明 GPIO 的基本操作。

1. 示例一

本示例主要通过控制 LED 灯闪烁来学习 GPIO 引脚的基本定义等操作，该示例使用了超循环模式，持续扫描并改变 LED 灯的状态。实验成功下载后，会看到 LED 灯每秒闪烁一次。

（1）硬件电路

本示例中 LED 灯的硬件电路如图 4.11 所示，LED_R、LED_B、LED_G 分别通过一个限流电阻连接到 Tiva 的 PF1、PF2、PF3 引脚上。

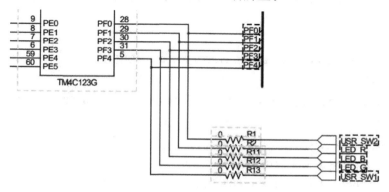

图 4.11　LED 硬件图

（2）程序流程图

实验流程步骤：

① 初始化时钟；

② 使能外设；

③ 配置 LED 引脚；

④ 程序循环。

实验流程图如图 4.12 所示。

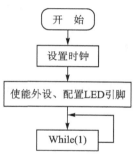

图 4.12　实验流程图

嵌入式系统教程——基于 Tiva C 系列 ARM Cortex-M4 微控制器

(3) 示例代码

```
/***************************************
* 函数名:main
* 描    述:主函数,GPIO点灯
* 输    入:无
***************************************/
Intmain(void)
{
    //80 MHz 时钟
    SysCtlClockSet(SYSCTL_SYSDIV_2_5|SYSCTL_XTAL_25MHZ|SYSCTL_USE_PLL|
                   SYSCTL_OSC_MAIN);

    SysCtlPeripheralEnable(SYSCTL_PERIPH_GPIOF);//使能外设
    //配置引脚方向
    GPIOPinTypeGPIOOutput(GPIO_PORTF_BASE, LED_R_PIN | LED_B_PIN | LED_G_PIN);
    while (1)
    {
        GPIOPinWrite(LED_RGB_PERIPH, LED_G_PIN, LED_G_PIN);
        GPIOPinWrite(LED_RGB_PERIPH, LED_B_PIN,LED_B_PIN);
        GPIOPinWrite(LED_RGB_PERIPH, LED_R_PIN, LED_R_PIN);
        My_delay(500);
        GPIOPinWrite(LED_RGB_PERIPH, LED_G_PIN|LED_R_PIN|LED_B_PIN, 0);
        My_delay(500);

    }
}
/***************************************
* 函数名:My_delay
* 描    述:自定义的短暂延时函数
* 输    入:ms 为延时参数
***************************************/
void My_delay(uint32_t ms)
{
    uint32_t count;
    count = SysCtlClockGet() /(10 * 1000);
```

```
    SysCtlDelay(ms * count);
}
```

（4）操作现象

本示例为基础实验,烧录程序后,可通过 Tiva 开发板直接观察到红、蓝、绿三色灯叠加而成的白色灯闪烁现象。当然也可关闭任意两色灯来单独观察一色灯闪烁的情况。

2.示例二

本示例主要是为了综合学习 GPIO 的基本操作:点亮 LED 灯,按键选择引脚复用功能在 JTAG 和 GPIO 之间交替变化,同时红、绿 LED 灯交替变化。本示例使用了超循环模式,持续查询一个变量状态,从而转换引脚,并通过超级终端显示两种引脚模式的转换结果。

接下来,我们可以通过硬件电路和程序流程图宏观地了解该示例的大体操作步骤;而后通过列出的库函数和示例代码进一步掌握 GPIO 的基本原理;最后通过观察操作现象,验证本示例是否正确实现了相应的功能。

（1）硬件电路

本示例中的 LED 灯和按键的硬件电路如图 4.13 所示,LED_R、LED_G 分别通过一个限流电阻连接到 TM4C123G 的 PF1、PF3 引脚上;按键 SW1 连接到 TM4C123G 的 PF4 引脚,如图 4.13 和 4.14所示。

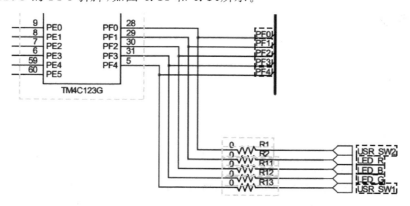

图 4.13　LED 硬件图

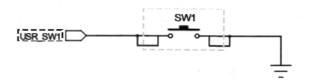

图 4.14　按键电路

(2) 程序流程图

实验流程步骤：

① 初始化时钟；

② 设置各个外设；

③ 配置滴答定时器；

④ 程序循环。

实验流程图如图 4.15 所示。

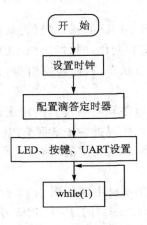

图 4.15　实验流程图

(3) 示例代码

```
/******************************************

* 函数名:main

* 描  述:无

* 输  入:无

******************************************/

Intmain(void)

{

    uint32_t ui32Mode;

    SysCtlClockSet(SYSCTL_SYSDIV_4 | SYSCTL_USE_PLL | SYSCTL_XTAL_16MHZ |

                    SYSCTL_OSC_MAIN);                       //设置时钟

    //使能外设

    SysCtlPeripheralEnable(SYSCTL_PERIPH_GPIOA);           //UART 端口

    SysCtlPeripheralEnable(SYSCTL_PERIPH_GPIOC);           //JTAG 端口

    //初始化按键

    ButtonsInit();

    //使用滴答中断,处理查询中断和消抖

    SysTickPeriodSet(SysCtlClockGet() / 100);

    SysTickIntEnable();                                    //使能 SysTick 中断
```

```
SysTickEnable();                                    //使能 SysTick 计数器
IntMasterEnable();                                  //使能处理器中断

//配置 PF1、PF3 为输出
GPIOPinTypeGPIOOutput(GPIO_PORTF_BASE, GPIO_PIN_3 | GPIO_PIN_1);
//点亮绿色灯
GPIOPinWrite(GPIO_PORTF_BASE, GPIO_PIN_3 | GPIO_PIN_1, GPIO_PIN_3);

g_ui32Mode = 0;
ui32Mode = 0;
ConfigureUART();
UARTprintf("\033[2JGPIO < - > JTAG\n");
UARTprintf("Pins are JTAG\n");
while(1)
{
    //等待引脚模式改变
    while( g_ui32Mode == ui32Mode)
    {
    }

    ui32Mode = g_ui32Mode;//保存新的引脚模式

    //输出变成那种新的引脚模式
    if(ui32Mode == 0)
    {
        //表示 PC0~PC3 当前为 JTAG 引脚
        UARTprintf("Pins are JTAG\n");
    }
    else
    {
        //表示 PC0~PC3 当前为 GPIO 引脚
        UARTprintf("Pins are GPIO\n");
    }
}
}
/*********************************
* 函数名:ButtonsInit
* 描　述:按键初始化函数
* 输　入:无
*********************************/
VoidButtonsInit(void)
```

```
    {
        //使能 GPIO 相应端口
        SysCtlPeripheralEnable(BUTTONS_GPIO_PERIPH);

        HWREG(BUTTONS_GPIO_BASE + GPIO_O_LOCK) = GPIO_LOCK_KEY;
        HWREG(BUTTONS_GPIO_BASE + GPIO_O_CR) |= 0x01;
        HWREG(BUTTONS_GPIO_BASE + GPIO_O_LOCK) = 0;

        //将 GPIO 引脚设置为上拉输入
        //所有按键设置为输入
        GPIODirModeSet(BUTTONS_GPIO_BASE, ALL_BUTTONS, GPIO_DIR_MODE_IN);
        //所有按键设置为 2 mA 驱动,推挽弱上拉
        GPIOPadConfigSet(BUTTONS_GPIO_BASE, ALL_BUTTONS,GPIO_STRENGTH_2MA,
                         GPIO_PIN_TYPE_STD_WPU);

        //初始化消抖按键的状态
        g_ui8ButtonStates = GPIOPinRead(BUTTONS_GPIO_BASE, ALL_BUTTONS);
    }


/ *****************************************
 * 函数名:ButtonsPoll
 * 描   述:按键状态
 * 输   入:无
 *****************************************/
uint8_t ButtonsPoll(uint8_t * pui8Delta, uint8_t * pui8RawState)
{
    uint32_t ui32Delta;
    uint32_t ui32Data;
    static uint8_t ui8SwitchClockA = 0;
    static uint8_t ui8SwitchClockB = 0;

    //保存按键初始状态
    ui32Data = (GPIOPinRead(BUTTONS_GPIO_BASE, ALL_BUTTONS));
    if(pui8RawState)
    {
        * pui8RawState = (uint8_t)~ui32Data;
    }

    //确定开关不是消抖状态
    ui32Delta = ui32Data ^ g_ui8ButtonStates;
    ui8SwitchClockA ^= ui8SwitchClockB;
```

```
    ui8SwitchClockB = ～ui8SwitchClockB；

    //重置没有改变状态的开关的相应时钟
    ui8SwitchClockA & = ui32Delta；
    ui8SwitchClockB & = ui32Delta；

    //获取新的消抖状态
    g_ui8ButtonStates & = ui8SwitchClockA | ui8SwitchClockB；
    g_ui8ButtonStates | = (～(ui8SwitchClockA | ui8SwitchClockB)) & ui32Data；

    //确定刚刚改变的消抖状态的开关
    ui32Delta ^ = (ui8SwitchClockA | ui8SwitchClockB)；

    //存储已改变并返回给调用者的按键位
    if(pui8Delta)
    {
        * pui8Delta = (uint8_t)ui32Delta；
    }
return(～g_ui8ButtonStates)；
}
/ * * * * * * * * * * * * * * * * * * * * * * * * * * * * * * * * *
* 函数名:SysTickIntHandler
* 描　述:SysTick 中断函数
* 输　入:无
* * * * * * * * * * * * * * * * * * * * * * * * * * * * * * * * * * /
VoidSysTickIntHandler(void)
{
    uint8_t ui8Buttons；
    uint8_t ui8ButtonsChanged；

    //获取当前按键状态
    ui8Buttons = ButtonsPoll(&ui8ButtonsChanged，0)；   //1 表示为按下

    //如果 SW1 按键按下并且不是上次按下的,则启动 JTAG 引脚改变动作的进程
    if(BUTTON_PRESSED(LEFT_BUTTON，ui8Buttons，ui8ButtonsChanged))
    {
        g_ui32Mode ^ = 1；
        //判断引脚为 TAG 或 GPIO 模式
        if(g_ui32Mode == 0)
        {
            HWREG(GPIO_PORTC_BASE + GPIO_O_LOCK) = GPIO_LOCK_KEY；
```

```
HWREG(GPIO_PORTC_BASE + GPIO_O_CR) = 0x01;
HWREG(GPIO_PORTC_BASE + GPIO_O_AFSEL) |= 0x01;
HWREG(GPIO_PORTC_BASE + GPIO_O_LOCK) = GPIO_LOCK_KEY;
HWREG(GPIO_PORTC_BASE + GPIO_O_CR) = 0x02;
HWREG(GPIO_PORTC_BASE + GPIO_O_AFSEL) |= 0x02;
HWREG(GPIO_PORTC_BASE + GPIO_O_LOCK) = GPIO_LOCK_KEY;
HWREG(GPIO_PORTC_BASE + GPIO_O_CR) = 0x04;
HWREG(GPIO_PORTC_BASE + GPIO_O_AFSEL) |= 0x04;
HWREG(GPIO_PORTC_BASE + GPIO_O_LOCK) = GPIO_LOCK_KEY;
HWREG(GPIO_PORTC_BASE + GPIO_O_CR) = 0x08;
HWREG(GPIO_PORTC_BASE + GPIO_O_AFSEL) |= 0x08;
HWREG(GPIO_PORTC_BASE + GPIO_O_LOCK) = GPIO_LOCK_KEY;
HWREG(GPIO_PORTC_BASE + GPIO_O_CR) = 0x00;
HWREG(GPIO_PORTC_BASE + GPIO_O_LOCK) = 0;
//点亮绿灯表示引脚工作在 JTAG 模式
GPIOPinWrite(GPIO_PORTF_BASE, GPIO_PIN_3 | GPIO_PIN_1,GPIO_PIN_3);
    }
    else
    {
HWREG(GPIO_PORTC_BASE + GPIO_O_LOCK) = GPIO_LOCK_KEY;
HWREG(GPIO_PORTC_BASE + GPIO_O_CR) = 0x01;
HWREG(GPIO_PORTC_BASE + GPIO_O_AFSEL) &= 0xfe;
HWREG(GPIO_PORTC_BASE + GPIO_O_LOCK) = GPIO_LOCK_KEY;
HWREG(GPIO_PORTC_BASE + GPIO_O_CR) = 0x02;
HWREG(GPIO_PORTC_BASE + GPIO_O_AFSEL) &= 0xfd;
HWREG(GPIO_PORTC_BASE + GPIO_O_LOCK) = GPIO_LOCK_KEY;
HWREG(GPIO_PORTC_BASE + GPIO_O_CR) = 0x04;
HWREG(GPIO_PORTC_BASE + GPIO_O_AFSEL) &= 0xfb;
HWREG(GPIO_PORTC_BASE + GPIO_O_LOCK) = GPIO_LOCK_KEY;
HWREG(GPIO_PORTC_BASE + GPIO_O_CR) = 0x08;
HWREG(GPIO_PORTC_BASE + GPIO_O_AFSEL) &= 0xf7;
HWREG(GPIO_PORTC_BASE + GPIO_O_LOCK) = GPIO_LOCK_KEY;
HWREG(GPIO_PORTC_BASE + GPIO_O_CR) = 0x00;
HWREG(GPIO_PORTC_BASE + GPIO_O_LOCK) = 0;
GPIOPinTypeGPIOInput(GPIO_PORTC_BASE, (GPIO_PIN_0 | GPIO_PIN_1|
                                    GPIO_PIN_2 | GPIO_PIN_3));
//点亮红灯表示引脚工作在 GPIO 模式
GPIOPinWrite(GPIO_PORTF_BASE, GPIO_PIN_3 | GPIO_PIN_1,GPIO_PIN_1);
    }
  }
}
```

```
/ * * * * * * * * * * * * * * * * * * * * * * * * * * * * * * *
 * 函数名:ConfigureUART
 * 描    述:配置 UART
 * 输    入:无
 * * * * * * * * * * * * * * * * * * * * * * * * * * * * * * */
VoidConfigureUART(void)
{
    //使能 GPIO 外设用于 UART
    SysCtlPeripheralEnable(SYSCTL_PERIPH_GPIOA);

    //使能 UART0
    SysCtlPeripheralEnable(SYSCTL_PERIPH_UART0);

    //配置 GPIO 引脚为 UART 模式
    GPIOPinConfigure(GPIO_PA0_U0RX);
    GPIOPinConfigure(GPIO_PA1_U0TX);
    GPIOPinTypeUART(GPIO_PORTA_BASE, GPIO_PIN_0 | GPIO_PIN_1);

    //使用内部 16 MHz 振荡器作为 UART 时钟源
    UARTClockSourceSet(UART0_BASE, UART_CLOCK_PIOSC);

    //初始化 UART 控制 I/O
    UARTStdioConfig(0, 115200, 16000000);
}
```

(4) 库函数说明

1) 函数 GPIODirModeSet()

功　能：设置特定引脚的方向和模式。

原　型：void GPIODirModeSet(uint32_t ui32Port,uint8_t ui8Pins,
　　　　　　　　　　　　uint32_t ui32PinIO);

参　数：ui32Port 为端口地址,ui8Pins 代表引脚位,ui32PinIO 为引脚方向和/
　　　　或模式。

描　述：该函数通过软件控制,将所选端口的特定引脚配置为输入或输出;或者配
　　　　置引脚为硬件控制。ui32PinIO 参数为以下值的枚举类型之一:GPIO_
　　　　DIR_MODE_IN、GPIO_DIR_MODE_OUT、GPIO_DIR_MODE_HW。

　　　　GPIO_DIR_MODE_IN 表示引脚被编程位软件控制输入。

　　　　GPIO_DIR_MODE_OUT 表示引脚被配置为软件控制输出。

　　　　GPIO_DIR_MODE_HW 表示引脚为硬件控制。

　　　　由字节位组配置特定的位,每一位被设置识别要访问的位,并且字
　　　　节中 0 位的代表 GPIO 端口的第 0 引脚,字节中 1 位的代表 GPIO 端口

嵌入式系统教程——基于 Tiva C 系列 ARM Cortex-M4 微控制器

的第 1 引脚,等等。

返回值：无

2）函数 GPIOPadConfigSet( )

功　能：为特定引脚配置输入/输出模式。

原　型：void GPIOPadConfigSet(uint32_t ui32Port,uint8_t ui8Pins,uint32_tui32Strength,uint32_t ui32PinType);

参　数：ui32Port 为 GPIO 端口地址,ui8Pins 代表引脚位,ui32Strength 指定输出驱动力,ui32PinType 指定引脚类型。

描　述：该函数为所选 GPIO 端口的特定引脚配置驱动力和类型。由于引脚配置为输入端口,pad 被配置为响应需求,但是真正影响输入的是上拉或下拉的配置。

　　　　参数 ui32Strength 取以下值之一：GPIO_STRENGTH_2MA、GPIO_STRENGTH_4MA、GPIO_STRENGTH_8MA、GPIO_STRENGTH_8MA_SC。GPIO_STRENGTH_xMA 表示 2 mA、4 mA、8 mA 的输出驱动力,GPIO_OUT_STRENGTH_8MA_SC 表示 8mA 带回转控制的输出驱动力。参数 ui32PinType 取以下值之一：GPIO_PIN_TYPE_STD,GPIO_PIN_TYPE_STD_WPU,GPIO_PIN_TYPE_STD_WPD,GPIO_PIN_TYPE_OD,GPIO_PIN_TYPE_ANALOG。GPIO_PIN_TYPE_STD 表示推挽式引脚,GPIO_PIN_TYPE_OD 表示开漏引脚,＊_WPU 表示弱上拉,＊_WPD 表示弱下拉,GPIO_PIN_TYPE_ANALOG 表示模拟输入。由字节位组配置特定的位,每一位被设置识别要访问的位,并且字节中 0 位代表 GPIO 端口的第 0 引脚,字节中 1 位的代表 GPIO 端口第 1 引脚,等等。

返回值：无

3）函数 SysTickPeriodSet( )

功　能：获取 SysTick 计数器的周期。

原　型：void SysTickPeriodSet(uint32_t ui32Period);

参　数：ui32Period 为每一个 SysTick 计数器周期的时钟数,必须在 1～16 777 216 之间。

描　述：该函数设置 SysTcik 计数器的频率,相当于两个中断之间的处理器时钟数。

返回值：无

4）函数 SysTickIntEnable( )

功　能：使能 SysTick 中断。

原　型：void SysTickIntEnable(void);

参　数：无

描　述：该函数使能 SysTick 中断,允许它被反映到处理器。

返回值：无

5）函数 SysTickEnable( )

功　能：使能 SysTick 计数器。

原　型：void SysTickEnable(void);

参　数：无

描　述：该函数启动 SysTick 计数器。如果一个中断处理程序已经声明,那么当 SysTick 计数器计数溢出时,调用该函数。

返回值：无

6）函数 IntMasterEnable( )

功　能：使能处理器中断。

原　型：bool IntMasterEnable(void);

参　数：无

描　述：该函数允许处理器响应中断。该函数不影响中断集使能中断控制器;它仅控制从控制器到处理器的单个中断。

返回值：当调用该函数时,如果中断失能则返回 true,否则返回 false。

7）函数 GPIOPinTypeGPIOOutput( )

功　能：将引脚配置为 GPIO 输出。

原　型：void GPIOPinTypeGPIOOutput(uint32_t ui32Port,uint8_t ui8Pins);

参　数：ui32Port 为 GPIO 端口的基地址,ui8Pins 代表引脚位。

描　述：GPIO 引脚必须适当配置以作为 GPIO 输出正确运行。该函数提供那些引脚的适当配置。由字节位组配置特定的位,每一位被设置识别要访问的位,并且字节中 0 位代表 GPIO 端口的第 0 引脚,字节中 1 位的代表 GPIO 端口第 1 引脚,等等。

返回值：无

8）函数 GPIOPinWrite( )

功　能：向特定引脚写入一个值。

原　型：void GPIOPinWrite(uint32_t ui32Port,uint8_t ui8Pins,uint8_t ui8Val);

参　数：ui32Port 为 GPIO 端口基地址,ui8Pins 代表引脚位,ui8Val 为写入引脚的值。

描　述：通过 ui8Pins 给输出引脚写入相应的位值。对配置为输入的引脚写入,没有影响。由字节位组配置特定的位,每一位被设置识别要访问的位,并且字节中 0 位代表 GPIO 端口的第 0 引脚,字节中 1 位代表 GPIO 端口的第 1 引脚,等等。

返回值：无

9）函数 GPIOPinConfigure（）

功　能：配置 GPIO 引脚的复用功能。

原　型：void GPIOPinConfigure(uint32_t ui32PinConfig);

参　数：ui32PinConfig 是引脚配置值，其值只能为 GPIO_Pxx_xxx。

描　述：该函数配置引脚复用，选择一个特定的 GPIO 引脚为某一外设功能。一次只能选择一个外设功能，并且每一个外设功能只能与单个 GPIO 引脚有关（尽管实际可以有很多功能与多个 GPIO 引脚有关）。为完整地配置一个引脚，GPIOPinType * （）函数也应该被调用。

返回值：无

（5）操作现象

串口连接到电脑并打开电脑的超级终端，配置波特率为 115 200，数据位为 8，奇偶校验为无，停止位为无，数据流控制为无。当超级终端设置完毕后，将程序烧入到 Tiva 中，观察结果。

下载到板子，reset 后绿灯亮，串口输出"GPIO <－> JTAG，Pins are JTAG"。按下 SW1 按键（左边按键）后变为红灯亮，同时串口输出 Pins are GPIO；再次按下 SW1 按键，串口输出 Pins are JTAG，如此交替。具体串口输出如图 4.16 所示。

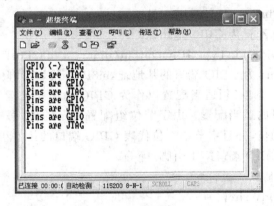

图 4.16　操作现象

4.2　通用定时器（Timer）

定时器是计算机应用中必不可少的外设部件。定时器，顾名思义，就是用来做定时的，其产生一些周期性的事件，或特定时刻要发生的事件，如定时中断、延时等。定时器和计数器在硬件实现上是相同的，都是一个二进制计数器。所谓通用定时器，是相对于一些高级定时器而言的，通用定时器功能相对简单，一般只提供定时、计数等基本功能；而某些高级定时器可能还提供可编程计数阵列（PCA）、马达控制等特殊功能。

4.2.1 定时器简介

在 MCU 应用中,可编程定时器可用来计数、产生周期性事件(定时中断)、捕获外部输入引脚事件的发生时刻(输入捕获),或在某个特定的时刻产生某个输出事件(输出比较)。

定时器和计数器是复用的,计数器是记录外部脉冲的个数,而定时器则是由系统时基单元提供计数源。如果定时器/计数器是 16 位的,那么最大计数值就是 65 536。当计数器到达某个预先设定的计数值的时候,相关寄存器的标志位会发生改变,或产生中断,在中断处理程序中处理定时所需要完成的任务。

随着 ARM MCU 的发展更新,定时器的功能越来越多,我们利用重装载值寄存器和校准值寄存器就可以指定计数的初始值和目标值,相互配合可以完成许多功能。

注:通用定时器和之前介绍的 SysTick 还是有区别的。SysTick,一般 ARM 类型的处理器都会自带,而定时器模块都是各厂家各自定制的,相互之间存在差异。除此之外,SysTick 主要是给系统用的,而定时器的功能就复杂得多,有些定时器还可以产生 PWM 输出等。

4.2.2 Tiva 微控制器定时器

Tiva 的通用定时器模块(GPTM)包含 6 个 16/32 位 GPTM 块和 6 个 32/64 位宽 GPTM 块。每个 16/32 位 GPTM 块都提供了 2 路 16 位的定时器/计数器(称为定时器 A 和定时器 B),它们能够配置成独立运行的定时器或者事件计数器,或级联起来作为 32 位定时器或者 32 位的实时时钟使用。每个 32/64 位 GPTM 块都提供 32 位定时器(定时器 A 和定时器 B),它们能级联作为 64 位定时器使用。定时器也可以用于触发 μDMA 传输。

另外,当超时以单次模式周期出现时,定时器能够触发数/模转换器(ADC)。在到达 ADC 模块之前,所有的通用定时器触发的 ADC 信号都进行"或"操作,所以最后的结果是只有一个定时器会触发 ADC 事件。

GPTM 是 Tiva C 系列微控制器上的一个定时资源。其他的定时资源还包括系统定时器(SysTick)和 PWM 模块中的 PWM 定时器。

GPTM 具有以下特点:
- 16/32 位操作模式:
  - 16/32 位一次性可编程定时器;
  - 16/32 位可编程周期定时器;
  - 16 位通用定时器,含 8 位预分频器;
  - 使用 32.768 kHz 时钟输入时可用作 32 位实时时钟;
  - 16 位输入按计数或者定时捕获模式,含一个 8 位预分频器;
  - 16 位 PWM 模式含一个 8 位预分频器和软件可编程 PWM 信号反转输出。

- 32/64 位操作位模式：
  - 32/64 位一次性可编程定时器；
  - 32/64 位可编程周期定时器；
  - 32 位通用定时器，含 16 位预分频器；
  - 使用 32.768 kHz 时钟输入时可用作 64 位实时时钟；
  - 32 位输入按计数或者定时捕获模式，含一个 16 位预分频器；
  - 32 位 PWM 模式含一个 16 位预分频器和软件可编程 PWM 信号反转输出。
- 向上或向下计数。
- 12 个 16/32 位 PWM 输入捕获引脚（CCP）。
- 12 个 32/64 位 PWM 输入捕获引脚（CCP）。
- 定时器菊花链式连接，允许一个定时器开启多个定时事件。
- 定时器同步允许选定的定时器以相同的时钟频率开始计数。
- ADC 事件触发。
- 在调试过程中，用户可以暂停调试，只要让微控制器置位 CPU 暂停标志位（RTC 模式除外）即可。
- 可以计算从定时器中断产生到进入中断服务程序所需要的时间。
- 采用微型直接内存访问控制器进行高效传输（μDMA）：
  - 每个定时器拥有独立通道；
  - 定时器中断产生突发请求。

1. 信号描述与结构框图

图 4.17 中，指定的 PWM 输入捕获引脚取决于具体的 TM4C123GH6PM 设备。表 4.6 中为可用的 CCP 和定时器分配。

表 4.6 可用 CCP 和定时器分配

定时器	向上/向下计数	偶数号 CCP 引脚	奇数号 CCP 引脚
16/32 位定时器 0	定时器 A	T0CCP0	—
	定时器 B	—	T0CCP1
16/32 位定时器 1	定时器 A	T1CCP0	—
	定时器 B	—	T1CCP1
16/32 位定时器 2	定时器 A	T2CCP0	—
	定时器 B	—	T2CCP1
16/32 位定时器 3	定时器 A	T3CCP0	—
	定时器 B	—	T3CCP1

定时器	向上/向下计数	偶数号 CCP 引脚	奇数号 CCP 引脚
16/32 位定时器 4	定时器 A	T4CCP0	—
	定时器 B	—	T4CCP1
16/32 位定时器 5	定时器 A	T5CCP0	—
	定时器 B	—	T5CCP1
32/64 位定时器 0	定时器 A	WT0CCP0	—
	定时器 B	—	WT0CCP1
32/64 位定时器 1	定时器 A	WT1CCP0	—
	定时器 B	—	WT1CCP1
32/64 位定时器 2	定时器 A	WT2CCP0	—
	定时器 B	—	WT2CCP1
32/64 位定时器 3	定时器 A	WT3CCP0	—
	定时器 B	—	WT3CCP1
32/64 位定时器 4	定时器 A	WT4CCP0	—
	定时器 B	—	WT4CCP1
32/64 位定时器 5	定时器 A	WT5CCP0	—
	定时器 B	—	WT5CCP1

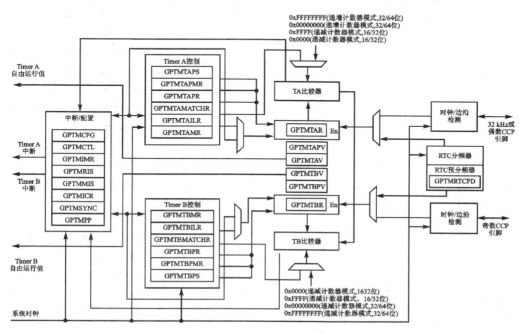

图 4.17　GPTM 模块结构图

表 4.7 列出了 GPIO 定时器模块的外部信号并描述了每一个的功能。GPIO 定时器信号是一些 GPIO 信号的复用功能,这些信号复位默认功能是 GPIO 信号。表 4.7 中,"引脚复用/引脚分配"一栏列出了 GPIO 定时器信号可能的 GPIO 引脚位置。GPIO 复用功能选择寄存器中的 AFSEL 位,应该设置为选择 GPIO 时钟功能。括号中的数字编码必须写入 GPIO 端口控制寄存器中的 PWCn 域,以此来将 GPIO 定时器信号分配到指定的 GPIO 端口。更多 GPIO 配置信号请参考"通用输入/输出端口"部分。

表 4.7 通用定时器信号(64LQFP)

引脚名称	引脚序号	引脚复用/引脚分配	引脚类型	缓冲区类型	描　述
T0CCP0	1 28	PB6(7) PF0(7)	I/O	TTL	16/32 位定时器 0 捕获/比较/PWM0
T0CCP1	4 29	PB7(7) PF1(7)	I/O	TTL	16/32 位定时器 0 捕获/比较/PWM1
T1CCP0	30 58	PF2(7) PB4(7)	I/O	TTL	16/32 位定时器 1 捕获/比较/PWM0
T1CCP1	31 57	PF3(7) PB5(7)	I/O	TTL	16/32 位定时器 1 捕获/比较/PWM1
T2CCP0	5 45	PF4(7) PB0(7)	I/O	TTL	16/32 位定时器 2 捕获/比较/PWM0
T2CCP1	46	PB1(7)	I/O	TTL	16/32 位定时器 2 捕获/比较/PWM1
T3CCP0	47	PB2(7)	I/O	TTL	16/32 位定时器 3 捕获/比较/PWM0
T3CCP1	48	PB3(7)	I/O	TTL	16/32 位定时器 3 捕获/比较/PWM1
T4CCP0	52	PC0(7)	I/O	TTL	16/32 位定时器 4 捕获/比较/PWM0
T4CCP1	51	PC1(7)	I/O	TTL	16/32 位定时器 4 捕获/比较/PWM1
T5CCP0	50	PC2(7)	I/O	TTL	16/32 位定时器 5 捕获/比较/PWM0
T5CCP1	49	PC3(7)	I/O	TTL	16/32 位定时器 5 捕获/比较/PWM1
WT0CCP0	16	PC4(7)	I/O	TTL	32/64 位宽定时器 0 捕获/比较/PWM0
WT0CCP1	15	PC5(7)	I/O	TTL	32/64 位宽定时器 0 捕获/比较/PWM1
WT1CCP0	14	PC6(7)	I/O	TTL	32/64 位宽定时器 1 捕获/比较/PWM0
WT1CCP1	13	PC7(7)	I/O	TTL	32/64 位宽定时器 1 捕获/比较/PWM1
WT2CCP0	61	PD0(7)	I/O	TTL	32/64 位宽定时器 2 捕获/比较/PWM0
WT2CCP1	62	PD1(7)	I/O	TTL	32/64 位宽定时器 2 捕获/比较/PWM1
WT3CCP0	63	PD2(7)	I/O	TTL	32/64 位宽定时器 3 捕获/比较/PWM0
WT3CCP1	64	PD3(7)	I/O	TTL	32/64 位宽定时器 3 捕获/比较/PWM1
WT4CCP0	43	PD4(7)	I/O	TTL	32/64 位宽定时器 4 捕获/比较/PWM0
WT4CCP1	44	PD5(7)	I/O	TTL	32/64 位宽定时器 4 捕获/比较/PWM1
WT5CCP0	53	PD6(7)	I/O	TTL	32/64 位宽定时器 5 捕获/比较/PWM0
WT5CCP1	10	PD7(7)		TTL	32/64 位宽定时器 5 捕获/比较/PWM1

注:TTL 表示该引脚与 TTL 电平一致。

2. 功能描述

每个 GPTM 模块的主要组成部分都包含两个自由运行的向上/向下计数器（称为定时器 A 和定时器 B），两个预分频寄存器，两个匹配寄存器，两个预分频匹配寄存器，两个影子寄存器，两个装载/初始化寄存器以及相关的控制功能。每个 GPTM 的具体功能都由软件控制，并通过寄存器接口进行配置。定时器 A 和定时器 B 可以分别单独使用，这时它们由于 16/32 位 GPTM 块而拥有 16 位的计数范围，同时还由于 32/64 位 GPTM 块而拥有 32 位计数范围。另外，定时器 A 和定时器 B 能够级联，这时由于 16/32 位 GPTM 块而拥有 32 位计数范围，和因 32/64 位 GPTM 块而拥有的 64 位计数范围。注意，预分频器只能在定时器单独使用的时候才有效。

每个 GPTM 块可用的模式见表 4.8。注意，在单次或者周期模式向下计数时，预分频器作为分频使用并包含计数的最低有效位。当在单次或者周期模式向上计数时，预分频作为定时器扩展使用并包含了计数的最高有效位。在输入边沿计数，输入边沿定时和 PWM 模式，预分频器始终作为定时器扩展使用，与向上还是向下计数无关。

表 4.8　通用定时器性能

模式	定时器使用	计数方向	计数器大小		预分频器大小		预分频器状态（计数方向）
			16/32 位 GPTM	32/64 位 GPTM	16/32 位 GPTM	32/64 位 GPTM	
单次	单独	向上/向下	16 位	32 位	8 位	16 位	定时器扩展（向上）预分频器（向下）
	级联	向上/向下	32 位	64 位	—	—	N/A
周期	单独	向上/向下	16 位	32 位	8 位	16 位	定时器扩展（向上）预分频器（向下）
	级联	向上/向下	32 位	64 位	—	—	N/A
RTC	级联	向上	32 位	64 位	—	—	N/A
边沿计数	单独	向上/向下	16 位	32 位	8 位	16 位	定时器扩展（向上/向下）
边沿定时	单独	向上/向下	16 位	32 位	8 位	16 位	定时器扩展（向上/向下）
PWM	单独	向下	16 位	32 位	8 位	16 位	定时器扩展

注：预分频器只有在定时器单独使用时有效。

软件配置 GPTM 时，使用 GPTM 配置寄存器（GPTMCFG）、GPTM 定时器 A 模式寄存器（GPTMAMR）和 GPTM 定时器 B 模式寄存器（GPTMBMR）。当处于一种级联模式下时，定时器 A 和定时器 B 只能运行在同一模式下。然而，当配置在单独运行模式时，定时器 A 和定时器 B 能够独立配置构成独立模式的任意组合。

(1) GPTM 复位条件

当 GPTM 模块复位之后，模块处于非活动状态，所有的控制寄存器都被清零并处于默认状态。定时器 A 和定时器 B 都初始化为 1。以下为与它们相对应的寄存器：

- 装载寄存器：
  - GPTM 定时器 A 间隔装载寄存器（GPTMTAILR）；
  - GPTM 定时器 B 间隔装载寄存器（GPTMTBILR）；
- 影子寄存器：
  - GPTM 定时器 A 数值寄存器（GPTMTAV）；
  - GPTM 定时器 B 数值寄存器（GPTMTBV）。

以下预分频计数器全初始化为 0：

- GPTM 定时器 A 预分频寄存器（GPTMTAPR）；
- GPTM 定时器 B 预分频寄存器（GPTMTBPR）；
- GPTM 定时器 A 预分频快照寄存器（GPTMTAPS）；
- GPTM 定时器 B 预分频快照寄存器（GPTMTBPS）；
- GPTM 定时器 A 预分频值寄存器（GPTMTAPV）；
- GPTM 定时器 B 预分频值寄存器（GPTMTBPV）。

(2) 定时器模式

本节描述各种定时器模式下的操作。当使用定时器 A 和定时器 B 级联模式时，只有定时器 A 的控制位和状态位必须使用；定时器 B 的控制位和状态位没必要使用。通过写 0x4 到 GPTM 配置寄存器（GPTMCFG），可以配置 GPTM 模块为独立/分割模式。下面部分中，用在位域和寄存器中的变量 n 意味着一个定时器 A 或者定时器 B 功能。本节中，超时事件在向下计数模式时是 0x0，在向上计数模式时是 GPTM 定时器 n 间隔装载寄存器或者 GPTM 定时器 n 预分频寄存器中的值。

1）单次/周期定时器模式

选择单次模式还是周期模式，由写入 GPTM 定时器 n 模式寄存器（GPTMTnMR）中 TnMR 位域的值决定。定时器向上计数还是向下计数，由 GPTMTnMR 寄存器中的 TnCDIR 位决定。

当软件设置了 GPTM 控制寄存器中的 TnEN 位时，定时器开始从 0x0 向上计数或者是从预装载值开始向下计数。另外，如果 GPTMTnMR 寄存器中的 TnWOT 位设置，此时一旦设置 TnEN 位，定时器会等待一个触发才开始计数。表 4.9 显示了当定时器使能时装载入定时器寄存器的值。

表 4.9　定时器在单次或者周期模式使能计数器的值

寄存器	向下计数模式	向上计数模式
GPTMTnR	GPTMTnILR	0x0
GPTMTnV	级联模式 GPTMTnILR；单独模式 GPTMTnPR 和 GPTMTnILR 组合	0x0
GPTMTnPS	单独模式 GPTMTnPR；级联模式无效	单独模式 0x0；级联模式无效
GPTMTnPV	单独模式 GPTMTnPR；级联模式无效	单独模式 0x0；级联模式无效

当定时器向下计数并达到超时事件时(0x0)，定时器会为下一个循环重装载值。这个值从 GPTMTnILR 和 GPTMTnPR 寄存器得到。当定时器向上计数并达到超时事件时(达到 GPTMTnILR 或者 GPTMTnPR 寄存器中的值)，定时器重新装载 0x0。如果配置的是单次模式定时器，定时器就会停止计数并且清除 GPTMCTL 寄存器的 TnEN 位；如果配置成周期模式，定时器会进入下个周期继续开始计数。

在周期快照模式(TnMR 域是 0x2 而且 GPTMTnMR 寄存器中 SNAPS 位被置位)，定时器超时事件的值会被装载入 GPTMTnR 寄存器，而预分频器的值会被装载入 GPTMTnPS 寄存器。独立的计数器的值会记录在 GPTMTnV 寄存器中，而独立预分频器的值会记录在 GPTMTnPV 寄存器。以这种方式，软件可以决定从中断产生到进入中断服务程序经过的时间，这个时间可以通过检查快照值和独立定时器的当前值得到。当定时器配置为单次模式时，快照模式不可用。

除了重装载计数值，GPTM 还会产生中断和触发事件。当它达到超时条件时，GPTM 会设置 GPTM 中断状态寄存器中的 TORIS 位。这个值会一直存在，直到写 GPTM 中断清除寄存器才会清除。如果 GPTM 中断屏蔽寄存器中使能了超时中断，那么 GPTM 还会设置 GPTM 屏蔽中断寄存器(GPTMMIS)中的 TnTOMIS 位。设置 GPTM 定时器 n 模式寄存器的 TACINTD 位，可以禁用超时中断。这种情况下，GPTMRIS 寄存器中的 TnTORIS 位也不会设置。

设置 GPTMTnMR 寄存器中的 TnMIE 位，当定时器的值等于装载入 GPTM 定时器 n 匹配寄存器和 GPTM 定时器 n 预分频匹配寄存器的值时，也可以产生中断。这个中断与超时中断一样，有相同状态、相同屏蔽性和清零功能，唯一的区别就是利用了匹配中断位(例如，原始中断状态是通过 GPTMRIS 寄存器的 TnMRIS 位显示)。注意，中断状态位不会因为硬件更新(除非 GPTMTnMR 中的 TnMIE 被置位)，这与超时产生的中断是不一样的。设置 GPTMCTL 中的 TnOTE 位可以启用 ADC 触发。如果 ADC 触发启用，那么只有单次或者周期模式下的超时事件能够产生 ADC 触发。通过配置和启用合适的 μDMA 通道，可以使能 μDMA 触发。

如果在计数器向下计数时，软件更新了 GPTMTnILR 或者 GPTMTnPR 寄存器，那么计数器会在下一个时钟周期装载新值。而且，如果 GPTMTnMR 寄存器中 TnILD 位清零，则计数器会继续从新值开始计数；如果 TnILD 位置位，那么计数器会在下一个超时之后装载新值。如果在计数器向上计数时,软件更新了 GPTMT-nILR 或者 GPTMTnPR 寄存器,超时事件会在下一个周期更改为新值。如果计数器在向上/向下计数时软件更新了 GPTM 定时器的 n 数值寄存器,那么计数器会在下一个时钟周期装载新值,并继续从新值开始计数。如果软件更新了 GPTMT-nMATCHR 或者 GPTMTnPMR 寄存器,那么只要 GPTMTnMR 寄存器中 TnMR-SU 位清零,新值就会在下一个时钟周期记录。如果 TnMRSU 位置位,那么新值直到下一次超时发生才会有效。

当在 64 位模式下使用 32/64 宽定时器块时,某些寄存器必须以特定方式访问。该方式在"(7)访问级联 32/64 位宽 GPTM 寄存器的值"中描述。

如果 GPTMCTL 寄存器的 TnSALL 位置位而 GPTMCTL 中 RTCEN 位没置位,那么在处理器被调试器暂停期间定时器也会暂停计数。处理器重新执行时,定时器恢复计数。如果 RTCEN 位置位,那么在处理器暂停期间定时器不会暂停计数。

表 4.10 中显示了一个 16 位独立定时器使用预分频器时各种不同的配置。所有的值都是假定在 80 MHz 时钟和 $T_c=12.5$ ns(时钟周期)的情况下。预分频器只能在 16/32 定时器配置成 16 位模式时使用,或者是 32/64 位定时器配置成 32 位模式时使用。

表 4.10 16 位定时器(预分频器)

预分频值(8 位)	定时器时钟(T_c)	最大时间	单 位
00000000	1	0.8192	ms
00000001	2	1.6384	ms
00000010	3	2.4576	ms
...	...	...	...
11111101	254	208.0768	ms
11111110	255	208.896	ms
11111111	256	209.7152	ms

表 4.11 中显示了一个 32 位独立定时器在 32/64 位模式下,使用预分频器时的各种不同配置。所有的值都是假定在 80 MHz 时钟和 $T_c=12.5$ ns(时钟周期)的情况下。

表 4.11 32 位定时器在 32/64 位模式下(预分频器)

预分频值(16 位)	定时器时钟(T_c)	最大时间	单 位
0x0000	1	53.687	s
0x0001	2	107.374	s
0x0002	3	214.748	s

预分频值（16 位）	定时器时钟（T_c）	最大时间	单　位
0xFFFD	65 534	0.879	μs
0xFFFE	65 535	1.759	μs
0xFFFF	65 536	3.518	μs

2）实时时钟定时器模式

在实时时钟模式下，Timer A 和 Timer B 被合并作为一个定时器，并且该定时器是向上计数的。当复位之后第一次选择 RTC 模式时，计数器会先加配置为 0x1。随后的装载值必须写入 GPTMTnILR 寄存器。如果 GPTMTnILP 寄存器加载新值，则计数器就会从这个值开始计数，并在值 0xFFFFFFFF 处重新开始计数。表 4.12 显示了启用定时器时装载到寄存器的值。

表 4.12　定时器使能在 RTC 模式计数器的值

寄存器	向下计数模式	向上计数模式
GPTMTnR	无效	0x1
GPTMTnV	无效	0x1
GPTMTnPS	无效	无效
GPTMTnPV	无效	无效

RTC 模式下，CCP0 的输入时钟要求是 32.768 kHz。时钟信号会被分频成 1 Hz，然后送到计数器的输入端。

当软件写 GPTMCTL 寄存器的 TAEN 位时，计数器开始从预装载值 0x01 向上计数。当当前值和 GPTMTnMATCHR 寄存器中的装载值匹配时，GPTM 就会置 GPTMRIS 中 RTCRIS 有效并继续计数，直到接收到硬件复位为止。它也能被软件禁用（清除 TAEN 位即可）。当定时器数值达到终端最大值时，它会从 0x0 开始继续向上计数。如果在 GPTMIMR 中启用了 RTC 中断，GPTM 会置位 GPTMMIS 中的 RTCMIS 位并产生一个控制器中断。写 GPTMICR 中的 RTCCINT 位会清除状态标志。

这种模式下，GPTMTnR 和 GPTMTnV 两个寄存器总是有相同的值。

在 RTC 模式下使用 32/64 位宽定时器模块时，一些寄存器必须以一定的方式访问，这种方式在"（7）访问级联 32/64 位宽 GPTM 寄存器的值"中描述。

RTC 预分频器的值能够在 GPTM RTC 预分频器寄存器中得到。为了确定 RTC 值，软件必须根据图 4.18 描述的步骤进行。

除了产生中断外，RTC 还能产生 μDMA 触发。必须配置和使能相应的 μDMA 通道才能启用 μDMA 触发。可参考 4.5.2 小节"（5）通道配置"。

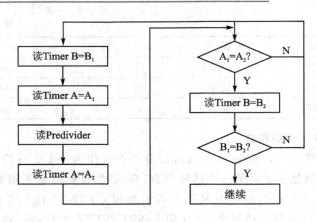

图 4.18　读取 RTC 值

3) 输入边沿计数模式

注： 对于上升沿检测，输入信号必须在上升沿之后保持高电平至少两个系统时钟周期。类似的，对于下降沿检测，输入信号必须在下降沿之后保持低电平至少两个系统时钟周期。根据这个标准，边沿检测的最大输入频率是系统频率的 1/4。

在边沿计数模式，定时器配置成 24 位或 48 位的向上或向上/向下计数器，同时包含一个可选的预分频器，计数值上限存在 GPTMTnPR 寄存器和 GPTMTnR 寄存器的低位上。这种模式下，定时器能够捕获三种类型的事件：上升沿、下降沿和上升下降沿。为了将定时器设置在边沿计数模式，GPTMTnMR 寄存器的 TnCMR 位必须清除。定时器计数的事件类型由 GPTMCTL 中 TnEVENT 决定。在向下计数模式的初始化过程中，GPTMTnMATCHR 和 GPTMTnPMR 寄存器必须配置，这样才能使 GPTMTnILR 和 GPTMTnPR 寄存器中的值与 GPTMTnMATCHR 和 GPTMTnPMR 寄存器中的值的差等于边沿事件的计数。在向上计数模式下，定时器从 0x0 开始计数，一直到 GPTMTnMATCHR 和 GPTMTnPMR 寄存器中的值。但是当以向上计数模式运行时，GPTMTnPR 和 GPTMTnILR 中的值必须比 GPTMTnPMR 和 GPTMTnMATCHR 中的值大。表 4.13 显示了定时器启用以后装载入定时器寄存器的值。

表 4.13　定时器输入边沿计数启用时计数器的值

寄存器	向下计数模式	向上计数模式
GPTMTnR	GPTMTnPR 与 GPTMTnILR 组合	0x0
GPTMTnV	GPTMTnPR 与 GPTMTnILP 组合	0x0
GPTMTnPS	GPTMTnPR	0x0
GPTMTnPV	GPTMTnPR	0x0

当软件写 GPTM 控制寄存器的 TnEN 位时，定时器就会启用事件捕获。CCP

引脚上每个输入事件都会让计数器以 1 递增或递减,直到事件计数值匹配 GPTMT-nMATCHR 和 GPTMTnPMR 中的值。当计数值匹配时,GPTM 会置 GPTMRIS 寄存器中 CnMRIS 位有效,保持这个状态直到通过写 GPTM 中断清除寄存器来清除这个位。如果在 GPTMIMR 寄存器中启用捕获模式匹配中断,GPTM 还会置 GPTMMIS 寄存器的 CnMMIS 位。在这种情况下,GPTMTnR 和 GPTMTnPS 寄存器会记录输入事件的计数,而 GPTMTnV 和 GPTMTnPV 中会存储独立定时器的数值以及独立预分频器的值。在向上计数模式,当前输入事件的计数保存在 GPT-MTnR 和 GPTMTnV 两个寄存器中。

除了产生中断外,还可以产生 μDMA 触发。必须配置和使能相应的 μDMA 通道才能启用 μDMA 触发。参考 4.5.2 小节"(5)通道配置"。

在向下计数模式中,当匹配值达到时,计数器会使用 GPTMTnILR 和 GPTMT-nPR 中的值重新装载,GPTM 自动清除 GPTMCTL 中 TnEN 位时停止计数。一旦事件数达到,那么之后的事件都会被忽略,直到软件重新使能 TnEN 位。在向上计数模式,定时器会用 0x0 这个值去重装载寄存器后继续计数。

图 4.19 描述了输入边沿向下计数模式工作原理。这个例子中,定时器开始值设置为 0x000A,而匹配值设置为 0x0006,那么就会计数 4 个边沿事件。此时的计数器是信号上升下降沿检测。

注意,最后两个边沿没有被计数,因为在当前计数值和 GPTMTnMATCHR 中值匹配后,定时器会自动清除 TnEN 位,这样计数器会忽略之后的边沿事件。

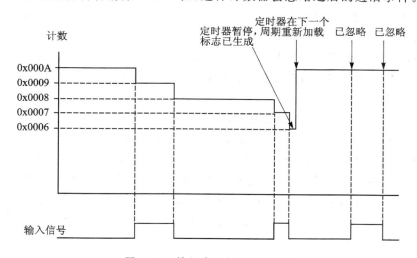

图 4.19　输入边沿向下计数模式

4)输入边沿定时模式

注:对于上升沿检测,输入信号必须在上升沿之后保持高电平至少两个系统时钟周期。类似的,对于下降沿检测,输入信号必须在下降沿之后保持低电平至少两个

系统时钟周期。根据这个标准,边沿检测的最大输入频率是系统频率的 1/4。

在边沿定时模式,定时器配置成 24 位或 48 位的向上或向上/向下计数器,同时包含一个可选的预分频器,计数值上限存在 GPTMTnPR 寄存器和 GPTMTnILR 寄存器的低位上。这种模式下,如果是向下计数,定时器装载值则会初始化为 GPTMTnILR 和 GPTMTnPR 中的值;如果是向上计数,则会初始化为 0x0。定时器能够捕获三种类型的事件:上升沿、下降沿和上升下降沿。通过写 GPTMTnMR 寄存器的 TnCMR 位,寄存器可以配置成边沿定时模式,事件类型可以由 GPTMCTL 中的 TnEVENT 决定。表 4.14 显示了当定时器启用时装载到寄存器中的值。

表 4.14 定时器在输入事件计数模式下启用时计数器值

寄存器	向下计数模式	向上计数模式
TnR	GPTMTnILR	0x0
TnV	GPTMTnILR	0x0
TnPS	GPTMTnPR	0x0
TnPV	GPTMTnPR	0x0

当软件写 GPTMCTL 寄存器的 TnEN 位时,定时器就启用事件捕获。当检测到被选择的输入事件时,当前定时器的计数值会被 GPTMTnR 寄存器和 GPTMTnPS 寄存器捕获,而且能够被微控制器读取。随后 GPTM 会置 GPTMRIS 中的 CnERIS 位有效,并且保持有效直到通过写 GPTMICR 寄存器才会清除。如果在 GPTMIMR 寄存器中启用了捕获模式事件中断,那么 GPTM 还会置位 GPTMMIS 中的 CnEMIS。这种模式下,GPTMTnR 寄存器和 GPTMTnPS 寄存器会保存选定输入事件的时间,而 GPTMTnV 寄存器和 GPTMTnPV 寄存器会保存独立运行的定时器值和独立运行的预分频器值。这些寄存器的值能够决定从中断发生到进入中断处理程序的时间延迟。

除了产生中断外,还可以产生 μDMA 触发。必须配置和使能相应的 μDMA 通道才能启用 μDMA 触发。参考 4.5.2 小节"(5)通道配置"。

当捕捉到一个事件后,定时器不会停止计数。它会一直计数,直到 TnEN 位被清除。当定时器达到超时值时,它会重新加载值,如果是向上计数模式就加载 0x0,如果是向下计数模式就加载 GPTMTnPR 寄存器中 GPTMTnILR 里的值。

图 4.20 显示了 16 位输入边沿定时模式的工作原理。该图中假设定时器的开始值是 0xFFFF,捕获事件为上升沿模式。

每当检测到一个上升边沿事件时,当前计数值就会被加载到 GPTMTnR 寄存器和 GPTMTnPS 寄存器中。这些数值会一直持续到下一个上升沿出现,此时新的计数值就会被加载到 GPTMTnR 寄存器和 GPTMTnPS 寄存器中。

处于边沿定时模式下,如果启用预分频器计数器会采用模 2^{24},如果预分频器禁用,那么计数器会采用模 2^{16}。如果有可能出现边沿花费的时间比计数事件的时间

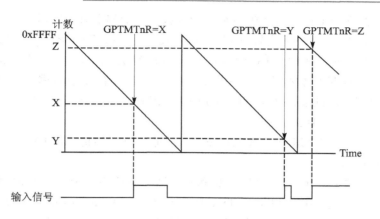

图 4.20　16 位输入边沿定时模式实例

长,那么就可以利用一个配置成周期性计数模式的定时器来确保边沿检测不会丢失。周期性定时器必须按照以下步骤配置:

① 周期性定时器的循环周期速率要和边沿定时器一样。

② 周期性定时器的中断比边沿定时器的超时中断拥有更高的优先级。

③ 如果进入周期性定时器中断服务程序,软件必须检查是否有边沿定时中断挂起;如果有中断挂起,那么计数器的值必须在被用来计算事件快照时间之前减 1。

5) PWM 模式

GPTM 支持简单的 PWM 生成模式。在 PWM 模式下,定时器会配置成一个 24 位或者 48 位的向下计数器,开始值由 GPTMTnILR 寄存器和 GPTMTnPR 寄存器决定。这种模式中 PWM 频率和周期是同步事件,因此可以保证 PWM 不会有障碍。通过写 GPTMTnMR 中的 TnAMS 为 0x1、TnCMR 为 0x0、TnMR 为 0x2 来启用 PWM 模式。表 4.15 显示了定时器启用 PWM 模式时装载入寄存器的值。

表 4.15　定时器启用 PWM 模式时计数器的值

寄存器	向下计数模式	向上计数模式
GPTMTnR	GPTMTnILR	无效
GPTMTnV	GPTMTnILR	无效
GPTMTnPS	GPTMTnPR	无效
GPTMTnPV	GPTMTnPR	无效

当软件写 GPTMCTL 中的 TnEN 位时,计数器就开始向下计数直到 0x0 状态。另外,如果设置了 GPTMTnMR 寄存器的 TnWOT 位,那么一旦设置了 TnEN,定时器就会等待触发才开始计数(见本小节"(3)触发等待模式")。周期性模式的下一个计数循环,计数器会从 GPTMTnILR 寄存器和 GPTMTnPR 寄存器重装载开始值,然后继续计数,直到软件清除 GPTMCTL 中 TnEN 位,它才会停止计数。定时器能

够捕获三种类型的事件一次产生中断：上升沿、下降沿和上升下降沿。事件类型通过 GPTMCTL 的 TnEVENT 配置，中断是通过设置 GPTMTnMR 的 PWMIE 来启用的。当事件发生时，GPTMRIS 寄存器的 CnERIS 就会置位，并且一直保持直到通过写 GPTMICR 寄存器才能清除。如果在 GPTMIMR 寄存器中启用了捕获模式事件中断，那么 GPTM 也会设置 GPTMMIS 的 CnEMIS 位。注意，中断状态位不会更新，除非设置了 PWMIE 位。

这种模式下，GPTMTnR 和 GPTMTnV 拥有相同的值，GPTMTnPS 和 GPT-MTnPV 也是一样。

当计数器的值等于 GPTMTnILR 和 GPTMTnPR 中的值时，PWM 输出信号有效。而当它的值与 GPTMTnMATCHR 寄存器和 GPTMTnPMR 寄存器相同时，PWM 输出信号无效。软件可以设置 GPTMCTL 中的 TnPWML 位来反转输出的 PWM 信号。

注意：如果启用了 PWM 输出信号反转，那么边沿检测中断也会反转。也就是说，如果设置了正边沿中断触发，而且 PWM 输出信号反转之后产生了一个正边沿，那么这时候不会有事件触发。相反，中断会在 PWM 信号的负边沿产生。

图 4.21 显示了如何产生一个 1 ms 周期且占空比为 66% 的 PWM 输出，假定是在 50 MHz 输入时钟并且 TnPWML＝0（当 TnPWML＝1 时，占空比应为 33%）的情况下。这个例子中，GPTMTnILR 中的开始值是 0xC350，GPTMTnMATCHR 中的匹配值是 0x411A。

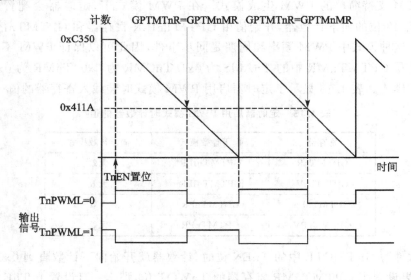

图 4.21　16 位 PWM 模式例子

当使用 GPTMSYNC 寄存器进行定时器同步时，定时器必须被正确配置以避免在 CCP 输出上有差错。GPTMTnMR 中的 PLO 位和 MRSU 位都必须设置。

图 4.22 显示了当 PLO 位和 MRSU 位设置并且 GPTMTnMATCHR 值比 GPTMT-nILR 值大时,CCP 的输出情况。

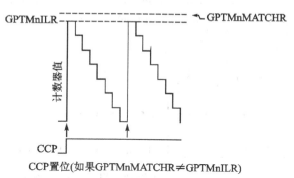

图 4.22　CCP 输出,GPTMTnMATCHR > GPTMTnILR

图 4.23 显示了当 PLO 位和 MRSU 位设置并且 GPTMTnMATCHR 的值和 GPTMTnILR 的值相同时,CCP 的输出情况。在这种情况下,如果 PLO 位写 0,那么装载 GPTMTnILR 值的时候 CCP 信号就会变成高电平,之后的匹配就会被忽略。

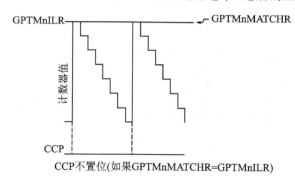

图 4.23　CCP 输出,GPTMTnMATCHR = GPTMTnILR

图 4.24 显示当设置了 PLO 位和 MRSU 位并且 GPTMTnILR 的值比 GPT-MTnMATCHR 的值大时,CCP 的输出情况。

（3）触发等待模式

触发等待模式允许定时器模块采用菊花链方式连接,一旦配置,单个定时器就能够使用定时器触发初始化多个定时事件。设置 GPTMTnMR 中的 TnWOT 位可以启用触发等待模式。当设置了 TnWOT 位时,定时器 $N+1$ 并不会马上开始计数,它必须等到菊花链中在它之前的定时器达到它的超时事件。菊花链的方式导致 GPTM1 遵循 GPTM0 的配置,GPTM2 遵循 GPTM1 的配置,以此类推。如果定时器 A 被配置成 32 位或者 64 位定时器,则它会在下一个模块中触发 Timer A。如果定时器 A 被配置成 16 位或者 32 位定时器,它会在同一模块中触发 Timer B,然后 Timer B 再触发下一个模块的 Timer A。必须注意,GPTM0 中的 TAWOT 位绝对

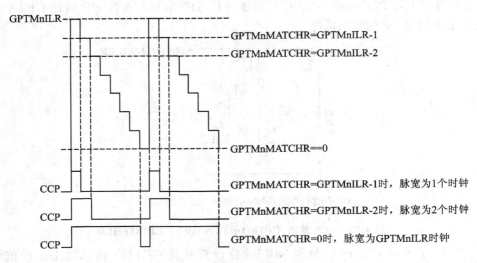

图 4.24 CCP 输出,GPTMTnILR＞GPTMTnMATCHR

不会设置。图 4.25 显示了 GPTMCFG 位对菊花链的影响。这个功能在单次、周期和 PWM 模式下都是有效的。

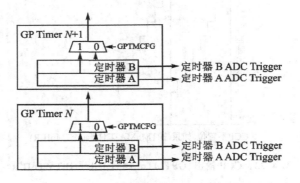

图 4.25 菊花链式定时器

(4) 同步 GPTM 模块

GPTM0 中的 GPTM 同步寄存器(GPTMSYNC)可以用来同步选中的定时器,让它们在同一时间开始计数。对 GPTMSYNC 寄存器置位会导致相关的定时器执行一个超时事件的操作。同步定时器不会产生中断。如果定时器用在级联模式,那么只有定时器 A 中的 GPTMSYNC 寄存器需要设置。

注意: 所有的定时器必须使用相同的时钟源,以保证该功能正确工作。

表 4.16 列出了定时器在各种模式下发生超时事件的相应操作。

表 4.16　GPTM 模式的超时操作

模　式	计数方向	超时操作
32/64 位单次模式(级联)	—	N/A
32/64 位周期模式(级联)	向下	Count value＝ILR
	向上	Count value＝0
32/64 位 RTC 模式(级联)	向上	Count value＝0
16/32 位单次模式(独立)	—	N/A
16/32 位周期模式(独立)	向下	Count value＝ILR
	向上	Count value＝0
16/32 位边沿计数模式(独立)	向下	Count value＝ILR
	向上	Count value＝0
16/32 位边沿定时模式(独立)	向下	Count value＝ILR
	向上	Count value＝0
16/32 位 PWM 模式	向下	Count value＝ILR

(5) DMA 操作

每个定时器都有一个专有的 μDMA 通道,可以给 μDMA 控制器发送请求信号。请求是突发类型的,无论何时只要定时器中断条件发生就产生中断请求。μDMA 传输的仲裁大小必须设置成要传输的数据量大小,无论定时器事件何时发生。

例如,要传输 256 个数据,每 10 ms 一次,传输 8 个数据,就需要配置定时器每 10 ms 产生周期性超时事件。配置 μDMA 总共传输 256 个数据,每一次的大小为 8 个。每一次定时器超时,μDMA 控制器都会传输,传输 8 个数据,直到所有的 256 个数据全部传输完。

启用 μDMA 操作不需要其他的特殊操作,可参考 4.5 节。

(6) 访问级联 16/32 位 GPTM 寄存器的值

写 0x0 或 0x1 到 GPTM 配置寄存器(GPTMCFG),可以设置 GPTM 为级联模式。在这两种配置下,一些 16/32 位的 GPTM 寄存器会用级联方式构成伪 32 位寄存器。这些寄存器包括:

- GPTM 定时器 A 时间间隔寄存器(GPTMTAILR)[15:0];
- GPTM 定时器 B 时间间隔寄存器(GPTMTBILR)[15:0];
- GPTM 定时器 A 寄存器(GPTMTAR)[15:0];
- GPTM 定时器 B 寄存器(GPTMTBR)[15:0];
- GPTM 定时器 A 数值寄存器(GPTMTAV)[15:0];
- GPTM 定时器 B 数值寄存器(GPTMTBV)[15:0];
- GPTM 定时器 A 匹配寄存器(GPTMTAMATCHR)[15:0];
- GPTM 定时器 B 匹配寄存器(GPTMTBMATCHR)[15:0]。

在 32 位模式中,GPTM 将一个对 GPTMTAILR 的写访问转成对 GPT-MTAILR 和 GPTMTBILR 的写访问。这样的话,写操作的顺序为

$$GPTMTBILR[15:0]:GPTMTAILR[15:0]$$

1 个 32 位的对 GPTMTAR 的读访问返回值为

$$GPTMTBR[15:0]:GPTMTAR[15:0]$$

1 个 32 位的对 GPTMTAV 的读访问返回值为

$$GPTMTBV[15:0]:GPTMTAV[15:0]$$

(7) 访问级联 32 /64 位宽 GPTM 寄存器的值

在 32/64 位的宽 GPTM 模块上,级联的寄存器值不是一直都是能够访问的,因为这些数据的宽度比处理器的总线宽度大。如果在级联定时器模式或者独立定时器模式使用预分频器,则软件必须执行原子访问,这样才能获得准确的寄存器值。当读取的定时器的数值大于 32 位时,软件必须按照以下步骤进行:

① 读相应的定时器 B 的寄存器或者预分频器寄存器。

② 读相应的定时器 A 的寄存器。

③ 再次读取定时器 B 的寄存器或者预分频器寄存器。

④ 比较第一次和第二次读取的定时器 B 的值或预分频器的值。如果它们是一样的,那么这就是需要获得的数值;如果它们不一样,则重复①～④步骤直到两者相同。

下面的伪代码描述了读取过程:

```
high = timer_high;
low = timer_low;
if(high! = timer_high);
{
    high = timer_high;
    low = timer_low;
}
```

寄存器的读取必须按照以下方式进行:

● 64 位读访问:

－GPTMTAV 和 GPTMTBV;

－GPTMTAR 和 GPTMTBR。

● 48 位读访问:

－GPTMTAR 和 GPTMTAPS;

－GPTMTBR 和 GPTMTBPS;

－GPTMTAV 和 GPTMTAPV;

－GPTMTBV 和 GPTMTBPV。

同样,写访问必须先写高位数据再写低位数据,可按照以下步骤进行:

① 写相应的定时器 B 寄存器或者预分频器寄存器。

② 写相应的定时器 A 寄存器。

寄存器的写访问必须按照以下方式进行：

- 64 位写访问：
  - GPTMTAV 和 GPTMTBV；
  - GPTMTAMATCHR 和 GPTMTBMATCHR；
  - GPTMTAILR 和 GPTMTBILR。
- 48 位写访问：
  - GPTMTAV 和 GPTMTAPV；
  - GPTMTBV 和 GPTMTBPV；
  - GPTMTAMATCHR 和 GPTMTAPMR；
  - GPTMTBMATCHR 和 GPTMTBPMR；
  - GPTMTAILR 和 GPTMTAPR；
  - GPTMTBILR 和 GPTMTBPR。

对于上面列的 64 位写访问中的寄存器，如果出现连续两次写其中任一寄存器，那么无论是定时器 A 还是定时器 B 的寄存器，又或者定时器 A 的写操作比定时器 B 的写操作优先级高，都会提示出现错误。这个错误在 GPTMRIS 寄存器的 WUERIS 位记录。如果该错误没有屏蔽，那么就可以产生中断。

这个错误不会报告预分频器寄存器的使用，因为预分频器是可选的。因此，程序员必须按照上述规则进行操作。

4.2.3　初始化及配置

要使用 GPTM 模块，RCGCTIMER 寄存器或者 RCGCWTIMER 寄存器中的 TIMERn 位就必须设置。如果使用 CCP 引脚，那么 GPIO 模块的时钟必须在 RCGCGPIO 寄存器中启用。配置 GPIOPCTL 寄存器中的 PMCn 可以将 CCP 信号分配到合适的引脚上。

本小节给出了每种定时器模式的初始化及配置实例。

1. 单次/周期计数模式

GPTM 通过以下步骤配置成单次或者周期计数模式：

① 确保定时器在做任何更改之前处于禁用状态（GPTMCTL 中 TnEN 位清零）。

② 写 0x00000000 到 GPTM 配置寄存器 GPTMCFG。

③ 配置 GPTM 定时器 n 模式寄存器 GPTMTnMR 的 TnMR 位：

- 写 0x1 启用单次模式；
- 写 0x2 启用周期模式。

④ 可选配置 GPTMTnMR 中的 TnSNAPS、TnWOT、TnMTE 和 TnCDIR 位，

这些位确定是否捕获独立定时器超时时候的值,是否使用外部触发来开始计数,是否要配置额外的触发器或者中断,向上还是向下计数。

⑤ 将开始值加载到 GPTM 定时器 n 时间间隔加载寄存器 GPTMTnILR。

⑥ 如果需要使用中断,则还需要设置 GPTM 中断屏蔽寄存器 GPTMIMR 的相应位。

⑦ 设置 GPTMCTL 寄存器中 TnEN 位来启用定时器并开始计数。

⑧ 轮询 GPTMRIS 寄存器或者等待中断的产生。在这两种情况下,写 1 到 GPTMICR 寄存器的相应位都会将状态标志清除。

如果 GPTMTnMR 中 TnMIE 位设置了,而且 GPTMRIS 中 RTCRIS 位也设置了,那么定时器就会持续计数。在单次模式中,定时器会在发生超时事件时停止计数。要重新启用定时器,就需要重复上述过程。配置成周期模式的定时器在超时事件发生时会重新装载值,然后继续计数。

2. 实时时钟(RTC)定时模式

要使用 RTC 模式,定时器就必须在一个偶数 CCP 输入上有 32.768 kHz 输入信号。可按照以下步骤启用 RTC 功能:

① 确保在任何更改前定时器是禁用的。

② 如果定时器在此之前是工作在其他不同的模式,那么在重新配置前需要清除 GPTMTnMR 寄存器中的任何残留位。

③ 写 0x00000001 值到 GPTM 配置寄存器 GPTMCFG。

④ 写匹配值到 GPTM 匹配寄存器 GPTMTnMATCHR。

⑤ 按照需要设置/清除 GPTMCTL 中的 RTCEN 位和 TnSTALL 位。

⑥ 如果需要使用中断,则设置 GPTMIMR 中的 RTCIM 位。

⑦ 设置 GPTMCTL 的 TAEN 位,启用定时器并开始计数。

当定时器的计数值和 GPTMTnMATCHR 寄存器中的值匹配时,GPTM 会置位 GPTMRIS 中的 RTCRIS 位使它有效,然后继续计数直到定时器 A 禁用或者接收到一个硬件复位。写 GPTMICR 寄存器的 RTCCINT 位会清除中断。注意,如果 GPTMTnILR 寄存器装载一个新的值,定时器会从新的值开始计数,一直持续到数值为 0xFFFFFFFF,这时候它会翻转重新开始计数。

3. 输入边沿计数模式

定时器通过以下步骤配置成输入边沿计数模式:

① 在执行任何更改之前,先将定时器禁用(将 TnEN 位清零)。

② 写 0x00000004 值到 GPTMCFG 寄存器。

③ 在 GPTMTnMR 寄存器中,写 0x0 到 TnCMR,写 0x3 到 TnMR。

④ 写 GPTMCTL 的 TnEVENT 可以设置定时器需要捕获的事件类型。

⑤ 如果使用预分频器,则将预分频值写入 GPTMTnPR 寄存器中。

⑥ 将定时器的开始值装载入 GPTMTnILR 寄存器。

⑦ 将预分频器的匹配值装载入 GPTMTnPMR 寄存器。

⑧ 将事件计数值装载入 GPTMTnMATCHR 寄存器。注意当执行向上计数时,GPTMTnPR 和 GPTMTnILR 中的数值必须大于 GPTMTnPMR 和 GPTMT-nMATCHR 中的数值。

⑨ 如果使用中断,则需要设置 GPTMIMR 的 CnMIM 位。

⑩ 设置 GPTMCTL 的 TnEN 位,启用定时器并开始等待边沿事件

⑪轮询 GPTMRIS 的 CnMRIS 位或者等待中断。在这两种情况下,写 1 到 GPTMICR 的 CnMCINT 位都会将状态标志清除。

当在边沿计数模式向下计数时,定时器在检测到编程写入的边沿事件数时就会停止。要重新启用定时器,确保将 TnEN 位清零并且重复④～⑨步骤。

4. 输入边沿定时模式

定时器按照以下步骤配置成输入边沿定时模式:

① 在执行任何更改之前,先将定时器禁用(将 TnEN 位清零)。

② 写 0x00000004 值到 GPTMCFG 寄存器。

③ 在 GPTMTnMR 寄存器中,写 0x1 到 TnCMR,写 0x3 到 TnMR。

④ 写 GPTMCTL 的 TnEVENT 可以设置定时器需要捕获的事件类型。

⑤ 如果使用预分频器,则将预分频值写入 GPTMTnPR 中。

⑥ 定时器的开始值写入 GPTMTnILR 中。

⑦ 如果需要使用中断,那么需要设置 GPTMIMR 的 CnEIM 位。

⑧ 设置 GPTMCTL 的 TnEN 位,启用定时器并开始计数。

⑨ 轮询 GPTMRIS 寄存器的 CnERIS 位或者等待中断。在这两种情况下,写 1 到 GPTMICR 的 CnECINT 位都会将状态标志清除。事件发生的时间可以通过读取 GPTMTnR 寄存器得到。

在输入边沿定时模式中,定时器在检测到边沿事件后会继续运行,但是定时器的间隔值可以通过写 GPTMTnILR 寄存器在任何时候更改。这一操作会在下一个周期生效。

5. PWM 模式

定时器按照以下步骤配置成 PWM 模式:

① 确保定时器在做任何更改之前是禁用的。

② 写 0x00000004 值到 GPTMCFG 寄存器。

③ 在 GPTMTnMR 寄存器中,写 0x1 到 TnAMS,写 0x0 到 TnCMR,写 0x2 到 TnMR。

④ 通过设置 GPTMCTL 寄存器的 TnPWML,可以配置 PWM 信号的输出状态。

⑤ 如果使用预分频器,则将预分频值写入 GPTMTnPR 中。

⑥ 如果使用 PWM 中断,则在 GPTMCTL 的 TnEVENT 配置中断条件并且设置 GPTMTnMR 的 PWMIE 位来使能中断。注意,当 PWM 输出反转时,边沿检测产生中断的条件也会反转。

⑦ 将开始值写入 GPTMTnILR 中。

⑧ 将匹配值写入 GPTMTnMATCHR 中。

⑨ 设置 GPTMCTL 的 TnEN 位,启用定时器并开始产生 PWM 输出信号。

在 PWM 定时模式,在 PWM 信号产生之后定时器会持续运行。PWM 周期可以通过写 GPTMTnILR 寄存器在任何时间更改,这一改变会在定时器的下一个周期生效。

4.2.4　操作示例

本示例将使用 LaunchPad 的 Timer 产生周期性中断,一个每秒触发两次,另一个每秒触发一次。每个中断都有相应的中断处理程序进行处理,利用串口和 LED 显示程序状态。

1. 程序流程图

实验步骤:

① 设备时钟设置;

② USART 外设使能;

③ 定时器配置;

④ 中断配置,中断处理函数注册;

⑤ 使能定时器;

⑥ 计数达到装载值时停止产生中断。

定时器周期性触发中断实验流程图如图 4.26 所示。

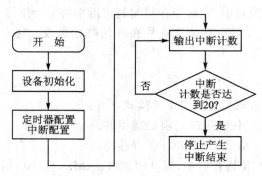

图 4.26　定时器周期性触发中断实验流程图

2. 库函数说明

以下是经常使用的 Timer 部分的库函数说明。

1）函数 TimerConfigure( )

功　　能：配置定时器。

原　　型：voidTimerConfigure(uint32_t ui32Base,uint32_t ui32Config)

参　　数：ui32Base 为定时器模块的基地址。

　　　　　ui32Config 为定时器的配置信息。

描　　述：该函数配置定时器的运行模式。定时器模块在配置之前是禁用的,配置完成后仍然是禁用状态。该定时器可使用 TIMER_CFG_ * 配置成一个单一的全宽度定时器或使用 TIMER_CFG_A_ * 和 TIMER_CFG_B_ * 配置成一对半宽度的定时器,这些值通过参数 ui32Config 传递。

返回值：无

2）函数 TimerLoadSet( )

功　　能：设置定时器预装载值。

原　　型：voidTimerLoadSet(uint32_t ui32Base,uint32_t ui32Timer,
　　　　　　　　　　　　uint32_t ui32Value)

参　　数：ui32Base 为定时器模块的基地址。

　　　　　ui32Timer 指定调整的定时器,只能为 TIMER_A、TIMER_B、TIMER_BOTH 中的一个,当定时器配置成全宽度模式时,只有 TIMER_A 可以使用。

　　　　　ui32Value 为装载值。

描　　述：该函数配置定时器的装载值。如果定时器处于运行状态,那么值会立刻装载入定时器。

返回值：无

3）函数 TimerIntEnable( )

功　　能：使能单独的定时器中断源。

原　　型：voidTimerIntEnable(uint32_t ui32Base,uint32_t ui32IntFlags)

参　　数：ui32Base 为定时器模块的基地址。

　　　　　ui32IntFlags 为中断源启用的中断事件的标识码。

描　　述：该函数使能指定定时器的中断源。只有已启用的中断源才可以反映到处理器的中断中;禁用的源对处理器不可见。

返回值：无

4）函数 TimerIntRegister( )

功　　能：为定时器中断注册中断处理函数。

原　　型：voidTimerIntRegister(uint32_t ui32Base,uint32_t ui32Timer, void（∗pfnHandler）（void））

参　数：ui32Base 为定时器模块的基地址。

ui32Timer 指定定时器，必须为 TIMER＿A、TIMER＿B、TIMER＿BOTH 中的一个。

pfnHandle 为指向一个函数的指针，该函数在定时器中断发生时被调用。

描　述：该函数注册当定时器中断发生时要调用的处理程序。此外，该函数在中断控制器中使能该全局中断；必须通过函数 TimerIntEnable（）指定定时器中断。通过 TimerIntClear（）函数清除中断源也是中断处理程序需要做的。

返回值：无

5）函数 TimerEnable（）

功　能：使能定时器。

原　型：voidTimerEnable(uint32_t ui32Base，uint32_t ui32Timer)

参　数：ui32Base 为定时器模块的基地址。

ui32Timer 指定要使能的定时器，必须为 TIMER＿A，TIMER＿B，TIMER＿BOTH 中的一个。

描　述：该函数使能定时器模块，使能前定时器必须先配置。

返回值：无

6）函数 TimerIntClear

功　能：清除定时器中断。

原　型：voidTimerIntClear(uint32_t ui32Base，uint32_t ui32IntFlags)

参　数：ui32Base 为定时器模块的基地址。

ui32IntFlag 为需要清除的中断源标识码。

描　述：该函数清除指定的定时器中断源，因此它们就不会再被置为有效。这个函数能够在中断处理程序中被调用，以防止中断再次触发。

返回值：无

7）函数 TimerIntDisable

功　能：禁用单独的定时器中断源。

原　型：voidTimerIntDisable(uint32_t ui32Base，uint32_t ui32IntFlags)

参　数：ui32Base 为定时器模块的基地址。

ui32intFlags 为需要禁用的中断源标识码。

描　述：该函数禁用指定的定时器中断源。

返回值：无

3．示例代码

程序对 Timer 模块初始化之后，启用定时器，并且为定时器中断设置了中断处

嵌入式系统教程——基于 Tiva C 系列 ARM Cortex-M4 微控制器

理函数。对计数变量 g_ui32Counter 作自增,并利用串口显示中断的次数。

```
//配置 Timer0B 为周期性定时器,每隔 2 s 触发一次中断。当 20 次中断之后,暂停触发
//中断
// ********UART0RX - PA0
// ********UART0TX - PA1
#define NUMBER_OF_INTS   20                          //最大中断数
//定义变量计数中断的触发次数
static volatile uint32_t g_ui32Counter = 0;
/* ****************************************
* 函数名:InitConsole
* 描    述:配置 UART0 用于显示程序信息
* 参    数:无
**************************************** */
voidInitConsole(void)
{
    SysCtlPeripheralEnable(SYSCTL_PERIPH_GPIOA);
    GPIOPinConfigure(GPIO_PA0_U0RX);
    GPIOPinConfigure(GPIO_PA1_U0TX);
    SysCtlPeripheralEnable(SYSCTL_PERIPH_UART0);
    UARTClockSourceSet(UART0_BASE, UART_CLOCK_PIOSC);
    GPIOPinTypeUART(GPIO_PORTA_BASE, GPIO_PIN_0 | GPIO_PIN_1);
    UARTStdioConfig(0, 115200, 16000000);
}
/* ****************************************
* 函数名:Timer0BIntHandler
* 描    述:定时器中断处理程序
* 参    数:无
**************************************** */
voidTimer0BIntHandler(void)
{   //清除定时器中断标志
    TimerIntClear(TIMER0_BASE, TIMER_TIMB_TIMEOUT);
    //更新中断计数值
    g_ui32Counter++;
    //判断是否达到最大计数值 20
    if(g_ui32Counter == NUMBER_OF_INTS)
    {
        IntDisable(INT_TIMER0B);
        //禁用 TIMER0 中断
        TimerIntDisable(TIMER0_BASE, TIMER_TIMB_TIMEOUT);
        //清除挂起的中断
        TimerIntClear(TIMER0_BASE, TIMER_TIMB_TIMEOUT);
```

嵌入式系统教程
——基于 Tiva C 系列 ARM Cortex-M4 微控制器

```
    }
}
/*****************************************
 * 函数名 :main
 * 描   述 :main 函数
 * 参   数 :无
 *****************************************/
intmain(void)
{
    uint32_t ui32PrevCount = 0;
    SysCtlClockSet(SYSCTL_SYSDIV_1 | SYSCTL_USE_OSC | SYSCTL_OSC_MAIN |
                SYSCTL_XTAL_16MHZ);
    //使能 TIMER0 外设
    SysCtlPeripheralEnable(SYSCTL_PERIPH_TIMER0);
    InitConsole();
    //输出初始化信息
    UARTprintf("16 - Bit Timer Interrupt - >");
    UARTprintf("\n   Timer = Timer0B");
    UARTprintf("\n   Mode = Periodic");
    UARTprintf("\n   Number of interrupts =  % d", NUMBER_OF_INTS);
    UARTprintf("\n   Rate = 1ms\n\n");
    //配置 TIMER0B 定时器
    TimerConfigure(TIMER0_BASE, TIMER_CFG_SPLIT_PAIR | TIMER_CFG_B_PERIODIC);
    //配置定时器装载值
    TimerLoadSet(TIMER0_BASE, TIMER_B, SysCtlClockGet() / 50);
    //使能中断
    IntMasterEnable();
    //配置 TIMER0B 中断事件为定时器超时
    TimerIntEnable(TIMER0_BASE, TIMER_TIMB_TIMEOUT);
    //使能 NVIC 中的 TIMER0B 中断
    IntEnable(INT_TIMER0B);
    //为定时器中断指定中断处理函数
    TimerIntRegister(TIMER0_BASE,TIMER_B,Timer0BIntHandler);
    g_ui32Counter = 0;
    TimerEnable(TIMER0_BASE, TIMER_B);
    while(1)
    {
        //当两值不相等时,说明有新中断产生,调用了中断处理函数
        if(ui32PrevCount ! = g_ui32Counter)
        {
            UARTprintf("Number of interrupts: % d\r", g_ui32Counter);
            ui32PrevCount = g_ui32Counter;
```

```
            }
        }
    }
```

4. 操作现象

打开串口调试助手工具,设置好相应的端口和波特率,并打开串口;建立并设置好工程,代码编辑好后进行编译,将所有错误警告排除后进行烧写与仿真,载入完毕后让 MCU 全速运行。此时串口调试助手将会看到配置信息,然后是中断的计数值,一直计数到 20 时中断停止,如图 4.27 所示。

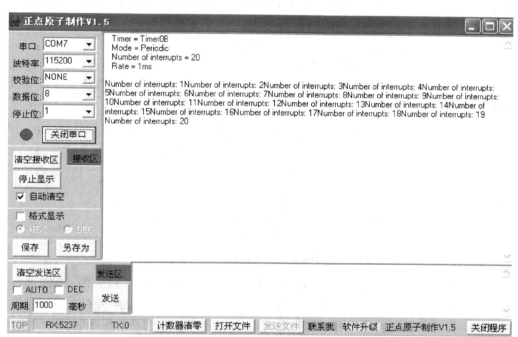

图 4.27　操作现象

4.3　脉冲宽度调节器(PWM)

脉冲宽度调制(简称脉宽调制)是利用微处理器的数字输出来对模拟电路进行控制的一种非常有效的技术,广泛应用在测量、通信、电机控制、功率控制与变换等许多领域。本节将介绍脉宽调制的基本原理,以及 Tiva 的脉宽调制模块。

4.3.1　PWM 简介

PWM 是英文 Pulse Width Modulation 的缩写,意为脉冲宽度调制。它是一种功能强大对模拟信号电平进行数字编码的技术。它使用高分辨率计数器产生一个矩形波,矩形波的占空比被调制成一个模拟信号的编码。其典型应用包括开关电源和电机控制。

由于计算机不能输出模拟电压,只能输出 0 或 1 的数字电平,所以就通过使用高分辨率计数器,不断改变输出波形的占空比来对一个具体模拟信号的电平进行编码。PWM 信号仍然是数字的,因为在给定的任何时刻,满幅值的直流供电要么是 1(如 5 V),要么是 0(如 0 V)。电压或电流源是以一种通(ON)或断(OFF)的重复脉冲序列被加到模拟负载上去的。通的时候即是直流供电被加到负载上的时候,断的时候即是供电被断开的时候。只要带宽足够,任何模拟值都可以使用 PWM 进行编码。输出的电压平均值是由通和断的时间比来确定的,公式如下:

$$输出电压=(接通时间/周期时间)\times最大电压值$$

PWM 的输出电压平均值示意图如图 4.28 所示。

图 4.28 中,脉冲波的周期决定了 PWM 的频率,其高电平的宽度决定了 PWM 的占空比。

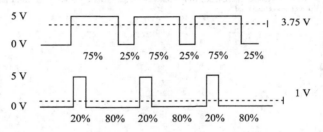

图 4.28　PWM 的输出电压平均值示意图

PWM 的一个优点是:从处理器到被控系统,信号都是数字形式的,无需进行数/模转换。让信号保持为数字形式可将噪声影响降到最小。噪声只有在强到足以将逻辑 1 变为逻辑 0 或将逻辑 0 变为逻辑 1 时,才能对数字信号产生影响。

对噪声抵抗能力强是 PWM 相对于模拟控制的一个优点,而且这也是在某些时候将 PWM 用于通信的主要原因。从模拟信号转向 PWM 可以极大地延长通信距离。在接收端,通过适当的 RC 或 LC 网络可以滤除调制的高频脉冲,并将信号还原为模拟形式。

总之,PWM 技术成本低,易于实现,控制灵活,抗噪性能强,是一种值得广大工程师在许多应用设计中采用的技术。

4.3.2　Tiva 微控制器 PWM

TM4C123GH6PM 微控制器包含两个 PWM 模块,每个模块由 4 个 PWM 发生器模块和一个控制模块组成,一共可以产生 16 个 PWM 输出。控制模块决定了 PWM 信号的极性,以及能够通过引脚的信号。

每个 PWM 发生器模块都产生两个 PWM 信号。这两个信号基于同一个定时器和频率，也可以是编程产生的独立信号，如插入了死区延迟互补信号。PWM 发生器模块产生的输出信号称为 PWMA 和 PWMB，它们在被送到设备引脚之前由输出控制模块管理，之后作为 MnPWM0 和 MnPWM1，或者是 MnPWM2 和 MnPWM3 信号使用。

每个 TM4C123GH6PM 的 PWM 模块都提供了很大的灵活性，并且可以生成简单的 PWM 信号，如简单电荷泵需要的 PWM 信号，也能够生成成对的带死区延迟插入的 PWM 信号，半 H 桥驱动需要的 PWM 信号。3 台发生器模块也可以生成完整的 6 通道门的 PWM 信号来控制 3 相桥式逆变器。

每个 PWM 发生器模块都具有以下特点：

- 一个故障条件处理输入端，能够快速提供低延迟关闭，防止控制的电机损坏，共两个输入端。
- 一个 16 位计数器：
  - 递减模式或递增/递减模式；
  - 输出频率由一个 16 位的负载值控制；
  - 负载值可以同步更新；
  - 在零和负载值时产生输出信号。
- 两个 PWM 比较器：
  - 比较器的值可以同步更新；
  - 匹配时产生输出信号。
- PWM 信号发生器：
  - 基于计数器和 PWM 比较器的输出信号要执行的操作是生成 PWM 输出信号；
  - 产生两个独立的 PWM 信号。
- 死区发生器：
  - 产生两个可编程死区延迟的 PWM 信号，用于驱动半 H 桥；
  - 可以被旁路，使修改 PWM 输入信号不变。
- 可以启动 ADC 采样序列。

控制模块决定了 PWM 信号的极性，以及能够通过引脚的信号。PWM 发生器模块的输出信号被传递到设备引脚之前由输出控制模块管理。PWM 控制模块有以下选项：

- 每个 PWM 信号都可以使能 PWM 输出；
- 每个 PWM 信号都自主选择输出反转（极性控制）；
- 每个 PWM 信号都自主选择故障处理；
- PWM 发生器模块内的定时器之间同步；
- PWM 发生器模块之间的定时器/比较器更新同步；

● 可扩展的 PWM 发生器模块之间的定时器/比较器更新同步；

● PWM 发生器模块中断状态总览；

● 可扩展的 PWM 故障处理,含多个故障信号,可编程极性设置和过滤；

● PWM 发生器可独立操作或者和其他发生器同步。

1. 信号描述与结构框图

图 4.29 提供了 TM4C123GH6PM 中 PWM 模块的结构图,而图 4.30 提供了更详细的关于 TM4C123GH6PM 中 PWM 发生器的结构图。TM4C123GH6PM 控制器包含两个 PWM 模块,每个模块配有 4 个发生器模块,可以产生 8 个独立的 PWM 信号或者 4 对带死区延迟插入的 PWM 信号。

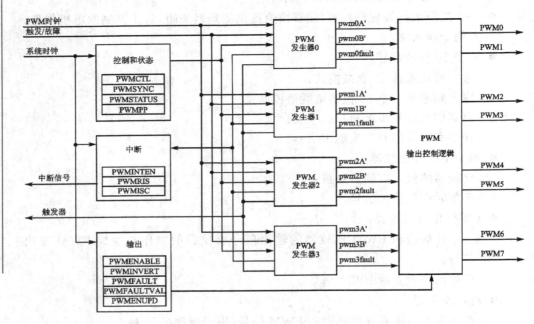

图 4.29　PWM 发生器模块结构图(1)

表 4.17 列出了 PWM 模块的外部信号,并描述了各自的功能。PWM 控制器信号是一些 GPIO 信号的复用功能,这些信号在复位时默认为 GPIO 功能。"引脚复用/引脚分配"栏列出了这些 PWM 信号可能的 GPIO 引脚分布。GPIO 复用功能选择寄存器(GPIOAFSEL)中的 AFSEL 位应设置为选择 PWM 功能。括号中的数字在编程时必须写入 GPIO 端口控制寄存器(GPIOPCTL)的 PMCn 域的编码,这些编码将 PWM 信号分配给指定的 GPIO 端口引脚。关于 GPIO 配置的更多信息,请参阅 4.1 节。

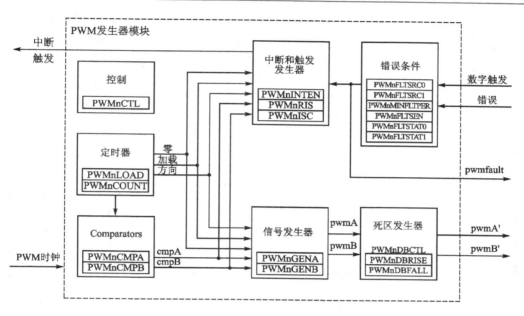

图 4.30　PWM 发生器模块结构图(2)

表 4.17　PWM 信号(64LQFP)

引脚名称	引脚序号	引脚复用/引脚分配	引脚类型	缓冲区类型	描　述
M0FAULT0	30	PF2(4)	I	TTL	控制模块 0 PWM 故障 0 输入
	53	PD6(4)			
	63	PD2(4)			
M0PWM0	1	PB6(4)	O	TTL	控制模块 0 PWM0。该信号由模块 0 发生器 0 控制
M0PWM1	4	PB7(4)	O	TTL	控制模块 0 PWM1。该信号由模块 0 发生器 0 控制
M0PWM2	58	PB4(4)	O	TTL	控制模块 0 PWM2。该信号由模块 0 发生器 1 控制
M0PWM3	57	PB5(4)	O	TTL	控制模块 0 PWM3。该信号由模块 0 发生器 1 控制
M0PWM4	59	PE4(4)	O	TTL	控制模块 0 PWM4。该信号由模块 0 发生器 2 控制
M0PWM5	60	PE5(4)	O	TTL	控制模块 0 PWM5。该信号由模块 0 发生器 2 控制
M0PWM6	16	PC4(4)	O	TTL	控制模块 0 PWM6。该信号由模块 0 发生器 3 控制
	61	PD0(4)			
M0PWM7	15	PC5(4)	O	TTL	控制模块 0 PWM7。该信号由模块 0 发生器 3 控制
	62	PD1(4)			

嵌入式系统教程——基于 Tiva C 系列 ARM Cortex-M4 微控制器

引脚名称	引脚序号	引脚复用/引脚分配	引脚类型	缓冲区类型	描 述
M1FAULT0	5	PF4(5)	I	TTL	控制模块 1PWM 故障 0 输入
M1PWM0	61	PD0(5)	O	TTL	控制模块 1 PWM0。该信号由模块 1 发生器 0 控制
M1PWM1	62	PD1(5)	O	TTL	控制模块 1 PWM1。该信号由模块 1 发生器 0 控制
M1PWM2	23 59	PA6(5) PE4(5)	O	TTL	控制模块 1 PWM2。该信号由模块 1 发生器 1 控制
M1PWM3	24 60	PA7(5) PE5(5)	O	TTL	控制模块 1 PWM3。该信号由模块 1 发生器 1 控制
M1PWM4	28	PF0(5)	O	TTL	控制模块 1 PWM4。该信号由模块 1 发生器 2 控制
M1PWM5	29	PF1(5)	O	TTL	控制模块 1 PWM5。该信号由模块 1 发生器 2 控制
M1PWM6	30	PF2(5)	O	TTL	控制模块 1 PWM6。该信号由模块 1 发生器 3 控制
M1PWM7	31	PF3(5)	O	TTL	控制模块 1 PWM7。该信号由模块 1 发生器 3 控制

2. 功能描述

(1) 时钟配置

PWM 有两个时钟源选择:系统时钟和预分频系统时钟。

时钟源通过设置运行模式时钟配置寄存器(RCC)的 USPWMDIV 位,选择该寄存器在系统控制中的偏移量为 0x060。PWMDIV 位域指定了系统时钟的除数,用于创建 PWM 时钟。

(2) PWM 定时器

每个 PWM 发生器中的定时器都会运行在两种模式下:向下计数模式或向上/向下计数模式。在向下计数模式中,定时器从装载值计数直到为零,然后回到装载值,并继续向下计数。在向上/向下计数模式中,定时器从零计数至装载值,然后向下计数到零,再向上计数至装载值,以此进行。一般来说,向下计数模式用于产生左对齐或右对齐的 PWM 信号,而向上/向下计数模式则用于产生中间对齐的 PWM 信号。

定时器输出三个信号,这三个信号会在 PWM 生成过程中使用:方向信号(在向下计数模式,该信号始终是低电平,但是在向上/向下计数模式中该信号会在低电平和高电平之间轮流变换)、当计数器计数到零时产生的单时钟周期宽度的高电平脉冲和当计数器计数到装载值时产生的单时钟周期宽度的高电平脉冲。注意,在向下计数模式中,在计数到零产生的脉冲之后会紧接着由负载值产生的脉冲。在本章的图示中,这些信号被标记为 dir、zero 和 load。

(3) PWM 比较器

每个 PWM 发生器都有两个比较器,用来监视计数器的值;无论哪个比较器与计数器的值相匹配,都会输出一个单时钟周期宽度的高电平脉冲,在本章中的图会标示为 cmpA 和 cmpB。在向上/向下计数模式中,这些比较需要在向上计数和向下计数时都匹配,因此这个由计数器的方向信号限定。这些合格的脉冲在 PWM 生成过程中使用。如果任何一个比较器的匹配值大于计数器的装载值,那么该比较器就不会输出一个高脉冲。

图 4.31 显示了在向下计数模式中,计数器的运行状态以及和脉冲之间的关系。图 4.32 显示了在向上/向下计数模式中,计数器的运行状态以及和脉冲之间的关系。在这些图中,适用以下定义:

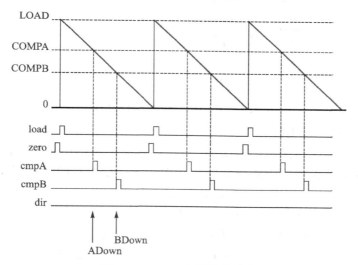

图 4.31　PWM 向下计数模式

- LOAD 表示 PWMnLOAD 寄存器中的值;
- COMPA 表示 PWMnCMPA 寄存器中的值;
- COMPB 表示 PWMnCMPB 寄存器中的值;
- 0 表示零值;
- load 表示当计数器值等于装载值时产生单时钟周期宽度的高电平脉冲的内部信号;
- zero 表示当计数器值等于零值时产生单时钟周期宽度的高电平脉冲的内部信号;
- cmpA 表示当计数器值等于 COMPA 时产生单时钟周期宽度的高电平脉冲的内部信号;
- cmpB 表示当计数器值等于 COMPB 时产生单时钟周期宽度的高电平脉冲的

内部信号：

● dir 指示计数方向的内部信号。

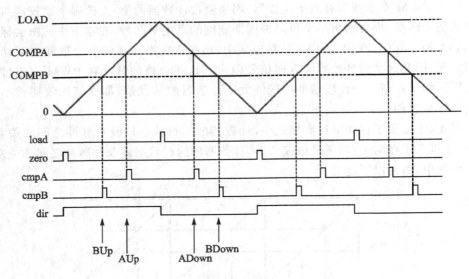

图 4.32 PWM 向上/向下计数模式

(4) PWM 信号发生器

每个 PWM 发生器接受 load、zero、cmpA、cmpB 脉冲(由 dir 信号修饰)，然后产生两个内部 PWM 信号——pwmA 和 pwmB 信号。在向下计数模式中，有 4 个事件会影响这些信号：zero、load、match A down、match B down。在向上/向下模式中，有 6 个事件会影响这些信号：zero、load、match A up、match A down、match B up、match B down。当 match A 和 match B 事件与 zero 和 load 事件相类似时，前者会被忽略。如果 match A 和 match B 事件相类似时，第一信号 pwmA 会只基于 match A 事件产生，而第二个信号 pwmB 会只基于 match B 事件产生。

对于每个事件，每个输出的 PWM 信号的影响都是可编程的：可以被忽略(忽略事件)，可以被切换，可以被驱动为低电平，也可以被驱动为高电平。这些操作可以用来产生不同位置和占空比的一对 PWM 信号，信号之前可以重叠或者不重叠。图 4.33 显示了使用向上/向下计数模式生成一对中间对齐、有不同占空比的重叠的 PWM 信号。此图显示了 pwmA 和 pwmB 信号在通过死区发生器之前的状态。

在这个例子中，第一个发生器设置为在 match A up 事件时驱动高电平，在 match A down 事件时驱动低电平，并忽略其他 4 种事件。第二个发生器设置为在 match B up 事件时驱动高电平，在 match B down 事件时驱动低电平，并忽略其他 4 种事件。改变比较器 A 的值会改变 pwmA 信号的占空比，而改变比较器 B 的值会改变 pwmB 信号的占空比。

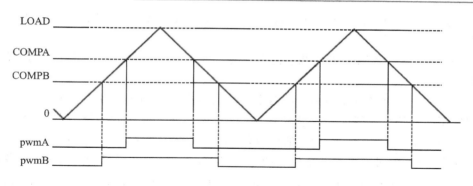

图 4.33　向上/向下计数模式中 PWM 生成示例

(5) 死区发生器

　　每个 PWM 发生器产生的 pwmA 和 pwmB 信号都会传递到死区发生器。如果死区发生器被禁用,那么 PWM 信号会直接通过死区发生器毫无变化地变成 pwmA′和 pwmB′信号。如果死区发生器被启用,那么会丢弃 pwmB 信号,并基于 pwmA 信号产生两个 PWM 信号。第一个输出的 PWM 信号 pwmA′,是由 pwmA 信号的上升沿上增加一个可变长度的延迟产生的。第二个输出的 PWM 信号 pwmB′,是由 pwmA 信号反转,并在 pwmA 信号的下降沿和 pwmB′信号的上升沿之间增加一个可变长度的延迟产生的。

　　PWM 发生器所产生的信号是一对有效的高电平信号,其中一个始终是高的,除了在一段可变长度的过渡时间外,两个信号都是低电平。因此,这些信号适合驱动半 H 桥,死区延时可以防止直通电流损坏电子设备。图 4.34 显示了死区发生器对 pwmA 信号以及要发送到输出控制模块的 pwmA′和 pwmB′信号的影响。

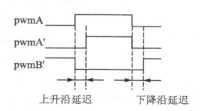

图 4.34　PWM 死区发生器

(6) 中断 /ADC 触发选择

　　每个 PWM 发生器都接受相同的 4 个(或 6 个)计数器事件,并使用它们来产生一个中断或 ADC 触发。这些事件的任一事件或一组事件都可以被选定作为中断源;当任一选定的事件出现时,就产生了一个中断。此外,相同的事件、不同的事件、一组相同的事件或一组不同的事件都可以被选定作为 ADC 触发源;当任一选定的事件出现时,就产生了一个 ADC 触发脉冲。事件的选择允许中断或 ADC 触发出现在 pwmA 或 pwmB 信号内的特定位置。注意,中断和 ADC 触发器基于原始事件,不考虑死区发生器造成的 PWM 信号边沿上的延迟。

(7) 同步方式

　　每个 PWM 模块都提供了 4 个 PWM 发生器,每个发生器都提供了两个 PWM

输出,这些输出可以在各种各样的应用中使用。一般来说,PWM 用在以下两个类别中:

① 不同步。PWM 发生器和它的两个输出信号单独使用,独立于其他的 PWM 发生器。

② 同步。PWM 发生器和它的两个输出信号配合其他 PWM 发生器一起使用,它们使用统一的时间基准。如果多个 PWM 发生器配置成相同的计数器装载值,就可以使用同步以保证它们有相同的计数值(它们同步之前必须配置 PWM 发生器)。有了这个功能,就可以产生两个以上的 MnPWMn 信号,这些信号的边沿之间有着已知的关系,因为计数器总是具有相同的值。模块中的其他规定提供了维护统一的时间基准和互相同步的机制。

通过写 PWM 时间基准同步寄存器(PWMSYNC)和设置与发生器相关的 SYN-Cn 位可以将 PWM 发生器的计数值复位成 0。多路 PWM 通过一个访问操作对所有相关的 SYNCn 位置位,可以一起同步。例如,设置 PWMSYNC 寄存器中的 SYNC0 位和 SYNC1 位可以使 PWM 发生器 0 和 PWM 发生器 1 一起复位。

多个 PWM 发生器间的额外的同步会在更新寄存器内容时以下述三种方式之一发生:

① 立即。写操作立刻产生作用,硬件立即作出反应。

② 本地同步。写操作不影响执行逻辑直到计数器在 PWM 周期结束时的值为零。在这种情况下,写操作的效果延迟了,但提供了一个有保证的定义的行为,同时防止输出过短或过长的 PWM 脉冲。

③ 全局同步。写操作不影响执行逻辑直到出现两个连续的事件:一个是发生器功能的更新模式在 PWMnCTL 寄存器中被设置为全局同步;另一个是计数器值在 PWM 周期结束时为零。在这种情况下,写操作的影响会被推迟,直到所有更新结束时 PWM 周期也结束。此模式允许多个 PWM 发生器中的多个项目同时进行更新,并且在更新期间没有临时影响;每个项目都从旧值开始运行,直到它们能够从新值开始运行。装载值和比较器匹配值的更新模式,可以在每个 PWM 发生器模块单独配置。它通常在这些模块中的定时器同步时,利用 PWM 发生器模块间的同步更新机制,尽管这不是该机制正常执行的必要条件。

以下寄存器提供了本地同步或全局同步,这些同步基于 PWMnCTL 寄存器中更新模式位和字段的状态(LOADUPD、CMPAUPD、CMPBUPD):

● 发生器寄存器:PWMnLOAD、PWMnCMPA、PWMnCMPB。

以下寄存器默认设置为立即更新模式,但提供的只是可选功能的同步更新,而不是所有更新都会立即生效:

● 模块级寄存器:PWMENABLE(基于 PWMENUPD 寄存器中的 ENUPDn 位的状态)。

● 通用寄存器:PWMnGENA、PWMnGENB、PWMnDBCTL、PWMnDBRISE、

PWMnDBFALL（根据 PWMnCTL 寄存器的不同更新的模式位和字段状态（GENAUPD、GENBUPD、DBCTLUPD、DBRISEUPD、DBFALLUPD））。

所有其他寄存器对应用程序的执行都被认为是静态的，或动态地用于和保持同步无关的地方，因此就不需要同步更新功能。

（8）故障情况

故障情况是指控制器必须停止正常的 PWM 功能，然后设置 MnPWMn 信号到安全状态的行为。两种基本情况会引起故障：

① 微控制器被阻塞，不能在运行控制规定的时间内执行必要的计算。

② 检测到一个外部检测错误或事件。

每个 PWM 发生器都可以用下面的输入产生一个故障条件，包括：

① MnFAULTn 引脚置 1。

② 调试器造成的控制器阻塞。

③ ADC 数字比较器触发。

在故障情况下，根据每个 PWM 发生器的基础状态决定必要的条件来显示故障状态的存在。这种方法允许应用程序的发展有所依赖和独立控制。

两个故障输入引脚（MnFAULTn）可供选择。这些输入引脚可用于那些产生有效高电平或有效低电平信号来指示错误条件的电路。MnFAULTn 引脚可通过使用 PWMnFLTSEN 寄存器单独地配置成具有合适的逻辑意义的引脚。

PWM 发生器的模式控制，包括故障情况的处理，由 PWMnCTL 寄存器提供。该寄存器决定了是否将一些输入引脚，或 MnFAULTn 输入信号的组合，和/或数字比较器触发（由 PWMnFLTSRC0 和 PWMnFLTSRC1 寄存器配置）用来产生故障状态。PWMnCTL 寄存器还决定是在外部条件持续的情况下保持故障条件，还是让它在故障状态由软件清除前锁定。最后，该寄存器还使能一个计数器，这个计数器可以用来延长外部信号产生的故障条件的时间，以保证它的持续时间是最小长度。最小故障时间数在 PWMnMINFLTPER 寄存器中指定。

有关具体的故障原因的状态由 PWMnFLTSTAT0 和 PWMnFLTSTAT1 寄存器提供。

PWM 发生器故障条件可使用 PWMINTEN 寄存器变成一个控制器中断。

（9）输出控制块

输出控制模块需要考虑 pwmA′ 和 pwmB′ 信号作为 MnPWMn 信号传送到引脚之前的最后的状态。通过一个单一寄存器 PWM 输出使能寄存器（PWNENABLE），就可以修改使能的 PWM 信号。此功能可用于用一次寄存器写操作执行无刷直流电机的交换（不需要修改单独的 PWM 发生器，由反馈控制回路修改）。此外，PWME-NABLE 寄存器中更新的位能够使用 PWM 使能更新寄存器（PWMENUPD）配置成与下一个同步更新立即同步、本地同步或者全局同步。

在故障条件期间，PWM 输出信号 MnPWMn，通常必须输出安全值才能保证外部设备受到安全控制。PWMFAULT 寄存器指定了在故障期间，所产生的信号是保持不变还是变成 PWMFAULTVAL 寄存器中指定的编码。

最后，对于任一 MnPWMn 信号都可以进行反转，使其成为有效低电平而不是默认的高电平。这可以使用 PWM 输出反转寄存器（PWMINVERT）设置。即使一个值已在 PWMFAULT 寄存器中启用并在 PWMFAULTVAL 寄存器中指定，反转仍然可以使用。换句话说，如果一个位在 PWMFAULT、PWMFAULTVAL、PWMINVERT 寄存器中设置，那么 MnPWMn 信号上输出的是 0 而不是 PWMFAULTVAL 寄存器中指定的 1。

4.3.3　初始化及配置

下面的例子演示了如何初始化设置 PWM 发生器 0 频率为 25 kHz，MnPWM0 引脚信号占空比为 25%，MnPWM1 引脚信号占空比为 75%。此例假定系统时钟为 20 MHz。

① 通过写 0x00100000 到系统控制模块的 RCGC0 寄存器使能 PWM 时钟。（利用函数 SysCtlPWMClockSet()实现）

② 通过系统控制模块中 RCGC2 寄存器使能相应 GPIO 模块的时钟。

③ 在 GPIO 模块中，使用 GPIOAFSEL 寄存器使能相应引脚的复用功能。（利用函数 GPIOPinTypePWM()实现）

④ 配置 GPIOPCTL 寄存器中的 PWCn 域将 PWM 信号分配到合适的引脚上。（利用函数 GPIOPinConfigure()实现）

⑤ 配置系统控制模块的运行模式时钟配置（RCC）寄存器，使用 PWM 分频（USEPWMDIV）并设置分频器（PWMDIV）的除数因子为 2(000)。

⑥ 配置 PWM 发生器为向下计数，参数立即更新模式。（利用函数 PWMGenConfigure()实现）

- 写 0x00000000 到 PWM0CTL 寄存器。
- 写 0x0000008C 到 PWM0GENA 寄存器。
- 写 0x0000080C 到 PWM0GENB 寄存器。

⑦ 设置周期时间。对于一个 25 kHz 的频率，周期 = 1/25 000 s，或 40 μs。PWM 的时钟源为 10 MHz；系统时钟为 PWM 时钟源频率的一半。因此，每 PWM 周期有 400 个时钟周期。使用这个值设置 PWM0LOAD 寄存器。在向下计数模式，设置 PWM0LOAD 寄存器中 LOAD 域为需要的周期长度减 1。（利用函数 PWMGenPeriodSet()实现）

- 写 0x0000018F 到 PWM0LOAD 寄存器。

⑧ 设置 MnPWM0 引脚的脉冲宽度为 25% 占空比。（利用函数 PWMPulseWidthSet()实现）

- 写 0x0000012B 到 PWM0CMPA 寄存器。

⑨ 设置 MnPWM1 引脚的脉冲宽度为 75％占空比。

● 写 0x00000063 到 PWM0CMPB 寄存器。

⑩ 启动 PWM 发生器 0 的定时器。(利用函数 PWMGenEnable()实现)

● 写 0x00000001 到 PWM0CTL 寄存器。

⑪ 使能 PWM 输出。

● 写 0x00000003 到 PWMENABLE 寄存器。

4.3.4　操作示例

本节将对 LaunchPad PWM 的功能进行实验设计。利用 PWM 发生器生成一定脉冲宽度和频率的波形,然后每隔一定时间利用库函数 PWMOutputInvert()对信号极性进行一次反转。

之后还可以尝试修改波形的频率和脉冲宽度,利用示波器查看效果。

1. 程序设计

程序步骤:

① 系统时钟、PWM 时钟设置;

② 配置 UART 用于显示信号状态;

③ 配置 PWM 参数(周期、占空比等);

④ 输出信号状态,延迟 5 s;

⑤ 反转信号,重复④。

PWM 输出实验流程图如图 4.35 所示。

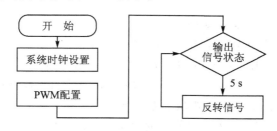

图 4.35　PWM 输出实验流程图

2. 库函数说明

以下是经常使用的 PWM 部分的库函数说明:

1)函数 PWMGenConfigure()

功　能:配置 PWM 发生器。

原　型:voidPWMGenConfigure(uint32_t ui32Base,uint32_t ui32Gen,
　　　　　　　　　　　　　　uint32_t ui32Config)

参　数:ui32Base 为 PWM 模块基地址。

ui32Gen 为需要配置的 PWM 发生器。该参数必须为 PWM_GEN_0、PWM_GEN_1,PWM_GEN_2,PWM_GEN_3 中的任何一个。

ui32Config 为 PWM 发生器的配置信息。

描　述:该函数用于设置 PWM 发生器的运行模式。计数模式、同步模式和调试状态都可以配置。配置后发生器处于禁用状态。PWM 发生器能够以两种不同的模式计数:向下计数模式或递增/递减计数模式。在向下计数模式,它从一个值递减到零,然后复位到预定值,同时产生左对齐的 PWM 信号。在递增/递减计数模式,它从零递增到预定值,然后递减回到零。重复该过程,产生中间对齐的 PWM 信号。

返回值:无

2) 函数 PWMGenPeriodSet( )

功　能:设置 PWM 发生器的周期。

原　型:voidPWMGenPeriodSet(uint32_t ui32Base,uint32_t ui32Gen,
　　　　　　　　　　　　uint32_t ui32Period)

参　数:ui32Base 为 PWM 模块的基地址。

ui32Gen 为需要修改的 PWM 发生器。该参数必须为 PWM_GEN_0、PWM_GEN_1、PWM_GEN_2、PWM_GEN_3 中的任何一个速率。

ui32Period 指定 PWM 发生器的输出周期,以 clock ticks 计算。

描　述:该函数设置了 PWM 发生器模块的周期,该周期由发生器模块零脉冲信号之间的 PWM clock ticks 数目确定。

返回值:无

3) 函数 PWMPulseWidthSet( )

功　能:设置指定 PWM 输出的脉冲宽度。

原　型:voidPWMPulseWidthSet(uint32_t ui32Base,
　　　　　　　　　　　　uint32_t ui32PWMOut,uint32_t ui32Width)

参　数:ui32Base 为 PWM 模块的基地址。

ui32PWMOut 为需要修改的 PWM 输出。该参数必须是 PWM_OUT_0、PWM_OUT_1、PWM_OUT_2、PWM_OUT_3、PWM_OUT_4、PWM_OUT_5、PWM_OUT_6、PWM_OUT_7 中的任何一个。

ui32Width 指定了脉冲正极性部分的宽度。

描　述:该函数设置了指定 PWM 输出的脉冲宽度,该宽度由 PWM clock ticks 的数目确定。

返回值:无

4) 函数 PWMOutputState( )

功　能:使能或禁止 PWM 输出。

原　型:voidPWMOutputState(uint32_t ui32Base,

uint32_t ui32PWMOutBits,bool bEnable)

参　数：ui32Base 为 PWM 模块的基地址。

ui32PWMOutBits 为需要修改的 PWM 输出。该参数必须为 PWM_OUT_0_BIT、PWM_OUT_1_BIT、PWM_OUT_2_BIT、PWM_OUT_3_BIT、PWM_OUT_4_BIT、PWM_OUT_5_BIT、PWM_OUT_6_BIT、PWM_OUT_7_BIT 逻辑与的任意组合。

bEnable 指定了该信号是否启用。

描　述：此功能启用或禁用选定的 PWM 输出。输出由参数 ui32PWMOutBits 选定。参数 bEnable 确定选择的输出的状态。如果 bEnable 为 true，则启用所选的 PWM 输出，或处于激活状态。如果 bEnable 为假，则禁用所选的 PWM 输出或处于非激活状态。

返回值：无

5）函数 PWMGenEnable()

功　能：使能 PWM 发生器的定时或者计数功能。

原　型：voidPWMGenEnable(uint32_t ui32Base,uint32_t ui32Gen)

参　数：ui32Base 为 PWM 模块的基地址。

ui32Gen 为启用的 PWM 发生器。该参数必须为 PWM_GEN_0、PWM_GEN_1、PWM_GEN_2、PWM_GEN_3 中任何一个。

描　述：该函数允许 PWM 时钟驱动指定的发生器模块的定时器/计数器。

返回值：无

6）函数 PWMOutputInvert()

功　能：选择 PWM 输出的反转模式。

原　型：voidPWMOutputInvert(uint32_t ui32Base,uint32_t
　　　　　　　　　　　　ui32PWMOutBits,bool bInvert)

参　数：ui32Base 为 PWM 模块的基地址。

ui32PWMOutBits 为需要修改的 PWM 输出，该参数必须为 PWM_OUT_0_BIT、PWM_OUT_1_BIT、PWM_OUT_2_BIT、PWM_OUT_3_BIT、PWM_OUT_4_BIT、PWM_OUT_5_BIT、PWM_OUT_6_BIT、PWM_OUT_7_BIT 逻辑与的任意组合。

bInvert 确定信号反转还是直接通过。

描　述：该函数用于选择 PWM 输出的反转模式。输出由参数 ui32PWMOutBits 选定。参数 bInvert 确定所选输出的反转模式。如果 bInvert 为 true，则该功能使指定的 PWM 输出信号进行反转或变成低电平有效。如果 bInvert 为 false，则使指定的输出直接通过或变成高电平有效。

返回值：无

3. 示例代码

程序使用库函数对 PWM 等模块初始化完成后,每隔 5 s 反转输出信号一次,并通过串口显示目前的信号状态。

代码如下:

```
//配置 PWM0 输出频率为 250 Hz,占空比为 25%,每隔 5 s 信号极性反转一次
// *********UART0RX - PA0
// *********UART0TX - PA1
// *********PWM0 - PB6
/* ********************************
* 函数名:InitConsole
* 描   述:配置 UART 参数用于实验信息输出
* 参   数:无
******************************** */
void InitConsole(void)
{
    SysCtlPeripheralEnable(SYSCTL_PERIPH_GPIOA);
    GPIOPinConfigure(GPIO_PA0_U0RX);
    GPIOPinConfigure(GPIO_PA1_U0TX);
    SysCtlPeripheralEnable(SYSCTL_PERIPH_UART0);
    UARTClockSourceSet(UART0_BASE, UART_CLOCK_PIOSC);
    GPIOPinTypeUART(GPIO_PORTA_BASE, GPIO_PIN_0 | GPIO_PIN_1);
    UARTStdioConfig(0, 115200, 16000000);
}
/* ********************************
* 函数名:main
* 描   述:main 函数,利用 PWM 输出周期性的反转信号
* 参   数:无
******************************** */
int main(void)
{
    //设置系统时钟
    SysCtlClockSet(SYSCTL_SYSDIV_1 | SYSCTL_USE_OSC |
                   SYSCTL_OSC_MAIN |SYSCTL_XTAL_16MHZ);
    //设置 PWM 时钟为系统时钟的 1 分频
    SysCtlPWMClockSet(SYSCTL_PWMDIV_1);
    //配置串口用于显示程序状态信息
    InitConsole();
    //显示相关配置信息
    UARTprintf("PWM - >\n");
    UARTprintf("  Module:PWM0\n");
```

```
UARTprintf("   Pin：PD0\n");
UARTprintf("   Configured Duty Cycle：25 % % \n");
UARTprintf("   Inverted Duty Cycle：75 % % \n");
UARTprintf("   Features：PWM output inversion every 5 seconds. \n\n");
UARTprintf("Generating PWM on PWM0（PD0） － ＞ State = ");
SysCtlPeripheralEnable(SYSCTL_PERIPH_PWM0);
SysCtlPeripheralEnable(SYSCTL_PERIPH_GPIOB);
GPIOPinConfigure(GPIO_PB6_M0PWM0);
//配置引脚为 PWM 功能
GPIOPinTypePWM(GPIO_PORTB_BASE, GPIO_PIN_6);
//配置 PWM 发生器
PWMGenConfigure(PWM0_BASE, PWM_GEN_0, PWM_GEN_MODE_UP_DOWN | PWM_GEN_MODE_NO_SYNC);
//配置 PWM 周期
PWMGenPeriodSet(PWM0_BASE, PWM_GEN_0, 64000);
//配置 PWM 占空比
PWMPulseWidthSet(PWM0_BASE, PWM_OUT_0,
PWMGenPeriodGet(PWM0_BASE, PWM_OUT_0) / 4);
//使能 PWM0 输出
PWMOutputState(PWM0_BASE, PWM_OUT_0_BIT, true);
//使能 PWM 发生器模块
PWMGenEnable(PWM0_BASE, PWM_GEN_0);
while(1)
{   //打印 PWM 输出的极性
UARTprintf("Normal  \b\b\b\b\b\b\b\b");
//延迟 5 s
SysCtlDelay((SysCtlClockGet() * 5) / 3);
//信号反转
PWMOutputInvert(PWM0_BASE, PWM_OUT_0_BIT, true);
UARTprintf("Inverted\b\b\b\b\b\b\b\b");
SysCtlDelay((SysCtlClockGet() * 5) / 3);
//恢复原来状态,信号不反转
PWMOutputInvert(PWM0_BASE, PWM_OUT_0_BIT, false);
}
}
```

4. 操作现象

同其他示例一样打开串口调试助手,设置好参数并打开串口。建立并设置工程,编辑代码后进行编译,将所有错误警告排除后进行烧写与仿真,载入完毕后让 MCU 全速运行。此时使用串口通信软件可以看到相关的配置信息(如图 4.36 所示),以及 normal 和 Invert 之间的相互变换(每隔 5 s),利用示波器也可以看到相关的波形变化(如图 4.37 所示)。

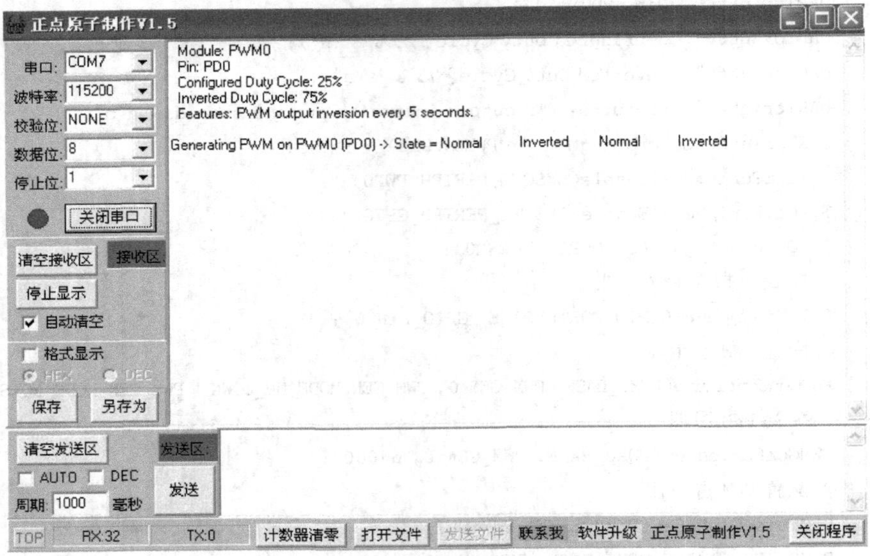

图 4.36　串口通信软件图示

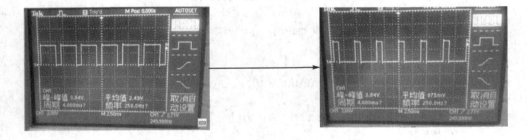

图 4.37　示波器波形变化

4.4　看门狗定时器(WDT)

　　WDT(Watch Dog Timer)是一个硬件计时设备,其功能通常是用来在系统产生故障时(如由于软件编写错误而导致系统锁死或外部设备失去响应),对系统进行复位,使系统不会锁死。这在一些无人值守的嵌入式应用系统中非常重要。在有些MCU中,WDT也可以作为普通定时器使用。

4.4.1　WDT 简介

　　当嵌入式系统受到干扰而发生程序跑飞或由于软件设计问题而锁死时(例如进入 Hard Fault),通常此时设备已经投入使用,无法人工干预,必须依靠系统的自检功能对系统进行复位。这就是看门狗定时器的作用——对系统状态定期进行确认。看门狗定时器在一些需要确保高可靠性的嵌入式应用中被广泛使用,比如关闭马达、关闭高压输出,以使控制系统转入安全状态,直到系统错误、故障被排除。

看门狗定时器的原理为"定时喂狗,狗饿复位",其实际上是一个硬件计数器。通常在系统初始化时,给看门狗定时器设置一个超时时间,程序开始运行后,看门狗定时器开始倒计数。如果程序运行正常,通常 CPU 在看门狗定时器超时前,会重置看门狗定时器的数值为原定义的超时时间(即"喂狗"),重新开始倒计数。如果看门狗定时器的计数值减到 0,则系统就认为程序没有正常工作,强制整个系统复位。因此,为了避免看门狗定时器对系统超时复位,看门狗定时器必须被定期重置。

使用看门狗定时器的应用软件必须被特别设计。必须考虑到某些函数的最大运行时间,并采用合理的软件结构,避免出现等待一个外部异步事件的操作。如果程序运行正常,则总会在看门狗定时器到点前"喂狗",从而避免系统被复位;如果程序跑飞或死机,则不会及时"喂狗",导致系统复位。复位后看门狗定时器依然默认开启,继续守护着程序的正常运行。

在正常操作期间,一次看门狗定时器超时溢出将产生一次器件复位。当器件处于休眠状态时,一次看门狗定时器超时溢出将唤醒器件,使其继续正常操作。

某些 MCU 的看门狗定时器可以由软件设定在看门狗定时器溢出时,产生一个不可屏蔽中断(NMI),或者一般中断,或复位信号。

4.4.2　Tiva 微控制器 WDT

TM4C123GH6PM 微控制器包含了两个看门狗定时器模块,分别由系统时钟(Watchdog Timer 0)和 PIOSC 时钟(Watchdog Timer 1)驱动。每个模块可以分别配置为看门狗复位功能,或作为定时器使用。

两个看门狗定时器模块具有如下特点:

- 32 位递减计数器,可通过 WDTLOAD 寄存器设置其初始值;
- 可编程产生中断(包括中断掩码、NMI 中断);
- 内部寄存器保护机制;
- 可通过使能/禁止逻辑控制复位操作;
- 在调试时,可设定调试挂起标志暂停看门狗复位。

看门狗定时器可配置为在第一次超时发生时产生一次中断,并在第二次超时发生时产生复位信号。当看门狗定时器被配置后,用户可通过将锁定寄存器置位以防止看门狗定时器配置被意外更改。

TM4C123GH6PM 微处理器内部的看门狗定时器的模块结构如图 4.38 所示。

需要注意的是,Watchdog 的定时器与 Watchdog Timer 0 的处在不同的时钟域。Watchdog Timer 1 使用的是 PISOC 时钟,因此在操作 Watchdog Timer 1 寄存器前,需要对其进行同步,以确保对 Watchdog Timer 1 寄存器操作的正确性。

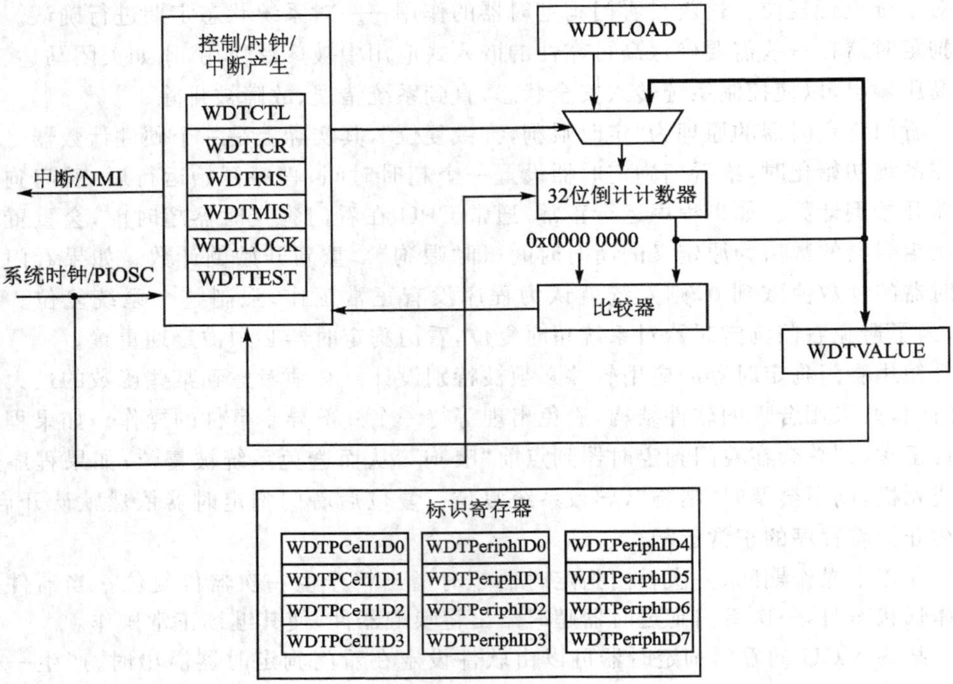

控制/时钟/
中断产生
WDTCTL
WDTICR
WDTRIS
WDTMIS
WDTLOCK
WDTTEST
中断/NMI
系统时钟/PIOSC
WDTLOAD
32位倒计计数器
0x0000 0000
比较器
WDTVALUE
标识寄存器
WDTPCeII1D0
WDTPCeII1D1
WDTPCeII1D2
WDTPCeII1D3
WDTPeriphID0
WDTPeriphID1
WDTPeriphID2
WDTPeriphID3
WDTPeriphID4
WDTPeriphID5
WDTPeriphID6
WDTPeriphID7

图 4.38 看门狗定时器模块框图

1. 看门狗定时器的状态迁移

当看门狗定时器的复位功能禁止时，可以把看门狗定时器作为普通定时器来使用；当看门狗定时器的复位功能使能时，用作看门狗定时器，一旦产生了“二次超时”事件，将引起处理器复位。

看门狗定时器具有“二次超时”特性。当 32 位计数器在使能后递减计数到 0 时，看门狗定时器模块产生第一个超时信号，并产生中断触发信号。

在发生了第一个超时事件后，32 位计数器自动重装看门狗定时器装载寄存器(WDTLOAD)的值并重新递减计数。如果没有清除第一个超时中断状态，则当计数器再次递减到 0 时，且复位功能已使能，看门狗定时器会向处理器发出复位信号。如果中断状态在 32 位计数器到达其第二次超时之前被清除，则自动重装 32 位计数器，并重新开始计数，从而可以避免处理器被复位，其状态迁移如图 4.39 所示。

MCU
Reset
NMI
Timer
Stage1
Kick
Timeout
Timer
Stage2
Enable Timeout

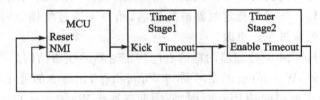

图 4.39 两种迁移状态的看门狗定时器示意图

为了防止在程序"跑飞"时意外修改看门狗定进器模块的配置,特意引入了一个锁定寄存器。在配置看门狗定时器之后,只要写入锁定寄存器为非 0x1ACCE551 的任何数值,看门狗定时器模块的所有配置都会被锁定。因此,以后要修改看门狗定时器模块的配置,包括清除中断状态(即"喂狗"操作),都必须先解锁。解锁方法是向锁定寄存器的写入十六进制数值 0x1ACCE551。如果在看门狗定时器的计数器正在计数时,把新的值写入 WDTLOAD,则计数器将装入新的值并继续计数。写入 WDT-LOAD 并不会清除已经激活的中断,必须通过写看门狗定时器中断清零寄存器(WDTICR)来清除中断。

2. 定时器寄存器的访问时机

WDT1 处在一个独立的时钟域中,因此,必须在恰当的时机才能对其寄存器进行访问。只有在 WDTCTL 寄存器的的 WRC 位被置 1 时,才能对 WDT1 的寄存器进行写入操作;而对读取操作则无限制。

注:由于 WDT0 由系统时钟驱动,因而无此限制。

看门狗定时器模块的中断在重新使能时,其计数器将自动从 WDTLOAD 寄存器重新初始化。

若在定时器/计数器清零的同时,第一次超时信号的中断仍未被清除,且 RESEN 位被置 1,则看门狗定时器将产生复位信号;且在计数器计数的同时,可以对其寄存器的数值进行修改。

默认情况,看门狗定时器在 RESET 后没有被启用;因此将看门狗定时器的初始化操作定义在复位向量表中,可确保系统能够受看门狗定时器的保护。

4.4.3 初始化及配置

启用看门狗定时器的步骤如下:

① 调用 SysCtlPeripheralEnable() 函数对看门狗定时器连接的外围设备的时钟门寄存器(RCGCWD)的 Rn 位进行配置。

② 调用 WatchdogReloadSet() 函数向 WDTLOAD 寄存器写入超时值。

③ 如果使用的是 WDT1,则需要等待 WDTCTL 的 WRC 位被置位。

④ 如果需要配置看门狗定时器能够触发系统 RESET 信号,则调用 Watch-dogResetEnable() 函数配置 WDTCTL 寄存器的 RESEN 为 1。

⑤ 如果使用的是 WDT1,则需要等待 WDTCTL 的 WRC 位被置位。

⑥ 调用 WatchdogIntEnable() 函数,配置 WDTCTL 寄存器的 INTEN 位,使能看门狗定时器,并使能中断、锁定控制寄存器。

⑦ 从 WDTLOAD 寄存器取出数值来复位看门狗定时器的计数器。

⑧ 调用 WatchdogIntEnable() 函数,将 WDTCTL 寄存器的 INTEN 位置 1,在定时器超时发生时产生中断。若通过 ISR 回调的处理失败,则设置 RESEN 位可确

保系统在出错时自动复位。

对看门狗定时器进行解锁/锁定：

① 调用 WatchdogLock( )函数，对看门狗定时器进行锁定，即在 WDTLOCK 寄存器中写入任意值。

② 调用 WatchdogUnlock( ) 函数，解锁（需向 WDTLOCK 寄存器写入 0x1ACCE551）。

4.4.4　操作示例

本示例程序通过配置看门狗定时器和 GPIO 按键，展示了看门狗定时器在超时的情况下对系统进行复位的功能。

1. 程序流程图

看门狗定时器示例程序流程图如图 4.40 所示。

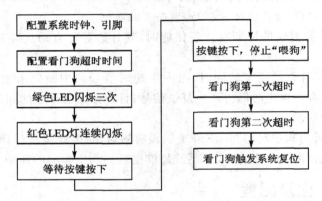

图 4.40　看门狗定时器示例程序流程图

2. 库函数说明

以下为本例程中使用的 WDT 库函数简要说明。

1）函数 WatchdogEnable( )

功　　能：使能看门狗定时器。

原　　型：void WatchdogEnable(uint32_t ui32Base)

参　　数：ui32Base 为看门狗定时器模块的基址，取值 WATCHDOG0_BASE。

描　　述：使能看门狗定时器及中断。

返回值：无

2）函数 WatchdogRunning( )

功　　能：确定看门狗定时器是否已经被使能。

原　　型：bool WatchdogRunning(uint32_t ui32Base)

参　　数：ui32Base 为看门狗定时器模块的基址，取值 WATCHDOG0_BASE。

描　述：检测看门狗定时器是否已经被使能。

返回值：如果看门狗定时器已被使能则返回 true，否则返回 false。

3）函数 WatchdogResetEnable( )

功　能：使能看门狗定时器的复位功能。

原　型：void WatchdogResetEnable(uint32_t ui32Base)

参　数：ui32Base 为看门狗定时器模块的基址，取值 WATCHDOG0_BASE。

描　述：当看门狗等二次超时时，使能系统复位。

返回值：无

4）函数 WatchdogResetDisable( )

功　能：禁止看门狗定时器的复位功能。

原　型：void WatchdogResetDisable(uint32_t ui32Base)

参　数：ui32Base 为看门狗定时器模块的基址，取值 WATCHDOG0_BASE。

描　述：当看门狗第二次超时时，禁止系统复位。

返回值：无

5）函数 WatchdogStallEnable( )

功　能：允许在调试过程中暂停看门狗定时器。

原　型：void WatchdogStallEnable(uint32_t ui32Base)

参　数：ui32Base 为看门狗定时器模块的基址，取值 WATCHDOG0_BASE。

描　述：使能后，当调试中断时，暂停看门狗定时器的计数。

返回值：无

6）函数 WatchdogStallDisable( )

功　能：禁止在调试过程中暂停看门狗定时器。

原　型：void WatchdogStallDisable(uint32_t ui32Base)

参　数：ui32Base 为看门狗定时器模块的基址，取值 WATCHDOG0_BASE。

描　述：使能后，当调试中断时，看门狗定时器保持计数。

返回值：无

151

7）函数 WatchdogReloadSet( )

功　能：设置看门狗定时器的重装值。

原　型：void WatchdogReloadSet(uint32_t ui32Base, uint32_t ulLoadVal)

描　述：ui32Base 为看门狗定时器模块的基址，取值 WATCHDOG0_BASE。
　　　　ulLoadVal 为 32 位装载值。

描　述：设置当前看门狗定时器的重装值。

返回值：无

8）函数 WatchdogReloadGet( )

功　能：获取看门狗定时器的重装值。

原　型：uint32_t WatchdogReloadGet(uint32_t ui32Base)

嵌入式系统教程

——基于 Tiva C 系列 ARM Cortex-M4 微控制器

参　数：ui32Base 为看门狗定时器模块的基址，取值 WATCHDOG0_BASE。

描　述：获得当前看门狗定时器的重装值。

返回值：已设置的 32 位装载值。

9）函数 WatchdogValueGet( )

功　能：获取看门狗定时器的计数值。

原　型：uint32_t WatchdogValueGet(uint32_t ui32Base)

参　数：ui32Base 为看门狗定时器模块的基址，取值 WATCHDOG0_BASE。

描　述：获得当前看门狗定时器的计数值。

返回值：当前的 32 位计数值。

3. 示例代码

本示程演示了看门狗定时器的基本用法。程序初始化后，绿色 LED 灯按 0.5 s 周期闪烁 3 次，以表示系统复位；然后红色 LED 灯按 0.5 s 周期连续闪烁；当按键按下时，停止"喂狗"使得看门狗超时 2 次，系统自动复位。

```
# include <stdint.h>
# include <stdbool.h>
# include "inc/hw_memmap.h"
# include "inc/hw_types.h"
# include "driverlib/gpio.h"
# include "driverlib/interrupt.h"
# include "driverlib/sysctl.h"
# include "driverlib/watchdog.h"
# include "driverlib/pin_map.h"


# define LED_PERIPH          SYSCTL_PERIPH_GPIOF
# define LED_PORT            GPIO_PORTF_BASE


# define LCD_PIN_RED         GPIO_PIN_1
# define LCD_PIN_GREEN       GPIO_PIN_3
# define LCD_PIN_BLUE        GPIO_PIN_2


// the sw1 button:
# define BUTTON_PIN          GPIO_PIN_4
# define BUTTON_INT          INT_GPIOF


bool button_pressed = false;


void gpiof_int_isr(void)
{
    static bool is_led_on = false;
```

```
    uint32_t gpio_ints;
    uint32_t gpio_val;

    gpio_ints = GPIOIntStatus(LED_PORT, true);
    GPIOIntClear(LED_PORT, gpio_ints);

    gpio_val = GPIOPinRead(LED_PORT, BUTTON_PIN);

    if ((gpio_val & BUTTON_PIN) == BUTTON_PIN)
    {
        button_pressed = false;
    }
    else
    {
        button_pressed = true;
    }
}

int main(void) (void)
{
    uint8_t i_times;

    SysCtlClockSet(SYSCTL_SYSDIV_1 | SYSCTL_USE_OSC | SYSCTL_XTAL_16MHZ |
                   SYSCTL_OSC_MAIN);

    //使能外设
    SysCtlPeripheralEnable(LED_PERIPH);

    GPIOPinTypeGPIOOutput(LED_PORT, LCD_PIN_RED);
    GPIOPinTypeGPIOOutput(LED_PORT, LCD_PIN_GREEN);
    GPIOPinTypeGPIOOutput(LED_PORT, LCD_PIN_BLUE);

    //配置 GPIO 端口为输入、弱上拉
    GPIODirModeSet(LED_PORT, BUTTON_PIN, GPIO_DIR_MODE_IN);
    GPIOPadConfigSet(LED_PORT, BUTTON_PIN, GPIO_STRENGTH_2MA, GPIO_PIN_TYPE_STD_WPU);

    //配置 GPIO 中断
    IntMasterEnable();
    IntEnable(BUTTON_INT);
    GPIOIntTypeSet(LED_PORT, BUTTON_PIN, GPIO_BOTH_EDGES);
    GPIOIntEnable(LED_PORT, BUTTON_PIN);
```

```
GPIOIntRegister(LED_PORT, gpiof_int_isr);

//等待系统时钟初始化
SysCtlDelay(100000);

//初始化看门狗
if(WatchdogLockState(WATCHDOG0_BASE) == true)
{
    WatchdogUnlock(WATCHDOG0_BASE);
}

//设置看门狗调试时暂停
WatchdogStallEnable(WATCHDOG0_BASE);

//设置看门狗定时器
WatchdogReloadSet(WATCHDOG0_BASE, SysCtlClockGet());

//使能看门狗复位
WatchdogResetEnable(WATCHDOG0_BASE);

//使能看门狗
WatchdogEnable(WATCHDOG0_BASE);

//锁定看门狗
WatchdogLock(WATCHDOG0_BASE);

for (i_times = 0; i_times < 3; i_times ++)
{
    //闪烁绿色 LED 灯
    SysCtlDelay(SysCtlClockGet()/16);
    GPIOPinWrite(LED_PORT, LCD_PIN_GREEN, LCD_PIN_GREEN);
    SysCtlDelay(SysCtlClockGet()/16);
    GPIOPinWrite(LED_PORT, LCD_PIN_GREEN, ~LCD_PIN_GREEN);
}

while (true)
{
    //闪烁红色 LED 灯
    SysCtlDelay(SysCtlClockGet()/16);
    GPIOPinWrite(LED_PORT, LCD_PIN_RED, LCD_PIN_RED);
    SysCtlDelay(SysCtlClockGet()/16);
    GPIOPinWrite(LED_PORT, LCD_PIN_RED, ~LCD_PIN_RED);
```

嵌入式系统教程——基于 Tiva C 系列 ARM Cortex-M4 微控制器

```
//喂狗
if (button_pressed == false)
{
    WatchdogUnlock(WATCHDOG0_BASE);
    WatchdogReloadSet(WATCHDOG0_BASE, SysCtlClockGet());
    WatchdogLock(WATCHDOG0_BASE);
}
```

4. 操作现象

按下 LaunchPad 的 RESET 按钮,可以观察到 LaunchPad 的绿色 LED 灯按 0.5 s 周期闪烁了 3 次,表示系统复位;随后红色 LED 灯按 0.5 s 周期持续闪烁。

此时按下 SW1 按键持续 1 s 不放开,可以观察到绿色 LED 灯按 0.5 s 周期闪烁了 3 次,即系统已复位,表明看门狗定时器已经超时 2 次。

4.5　微型直接内存访问(μDMA)

DMA 是指一种高速的数据传输方式,允许在外部设备和存储器之间直接读写数据,既不通过 CPU,也不需要 CPU 干预。整个数据传输操作在一个称为"DMA 控制器"的控制下进行。CPU 除了在数据传输开始和结束时做一些设置和处理外,在传输过程中还可以进行其他的工作。这样,在大部分时间里,CPU 和输入/输出都处于并行操作,因此使整个系统的效率可以大大提高。DMA 在一些高速数据传送时非常有效,如高速 SPI、SD 卡读写等。

学习、掌握使用 DMA,可以极大地提高软件执行的效率,也是一个嵌入式系统开发人员从初级到高级进阶的标志。

4.5.1　DMA 传输数据过程

一次完整的 DMA 传送过程由三个阶段组成:

① 传送前的预处理。由 CPU 向 DMA 控制器写入设备号、DMA 方式、内存起始地址、传送数据个数等,并使能 DMA 功能。

② 数据传送。在 DMA 控制器控制下自动完成数据传送(外设—内存,外设—外设,内存—内存)。

③ 传送结束处理。一次 DMA 传送结束一般会产生一个中断事件,CPU 进行必要的数据处理。

DMA 控制器上除有一般通用接口的基本端口外,还有如下内容:主存地址寄存器、传送字数计数器、DMA 控制逻辑、DMA 请求/屏蔽、DMA 响应/控制、DMA 工作方式、DMA 优先级及排队逻辑等。

4.5.2 Tiva 微控制器 μDMA 介绍

TM4C123GH6PM 微控制器内置了一个直接内存访问控制器（Direct Memory Access，DMA），称为微型 DMA（μDMA）控制器。μDMA 控制器所提供的工作方式能够分载 Cortex-M4F 处理器参与的数据传输任务，从而使处理器得到更加高效的利用并腾出更多的总线带宽。μDMA 控制器能够自动执行存储器与外设之间的数据传输。片上每个支持 μDMA 功能的外设都有专用的 μDMA 通道，通过合理的编程配置，当外设需要时能够自动在外设和存储器之间传输数据。μDMA 控制器具有以下特性：

- ARM PrimeCell32 通道的可配置 μDMA 控制器。
- 支持存储器到存储器、存储器到外设、外设到存储器的多模式传输，包括：
  - 基本模式，用于简单的传输需求；
  - 乒乓模式，用于实现持续数据流；
  - 散聚模式，借助一个可编程的任务列表，有单个请求触发多达 256 个指定传输。
- 高度灵活的可配置的通道配置：
  - 各通道均可独立配置、独立操作；
  - 每个支持 μDMA 功能的片上模块都有其专用通道；
  - 灵活的通道分配；
  - 对于双向模块，为其接收和发送各提供一个通道；
  - 专用的软件通道，可由软件启动 μDMA 传输；
  - 每通道都可分别配置优先级；
  - 可选配置：任一通道均可用作软件启动传输。
- 优先级分为两级。
- 通过优化设计，改进了 μDMA 控制器与处理器内核之间的总线访问性能。
  - 当内核不访问总线时，μDMA 控制器即可占用总线；
  - RAM 条带处理；
  - 外设总线分段。
- 支持 8 位、16 位或者 32 位数据宽度。
- 待传输数目可编程为 2 的整数幂，有效范围 1~1 024。
- 源地址及目的地址可自动递增，递增单位可以是字节、半字、字、不递增。
- 可屏蔽的外设请求。
- 传输结束中断，且每个通道有独立的中断。

1. 结构框图

每个 μDMA 模块主要包括四部分:DMA 传输通道、μDMA 控制器以及在内存中的 CH 控制表和传输缓冲区。其结构框图如图 4.41 所示。

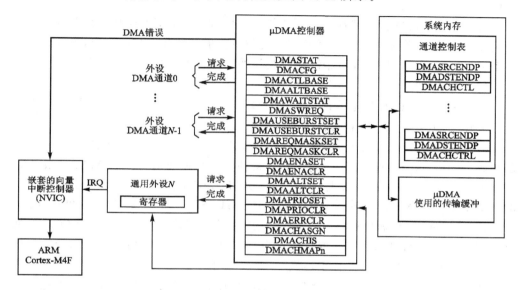

图 4.41　μDMA 结构框图

2. 功能概述

μDMA 控制器是一种使用方便、配置灵活的 DMA 控制器,用于同微控制器的 Cortex-M4F 处理器内核配合以实现高效工作。μDMA 控制器支持多种数据宽度以及地址递增机制,各 DMA 通道之间具有不同的优先级,还提供了多种传输模式,能够通过预编程实现十分复杂的自动传输流程。μDMA 控制器对总线的占用总是次于处理器内核,因此绝不影响处理器的总线会话。由于 μDMA 控制器只会在总线空闲时占用总线,因此它提供的数据传输带宽非常独立,不会影响系统其他部分的正常运行。此外,总线架构还经过了优化,增强了处理器内核与 μDMA 控制器高效共享片上总线的能力,从而大大提高了性能。优化的内容包括 RAM 条带处理以及外设总线分段,在大多数情况下允许处理器内核和 μDMA 控制器同时访问总线并执行数据传输。

μDMA 控制器可以将数据转移到片上 SRAM,也可以从片上 SRAM 将数据转移出。但是,由于 Flash 存储器和 ROM 位于不同的内部总线,所以 μDMA 不能从 Flash 存储器或 ROM 转移数据。μDMA 控制器为每种支持 μDMA 的外设功能都提供了专用的通道,可以各自独立进行配置。μDMA 控制器的配置方法比较独特,是通过系统存储器中的通道控制结构体进行配置的,并且该结构体由处理器来维护。

除支持简单传输模式之外，μDMA 控制器也支持更加"复杂"的传输模式：在收到某个单次传输请求后，按照建立在存储器中的任务列表，可以执行向/从指定地址发送/接收指定大小数据块的传输流程。μDMA 控制器还支持以乒乓缓冲的方式实现与外设之间的持续数据流。

每个通道还能配置仲裁数目。所谓仲裁数目，是指 μDMA 控制器在重新仲裁总线优先级之前，以突发方式传输的数据单元数目。借助仲裁数目的配置，当外设产生一个 μDMA 服务请求后，即可精准地操控与外设之间传输的数据单元数目。

(1) 通道分配

使用 DMA 通道映射选择 n(DMACHMAPn)寄存器中的 4 位分配域，可以为每个 μDMA 通道分配最多 5 种可能的通道分配方式。

μDMA 通道分配如表 4.18 所列。在"编码"列中示出了各 DMACHMAPn 位域的编码。编码 0x5～0xF 是保留的。要支持使用 DMA 通道分配(DMACHASGN)寄存器的传统软件，编码 0 要与清零的 DMACHASGN 位相等，且编码 1 要与置位的 DMACHASGN 位相等。在读取 DMACHASGN 寄存器时，如果相应的 DMACHMAPn 寄存器位域等于 0，则读取的位域返回值为 0；否则，返回值为 1(如果相应的 DMACHMAPn 寄存器位域不为 0)。表中的"类型"列用于表示特定外设是使用单个请求(S)、猝发请求(B)还是两者都使用。

注意： 表 4.18 中注明为"软件"的通道可用于未来进行外设扩展。现在这些通道仅软件可访问，不可连接外设。30 号通道是软件专用通道。

映射到 0～3 号 μDMA 通道的 USB 端点可通过 USBDMASEL 寄存器予以更改。

表 4.18　μDMA 通道分配

编　码	0		1		2		3		4	
通道编号	外　设	类　型	外　设	类　型	外　设	类　型	外　设	类　型	外　设	类　型
0	USB0EP1 RX	SB	UART2 RX	SB	软件	B	通用定时器 4A	B	软件	B
1	USB0EP1 TX	B	UART2 TX	SB	软件	B	通用定时器 4B	B	软件	B
2	USB0EP2 RX	B	通用定时器 3A	B	软件	B	软件		软件	B
3	USB0EP2 TX	B	通用定时器 3B	B	软件	B	软件		软件	B
4	USB0EP3 RX	B	通用定时器 2A	B	软件	B	GPIO A		软件	B
5	USB0EP3 TX	B	通用定时器 2B	B	软件	B	GPIO B		软件	B
6	软件	B	通用定时器 2A	B	UART5 RX	SB	GPIO C		软件	B
7	软件	B	通用定时器 2B	B	UART5 TX	SB	GPIO D		软件	B
8	UART0 RX	SB	UART1 RX	SB	软件	B	通用定时器 5A		软件	B
9	UART0 TX	SB	UART1 TX	SB	软件	B	通用定时器 5B		软件	B
10	SSI0 RX	SB	SSI1 RX	SB	UART6 RX		GPWide Timer 0A		软件	B
11	SSI0 TX	SB	SSI1 TX	SB	UART6 TX		GPWide Timer 0B		软件	B
12	软件	B	UART2 RX	SB	SSI2 RX	SB	GPWide Timer 1A	B	软件	B

续表 4.18

编 码 通道编号	0 外设	类型	1 外设	类型	2 外设	类型	3 外设	类型	4 外设	类型
13	软件	B	UART2 TX	SB	SSI2 TX	SB	GPWide Timer 1B	B	软件	B
14	ADC0 SS0	B	通用定时器 2A	B	SSI3 RX	SB	GPIO E	B	软件	B
15	ADC0 SS1	B	通用定时器 2B	B	SSI3 TX	SB	GPIO F	B	软件	B
16	ADC0 SS2	B	软件	B	UART3 RX	SB	GPWide Timer 2A	B	软件	B
17	ADC0 SS3	B	软件	B	UART3 TX	SB	GPWide Timer 2B	B	软件	B
18	通用定时器 0A	B	通用定时器 1A	B	UART4 RX	SB	GPIO B	B	软件	B
19	通用定时器 0B	B	通用定时器 1B	B	UART4 TX	SB	GPIO G	B	软件	B
20	通用定时器 1A	B	软件	B	UART7 RX	SB	软件	B	软件	B
21	通用定时器 1B	B	软件	B	UART7 TX	SB	软件	B	软件	B
22	UART1 RX	SB	软件	B	软件	B	软件	B	软件	B
23	UART1 TX	SB	软件	B	软件	B	软件	B	软件	B
24	SSI1 RX	SB	ADC1 SS0	B	软件	B	GPWide Timer 3A	B	软件	B
25	SSI1 TX	SB	ADC1 SS1	B	软件	B	GPWide Timer 3B	B	软件	B
26	软件	B	ADC1 SS2	B	软件	B	GPWide Timer 4A	B	软件	B
27	软件	B	ADC1 SS3	B	软件	B	GPWide Timer 4B	B	软件	B
28	软件	B	软件	B	软件	B	GPWide Timer 5A	B	软件	B
29	软件	B	软件	B	软件	B	GPWide Timer 5B	B	软件	B
30	软件	B	软件	B	软件	B	软件	B	软件	B
31	保留	B	保留	B	保留	B	保留	B	保留	B

（2）优先级

每个通道 μDMA 的优先级由通道的序号以及通道的优先级标志位所决定。第 0 号 μDMA 通道的优先级最高；通道的序号越大，其优先级越低。每个 μDMA 通道都有一个可设置的优先级标志位，由此可分为默认优先级和高优先级。若某个通道的优先级位置位，则该通道将具有高优先级，其优先于所有未将此标志位置位的通道。假如有多个通道都设为高优先级，那么仍将按照通道序号区分其相互的优先级。

通道的优先级位可通过 DMA 通道优先置位（DMAPRIOSET）寄存器置位，通过 DMA 通道优先清除（DMAPRIOCLR）寄存器清零。

（3）仲裁数目

当某个 μDMA 通道请求传输时，μDMA 控制器将对所有发出请求的通道进行仲裁，并且向其中优先级最高的通道提供服务。一旦开始传输，将持续传输一定数量的数据，之后再对发出请求的通道进行仲裁。每个通道的仲裁数目都是可设置的，其有效范围为 1～1 024 个数据单元。当 μDMA 控制器按照仲裁数目传输了若干个数据单元之后，随后将检查所有发出请求的通道，并向其中优先级最高的通道提供服务。

如果某个优先级较低的 μDMA 通道仲裁数目设置得太大，那么高优先级通道的传输延迟将可能增加,因为 μDMA 控制器需要等待低优先级的猝发传输完全结束之后才会重新进行仲裁,检查是否存在更高优先级的请求。基于以上原因,建议低优先级通道的仲裁数目不应设置得太大,这样可以充分保障系统对高优先级 μDMA 通道的响应速度。

仲裁数目也可以形象地看作一个突发的大小。仲裁数目就是获得控制权后以突发形式连续传输的数据单元数。请注意这里所说的"仲裁"是指 μDMA 通道优先级的仲裁,而非总线的仲裁。在竞争总线时,处理器内核始终优于 μDMA 控制器。此外,只要处理器需要在同一总线上执行总线交互,μDMA 控制器都将失去总线控制权;即使处于突发传输的过程中,μDMA 控制器也将被暂时中断。

(4) 请求类型

μDMA 控制器可响应来自外设的两种请求:单次请求或突发请求。每种外设可能支持其中一种或两种类型。单次请求表明外设已准备好传输一个数据单元,突发请求表明外设已准备好传输多个数据单元。

取决于外设发出的是单次请求或突发请求,μDMA 控制器的响应也将有所不同。假如同时产生了单次请求和突发请求,而且 μDMA 通道已按照突发请求建立,那么优先响应突发请求。表 4.19 列出了各种外设对这两种请求类型的支持情况。

表 4.19 所支持的请求类型

外 设	产生单次请求的事件	产生突发请求的事件
ADC	无	半空的 FIFO
通用定时器	无	触发事件
GPIO 触发	原始中断脉冲	无
SSI TX	TX FIFO 未满	TX FIFO 深度(固定为 4)
SSI RX	RX FIFO 非空	RX FIFO 深度(固定为 4)
UART TX	TX FIFO 未满	TX FIFO 深度(可配置)
UART RX	RX FIFO 非空	RX FIFO 深度(可配置)
USB TX	无	FIFO TXRDY
USB RX	无	FIFO RXRDY

1) 单次请求

当检测到单次请求并且没有突发请求时,μDMA 控制器将传输一个数据单元,传输完成后停止并等待其他请求。

2) 突发请求

当检测到突发请求后,μDMA 控制器将执行突发传输,传输数目是仲裁数目和尚未传输完的数据单元数两者的较小值。因此,仲裁数目应与外设发出突发请求时所包含的数据单元数相同。例如,UART 模块可基于 FIFO 触发深度产生突发请求。此时,仲裁数目应与满足触发深度条件后 FIFO 能够传输的数据单元数相同。

突发传输一旦启动就必须运行到结束,其间即使有更高优先级通道的请求也无法中断。突发传输所需的时间通常都比数量相同、单次触发的用时总和要短。

实际使用中应尽可能地采用突发传输,尽量避免单次传输。例如,某些数据天生就只有在作为一个数据块共同传输时才有意义,每次传输一点则毫无用处。通过DMA 通道采用突发置位寄存器(DMAUSEBURSTSET)可以禁止单次请求。当把此寄存器中对应于某个通道的标志位置位后,µDMA 控制器将只响应该通道的突发请求。

(5) 通道配置

µDMA 控制器采用系统内存中保存一个控制表,表中包含若干个通道控制结构体。每个 µDMA 通道在控制表中可能有一个或两个结构体。控制表中的每个结构体都包含源指针、目的指针、待传输数目和传输模式。控制表可以定义到系统内存中的任意位置,但必须保证其连续并且按 1 024 字节边界对齐。

表 4.20 列出了内存中通道控制表的内容分布布局。每个通道在控制表中都可能包含一个或两个结构体:主控制结构体和副控制结构体。在控制表中,所有主控制结构体都在表的前半部分,所有副控制结构体都在表的后半部分。在较简单的传输模式中,对传输的连续性要求不高,允许在每次传输结束后再重新配置、重新启动。这种情况一般不需要副控制结构体,因此内存中只需放置表的前半部分,而后半部分所占用的内存可用作其他用途。如果采用更加复杂的传输模式(例如乒乓模式或散聚模式),那就需要用到副控制结构体,此时整个控制表都必须加载到内存中。

控制表中任何未用到的内存块都可留给应用程序使用,包括任何应用程序未用到的通道的控制结构体,以及各个通道中未用到的控制字。

表 4.21 列出了控制表中单个控制结构体项的内容。每个控制结构体项都按照16 字节边界对齐。每个结构体项由 4 个长整型项组成:源末指针、目的末指针、控制字以及一个未用的长整型项。末指针就是指向传输过程最末一个单元地址的指针(包含其本身)。假如源地址或目的地址并不自动递增(例如外设的寄存器),那么指针应当指向待传输的地址。

表 4.20　控制结构体的存储器映射

偏移量	通道
0x0	通道 0 主功能
0x10	通道 1 主功能
⋮	⋮
0x1F0	通道 31 主功能
0x200	通道 0 副功能
0x210	通道 1 副功能
⋮	⋮
0x3F0	通道 31 副功能

表 4.21　通道控制结构体

偏移量	描　述
0x000	源末指针
0x004	目的末指针
0x008	控制字
0x00C	未用

嵌入式系统教程——基于 Tiva C 系列 ARM Cortex-M4 微控制器

控制字包含以下位域：

- 源/目的数据宽度；
- 源/目的地址增量；
- 总线重新仲裁之前传输的数目（仲裁数目）；
- 待传输的数据单元总数；
- 采用突发传输标志；
- 传输模式。

关于控制字及其各个位域的详细介绍，请参考表 4.20 和表 4.21。μDMA 控制器在传输执行期间自动更新待传输大小位域以及传输模式位域。当传输结束后，待传输数目将为 0，传输模式将变为"已停止"。由于控制字是由 μDMA 控制器自动修改的，因此在每次新建传输之前必须手动配置。源末指针和目的末指针不会被自动修改，所以只要源地址或目的地址不变，就无需再进行配置。

在启动传输之前，必须将 DMA 通道启用置位（DMAENASET）寄存器中的相应标志位置位，表示启用 μDMA 通道。当需要禁用某个通道时，应将 DMA 通道使能清除寄存器（DMAENACLR）中的相应标志位置位。当某个 μDMA 传输结束后，控制器会自动禁用该通道。

（6）传输模式

μDMA 控制器支持多种传输模式。前两种模式支持简单的单次传输，后面几种复杂的模式能够实现持续数据流。

1）停止模式

停止模式虽然是控制字中传输模式位域的有效值，但实际上这并不是一种真正的传输模式。当控制字中的传输模式是停止模式时，μDMA 控制器并不会对此通道进行任何传输，并且一旦该通道启用，μDMA 控制器还会自动禁用该通道。在任何 μDMA 传输结束后，μDMA 控制器都会自动将通道控制字的传输模式位域改写为停止模式。

2）基本模式

在基本模式下，只要有待传输的数据单元，并且收到了传输请求，μDMA 控制器便会执行传输。这种模式适用于那些只要有数据可传输就产生 μDMA 请求信号的外设。如果请求是瞬时的（即使整个传输尚未完成也并不保持），则不得采用基本模式。举例来说，如果将某个通道设为基本模式，并且采用软件启动，则启动时只会创建一个瞬时请求；此时传输的数目等于 DMA 通道控制字（DMACHCTL）寄存器中 ARBSIZE 位域所指定的数目，即使还有更多数据需要传输也将停止。

在基本模式下，当所有数据单元传输完成后，μDMA 控制器自动将该通道置为停止模式。

3）自动模式

自动模式与基本模式类似，区别在于，每当收到一个传输请求后，传输过程会一直持续到整个传输结束，即使 μDMA 请求已经消失（瞬时请求）也会持续完成。这种模式非常适用于软件触发的传输过程。一般来说,外设都不使用自动模式。

在自动模式下,当所有数据单元传输完成后,μDMA 控制器自动将该通道置为停止模式。

4) 乒乓模式

图 4.42 描绘了乒乓模式下 μDMA 数据会话示例。

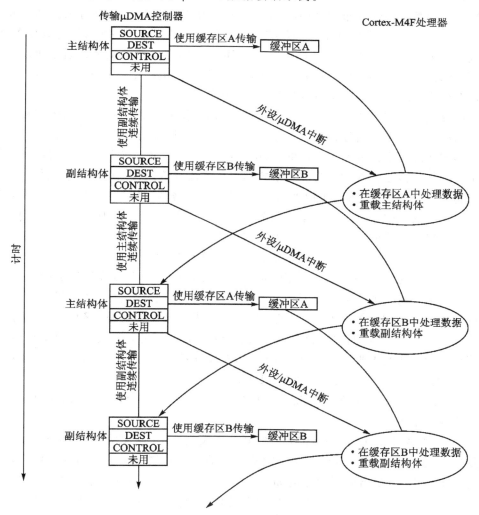

图 4.42 乒乓模式 μDMA 数据会话的示例

乒乓模式用于实现内存与外设之间连续不断的数据流。要使用乒乓模式,必须同时配置主控制结构体和副控制结构体。两个结构体均用于实现存储器与外设之间的数据传输,均由处理器建立。传输过程首先从主控制结构体开始。当主控制结构体所配置的传输过程结束后,μDMA 控制器自动载入副控制结构体并按其配置继续传输。每当这时都会产生一个中断，处理器可以对刚刚结束传输过程的数据结构体进行重新配置。于是乎，主/副控制结构体交替在缓冲区与外设之间搬运数据，周而复始，川流不息。

5）存储器散聚模式

存储器散聚模式是一种较为复杂的工作模式。通常在搬运数据块时，其数据源和数据目的都是线性分布的；但有时必须将内存中某块连续的数据分散传递到几个不同的位置，或将内存中几个不同位置的数据块汇聚传递到同一个位置连续放置，此时就应当采用散聚模式。举例来说，内存中可能存储有数条遵从某种通信协议的报文，那么就可以利用 μDMA 的汇聚模式将几个报文的有效数据内容依次读出，并连续保存到内存缓冲中的指定位置（有效内容拼装）。

在存储器散聚模式下，主控制结构体的工作是按照内存中一个表的内容配置副控制结构体。这个表由处理器软件建立，包含若干个控制结构体，每个控制结构体中包含能够实现特定传输的源末指针、目的末指针和控制字。每个控制结构体项的控制字中必须将传输模式设置为散聚模式。主传输流程依次将表中的控制结构体项复制到副控制结构体中，随后予以执行。μDMA 控制器就这样交替切换：每次用主控制结构体从列表中将下一个传输流程配置复制到副控制结构体中，然后切换到副控制结构体执行相应的传输任务。在列表的最末一个控制结构体项中，应将其控制字编程为采用自动传输模式。这样在执行最后一个传输过程时就是自动模式，μDMA 控制器在执行完成后将停止此通道的运行。只有当最后一次传输过程也结束后，才会产生结束中断。如果让控制表最后一个控制结构体项复制覆盖主控制结构体，使其重新指向列表的起始位置（或指向一个新的列表），就可以让整个列表始终不停地循环工作。此外，通过编辑控制表内容，也可以触发一个或多个其他通道执行传输：比较直接的方式是编辑产生一个写操作，以软件触发其他通道；也可以采用间接的方式，通过设法让某个外设动作而产生 μDMA 请求。

按照这种方式对 μDMA 控制器进行配置，即可基于一个 μDMA 请求执行一组最多 256 个指定的传输。

图 4.43 和图 4.44 描绘出按照存储器散聚模式工作的示例。这个例子演示的是汇集操作：将分别位于内存中三个不同缓冲区的数据复制到同一个缓冲区中并连续放置。图 4.43 描绘出应用程序应如何在内存中建立一个 μDMA 任务列表，控制器按照该列表执行三组来自内存中不同位置的复制操作。通道的主控制结构体负责将控制结构体项从任务列表中复制出来，并填充到副控制结构体中。

图 4.44 描绘出 μDMA 控制器执行三组复制操作的序列。首先，μDMA 控制器按照主控制结构体工作，将任务 A 载入到副控制结构体中；随后，μDMA 控制器切换到副控制结构体，按照任务 A 从源缓冲区 A 复制数据到目的缓冲区；最后，μDMA 控制器再次按照主控制结构体工作，将任务 B 载入到副控制结构体中，并按照副控制结构体执行任务 B 的复制操作。对于任务 C 也同样重复以上步骤。

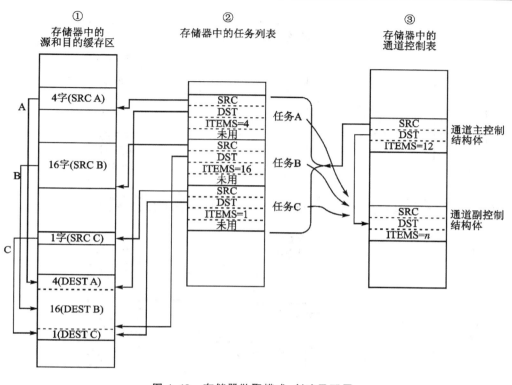

图 4.43　存储器散聚模式：创建及配置

注：

① 应用程序需要将存储器中三个不同位置的若干个数据单元复制到一个缓冲区中，并顺序组合。

② 应用程序在存储器中建立 μDMA"任务列表"，表中包括三个 μDMA 控制"任务"的指针以及控制配置。

③ 应用程序设置通道的主控制结构体，每次将一个任务的配置复制到副控制结构体中，接下来由 μDMA 控制器予以执行。

④ 任务列表中的 SRC 和 DST 指针必须指向相应缓冲区中的最后位置。

6）外设散聚模式

外设散聚模式与存储器散聚模式非常相似，区别是传输过程是由产生 μDMA 请求的外设控制的。当 μDMA 控制器检测到有来自外设的请求后，将通过主控制结构体从控制表中复制一个控制结构体项填充到副控制结构体中，随后执行其传输过程。此次传输过程结束后，只有当外设再次产生 μDMA 请求后，才会开始下一个传输过程。仅当外设产生请求时，μDMA 控制器才会继续执行控制表中的传输任务，直至完成最后一次传输。只有当最后一次传输过程也结束后，才会产生结束中断。

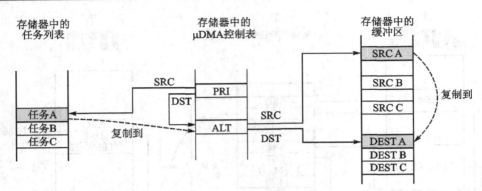

μDMA控制器按照通道的主控制结构体工作，将任务A的配置复制到通道的副控制结构体中

然后，通过通道的副控制结构体，将数据从源缓冲区A复制到目标缓冲区

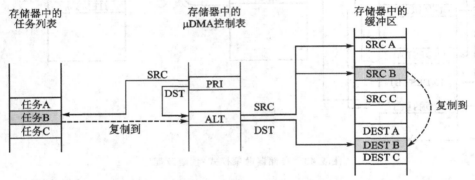

μDMA控制器按照通道的主控制结构体工作，将任务B配置复制到通道的副控制结构体中

然后，通过通道的副控制结构体，将数据从源缓冲区B复制到目标缓冲区

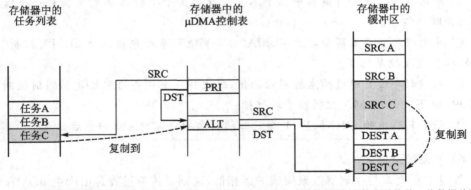

μDMA控制器按照通道的主控制结构体工作，将任务C配置复制到通道的副控制结构体中

然后，通过通道的副控制结构体，将数据从源缓冲区C复制到目标缓冲区

图4.44 存储器散聚模式：μDMA复制序列

按照这种方式对 μDMA 控制器进行配置，只要外设准备好传输数据，就可以在内存的若干指定地址与外设传输数据。

图 4.45 和图 4.46 描绘出按照外设散聚模式工作的示例。这个例子演示的是汇集操作:将分别位于内存中三个不同位置的数据复制到同一个外设数据寄存器中。图 4.45 描绘出应用程序应如何在内存中建立一个 μDMA 任务列表,控制器按照该列表执行三组来自内存中不同位置的复制操作。通道的主控制结构体负责将控制结构体项从任务列表中复制出来,并填充到副控制结构体中。

图 4.46 描绘出 μDMA 控制器执行三组复制操作的序列。首先,μDMA 控制器按照主控制结构体工作,将任务 A 载入到副控制结构体中;随后,μDMA 控制器切换到副控制结构体,按照任务 A 从源缓冲区 A 复制数据到外设数据寄存器;最后,μDMA 控制器再次按照主任务结构体工作,将任务 B 载入到副控制结构体中,并按照副控制结构体执行任务 B 的复制操作。对于任务 C 也同样重复以上步骤。

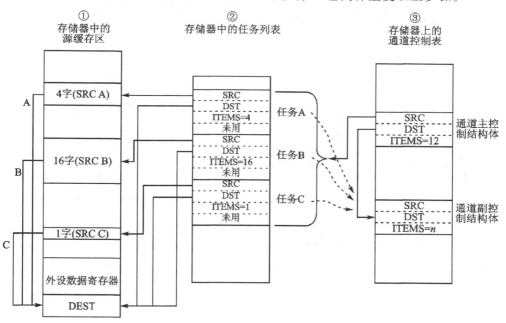

图 4.45　外设散聚模式:创建及配置

注:

① 应用程序需要将内存中三个不同位置的若干个数据单元复制到一个外设数据寄存器。

② 应用程序在存储器中建立 μDMA"任务列表",表中包括三个 μDMA 控制"任务"指针以及控制配置。

③ 应用程序设置通道的主控制结构体,每次将一个任务的配置复制到副控制结构体中,接下来由 μDMA 控制器予以执行。

嵌入式系统教程

——基于 Tiva C 系列 ARM Cortex-M4 微控制器

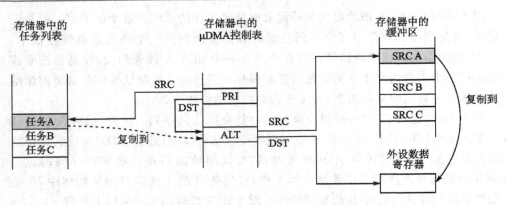

μDMA控制器按照通道的主控制结构体工作，将任务A的配置复制到通道的副控制结构体中

然后，通过通道的副控制结构体，将数据从源缓冲区A复制到外设数据寄存器

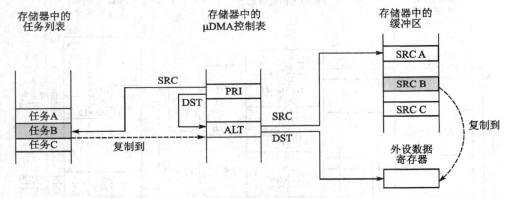

μDMA控制器按照通道的主控制结构体工作，将任务B的配置复制到通道的副控制结构体中

然后，通过通道的副控制结构体，将数据从源缓冲区B复制到外设数据寄存器

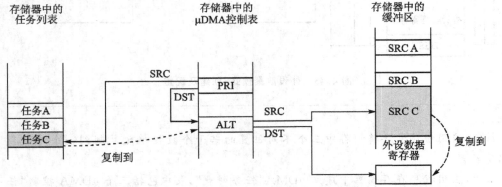

μDMA控制器按照通道的主控制结构体工作，将任务C的配置复制到通道的副控制结构体中

然后，通过通道的副控制结构体，将数据从源缓冲区C复制到外设数据寄存器

图 4.46　外设散聚模式：μDMA 复制序列

（7）待传输数目及增量

μDMA 控制器支持传输宽度为 8 位、16 位或 32 位的数据。对于任何传输，都必须保障源数据宽度与目的数据宽度一致。源地址及目的地址可以按字节、半字或字自动递增，也可以设置为不自动递增。源地址增量及目的地址增量相互无关，设置地址增量时只要保证其大于等于数据宽度即可。例如，当传输 8 位宽的数据单元时，将地址增量设置为整字（32 位）也是允许的。待传输的数据在内存中必须按照数据宽度（8 位、16 位或 32 位）对齐。

表 4.22 列出了从某个支持 8 位数据的外设进行读操作时的配置。

表 4.22 μDMA 读操作实例：8 位外设

位 域	配 置
源数据宽度	8 位
目的数据宽度	8 位
源地址增量	不递增
目的地址增量	字节
源末指针	外设读 FIFO 寄存器
目的末指针	内存中数据缓冲区的末尾

（8）外设接口

如果某个外设支持 μDMA 功能，则当其做好传输数据准备时，将可产生一个单次请求信号和/或一个突发请求信号（见表 4.2）。请求信号可通过 DMA 通道请求屏蔽置位寄存器（DMAREQMASKSET）禁止，也可通过 DMA 通道请求屏蔽清除寄存器（DMAREQMASKCLR）使能。若某个通道的请求屏蔽位置位，则禁止（屏蔽）该通道的 μDMA 请求信号。假如并未屏蔽该请求信号，并且 μDMA 通道已经正确配置、启用，则当外设产生请求信号时，μDMA 控制器将开始传输过程。

注意：当使用 μDMA 与外设进行数据通信时，外设必须禁止所有到 NVIC 的中断。当 μDMA 传输结束后，μDMA 控制器产生一个中断，详见本小节"（10）中断及错误"。关于某种外设与 μDMA 控制器如何相互配合工作的详细信息，请参阅该类型外设 DMA 操作的相关章节。

（9）软件请求

在 32 个 μDMA 通道中有一个通道是专用于软件启动的传输过程的。当此通道 μDMA 传输结束时，还有专用的中断予以指示。要想正确使用软件启动的 μDMA 传输，应首先配置并使能传输过程，之后通过 DMA 通道软件请求寄存器（DMASWREQ）发送软件请求。请注意，基于软件的 μDMA 传输应当采用自动传输模式。

通过 DMASWREQ 寄存器也可以启动任意可用软件通道的传输。假如在某个外设的 μDMA 通道上采用软件启动请求，那么当传输结束时，结束中断将在该外设的中断向量处产生,而非软件中断向量。只要某个外设没用到 μDMA 数据传输,任何外设通道都可以用于软件传输请求。

(10) 中断及错误

根据外设的情况,μDMA 可以在一个完整的传输结束时或在 FIFO(或缓存)达到特定水平时显示传输完成。当某个 μDMA 传输过程结束时,μDMA 控制器将在相应外设的中断向量处产生一个结束中断。因此,假如某个外设采用 μDMA 传输数据,并且启用了该外设的中断,那么中断处理函数中必须包含对 μDMA 传输结束中断的相关处理。假如传输过程使用了软件 μDMA 通道,那么结束中断将在专用的软件 μDMA 中断向量上产生。

当启用某外设的 μDMA 后,μDMA 控制器将禁止该外设的普通传输中断传递到中断控制器,不过这些中断的状态仍然能在外设的中断寄存器中查询到。因此,当采用 μDMA 传输大量数据时,中断控制器并不会随着数据流从外设频繁收到中断,而是只在数据传输过程结束后收到一个中断。请注意,未屏蔽的外设错误中断仍会正常发送到中断控制器。

当某一 μDMA 通道发出完成中断,在 DMA 通道中断状态(DMACHIS)寄存器中对应该外设通道的 CHIS 位被置位。外设中断处理代码也可以通过该寄存器来确定中断是由 μDMA 通道造成的,还是由外设中断寄存器上报的出错事件造成的。当中断处理程序激活后,μDMA 控制器所发出的完成中断请求会自动清除。

若 μDMA 控制器在尝试进行数据传输时遇到了总线错误或存储器保护错误,将会自动关闭出错的 μDMA 通道,并且在 μDMA 错误中断向量处产生中断。处理器可以通过读取 DMA 总线错误清除寄存器(DMAERRCLR)来确定是否有需要处理的错误。一旦产生错误则 ERRCLR 标志位将置位。向 ERRCLR 位写 1 即可清除错误状态。

表 4.23 列出了 μDMA 控制器专用的中断。

表 4.23 μDMA 中断分配

中　断	分　配
46	μDMA 软件通道传输中断
47	μDMA 错误中断

4.5.3　初始化及配置

1. 模块初始化

在使用 μDMA 控制器之前,必须先在系统控制模块中将其启用,并且在外设中启用 μDMA 功能。此外,还应当先设置好通道控制结构体的位置。

系统初始化期间应执行一遍下面的步骤:

① 使用 RCGCDMA 寄存器启用 μDMA 时钟。

② 通过将 DMA 配置(DMACFG)中的 MASTEREN 位置位,启用 μDMA 控制器。

③ 向 DMA 通道控制基指针寄存器（DMACTLBASE）写入控制表的基地址，可以对通道控制表的位置编程。基地址必须按照 1 024 字节对齐。

2. 存储器到存储器传输的配置

第 30 号 μDMA 通道是专用的软件启动传输通道。不过，只要相关外设不使用 μDMA 功能，那么任何通道都可以用于软件启动、存储器到存储器的传输。

（1）配置通道属性

首先我们应当配置通道属性：

① 将 DMA 通道优先置位（DMAPRIOSET）寄存器的第 30 位置位，即可将通道设为高优先级；将 DMA 通道优先清除寄存器（DMAPRIOCLR）的第 30 位置位，即可将通道设为默认优先级。

② 将 DMA 通道主副清除（DMAALTCLR）寄存器的第 30 位置位，可为此次传输选择主通道控制结构体。

③ 将 DMA 通道采用突发清除（DMAUSEBURSTCLR）寄存器中的第 30 位置位，可允许 μDMA 控制器既能响应单次请求也能响应突发请求。

④ 将 DMA 通道请求屏蔽清零（DMAREQMASKCLR）寄存器中的第 30 位置位，可以允许 μDMA 控制器识别该通道的请求。

（2）配置通道控制结构体

下面来配置通道控制结构体。

本示例需要实现的功能是：从某个内存缓冲区向另一缓冲区传输 256 个字。采用第 30 号通道进行软件启动传输，其控制结构体在控制表中的偏移量为 0x1E0。通道 30 的通道控制结构体的偏移量见表 4.24。

表 4.24　第 30 号通道的通道控制结构体偏移量

偏移量	描　　述
控制表基地址＋0x1E0	第 30 号通道源末指针
控制表基地址＋0x1E4	第 30 号通道目的末指针
控制表基地址＋0x1E8	第 30 号通道控制字

配置源和目的参数：

① 源末指针和目的末指针都应当指向传输过程最后一次传输的地址（其本身包含在内）。

● 向偏移量 0x1E0 处的源末指针写入：源缓冲地址＋0x3FC(0xFF * 4)；

● 向偏移量 0x1E4 处的目的末指针写入：目的缓冲地址＋0x3FC(0xFF * 4)。

② 至于偏移量 0x1E8 处的控制字，必须按照表 4.25 进行编程。

表 4.25　存储器传输示例的通道控制字配置

DMACHCTL 中的位域	位	值	描　　述
DSTINC	31:30	2	目标地址按 32 位自动递增
DSTSIZE	29:28	2	目标数据宽度为 32 位
SRCINC	27:26	2	源地址按 32 位自动递增
SRCSIZE	25:24	2	源数据宽度为 32 位
保留	23:18	0	保留
ARBSIZE	17:14	3	传输 8 个数据单元后仲裁
XFERSIZE	13:4	255	总共传输 256 个单元
NXTUSEBURST	3	0	对本传输类型无意义
XFERMODE	2:0	2	采用自动请求传输模式

(3) 启动传输过程

完成通道配置后,即可启动传输过程:

① 将 DMA 通道使能置位(DMAENASET)寄存器的第 30 位置位,即可使能通道。

② 将 DMA 通道软件请求(DMASWREQ)寄存器的第 30 位置位,产生传输请求。

随后就会开始 μDMA 传输。倘若同时开启了相关的中断,那么当传输过程全部结束后还会产生中断事件通知处理器。如果需要,还需通过读取 DMAENASET 寄存器中的第 30 位来检查状态。当传输完成后,此位,自动清零。此外,也可通过读通道控制字(偏移量 0x1E8)的 XFERMODE 位域来检查传输状态。当传输完成后,此位自动清零。

3. 外设简单发送的配置

在下面的示例中,需要配置 μDMA 控制器,将缓冲区中的数据发送给某个外设。该外设具有发送 FIFO,且触发深度为 4。此示例中的外设占用 μDMA 第 7 号通道。

(1) 配置通道属性

首先应当配置通道属性:

① 配置 DMA 通道优先置位(DMAPRIOSET)寄存器的第 7 位,即可将通道设为高优先级;将 DMA 通道优先清除(DMAPRIOCLR)寄存器的第 7 位置位,即可将通道设为默认优先级。

② 将 DMA 通道主副清除(DMAALTCLR)寄存器的第 7 位置位,为此次传输选择主通道控制结构体。

③ 将 DMA 通道采用突发清除(DMAUSEBURSTCLR)寄存器中的第 7 位置位,允许 μDMA 控制器既能响应单次请求也能响应突发请求。

④ 将 DMA 通道请求屏蔽清零（DMAREQMASKCLR）寄存器中的第 7 位置位，以允许 μDMA 控制器识别该通道的请求。

（2）配置通道控制结构体

本示例需要实现的功能是：从某个内存缓冲区经过第 7 号通道向某个外设的发送 FIFO 寄存器传输 64 个字节。第 7 号通道的控制结构体在控制表中的偏移量为 0x070。通道 7 的通道控制结构体的偏移量见表 4.26。

表 4.26　第 7 号通道的通道控制结构体偏移量

偏移量	描　述
控制表基地址＋0x070	第 7 号通道源末指针
控制表基地址＋0x074	第 7 号通道目的末指针
控制表基地址＋0x078	第 7 号通道控制字

配置源和目的参数：

① 源末指针和目的末指针都应当指向传输过程最后一次传输的地址（其本身包含在内）。由于外设指针是固定的，因此只需指向外设的数据寄存器即可。

● 向偏移量 0x070 处的源末指针写入：源缓冲地址＋0x3F；

● 向偏移量 0x074 处的目的末指针写入：外设的发送 FIFO 寄存器地址。

② 至于偏移量 0x078 处的控制字，应按照表 4.27 进行编程。

表 4.27　外设传输示例的通道控制字配置

DMACHCTL 中的位域	位	值	描　述
DSTINC	31:30	3	目标地址不自动递增
DSTSIZE	29:28	0	目标数据宽度为 8 位
SRCINC	27:26	0	源地址按 8 位自动递增
SRCSIZE	25:24	0	源数据宽度为 8 位
保留	23:18		保留
ARBSIZE	17:14	2	传输 4 个数据单元后仲裁
XFERSIZE	13:4	63	总共传输 64 个单元
NXTUSEBURST	3		对本传输类型无意义
XFERMODE	2:0	1	采用基本传输模式

注：在这个示例中，外设产生的是单次请求还是突发请求并不重要。由于外设本身具有发送 FIFO，并且在深度达到 4 时触发，因此将仲裁数目设为 4。即使外设真的产生突发请求，传输 4 字节也正好符合 FIFO 的容限。假如外设产生的是单次请求（即 FIFO 中仍然有空位），那么将每次传输 1 个字节。假如应用程序要求必须按突发方式传输，那么应当将 DMA 通道采用突发置位（DMAUSEBURSTSET）寄存器中管辖通道突发的 SET[7] 置位。

(3) 启动传输过程

完成通道配置后,即可启动传输过程:

① 将 DMA 通道使能置位(DMAENASET)寄存器的第 7 位置位,即可使能通道。

② μDMA 控制器即可经由第 7 号通道进行传输。每当外设产生 μDMA 请求后,控制器就会向其传输若干数据。当全部 64 个字节传输完成后,传输过程才会结束。传输过程结束后 μDMA 控制器将自动禁用该通道,并将通道控制字的 XFER-MODE 位清零(停止模式)。可以通过读取 DMA 通道启用置位(DMAENASET)寄存器中的第 7 位来检查传输状态。当传输完成后,此位自动清零。此外也可通过通道控制字(偏移量 0x078)的 XFERMODE 位域来检查传输状态。当传输完成后,此位自动清零。

假如使能了该外设的中断,那么当整个传输过程结束时,外设中断处理程序将收到中断信号。

4. 外设乒乓接收的配置

在下面的示例中,需要配置 μDMA 控制器,从某个外设连续接收 8 位数据,并保存到一对 64 字节的缓冲区中。该外设具有发送 FIFO,且触发深度为 8。此示例中的外设占用 μDMA 第 8 号通道。

(1) 配置通道属性

首先应当配置通道属性:

① 配置 DMA 通道优先置位(DMAPRIOSET)寄存器的第 8 位,即可将通道设为高优先级;将 DMA 通道优先清除(DMAPRIOCLR)寄存器的第 7 位置位,即可将通道设为默认优先级。

② 将 DMA 通道主副清除(DMAALTCLR)寄存器的第 8 位置位,为此次传输选择主通道控制结构体。

③ 将 DMA 通道采用突发清除(DMAUSEBURSTCLR)寄存器中的第 8 位置位,允许 μDMA 控制器既能响应单次请求也能响应突发请求。

④ 将 DMA 通道请求屏蔽清零(DMAREQMASKCLR)寄存器中的第 8 位置位,以允许 μDMA 控制器识别该通道的请求。

(2) 配置通道控制结构体

下面来配置通道控制结构体,本示例需要实现的功能是:从外设的接收 FIFO 向两个分别为 64 字节的缓冲区传输若干字节。接收数据时,当一个缓冲区装满后,μDMA 控制器自动切换到另一个缓冲区填充收到的数据。

要想实现乒乓式缓冲,必须同时使用该通道的主控制结构体和副控制结构体。第 8 号通道的主控制结构体在控制表中的偏移量为 0x080,副控制结构体在控制表中的偏移量为 0x280。通道 8 的通道控制结构体的偏移量见表 4.28。

表 4.28　第 8 号通道的主控制结构体及副控制结构体偏移量

偏移量	描　述
控制表基地址＋0x080	第 8 号通道源末指针
控制表基地址＋0x084	第 8 号通道目的末指针
控制表基地址＋0x088	第 8 号通道控制字
控制表基地址＋0x280	第 8 号通道副源末指针
控制表基地址＋0x284	第 8 号通道副目的末指针
控制表基地址＋0x288	第 8 号通道副控制字

配置源和目的参数：源末指针和目的末指针都应当指向传输过程最后一次传输的地址(其本身包含在内)。由于外设指针是固定的,因此只需指向外设的数据寄存器即可。主控制结构体和副控制结构体中的指针都必须进行配置。

① 向偏移量 0x080 处的主源末指针写入：外设的接收缓冲地址。

② 向偏移量 0x084 处的主目的末指针写入：乒乓缓冲区 A 地址 ＋ 0x3F。

③ 向偏移量 0x280 处的副源末指针写入：外设的接收缓冲地址。

④ 向偏移量 0x284 处的副目的末指针写入：乒乓缓冲区 B 地址 ＋ 0x3F。

至于偏移量 0x088 处的主控制字和 0x288 处的副控制字,应按照下面的方式编程：

① 按照对偏移量 0x088 处的主控制字进行编程。

② 按照表 4.29 对偏移量 0x288 处的副通道控制字进行编程。

表 4.29　外设乒乓接收示例的通道控制字配置

DMACHCTL 中的位域	位	值	描　述
DSTINC	31:30	0	目标地址按 8 位自动递增
DSTSIZE	29:28	0	目标数据宽度为 8 位
SRCINC	27:26	3	源地址不自动递增
SRCSIZE	25:24	0	源数据宽度为 8 位
保留	23:18	0	保留
ARBSIZE	17:14	3	传输 8 个数据单元后仲裁
XFERSIZE	13:4	63	总共传输 64 个单元
NXTUSEBURST	3	0	对本传输类型无意义
XFERMODE	2:0	3	采用乒乓传输模式

注：在这个示例中,外设产生的是单次请求还是突发请求并不重要。由于外设本身具有发送 FIFO,并且在深度达到 8 时触发,因此将仲裁数目设为 8。即使外设真的产生突发请求,传输 8 字节也正好符合 FIFO 的容限。假如外设产生的是单次请求(即 FIFO 中仍然有空位),将每次传输 1 个字节。假如应用程序要求必须按突发方式传输,那么应当将 DMA 通道采用突发置位(DMAUSEBURSTSET)寄存器中管辖通道突发的 SET[8]置位。

（3）配置外设中断

当采用 μDMA 的乒乓模式工作时，应当配置中断服务函数。强烈建议通过中断服务函数进行相关处理。不过，乒乓模式也可以采用轮询方式进行相关处理。每当其中一个缓冲区传输完成后即会触发中断。

配置并使能该外设的中断处理函数。

（4）启用 μDMA 通道

完成通道配置后，即可启动传输过程：将 DMA 通道使能置位寄存器（DMAENASET）的第 8 位置位，即可使能通道。

（5）处理中断

当前已配置并启用了 μDMA 控制器，在第 8 号通道上可进行传输。当外设产生 μDMA 请求后，控制器将按照主控制结构体的配置将数据传输到缓冲区 A。当对缓冲区 A 的主传输流程结束后，控制器将自动切换到副通道控制结构体，并开始将数据搬运到缓冲区 B。与此同时，主通道控制字的模式位域将自动变为"已停止"，中断将挂起。

当产生中断后，中断处理函数首先应确认哪一缓冲区已传输完成；之后自行处理数据或置标志（有中断外的相应代码根据此标志处理缓冲区的数据）。随后设置本缓冲区下一次的传输任务。

综上所述，在中断处理函数中应当：

① 读取偏移量 0x088 处的主通道控制字，检查其 XFERMODE 位域。若该位域为 0，则表明缓冲区 A 已传输结束。如果缓冲区 A 传输完成，则应当：

a. 自行处理缓冲区 A 中刚收到的数据；或置标志表明缓冲区 A 有已接收完成的数据，由专用的缓冲区处理代码进行处理。

b. 按照表 4.29 对偏移量 0x88 处的主控制字进行编程。

② 读取偏移量 0x288 处的副通道控制字，检查其 XFERMODE 位域。若该位域为 0，则表明缓冲区 B 已传输结束。如果缓冲区 B 传输完成，则应当：

a. 自行处理缓冲区 B 中刚收到的数据；或置标志表明缓冲区 B 有已接收完成的数据，由专用的缓冲区处理代码进行处理。

b. 按照表 4.29 对偏移量 0x288 处的副通道控制字重新编程。

5. 通道的配置

通过 DMACHMAPn 寄存器可更改任一 μDMA 通道的功能分配。本寄存器的每个 4 位域分别对应一个 μDMA 通道。

关于通道的分配参见表 4.18。

4.5.4　操作示例

本示例演示了利用 μDMA 传递 UART 之间的数据，μDMA 控制器配置成能够重复地从一个数据缓存转移数据到另一个数据缓存,甚至它还可以转移数据到 UART 输出上。

1. 程序流程图

μDMA 示例流程如图 4.47 所示。

2. 库函数说明

以下是经常使用的 μDMA 部分的库函数说明(这里只说明经常使用的函数,有些库函数未做介绍,需要查看 TI 官网上的相关资料)。

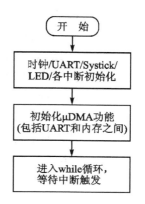

图 4.47　μDMA 示例流程图

1) 函数 uDMAChannelModeGet( )

功　　能:获得 μDMA 通道的传送模式。

原　　型:uint32_t uDMAChannelModeGet(uint32_t ui32ChannelStructIndex)

参　　数:ui32ChannelStructIndex 是 μDMA 的通道号与 UDMA_PRI_SELECT /UDMA_ALT_SELECT 的与或。

描　　述:该函数用来得到 μDMA 通道的传送模式,还可以查看通道上传送数据的状态。当数据传输结束时,模式即为 UDMA_MODE_STOP。

返回值:返回指定通道上的传送模式和控制结构,结果为以下值其中之一:UDMA _ MODE _ STOP、UDMA _ MODE _ BASIC、UDMA _ MODE _ AUTO、UDMA_MODE_PINGPONG、UDMA_MODE_MEM_SCATTER_GATHER、UDMA_MODE_PER_SCATTER_GATHER。

2) 函数 uDMAChannelTransferSet( )

功　　能:为 μDMA 通道设置传送参数。

原　　型:void uDMAChannelTransferSet(uint32_t ui32ChannelStructIndex, uint32_t ui32Mode, void * pvSrcAddr, void * pvDstAddr, uint32_t ui32TransferSize)

参　　数:ui32ChannelStructIndex 为 μDMA 的通道号与 UDMA_PRI_SELECT / UDMA_ALT_SELECT 的与或。

　　　　ui32Mode 为 μDMA 传输的模式。

　　　　pvSrcAddr 为数据传输的起始地址。

　　　　pvDstAddr 为数据传输的目标地址。

　　　　ui32TransferSize 为要传输数据的数量。

描　　述:该函数用来配置 μDMA 通道传输的参数,这些参数经常性地变动。在使用这个函数之前至少需要为指定通道调用一次 μDMAChannelControlSet( )函数。

　　　　ui32ChannelStructIndex 是 μDMA 的通道号与 UDMA _ PRI _ SELECT/UDMA_ALT_SELECT 的与或,以此来决定如何使用特定的数

据结构。

ui32Mode 必须是以下值其中之一：

UDMA_MODE_STOP 表示停止 μDMA 传输，控制器会在传输结束时将模式设置成这个值。

UDMA_MODE_BASIC 表示一个基本的传输请求。

UDMA_MODE_AUTO 表示执行一个总是会完成的传输，即使该传输请求被移除。

UDMA_MODE_PINGPONG 表示将传输通道设置为在首个数据结构方式和轮流数据结构方式之间切换。

UDMA_MODE_MEM_SCATTER_GATHER 为设置内存 scather－gather 方式传输。

UDMA_MODE_PER_SCATTER_GATHER 为设置外设 scather－gather 方式传输。

pvSrcAddr 和 pvDstAddr 为指向传输数据第一个位置的指针。

ui32TransferSize 为传输的数据项的大小，不是数据字节大小。

返回值：无

3）函数 uDMAChannelEnable( )

功　能：使能 μDMA 通道。

原　型：void uDMAChannelEnable(uint32_t ui32ChannelNum)

参　数：ui32ChannelNum 为要使能的通道号。

描　述：该函数用来使能指定通道，且必须在通道进行数据传输之前被调用。当传输结束之后，控制器会自动禁用通道功能，所以我们每次在一个新的数据传输之前都需要调用该函数。

返回值：无

4）函数 uDMAChannelRequest( )

功　能：请求 μDMA 通道开始传输数据。

原　型：void uDMAChannelRequest(uint32_t ui32ChannelNum)

参　数：ui32ChannelNum 为请求的通道号。

描　述：该函数允许软件请求 μDMA 开始数据传输。该函数也可以请求执行内存—内存之间的数据传输，或者是由软件初始化的传输，而不是由与通道相关的外设初始化。

返回值：无

5）函数 uDMAChannelIsEnabled( )

功　能：检查 μDMA 通道是否正在使用。

原　型：bool uDMAChannelIsEnabled(uint32_t ui32ChannelNum)

参　数：ui32ChannelNum 为要检查的通道号。

描　述：该函数检查指定通道是否使用，它可以检查传输的状态，当传输结束时会自动变为禁用状态。

返回值：如果通道使能则返回 true，否则返回 false。

6）函数 uDMAChannelAttributeEnable()

功　能：使能 μDMA 通道的属性。

原　型：void uDMAChannelAttributeEnable(uint32_t ui32ChannelNum,
　　　　　　　　　　　　　　　　　　　　uint32_t ui32Attr)

参　数：ui32ChannelNum 为要配置的通道号。

　　　　ui32Attr 为要配置的属性。

描　述：该函数用来使能 μDMA 通道的属性。ui32Attr 是以下值的与或：UDMA_ATTR_USEBURST、UDMA_ATTR_ALTSELECT、UDMA_ATTR_HIGH_PRIORITY、UDMA_ATTR_REQMASK。

返回值：无

7）函数 uDMAEnable()

功　能：启用 μDMA 控制器。

原　型：void uDMAEnable(void)

参　数：无

描　述：该函数用来使能 μDMA 控制器，在控制器配置和使用之前必须先调用该函数。

返回值：无

8）函数 uDMAControlBaseSet()

功　能：设置通道控制表的基地址。

原　型：void uDMAControlBaseSet(void * psControlTable)

参　数：psControlTable 为 μDMA 通道控制表的基地址指针。

描　述：该函数配置通道控制表的基地址，控制表驻留在系统内存中，保存着每个 μDMA 通道的控制信息，它必须拥有 1 024 字节的范围。通道控制表的大小是根据 μDMA 通道的数量以及使用的传输模式决定的。

返回值：无

3. 示例代码

```
# include <stdint.h>

# include <stdbool.h>
# include "inc/hw_ints.h"
# include "inc/hw_memmap.h"
# include "inc/hw_types.h"
# include "inc/hw_uart.h"
# include "driverlib/fpu.h"
```

```
# include "driverlib/gpio.h"
# include "driverlib/interrupt.h"
# include "driverlib/pin_map.h"
# include "driverlib/rom.h"
# include "driverlib/sysctl.h"
# include "driverlib/systick.h"
# include "driverlib/uart.h"
# include "driverlib/udma.h"
# include "utils/cpu_usage.h"
# include "utils/uartstdio.h"
# include "utils/ustdlib.h"
//相关的数组和数组大小定义
# define SYSTICKS_PER_SECOND        100
# define MEM_BUFFER_SIZE            1024

# define UART_TXBUF_SIZE            256
# define UART_RXBUF_SIZE            256

static uint32_t g_ui32SrcBuf[MEM_BUFFER_SIZE];
static uint32_t g_ui32DstBuf[MEM_BUFFER_SIZE];
static uint8_t g_ui8TxBuf[UART_TXBUF_SIZE];
static uint8_t g_ui8RxBufA[UART_RXBUF_SIZE];
static uint8_t g_ui8RxBufB[UART_RXBUF_SIZE];
static uint32_t g_ui32uDMAErrCount = 0;
static uint32_t g_ui32BadISR = 0;
static uint32_t g_ui32RxBufACount = 0;
static uint32_t g_ui32RxBufBCount = 0;
static uint32_t g_ui32MemXferCount = 0;
static uint32_t g_ui32CPUUsage;

static uint32_t g_ui32Seconds = 0;
# ifdefined(ewarm)
# pragma data_alignment = 1024
uint8_t ui8ControlTable[1024];
# elif defined(ccs)
# pragma DATA_ALIGN(ui8ControlTable, 1024)
uint8_t ui8ControlTable[1024];
# else
uint8_t ui8ControlTable[1024] __attribute__ ((aligned(1024)));
# endif
# ifdef DEBUG
void
```

```
__error__(char * pcFilename, uint32_t ui32Line)
{
    while(1)
    {
        //
        // Hang on runtime error.
        //
    }
}
#endif


/********************************************
函数名:SysTickHandler
描　述:Systick 的中断处理函数
参　数:无
********************************************/
void SysTickHandler(void)
{
    static uint32_t ui32TickCount = 0;
    ui32TickCount++;
    if(!(ui32TickCount % SYSTICKS_PER_SECOND))
    {
        g_ui32Seconds++;
    }
    g_ui32CPUUsage = CPUUsageTick();
}


/********************************************
函数名:uDMAErrorHandler
描　述:μDMA 的错误处理函数
参　数:无
********************************************/
Void uDMAErrorHandler(void)
{
    uint32_t ui32Status;
    ui32Status = uDMAErrorStatusGet();
    if(ui32Status)
    {
        uDMAErrorStatusClear();
        g_ui32uDMAErrCount++;
    }
}
```

```
/ *******************************************
函数名:uDMAIntHandler
描　述:μDMA 的中断处理函数
参　数:无
 *******************************************/
 void uDMAIntHandler(void)
 {
     uint32_t ui32Mode;
     ui32Mode = uDMAChannelModeGet(UDMA_CHANNEL_SW);
     if(ui32Mode == UDMA_MODE_STOP)
     {
         g_ui32MemXferCount++;
         uDMAChannelTransferSet(UDMA_CHANNEL_SW, UDMA_MODE_AUTO,g_ui32SrcBuf,
                             g_ui32DstBuf,MEM_BUFFER_SIZE);
         uDMAChannelEnable(UDMA_CHANNEL_SW);
         uDMAChannelRequest(UDMA_CHANNEL_SW);
     }
     else
     {
         g_ui32BadISR++;
     }
 }
/ *******************************************
函数名:UART1IntHandler
描　述:UART1 的中断处理函数
参　数:无
 *******************************************/
 void UART1IntHandler(void)
 {
     uint32_t ui32Status;
     uint32_t ui32Mode;
     ui32Status = ROM_UARTIntStatus(UART1_BASE, 1);

     UARTIntClear(UART1_BASE, ui32Status);

     ui32Mode = uDMAChannelModeGet(UDMA_CHANNEL_UART1RX | UDMA_PRI_SELECT);

     if(ui32Mode == UDMA_MODE_STOP)
     {
         g_ui32RxBufACount++;
         uDMAChannelTransferSet(UDMA_CHANNEL_UART1RX | UDMA_PRI_SELECT,
                             UDMA_MODE_PINGPONG,
```

```
                              (void * )(UART1_BASE + UART_0_DR),
                              g_ui8RxBufA,sizeof(g_ui8RxBufA));
    }
    ui32Mode = uDMAChannelModeGet(UDMA_CHANNEL_UART1RX | UDMA_ALT_SELECT);

    if(ui32Mode == UDMA_MODE_STOP)
    {
        g_ui32RxBufBCount + + ;
        uDMAChannelTransferSet(UDMA_CHANNEL_UART1RX | UDMA_ALT_SELECT,
                              UDMA_MODE_PINGPONG,
                              (void * )(UART1_BASE + UART_0_DR),
                              g_ui8RxBufB,sizeof(g_ui8RxBufB));
    }
    if(! uDMAChannelIsEnabled(UDMA_CHANNEL_UART1TX))
    {
        uDMAChannelTransferSet(UDMA_CHANNEL_UART1TX | UDMA_PRI_SELECT,
                              UDMA_MODE_BASIC, g_ui8TxBuf,
                              (void * )(UART1_BASE + UART_0_DR),
                              sizeof(g_ui8TxBuf));
                              uDMAChannelEnable(UDMA_CHANNEL_UART1TX);
    }
}
/ * * * * * * * * * * * * * * * * * * * * * * * * * * * * * * * * * * * * * *
函数名:InitUART1Transfer
描  述:初始化 UART1 外设,设置 TX 和 RX 之间的 μDMA 通道
参  数:无
* * * * * * * * * * * * * * * * * * * * * * * * * * * * * * * * * * * * * * /
void InitUART1Transfer(void)
{
    unsigned int uIdx;
    for(uIdx = 0; uIdx < UART_TXBUF_SIZE; uIdx + + )
    {
        g_ui8TxBuf[uIdx] = uIdx;
    }
    SysCtlPeripheralEnable(SYSCTL_PERIPH_UART1);
    SysCtlPeripheralSleepEnable(SYSCTL_PERIPH_UART1);
    UARTConfigSetExpClk(UART1_BASE, ROM_SysCtlClockGet(), 115200,
                        UART_CONFIG_WLEN_8 | UART_CONFIG_STOP_ONE |
                        UART_CONFIG_PAR_NONE);
    UARTFIFOLevelSet(UART1_BASE, UART_FIFO_TX4_8, UART_FIFO_RX4_8);

    UARTEnable(UART1_BASE);
```

嵌入式系统教程——基于 Tiva C 系列 ARM Cortex-M4 微控制器

```
UARTDMAEnable(UART1_BASE, UART_DMA_RX | UART_DMA_TX);

HWREG(UART1_BASE + UART_O_CTL) | = UART_CTL_LBE;
IntEnable(INT_UART1);
uDMAChannelAttributeDisable(UDMA_CHANNEL_UART1RX,
                           UDMA_ATTR_ALTSELECT | UDMA_ATTR_USEBURST |
                           UDMA_ATTR_HIGH_PRIORITY |
                           UDMA_ATTR_REQMASK);

uDMAChannelControlSet(UDMA_CHANNEL_UART1RX | UDMA_PRI_SELECT,
                     UDMA_SIZE_8 | UDMA_SRC_INC_NONE | UDMA_DST_INC_8 |
                     UDMA_ARB_4);

uDMAChannelControlSet(UDMA_CHANNEL_UART1RX | UDMA_ALT_SELECT,
                     UDMA_SIZE_8 | UDMA_SRC_INC_NONE | UDMA_DST_INC_8 |
                     UDMA_ARB_4);
uDMAChannelTransferSet(UDMA_CHANNEL_UART1RX | UDMA_PRI_SELECT,
                      UDMA_MODE_PINGPONG,
                      (void * )(UART1_BASE + UART_O_DR),
                      g_ui8RxBufA,sizeof(g_ui8RxBufA));

uDMAChannelTransferSet(UDMA_CHANNEL_UART1RX | UDMA_ALT_SELECT,
                      UDMA_MODE_PINGPONG,
                      (void * )(UART1_BASE + UART_O_DR),
                      g_ui8RxBufB,sizeof(g_ui8RxBufB));

uDMAChannelAttributeDisable(UDMA_CHANNEL_UART1TX,
                           UDMA_ATTR_ALTSELECT |
                           UDMA_ATTR_HIGH_PRIORITY |
                           UDMA_ATTR_REQMASK);
uDMAChannelAttributeEnable(UDMA_CHANNEL_UART1TX, UDMA_ATTR_USEBURST);

uDMAChannelControlSet(UDMA_CHANNEL_UART1TX | UDMA_PRI_SELECT,
                     UDMA_SIZE_8 | UDMA_SRC_INC_8 | UDMA_DST_INC_NONE |
                     UDMA_ARB_4);
uDMAChannelTransferSet(UDMA_CHANNEL_UART1TX | UDMA_PRI_SELECT,
                      UDMA_MODE_BASIC, g_ui8TxBuf,
                      (void * )(UART1_BASE + UART_O_DR),
                      sizeof(g_ui8TxBuf));

uDMAChannelEnable(UDMA_CHANNEL_UART1RX);
uDMAChannelEnable(UDMA_CHANNEL_UART1TX);
```

```
    }

/ * * * * * * * * * * * * * * * * * * * * * * * * * * * * * * * *
函数名:InitSWTransfer
描　述:配置 μDMA 通道进行内存之间的数据传送
参　数:无
* * * * * * * * * * * * * * * * * * * * * * * * * * * * * * * * */
Void InitSWTransfer(void)
{
    unsigned int uIdx;
    for(uIdx = 0; uIdx < MEM_BUFFER_SIZE; uIdx++)
    {
        g_ui32SrcBuf[uIdx] = uIdx;
    }
    IntEnable(INT_UDMA);
    DMAChannelAttributeDisable(UDMA_CHANNEL_SW,
                            UDMA_ATTR_USEBURST | UDMA_ATTR_ALTSELECT |
                            (UDMA_ATTR_HIGH_PRIORITY |
                            UDMA_ATTR_REQMASK));
    uDMAChannelControlSet(UDMA_CHANNEL_SW | UDMA_PRI_SELECT,
                        UDMA_SIZE_32 | UDMA_SRC_INC_32 | UDMA_DST_INC_32 |
                        UDMA_ARB_8);
    uDMAChannelTransferSet(UDMA_CHANNEL_SW | UDMA_PRI_SELECT,
                        UDMA_MODE_AUTO, g_ui32SrcBuf, g_ui32DstBuf,
                        MEM_BUFFER_SIZE);
    uDMAChannelEnable(UDMA_CHANNEL_SW);
    uDMAChannelRequest(UDMA_CHANNEL_SW);
}
/ * * * * * * * * * * * * * * * * * * * * * * * * * * * * * * * *
函数名:ConfigureUART
描　述:配置 UART
参数:无
* * * * * * * * * * * * * * * * * * * * * * * * * * * * * * * * */
Void ConfigureUART(void)
{
    SysCtlPeripheralEnable(SYSCTL_PERIPH_GPIOA);
    SysCtlPeripheralEnable(SYSCTL_PERIPH_UART0);
    SysCtlPeripheralSleepEnable(SYSCTL_PERIPH_UART0);
    GPIOPinConfigure(GPIO_PA0_U0RX);
    GPIOPinConfigure(GPIO_PA1_U0TX);
    GPIOPinTypeUART(GPIO_PORTA_BASE, GPIO_PIN_0 | GPIO_PIN_1);
    UARTClockSourceSet(UART0_BASE, UART_CLOCK_PIOSC);
```

嵌入式系统教程——基于 Tiva C 系列 ARM Cortex-M4 微控制器

```
                UARTStdioConfig(0, 115200, 16000000);
}


/******************************************
函数名:main
描  述:主函数
参  数:无
******************************************/
int main(void)
{
    static uint32_t ui32PrevSeconds;
    static uint32_t ui32PrevXferCount;
    static uint32_t ui32PrevUARTCount = 0;
    uint32_t ui32XfersCompleted;
    uint32_t ui32BytesTransferred;

    //使用额外的 stack 将中断处理函数的浮点运算的数据保存,使能该功能
    FPULazyStackingEnable();

    //设置时钟频率 50 MHz
    SysCtlClockSet(SYSCTL_SYSDIV_4 | SYSCTL_USE_PLL | SYSCTL_OSC_MAIN |
                    SYSCTL_XTAL_16MHZ);

    SysCtlPeripheralClockGating(true);

    SysCtlPeripheralEnable(SYSCTL_PERIPH_GPIOF);

    //初始化 LED 的 GPIO
    GPIOPinTypeGPIOOutput(GPIO_PORTF_BASE, GPIO_PIN_2);
    //初始化 UART
    ConfigureUART();
    UARTprintf("\033[2JuDMA Example\n");
    UARTprintf("Tiva C Series @ %u MHz\n\n", ROM_SysCtlClockGet() / 1000000);
    UARTprintf("CPU      Memory      UART        Remaining\n");
    UARTprintf("Usage    Transfers   Transfers   Time\n");
    //配置 SysTick
    SysTickPeriodSet(ROM_SysCtlClockGet() / SYSTICKS_PER_SECOND);
    SysTickIntEnable();
    SysTickEnable();

    // Initialize the CPU usage measurement routine.
    CPUUsageInit(ROM_SysCtlClockGet(), SYSTICKS_PER_SECOND, 2);
```

```
//使能当处理器睡眠时 μDMA 在继续工作
SysCtlPeripheralEnable(SYSCTL_PERIPH_UDMA);
SysCtlPeripheralSleepEnable(SYSCTL_PERIPH_UDMA);

//使能 μsDMA 错误中断
IntEnable(INT_UDMAERR);
//使能 μsDMA 控制器
uDMAEnable();

//
// Point at the control table to use for channel control structures.
//
uDMAControlBaseSet(ui8ControlTable);
 //初始化 μDMA 进行内存的数据传递
InitSWTransfer();
//初始化 μDMA 进行 UART 的数据传递
InitUART1Transfer();
//记录当前 Systick 的计数
ui32PrevSeconds = g_ui32Seconds;
//记录当前内存传递数据的数量
ui32PrevXferCount = g_ui32MemXferCount;

while(1)
{
    //检查是否经过了 1 s 时间
    if(g_ui32Seconds != ui32PrevSeconds)
    {
        //LED 操作
        GPIOPinWrite(GPIO_PORTF_BASE, GPIO_PIN_2, GPIO_PIN_2);
        UARTprintf("\r%3d%% ", g_ui32CPUUsage >> 16);
        ui32PrevSeconds = g_ui32Seconds;

        //计算已经完成的数量
        ui32XfersCompleted = g_ui32MemXferCount - ui32PrevXferCount;

        ui32PrevXferCount = g_ui32MemXferCount;

        //计算转移的字节数目
        ui32BytesTransferred = ui32XfersCompleted * MEM_BUFFER_SIZE * 4;

        if(ui32BytesTransferred >= 100000000)
        {
```

```
                    UARTprintf(" % 3d MB/s    ", ui32BytesTransferred / 1000000);
        }
        else if(ui32BytesTransferred > = 10000000)
        {
            UARTprintf (" % 2d. % 01d MB/s   ", ui32BytesTransferred / 1000000,
                    (ui32BytesTransferred % 1000000) / 100000);
        }
        else if(ui32BytesTransferred > = 1000000)
        {
            UARTprintf (" % 1d. % 02d MB/s   ", ui32BytesTransferred / 1000000,
                    (ui32BytesTransferred % 1000000) / 10000);
        }
        else if(ui32BytesTransferred > = 100000)
        {
            UARTprintf(" % 3d KB/s    ", ui32BytesTransferred / 1000);
        }
        else if(ui32BytesTransferred > = 10000)
        {
            UARTprintf (" % 2d. % 01d KB/s   ", ui32BytesTransferred / 1000,
                    (ui32BytesTransferred % 1000) / 100);
        }
        else if(ui32BytesTransferred > = 1000)
        {
        UARTprintf (" % 1d. % 02d KB/s   ", ui32BytesTransferred / 1000,
                (ui32BytesTransferred % 1000) / 10);
        }
        else if(ui32BytesTransferred > = 100)
        {
        UARTprintf(" % 3d B/s     ", ui32BytesTransferred);
        }
        else if(ui32BytesTransferred > = 10)
        {
        UARTprintf(" % 2d B/s      ", ui32BytesTransferred);
        }
        else
        {
        UARTprintf(" % 1d B/s       ", ui32BytesTransferred);
        }

        //计算 UART 转移的数据量
        ui32XfersCompleted = (g_ui32RxBufACount + g_ui32RxBufBCount -
                        ui32PrevUARTCount);
```

```
ui32PrevUARTCount = g_ui32RxBufACount + g_ui32RxBufBCount;

//计算 UART 转移数据的字节数,结果 * 2 说明 TX 的发送数据也计算在内
ui32BytesTransferred = ui32XfersCompleted * UART_RXBUF_SIZE * 2;
if(ui32BytesTransferred >= 1000000)
{
    UARTprintf("%1d.%02d MB/s  ", ui32BytesTransferred / 1000000,
               (ui32BytesTransferred % 1000000) / 10000);
}
else if(ui32BytesTransferred >= 100000)
{
    UARTprintf("%3d KB/s  ", ui32BytesTransferred / 1000);
}
else if(ui32BytesTransferred >= 10000)
{
    UARTprintf("%2d.%01d KB/s  ", ui32BytesTransferred / 1000,
               (ui32BytesTransferred % 1000) / 100);
}
else if(ui32BytesTransferred >= 1000)
{
    UARTprintf("%1d.%02d KB/s  ", ui32BytesTransferred / 1000,
               (ui32BytesTransferred % 1000) / 10);
}
else if(ui32BytesTransferred >= 100)
{
    UARTprintf("%3d B/s    ", ui32BytesTransferred);
}
else if(ui32BytesTransferred >= 10)
{
    UARTprintf("%2d B/s     ", ui32BytesTransferred);
}
else
{
    UARTprintf("%1d B/s      ", ui32BytesTransferred);
}

UARTprintf("%2ds", 10 - ui32PrevSeconds);
//关闭 LED
GPIOPinWrite(GPIO_PORTF_BASE, GPIO_PIN_2, 0);
}

//当处理器无事可做时,睡眠处理器,这样可以计算 CPU 的空闲百分比
```

189

```
        SysCtlSleep();

        if(g_ui32Seconds >= 10)
        {
        break;
        }
    }

    UARTprintf("\nStopped\n");
    while(1)
    {
        GPIOPinWrite(GPIO_PORTF_BASE, GPIO_PIN_2, GPIO_PIN_2);
        SysCtlDelay(SysCtlClockGet() / 20 / 3);
        GPIOPinWrite(GPIO_PORTF_BASE, GPIO_PIN_2, 0);
        SysCtlDelay(SysCtlClockGet() / 20 / 3);
    }
}
```

4. 操作现象

使用与前相同的步骤打开超级终端工具,查看 μDMA 转移数据过程的输出信息,如图 4.48 所示。

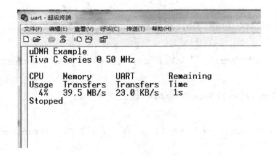

图 4.48 μDMA 的示例操作现象

4.6 休眠控制与 RTC

嵌入式产品的设计,非常重要的一点就是耗电量问题。再优秀的产品,如果耗电量过大,也不会成为一个成功的产品,特别是对于采用电池供电的产品。因此我们就需要在处理器没有工作任务的时候,让它和其他外设模块处于休眠模式,尽量降低功耗;当有任务需要处理时,再唤醒进入正常工作模式。

目前,几乎所有的 MCU 都支持休眠控制。休眠控制一般与实时钟(RTC)配合使用,RTC 还可以提供系统所需的时钟功能,包括年、月、日、时、分、秒、星期的自动计数,以及 RTC 中断等。

4.6.1　休眠模块简介

休眠模块能够控制关闭和开启部分电源的供给,这为降低系统功耗提供了一种方式。当处理器和外设处于空闲状态时,除了休眠模块被保持在供电状态,其他模块的供电都能够停止供电、暂停运行。电源恢复可以由一个外部信号唤醒,或者是通过 RTC 设定在某个特定时间唤醒,这样就可以在有任务需要处理时立刻使系统回到运行模式。休眠模块一般由连接到 V_{BAT} 的电池或辅助电源独立供电,其 RTC 时钟由连接到 XOSC0 引脚的 32.768 kHz 的时钟源,或者是连接到 XOSC0 和 XOSC1 引脚的 32.768 kHz 晶体振荡器提供,也可以由内部低功耗低频 RC 振荡器提供。可以通过软件向相关控制寄存器写不同数值来选择不同的时钟输入。

4.6.2　Tiva 微控制器休眠模块与 RTC

TM4C123G 的休眠模式有以下特性:

- 32 位秒计数器,有 1/32 768 的分辨率和一个 15 位的毫秒计数器:
  - 32 位 RTC 秒匹配寄存器和一个 15 位毫秒匹配寄存器,能够定时唤醒或者产生中断唤醒,分辨率为 1/32 768 s;
  - 调整 RTC 预分频器能够对时钟速率进行调节。
- 电源控制有两种途径:
  - 独立的外部调节器控制系统电源;
  - 寄存器控制的内部开关控制片上电源。
- 外部信号唤醒的专有引脚。
- 只要 V_{DD} 或者 V_{BAT} 有效,RTC 和休眠模块内存就有效。
- 低电量检测信号和中断,与低电量可选择唤醒。
- 休眠期间 GPIO 引脚的状态能够被保持。
- 时钟源为 32.768 kHz 的外部晶振或者振荡器。
- 后备电源拥有 16 个 32 位字的内存来保存休眠期间的状态。
- 可编程中断:
  - RTC 匹配;
  - 外部唤醒;
  - 低电量。

1. 信号描述与结构框图

休眠模块的结构框图如图 4.49 所示。

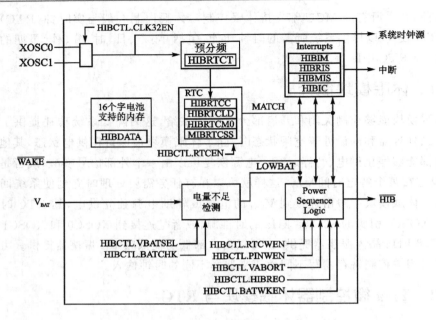

图 4.49 休眠模块的结构图

表 4.30 描述了休眠模块的外部信号并说明了每一个的功能。

表 4.30 信号描述

引脚名称	引脚编号	引脚复用/引脚分配	引脚类型	缓冲区类型	描 述
GND_X	35	固定	—	Power	连接到休眠模式使用的振荡器的 GND。当使用晶振时钟源时,该引脚应该连接到晶振负载电容以降低系统噪声对振荡器的影响。当使用外部振荡器时,该引脚应该连接到 GND
$\overline{HIB}$	33	固定	输出	TTL	该输出显示处理器正处于休眠模式
V_{BAT}	37	固定	—	Power	提供给休眠模块的电源端。它通常连接到电池的正极,以便作为备用电源或者休眠模块的电源使用
$\overline{WAKE}$	32	固定	输入	TTL	外部输入信号,当被置位时能够将处理器从休眠模式唤醒
XOSC0	34	固定	输入	Analog	休眠模块使用的晶振输入或者外部参考时钟输入。该端连接的是 32.768 kHz 的晶振或者是 32.768 kHz 的振荡器,给休眠模块的 RTC 使用
XOSC1	36	固定	输出	Analog	休眠模块振荡器输出,当使用单端时钟源时该引脚短悬空

2．功能描述

休眠模块提供了两种电源控制的机制：

第一种方式是使用内部开关来控制 TM4C123G 的电源，以及大部分模拟和数字功能的电源，同时可以保持 I/O 引脚上的电源（VDD3ON 模式）。

第二种方式是通过一个控制信号来控制输入到控制器的电源，向外部电压调节器发送一个信号，可以打开或者关闭电源。

休眠模块的电源可以动态决定。休眠模块的电源电压一般是主电压源（V_{DD}）和电池/辅助电压源（V_{BAT}）中较大的一个。休眠模块同时还有一个独立的时钟源来保证在系统时钟关闭期间 RTC 仍然有效。休眠模式可以通过以下两种方式进入：

① 用户通过设置休眠控制（HIBCTRL）寄存器中的 HIBREQ 位进入休眠模式；

② 当 V_{BAT} 有效时，直接断开 V_{DD} 电源可以进入休眠模式。

一旦进入休眠模式，当外部引脚（$\overline{WAKE}$）被置位或者内部 RTC 达到一个特定的值休眠模块就会向电压调节器发送信号将电源重新打开。休眠模块能够检测电池电压低的情况，当电池电压低于一个特定的阈值时候，就会非强制性地阻止进入休眠状态或者从休眠状态中唤醒。

当从休眠状态中唤醒，HIB 信号会被重置位，V_{DD} 有效后会导致上电复位程序执行。从 WAKE 信号被置位到代码开始执行的时间应该等于唤醒时间（$t_{WAKE\_TO\_HIB}$）和上电复位时间（T_{POR}）的和。

（1）寄存器访问时间

因为休眠模块有独立的时钟域，所以休眠模块寄存器必须在两次访问之间存在一个时间差。延迟的时间为 $t_{HIB\_REG\_ACCESS}$，所以软件必须保证在两次写之间延迟时间存在，或者在读之后也需要延迟 $t_{HIB\_REG\_ACCESS}$ 时间才能写。HIBMIS 寄存器中的 WC 中断能够通知应用程序休眠模块寄存器何时可以访问。还有一种方式，软件可以利用休眠控制寄存器（HIBCTL）的 WRC 位来保证两次访问之间经过了需要的时间差。该位在写操作开始时会被清空然后写操作完成时会被置位，指示软件可以安全进行下一个写操作或者读操作。软件在访问任何的休眠寄存器之前应该查询 HIBCTL 的 WRC 位，直到它为 1。连续的读操作访问休眠模块寄存器之间是没有时间限制的。读操作可以按照外设时钟速率全速执行。

（2）休眠模块时钟源

在使用休眠模块的系统中，模块的时钟必须是由外部时钟提供，并且该外部时钟要独立于主系统时钟，即使在 RTC 没有使用的情况下。外部晶振或者振荡器就可以实现这个目的。如果使用 32.768 kHz 晶振，就需要连接到 XOSC0 和 XOSC1 引脚。反之如果使用 32.768 kHz 的振荡器,就需要连接到 XOSC0 引脚,保持 XOSC1 悬空。而且必须保证 32.768 kHz 的振荡器的电压振幅小于 V_{BAT},否则休眠期间模块就从振荡器处获得供电,而不是引脚 V_{BAT} 处,参考图 4.50 和图 4.51。

　　通过设置 HIBCTL 寄存器的 CLK32EN 位可以使能休眠时钟。CLK32EN 位必须在访问任何休眠模块寄存器之前被置位。如果是晶振产生时钟源,还必须要在写 CLK32EN 位和访问模块寄存器之间留有延迟时间 t_{HIBOSC_START}。这一段延迟时间确保晶振上电之后并保持稳定。如果时钟源是外部振荡器,就不需要延迟时间。当使用外部时钟源时,HIBCTL 寄存器中的 OSCBYP 需要被置位。使用晶振作为时钟源,GNDX 引脚必须连接到晶振负载电容,这样可以减少系统噪声对振荡器的影响。当用外部时钟源时,GNDX 引脚必须被连接到 GND 端。

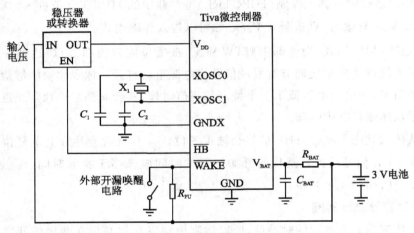

$X_1 =$ 晶振 X_1 频率为 f_{XOSC_XTAL};C_1、$C_2 =$ 晶振负载电容说明书规定的电容值;
$R_{PU} = 200$ kΩ(上拉电阻);$R_{BAT} = 51(1\pm5\%)\Omega$;$C_{BAT} = 0.1(1\pm5\%)\mu F$。
注:R_{BAT} 和 C_{BAT} 参数的大小最好分别为 $51(1\pm5\%)\Omega$ 和 $0.1(1\pm5\%)\mu F$。

图 4.50　使用晶振作为休眠时钟源,单电池作为电源

(3) 系统实现

使用休眠模块时有数种不同的系统配置:

● 用单电池电源时,电池同时给 V_{DD} 和 V_{BAT} 供电,如图 4.52 所示。

● 若为 VDD3ON 模式,在休眠期间 V_{DD} 会继续被供电以保证 GPIO 引脚可以保持它们的状态,如图 4.48 所示。在这种模式下,V_{DD} 会被断电。当新提供电源后,保存的 GPIO 信息会被清除,它们会被初始化为默认值。

● 对引脚 V_{DD} 和 V_{BAT} 分别提供单独的电源。这种模式下,如果电池耗尽,那么系统启动就需要额外的电路。

● 休眠期间,利用一个调节器给引脚 V_{DD} 和 V_{BAT} 供电,并利用一个 $\overline{HIB}$ 使能的

开关来关闭 V_{DD}，如图 4.52 所示。

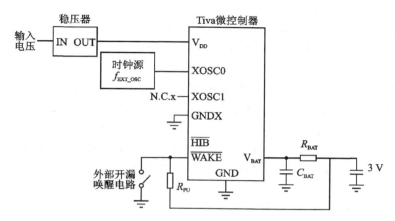

$R_{PU} = 1\ \mathrm{M\Omega}$，上拉电阻；　$R_{BAT} = 51(1 \pm 5\%)\Omega$；　$C_{BAT} = 0.1(1 \pm 20\%)\mu\mathrm{F}$

注：一些设备可能不支持 GNDX、$\overline{\text{WAKE}}$ 和 $\overline{\text{HIB}}$ 信号。

图 4.51　使用专用振荡器作为休眠时钟源，VDD3ON 模式

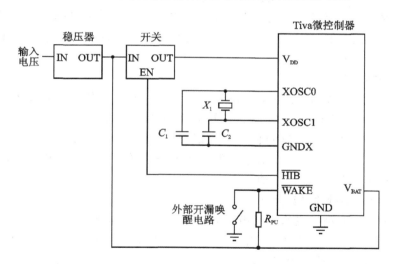

图 4.52　利用调节器为 V_{DD} 和 V_{BAT} 供电

应该尽量避免给 V_{BAT} 连接外部电容，否则会降低电量检测的准确性。本章示例图都只是显示了到休眠模块的连接电路而不是整个系统的。

如果应用程序不需要使用休眠模块，那么控制寄存器 RCGC0 和 RCGCHIB 中的 HIB 位必须清除。这样可以禁用到休眠模块的系统时钟并且模块寄存器也不能被访问。

（4）电池管理

重点：系统层面的因素可能会影响电池低电压检测线路的精确度。设计者需要考虑电池类型、放电特性，并且在测量电池电压时检测负载。

　　休眠模块可以通过 V_{BAT} 端由电池或者辅助电源单独供电。模块可以监测电池的电压高低，并检测何时电压低于 V_{LOWBAT}。电压阈值可以介于 $1.9 \sim 2.5$ V 之间，通过 HIBCTL 寄存器的 VBATSEL 配置，模块还可以被设置成在电池电压低于阈值时不进入休眠模式。另外，电池电压会在休眠期间一直被监测，使用 HIBCTL 寄存器的 BATWKEN 位能够将微控制器配置成即使电池电压低于阈值也不会进入休眠。

　　休眠模块能够检测到电池低电压的情况，如果这种情况发生，则会将 HIBRIS 寄存器中的 LOWBAT 位置位。如果该寄存器中的 VABORT 位也被置位，则模块即使在电池低压情况下也不会进入休眠模式。休眠模块还可以配置成在电池低压情况时产生中断。可详见本小节"（12）中断和状态"内容。

　　注意，休眠模块始终是从电压 V_{BAT} 和 V_{DD} 高的一者中获取电源。因此，设计电路时确保电压 V_{DD} 在额定条件下比 V_{BAT} 高很有必要，否则，即使 V_{DD} 有效，休眠模块也会从电池获取电源。

（5）实时时钟

　　RTC 模块被设置为现在实际时间。RTC 可以运行在秒计数器模式。1 个 32.768 kHz的时钟源配合 1 个 15 位的预分频器能够将时钟降低至 1 Hz。1 Hz 的时钟可以用来给 32 位的计算机做增量来记录秒时间。一个匹配寄存器可配置成用来产生中断或者将系统从休眠状态唤醒。另外，还拥有一个软件修整寄存器，它允许用户使用软件补偿振荡器的不精确度。

1）RTC 秒/毫秒模式计数器

　　RTC 的时钟源由提供给休眠模块的 32.768 kHz 时钟源之中处于有效状态的一个确定。休眠 RTC 计数器（HIBRTCC）寄存器显示了秒时间的大小。当应用程序需要小于 1 s 的记录时，休眠 RTC 毫秒（HIBRTCSS）寄存器用来记录额外的时间分辨率。

　　通过设置 HIBCTL 寄存器的 RTCEN 位来使能 RTC。一旦 RTCEN 被置位RTC 计数器和毫秒计数器就开始计数。两个计数器都做自加运算。无论电压 V_{DD} 是否有效或者设备是否处于休眠状态，只要 RTC 使能并且电压 V_{BAT} 有效，那么 RTC 就会一直计数。

　　通过写休眠 RTC 加载（HIBRTCLD）寄存器来设置 HIBRTCC 寄存器。写 HI-BRTCLD 寄存器会清除 HIBRTCSS 寄存器中 15 位的计数值 RTCSC。为了确保获得一个有效的 RTC 值，必须先读 HIBRTCC 寄存器，然后再读 HIBRTCSS 中的

RTCSSC 值,接着重读 HIBRTCC 寄存器。如果 HIBRTCC 的两个值都相等,读数有效。按照这个步骤,可以防止应用程序读取 RTCSSC 值的时候因寄存器又计数自增了 1 而产生的错误。当设置了 HIBIM 寄存器的 RTCAL0 位时,可以让 RTC 产生警报。当 RTC 匹配成功后,会产生一个中断并记录在 HIBRIS 寄存器。参考"RTC 秒/毫秒模式匹配"。

当 RTC 使能时,如果电压 V_{BAT} 和 V_{DD} 被断电,那么只有上电复位程序能够重置 RTC 寄存器。当 RTC 使能但有其他重置发生时,比如外部 $\overline{RST}$ 置位或者欠压复位程序重置,这种情况下 RTC 不会被重置。当 RTC 和外部唤醒引脚禁用时,RTC 能够被任意系统复位重置。

2）RTC 秒/毫秒模式匹配

休眠模块包含一个 32 位的匹配寄存器 HIBRTCM0,用这个值和 RTC 32 位计数器 HIBRTCC 的值进行比较。匹配计数时还需要匹配毫秒部分。HIBRTCSS 寄存器的 15 位值与 15 位毫秒计数器匹配。匹配成功后,HIBRIS 寄存器的 RTCALT0 被置位。对于使用休眠模式的应用程序,处理器可以通过置位 HIBCTL 寄存器的 RTCWEN 位能够从休眠模式唤醒;处理器还可以通过设置 HIBIM 寄存器的 RTCALT0 位产生中断输送到中断控制器。

匹配成功产生的中断优先级高于中断清除。因此,如果 HIBRTCC 的值和 HIBRTCM0 的值相等,写休眠中断清除(HIBIC)寄存器的 RTCALT0 位也不会改变 RTCALT0 的值。有几种方法可以避免这种情况的发生,例如,写一个新值到 HIBRTCLD 寄存器优先级高于写 HIBIC 清除 RTCALT0 的优先级。另一个例子,通过清除 HIBCTL 寄存器的 RTCEN 位禁用 RTC,再使能该位来重新使能 RTC。

注解：当匹配成功后,会产生休眠匹配请求,这会立刻唤醒模块。只有当 RTCWEN 位和 HIBRIS 寄存器的 RTCALT0 都置位,并且同时 HIBCTL 寄存器的 HIBREQ 位写 1,这种情况才会发生。在设置 HIBREQ 位前,写 1 到 HIBIC 相应的位,以此来清除 HIBRIS 寄存器的 RTCAL0 位,这种情况就可以避免。

3）RTC 校正

使用预分频器校正寄存器 HIBRTCT 可以改变 RTC 计数速率,以此来补偿时钟源的不准确性。该寄存器有一个标准值 0x7FFF,它可以用于在 RTC 计数模式每 64 s 产生一个间隔。当 HIBRTCC 的位[5:0]从 0x00 改变到 0x01,来分频输入时钟。这种方法允许软件改变预分频器校正寄存器的值在 0x7FFF 浮动,以此来对时钟速率做出正确的修改。如果要降低 RTC 的速率,则应该将预分频器校正的值从 0x7FFF 开始变大,反之则减小。

必须小心使用校正值,因为这个值和 HIBRTCSS 寄存器中的毫秒匹配值接近。可以使用 0x7FFF 以上的校正值来接收相同计数器值产生的两个匹配中断。另外,若使用小于 0x7FFF 的值作为校正值,则可能会丢失中断。

对于一个超过 0x7FFF 的校正值,当 HIBRTCSS 寄存器中的 RTCSSC 值达到

0x7FFF 时，RTCC 的值会从 0x0 增加到 0x1，而 RTCSSC 的值会根据校正值减小。RTCSSC 的值当计数到 0x7FFF 时会变为 0x0，然后继续计数。如果匹配值在这个范围内，则匹配成功中断会触发两次，如表 4.31 所列；如果匹配值设为 RTCM0＝0x1 和 RTCSSM＝0x7FFD，就表示触发了两次中断。

　　对于一个低于 0x7FFF 的校正值，在 RTC 值从 0x1 增加为 0x1 的过程中，RTCSSC 的值也会从 0x7FFF 增加到校正值。如果匹配值在这个范围内，匹配成功中断不会被触发。如表 4.32 所列，如果匹配方式设为 RTCM0＝0x1 而 RTCSSM＝0x2，中断就不会被触发。

<table>
<tr><td colspan="2">表 4.31　校正值为 0x8003</td></tr>
<tr><td>RTC[6:0]</td><td>RTCSSC</td></tr>
<tr><td>0x00</td><td>0x7FFD</td></tr>
<tr><td>0x00</td><td>0x7FFE</td></tr>
<tr><td>0x00</td><td>0x7FFF</td></tr>
<tr><td>0x01</td><td>0x7FFC</td></tr>
<tr><td>0x01</td><td>0x7FFD</td></tr>
<tr><td>0x01</td><td>0x7FFE</td></tr>
<tr><td>0x01</td><td>0x7FFF</td></tr>
<tr><td>0x01</td><td>0x0</td></tr>
<tr><td>0x01</td><td>0x1</td></tr>
<tr><td>⋮</td><td>⋮</td></tr>
<tr><td>0x01</td><td>0x7FFB</td></tr>
<tr><td>0x01</td><td>0x7FFC</td></tr>
<tr><td>0x01</td><td>0x7FFD</td></tr>
<tr><td>0x01</td><td>0x7FFE</td></tr>
<tr><td>0x01</td><td>0x7FFF</td></tr>
<tr><td>0x02</td><td>0x0</td></tr>
</table>

<table>
<tr><td colspan="2">表 4.32　校正值为 0x7FFC</td></tr>
<tr><td>RTCC[6:0]</td><td>RTCSSC</td></tr>
<tr><td>0x00</td><td>0x7FFD</td></tr>
<tr><td>0x00</td><td>0x7FFE</td></tr>
<tr><td>0x00</td><td>0x7FFF</td></tr>
<tr><td>0x01</td><td>0x3</td></tr>
<tr><td>0x01</td><td>0x4</td></tr>
<tr><td>0x01</td><td>0x5</td></tr>
</table>

（6）后备电源供电存储器

　　休眠模块包含 16 个 32 位字存储器，由电池或者辅助电源供电，因此能够保存休眠期间的状态。处理器软件能够保存状态信息在这个存储器上，并且优先级高于休眠操作，同时恢复状态的优先级也高于唤醒操作。后备电池存储器可以通过 HIBDATA 寄存器访问。如果 V_{DD} 和 V_{BAT} 都被断电，HIBDATA 寄存器的内容也不会被保留。

（7）使用 HIB 进行电源控制

重点： 当使用 $\overline{HIB}$ 控制电源时，休眠模块需要特殊的应用考虑，因为它可以将微控制器的所有其他部分都断电。所有的连接到芯片上的系统信号和电源输入都必须为 0 V 或者由 $\overline{HIB}$ 控制的调整器将它们设置为失电。

　　休眠模块通过使用 $\overline{HIB}$ 引脚控制到微控制器的电源。该引脚用来使能外部电源

调节器的信号,而调节器提供 3.3 V 的电源到微控制器和其他线路。当休眠模块置位 $\overline{\text{HIB}}$ 信号时,外部电压调节器就会关闭,从而不会再给微控制器和其他那些原本由调节器供电的模块供电。这段时间内休眠模块会由 V_{BAT} 供电(电池或者辅助电源),直到唤醒事件发生。当 HIB 信号被取消置位时,供给微控制器的电源就会恢复,同时外部电压调整器也会继续给片上模块供电。

(8) 使用 VDD3ON 模式进行电源控制

休眠模块可以配置成在休眠期间暂停给所有内部模块供电。这种情况下,如果 HIBCTL 寄存器中的 VDD3ON 被置位,那么所有引脚在进入休眠前必须先保存它们的状态。例如,输入引脚仍作为输入,输出引脚中置高电平的将一直持续高电平等。

在 VDD3ON 模式中,电压调节器必须在休眠期间一直保持 3.3 V 的供电。当 HIBCTL 寄存器中的 RETCLR 位被清除时将禁用 GPIO 引脚状态保持功能。

(9) 启动休眠

如果 HIBCTL 寄存器中的 HIBREQ 被置位,那么就启动了休眠模式。如果 HIBCTL 寄存器中的 PINWEN 和 RTCWEN 位没有配置唤醒条件,那么休眠请求不做处理。如果正在进行 Flash 存储器写操作时 HIBREQ 位被置位,则互锁功能会延缓进入休眠模式,直到写操作完成。另外,如果电池电压低于寄存器中规定的阈值电压,那么休眠请求也不会处理。

(10) 唤醒休眠

休眠模块通过配置 HIBCTL 寄存器的 PINWEN 引脚,由外部 $\overline{\text{WAKE}}$ 引脚将它唤醒。设置 RTCWEN 位能把模块配置成由 RTC 匹配唤醒。注意,$\overline{\text{WAKE}}$ 引脚使用的是休眠模块的内部电源作为逻辑 1 的参考。

休眠模块还能设置成由以下几种事件唤醒:

● RTC 匹配唤醒事件;
● 电池低电量唤醒事件。

通过设置 HIBCTL 寄存器的 RTCWEN 位,当 HIBRTCC 寄存器的值和 HIBRTCM0 寄存器的值相同并且 RTCSSC 位和 HIBRTCSS 寄存器的 RTCSSM 位匹配时,就能触发唤醒事件。

为了让模块能够在电池低电量时唤醒,HIBCTL 寄存器的 BATWEN 位必须置位。然后电池电压会在休眠期间每隔 512 s 进行检测。如果检测值低于 VBATSEL 中规定的阈值,那么就会产生一个中断并将 HIBRIS 寄存器中的 LOWBAT 位置位。

当休眠模块是因为外部信号、外部复位或者 RTC 匹配唤醒时,模块会延迟唤醒直到 V_{DD} 超过指定的最小电压值(3.15 V)。

当模块唤醒后,微控制器会先执行正常的上电复位程序。但是这个复位程序不会重新复位休眠模块,只是复位微控制器。软件可以通过检查初始中断状态寄存器直到模块从休眠模式唤醒并上电,并从备用电池供电的存储器中获得状态数据。

(11) 任意断电

如果 CLK32EN 被置位,那么无论是 PINWEN 还是 RTCEN 被置位,只要 V_{DD} 上断电,微控制器就会进入休眠模式。重新上电后微控制器就会从被唤醒。若 CLK32EN 置位但是 PINWEN 和 RTCEN 都不置位,微控制器也能在断电时进入休眠模式,然而一旦 V_{DD} 重新上电,MCU 会执行上电复位程序并将休眠模块复位。如果 CLK32EN 没有被置位而 V_{DD} 断电,那么相应模块就会关闭并在重新上电后执行上电复位程序。

如果 Flash 存储器或者 HIBDATA 寄存器在执行写操作的时候 V_{DD} 断电,那么写操作必须在 V_{DD} 上电之后重新执行。

(12) 中断和状态

当以下条件发生时休眠模块会产生中断:

- WAKE 引脚置位;
- RTC 匹配;
- 电池低电量;
- 写操作完成;
- 外部引脚RESET置位;
- 使能唤醒功能的外部 GPIO 引脚置位。

所有的中断在被送往中断控制器前都要先做"或"操作,所以休眠模块在任意给定时间都只会产生一个单独的中断请求。软件中断处理程序通过读屏蔽中断状态寄存器可以服务多个中断事件。软件还能够在任意时间获得休眠模块的状态,只要读取 HIBRIS 寄存器即可,该寄存器记录了所有未处理的事件。同时,该寄存器可以用来确认唤醒是因为以上条件还是因为失电。

能够触发中断的事件可以通过写休眠中断屏蔽寄存器(HIBIM)的适当位进行配置。未处理的中断可以写休眠中断清除(HIBIC)寄存器的相应位来清除。

4.6.3　初始化及配置

休眠模块有几种不同的配置。以下部分将说明各种情况下的模块的推荐配置。由于休眠模块运行在低频率,而且,除了输出系统时钟的微控制器,模块和其余部分都是异步的,所以软件必须在写寄存器之后设置一个延迟时间 $t_{HIB\_REG\_ACCESS}$。在 HIBMIS 寄存器中的 WC 中断可以通知应用程序休眠模块寄存器是否能够被访问。

1. 初始化

系统时钟使能模块的时候休眠模块开始复位,但是如果到模块的系统时钟被禁用,那么它必须被重新使能,即使不使用 RTC 功能。

如果使用 32.768 kHz 晶振作为休眠模块的时钟源,那么按以下步骤进行:

① 写 0x00000010 到 HIBIM 寄存器使能 WC 中断。

② 写 0x40 到 HIBCTL 寄存器,偏移量为 0x10,使能振荡器输入。

③ 在对休眠模块执行其他操作之前,必须等到 HIBMIS 寄存器中的 WC 中断触发。

如果使用 32.768 kHz 的单端振荡器作为休眠模块的时钟源,那么按以下步骤执行:

① 写 0x00000010 到 HIBIM 寄存器使能 WC 中断。

② 写 0x00010040 到 HIBCTL 寄存器,偏移量为 0x10,使能振荡器输出代替片上振荡器。

③ 在对休眠模块执行其他操作之前,必须等到 HIBMIS 寄存器中的 WC 中断触发。

以上操作只需要在整个系统第一次初始化的时候执行,如果微控制器已经处于休眠状态,那么这时候休眠模块已经上电并且上述步骤将无效。软件能够检查 HIBCTL 寄存器 CLK32EN 位来确定休眠模块和时钟是否已经上电。

表 4.33 阐述了在正常模式和休眠模式时钟根据设置的不同位如何运行。

表 4.33 休眠模块时钟

CLK32EN	PINWEN	RTCWEN	RTCEN	Result Normal Operation	Result Hibernation
0	X	X	X	休眠模块禁用	休眠模块禁用
1	0	0	1	RTC 匹配功能启用	无休眠模式
1	0	1	1	模块时钟控制	RTC 匹配唤醒事件
1	1	0	0	模块时钟控制	在休眠模块期间时钟断电,外部唤醒事件后会再次上电
1	1	0	1	模块时钟控制	时钟在休眠期间因为 RTC 功能而不失电。外部事件唤醒
1	1	1	1	模块时钟控制	RTC 匹配或者外部事件唤醒,先出现者有效

2. RTC 匹配功能(未休眠)

按以下步骤使休眠模块的 RTC 功能生效:

① 写 0x00000040 到 HIBCTL 寄存器,偏移量为 0x010,使能 32.768 kHz 休眠振荡器。(通过调用 SysCtlPeripheralEnable()函数实现)

② 将 RTC 匹配值写入 HIBRTCM0 寄存器中偏移量为 0x004 处和 HIBRTCSS 寄存器中偏量为 0x028 的 RTCSSM 域。(通过调用 HibernateRTCMatchSet()函数实现)

③ 写 RTC 加载值到 HIBRTCLD 寄存器,偏移量为 0x00C。(通过调用 HibernateRTCSet（）函数实现）

④ 设置 RTC 匹配中断屏蔽，HIBIM 寄存器的 RTCALT0，偏移量为 0x014。（通过调用 HibernateIntClear（）函数实现）

⑤ 写 0x00000041 到 HIBCTL 寄存器，偏移量为 0x010，使 RTC 开始计数。（通过调用 HibernateRTCEnable（）函数实现）

3. RTC 匹配 /休眠模式唤醒

按以下步骤使能休眠模块的 RTC 匹配和唤醒功能：

① 写 0x00000040 到 HIBCTL 寄存器，偏移量为 0x010，使能 32.768 kHz 的休眠振荡器。

② 写 RTC 匹配值到 HIBRTCM0 寄存器中偏移量为 0x004 处和 HIBRTCSS 寄存器中偏移量为 0x028 的 RTCSSM 域。

③ 写 RTC 加载值到 HIBRTCLD 寄存器，偏移量为 0x00C。该操作会清除 15 位的毫秒计数器。

④ 写需要在断电期间保存的数据到 HIBDATA 寄存器，偏移量为 0x030～0x06F。

⑤ 写 0x0000004B 到 HIBCTL 寄存器，偏移量为 0x010，设置 RTC 匹配唤醒并开始休眠序列。

4. 外部唤醒

按以下步骤配置休眠模块，将外部 $\overline{\text{WAKE}}$ 引脚配置成微控制器的唤醒源：

① 写 0x00000040 到 HIBCTL 寄存，偏移量为 0x010，使能 32.768 kHz 休眠振荡器。

② 写断电期间要保存的数据到 HIBDATA 寄存器，偏移量为 0x030～0x06F。

③ 写 0x00000052 到 HIBCTL 寄存器，偏移量为 0x010，使能外部唤醒并开始休眠序列。

5. RTC 或外部唤醒

按以下步骤同时使能 RTC 匹配唤醒或外部唤醒：

① 写 0x00000040 到 HIBCTL 寄存器，偏移量为 0x10，使能 32.768 kHz 的休眠振荡器。

② 写 RTC 匹配值到 HIBRTCM0 寄存器中偏移量为 0x004 处和 HIBRTCSS 寄存器中偏移量为 0x028 的 RTCSSM 域。

③ 写 RTC 加载值到 HIBRTCLD 寄存器，偏移量为 0x00C。该操作会清除 15 位的毫秒计数器。

④ 写断电期间要保存的数据到 HIBDATA 寄存器，偏移量为 0x030～0x06F。

⑤ 写 0x0000005B 到 HIBCTL 寄存器，偏移量为 0x010，设置 RTC 匹配/外部唤醒并开始休眠序列。

4.6.4　操作示例

以下实验举例说明使用休眠模块的 RTC 功能。

1. 程序流程图

使用休眠模块的 RTC 功能,在特定时间产生中断。通过该简单实验了解休眠模块的使用方式。该实验流程图如图 4.53 所示。

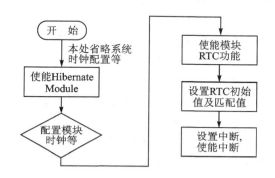

图 4.53　流程图

2. 库函数说明

Tiva 开发板提供了相关的 API 函数,方便用户使用休眠模块的各种功能。以下是经常使用的部分库函数说明。

1) 函数 HibernateEnableExpClk()

功　　能:使能休眠模块。

原　　型:voidHibernateEnableExpClk(uint32_t ui32HibClk)

参　　数:ui32HibClk 为供给休眠模块的时钟速率。

描　　述:该函数必须在任何休眠模块功能启用之前调用。

返回值:无

2) 函数 HibernateRTCSet()

功　　能:设置 RTC 计数器的值。

原　　型:voidHibernateRTCSet(uint32_t ui32RTCValue)

参　　数:ui32RTCValue 为要给 RTC 的值。

描　　述:调用该函数设置 RTC 的值必须在之前先使能 RTC 功能(使用函数 HibernateRTCEnable())。

返回值:无

3) 函数 HibernateRTCMatchSet。

功　　能:设置 RTC 匹配寄存器的值。

原　　型：voidHibernateRTCMatchSet（uint32_t ui32Match，uint32_t ui32Value）

参　　数：ui32Match 为匹配寄存器的索引；

　　　　　ui32Value 为给匹配寄存器的值。

描　　述：该函数设置 RTC 的匹配寄存器。当 RTC 计数器的值和匹配寄存器的值相同时，模块就会从休眠状态唤醒或者产生中断。

返回值：无

4）函数 HibernateIntEnable( )

功　　能：使能休眠模块的中断功能。

原　　型：voidHibernateIntEnable（uint32_t ui32IntFlags）

参　　数：ui32IntFlags 为需要使能的中断的位代码。

描　　述：该函数使能模块指定中断源。

　　　　　ui32IntFlags 参数可以是以下参数的任一组合：

　　　　　HIBERNATE_INT_WR_COMPLETE 为写完成中断；

　　　　　HIBERNATE_INT_PIN_WAKE 为引脚唤醒中断；

　　　　　HIBERNATE_INT_LOW_BAT 为电量低中断；

　　　　　HIBERNATE_INT_RTC_MATCH_0 为 RTC 匹配中断。

返回值：无

3. 示例代码

本示例演示利用 RTC 功能产生中断，然后反转 LED 灯状态的实验，多个函数的代码分别实现不同的功能。

```
# include <stdint.h>
# include <stdbool.h>
# include "inc/tm4c123gh6pm.h"
# include "driverlib/sysctl.h"
# include "driverlib/interrupt.h"
# include "driverlib/gpio.h"
# include "inc/hw_memmap.h"
# include "driverlib/hibernate.h"
/*      PORT base addr    */
# define LED_RGB_PORT GPIO_PORTF_BASE
# define SW_12_PORT GPIO_PORTF_BASE
// # define LED_G_PERIPH SYSCTL_PERIPH_GPIOF
/*          led pin        */
# define LED_R_PIN GPIO_PIN_1
# define LED_B_PIN GPIO_PIN_2
# define LED_G_PIN GPIO_PIN_3
/*      SW pin    */
```

```
#define SW_2_PINGPIO_PIN_0
#define SW_1_PINGPIO_PIN_4
/*    Calinder    Time              */
#define Timer_Init    900110


uint32_t count = 0;
bool flag = false;
/****************************************
* 函数名:HibernateHandler
* 描    述:中断处理函数
* 输    入:无
****************************************/
void HibernateHandler(void)
{
    uint32_t ui32Status;
    ui32Status = HibernateIntStatus(1);
    HibernateIntClear(ui32Status);
    HibernateRTCMatchSet(0,HibernateRTCGet() + 1);
    flag = true;

}
/****************************************
* 函数名:LED_Init
* 描    述:初始化 LED 相关的 GPIO
* 输    入:无
****************************************/
void LED_Init()
{
    SysCtlPeripheralEnable(SYSCTL_PERIPH_GPIOF);//使能外设
    GPIOPinTypeGPIOOutput(LED_RGB_PORT, LED_R_PIN | LED_B_PIN | LED_G_PIN);
                                          //配置引脚方向
    GPIOPinWrite(LED_RGB_PORT, LED_R_PIN | LED_G_PIN | LED_B_PIN ,0);
}
/****************************************
* 函数名:RTC_Init
* 描    述:初始化 RTC 功能
* 输    入:无
****************************************/
void RTC_Init()
{
    SysCtlPeripheralEnable(SYSCTL_PERIPH_HIBERNATE);
    HibernateEnableExpClk(SysCtlClockGet());//HIB_CTL_CLK32EN,使能 Hibernate
```

嵌入式系统教程——基于 Tiva C 系列 ARM Cortex-M4 微控制器

```
                                          //模块时钟
    HibernateClockConfig(HIBERNATE_OSC_LOWDRIVE);
    // 1900 - 1 - 1,0:0:0;   86400/day
    HibernateRTCSet(Timer_Init);// 1900 - 1 - 2,01:01:50
    HibernateRTCMatchSet(0,HibernateRTCGet() + 1);
    //HibernateIntClear(HIBERNATE_INT_PIN_WAKE | HIBERNATE_INT_LOW_BAT |
    //                   HIBERNATE_INT_RTC_MATCH_0);
    HibernateIntRegister(HibernateHandler);
    HibernateIntEnable(HIBERNATE_INT_RTC_MATCH_0);


    HibernateRTCEnable();//HIB_CTL_RTCEN   HIB_CTL

}


/ *****************************************
* 函数名:main
* 描　　述:主函数,利用 RTC 实现定时改变 LED 状态
* 输　　入:无
***************************************** /
int main(void)
{
    SysCtlClockSet(SYSCTL_SYSDIV_2_5 | SYSCTL_XTAL_25MHZ | SYSCTL_USE_PLL |
                   SYSCTL_OSC_MAIN);
    LED_Init();//LED   Initiate
    RTC_Init();
    count = HibernateRTCGet();
    while(1)
    {
        if(flag == true)
        {
            GPIOPinWrite(LED_RGB_PORT,LED_B_PIN, LED_B_PIN ^ (GPIOPinRead
                         (LED_RGB_PORT,LED_B_PIN) ) );
            flag = false;
        }
    }
}
```

4. 操作现象

　　将代码按照正常步骤烧写入处理器后,可以观察到 LED 灯按照固定的时间周期闪烁。如果改变 RTC 的时间设置,则可以观察到 LED 灯闪烁频率(即变化的快慢)。

思考题与习题

1. GPIO 作为普通输入/输出时,各有哪几种模式? 各种模式的特点是什么?

2. 若要使用一个 GPIO 引脚驱动一个 LED 灯,使用推拉输出和开漏输出有什么区别? 请分别画出驱动电路并加以说明。

3. 在 Tiva LaunchPad 上,配置 GPIO 引脚,编程实现跑马灯实验:使得 LaunchPad 上的三个灯依次亮、灭,并持续循环下去。

4. 在 Tiva LaunchPad 上,配置 GPIO 引脚,实现按键操作 LED 灯的亮灭,即:用一个按键控制一个 LED 灯的亮、灭;按一次亮,再按一次灭。

5. 简述定时器输入捕获的基本结构和原理。

6. 编写代码,实现一个按键按下时间的测量。

7. 描述定时器 PWM 的基本结构和原理。

8. 编写代码,使用 PWM 来控制一个 LED 灯的发光亮度。PWM 的频率可选择 200 Hz,修改占空比可在调试状态直接使用断点修改相关变量。

9. 在 Tiva LaunchPad 上,使用 PWM 分别输出 1 kHz、2 kHz、3 kHz 频率的方波,听蜂鸣器的发声情况,并解释原因。

10. 叙述 Tiva 看门狗定时器的基本结构及功能。

11. Tiva 看门狗定时器在第几次超时后复位? 为什么这样设计?

12. 在巡回服务结构的程序中,在什么时机对看门狗"喂狗"比较合适?

13. 简述 DMA 方式和传统非 DMA 方式的区别,以及各具有哪些优势。

14. 请叙述一次完整的 DMA 数据传送过程。

15. 请说明 Tiva 可进入的几种低功耗工作模式,并简述它们之间的差异。

16. 编程实现一个实时时钟,并具有可设置的闹钟功能。

17. 在 Tiva LaunchPad 上,编程实现 MCU 进入休眠的例程,然后分别使用 RTC、WAKEUP 或者外部中断来唤醒。

207

第 **5** 章

通信接口与外设

　　通信接口主要完成一个微机系统与另一个系统之间的数据通信。在嵌入式系统中,最常用的通信接口包括通用异步串行通信接口 UART、同步通信接口 SSI、SPI、I²C、CAN 和 USB。这些接口通常用于双机或多机通信、外扩各种功能的外设芯片或设备。本章在介绍这些通信接口基本原理的基础上,将结合 Tiva 微控制器的通信外设,说明其特点和基本使用方法。

5.1　基本概念

　　数字通信是一门专门的课程,涉及很多专业知识。为了更好地理解本章的内容,在此先对一些相关的基本概念或术语作一简单说明。

　　串行通信与并行通信。串行通信是指数据在通信线上是按位(bit)来传送的,它是相对于并行通信而言的。并行通信是以字节或字为单位的,一次可以传输很多位的数据,传输效率较高,但需要较多的传输线,适合局部、高速数据传送,如计算机内存系统。相对于并行通信,串行通信数据传输率较低,但只需要很少的传输线,适合较远距离的数据传送。串行通信的速率常用波特率(baud rate)来衡量,即每秒传输的数据位数,单位为 bps。

　　异步通信和同步通信。所谓异步通信,是指通信双方没有共用的通信时钟(同步时钟),但有各自的工作时钟,发送方和接收方依靠通信协议或数据格式的预先约定来实现数据帧的同步,保证数据通信的正常进行。而同步通信双方采用共用的通信时钟,发送方和接收方都依赖于这个时钟,每个时钟发送方发送一个数据(一位或多位),接收方同时接收一个数据。同步通信由于采用了同步时钟,时钟频率可以比较高(如几十 MHz),所以数据传输率比较高。而异步通信由于没有同步时钟,数据传输率相对较低,一般为几十到几百 Kbps。

　　还有几个关于通信的常用术语:

　　单工通信(simplex communication):通信双方任何时刻只能进行单向信息传输,一方固定为发送端,一方则固定为接收端。

　　半双工(half duplex)通信:通信双方可以双向传送信息,但同一时刻只能进行单向信息传输,即不能同时双向传输。

全双工(full duplex)通信:通信双方任何时刻可以进行双向信息传输,即任何一方在发送信息时、同时也可以接收信息。

5.2　异步串行通信接口(UART)

由上一节的介绍可知,异步串行通信接口就是串行通信和异步通信的结合。UART 是一种典型的异步串行通信接口,也是目前 MCU 中最为常见、应用最为普遍的一种通信接口,简称串口。

5.2.1　UART 简介

UART,英文全称为 Universal Asynchronous Receiver/Transmitter,即"通用异步串行接收/发送器"。UART 是一种通用串行接口,支持双向通信,可以实现全双工数据传输。在早期的通用计算机和 PC 上,串口几乎是准标配置。而现代 PC 因为串口的通信速率等硬件特性已经不适合 PC 的要求,取而代之的是"通用串行通信口",也就是常说的 USB 接口。如果要在现代 PC 上使用串口,必须使用一个USB——串口的硬件转换器,安装相应的驱动后,在 PC 上会显示一个 USB 虚拟串口设备。在嵌入式设计中,因为串口极低的资源消耗、较好的可靠性、简洁的协议以及高度的灵活性,使其非常符合嵌入式设备的应用需求。几乎所有的 MCU 都把UART 作为一个最基本的通信接口,用来实现与其他嵌入式设备或 PC 的数据通信。

1. UART 基本概述

由于计算机内部采用并行数据通道,所以不能直接把数据发到串口,必须经过UART 转换才能进行串行异步传输。其过程是:CPU 先把准备发送出去的数据写入到 UART 的数据寄存器端口,再通过 FIFO(First Input First Output,先入先出队列)传送到串行发送器,若是没有 FIFO,则 CPU 每次只能写一个数据到 UART 的数据寄存器端口。UART 作为异步串口通信协议的一种,工作原理是将传输数据的每个字符一位接一位地传输(移位发送或接收)。

发送时,发送移位器能将发送缓存区中的数据进行并—串转换。控制逻辑按预先设定的字符帧格式输出串行数据流。数据流开始用一个起始位,然后紧跟数据位,最后再根据设定的帧格式发送校验位和停止位。

接收时,接收逻辑在检测到一个有效的开始脉冲(起始位)后,就会按预先设定的字符帧格式逐位接收数据位、校验位和停止位,并将接收到的数据位进行串—并转换,存放到接收数据缓冲区(FIFO)。同时,接收器还要进行校验位、帧、超越(溢出)错误检查,这些状态会反映在 UART 的状态寄存器中,供 CPU 查阅。

基本的 UART 通信字符帧的格式如图 5.1 所示。

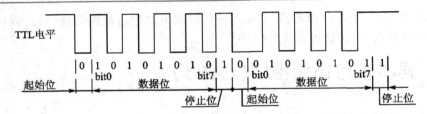

图 5.1 UART 字符帧(TTL 电平)格式

图 5.1 中各位的意义如下:

● 起始位:先发出一个逻辑 0 的信号,表示传输字符的开始(起同步作用)。

● 数据位:紧接起始位之后。数据位的个数可以是 5、6、7、8 等,构成一个字符,从最低位开始传送(LSB 被先发送)。通常采用 ASCII 码。

● 奇偶校验位:字符位后加上这一位(可选),使得“1”的位数为偶数(偶校验)或奇数(奇校验),以此来校验数据传送的正确性。

● 停止位:它是一个字符帧传输的结束标志,可以是 1 位、1.5 位、2 位的高电平。

● 空闲位:处于逻辑 1 状态,表示当前线路上没有数据传送。

● 波特率:衡量串行数据传送速率的指标,表示每秒传送的二进制位数。

例如,数据传送波特率为 9 600 bps,而每一个字符帧为 10 位,则数据传送速率为 960 字符/秒。在串行异步通信线上,每一位数据在传输线上是以一个时间片来表征的,每一位数据所占的时间为所用的通信波特率分之一秒,如使用 9 600 bps,则每一位数据所占用的时间约为 0.1 s(可用示波器观测到)。用示波器观测也是调试串行接口通信的一个常用方法。

由于串行异步通信没有同步时钟,所以停止位不仅仅表示一个字符帧传输的结束,而且还提供了通信双方校正波特率误差的机会。按一般 UART 帧格式总共 10 位数据计算,串行异步通信双方波特率误差理论上应该小于±5%,考虑到电源、温度变化等影响,最好小于±2.5%。

2. UART 通信协议标准

串口通信按电气标准及协议来分,常见的有一般计算机应用的 RS - 232 和工业计算机应用的半双工 RS - 485 与全双工 RS - 422。

(1) RS - 232 标准

RS - 232 也称标准串口,是目前最常用的一种串行通信接口。它最早是在 1970 年由美国电子工业协会(EIA)联合贝尔系统、调制解调器厂家及计算机终端生产厂家共同制定的用于串行通信的标准。它的全名是“数据终端设备(DTE)和数据通信设备(DCE)之间串行二进制数据交换接口技术标准”。传统的 RS - 232 - C 接口标准有 22 根线,采用标准 25 芯 D 型插头座。自 IBM PC/AT 开始使用简化了的 9 芯 D 型插座,简称 DB9。如今 25 芯插头座现代应用中已经很少采用。早期的 PC 一般有两个串行口:COM1 和 COM2。D 形 9 针接口通常在计算机后面能看到。现在则一般都用 USB<>RS-232 转换器。现在有很多读卡机、物流接收器(扫描枪)都采用 COM 口与计算机相连。DB9 接口的引脚定义如表 5.1 所列。

表 5.1　DB9 接口引脚定义(插针)

引　脚	简　写	说　明
Pin1	CD	调制解调器通知计算机有载波被侦测到
Pin2	RXD	接收数据
Pin3	TXD	发送数据
Pin4	DTR	计算机告诉调制解调器可以进行传输
Pin5	GND	地线
Pin6	DSR	调制解调器告诉计算机一切准备就绪
Pin7	RTS	请求发送
Pin8	CTS	允许发送
Pin9	RI	振铃提示

DB9 接口的外形图如图 5.2 所示。

最简单的串口通信可以只使用数据发送(TXD)、数据接收(RXD)、地(GND)三根线,简称为三线通信。需要硬件流控时,可以增加请求发送(RTS)、允许发送(CTS)两根线,即五线通信。由于在电话线中调制解调器(Modem)已经很少采用,RS-232 串口上的其他信号线基本不用。

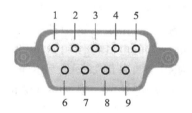

图 5.2　DB9 接口外形图

RS-232 对电气特性、逻辑电平和各种信号线功能都作了规定。

在 TXD 和 RXD 上:

● 逻辑 1(MARK) = -3~-15 V;
● 逻辑 0(SPACE) = +3~+15 V。

在 RTS、CTS、DSR、DTR 和 CD 等控制线上:

● 信号有效(接通,ON 状态,正电压) = +3~+15 V;
● 信号无效(断开,OFF 状态,负电压) = -3~-15 V。

以上规定说明了 RS-232 标准对逻辑电平的定义。对于数据(信息码),逻辑 1(传号)的电平低于-3 V,逻辑 0(空号)的电平高于+3 V;对于控制信号,接通状态(ON)即信号有效的电平高于+3 V,断开状态(OFF)即信号无效的电平低于-3 V。也就是说,当传输电平的绝对值大于 3 V 时,电路可以有效地检查出来,介于-3~+3 V 之间的电压无意义,低于-15 V 或高于+15 V 的电压也认为无意义。因此,实际工作时,应保证电平在-3~-15 V 或+3~+15 V 之间。使用较高的电平电压进行传输,目的是为了增加抗干扰能力,延长通信距离。即使这样,RS-232 传输距离也不太远,可靠传输距离一般为 50~100 ft(小于 30 m)。

RS-232 与 UART TTL 电平转换:RS-232 是用正负电压来表示逻辑状态的,与 UART 的 TTL 电平表示逻辑状态的规定电压不同。因此,为了能够同计算机接口或终端的 UART TTL 器件连接,必须在 RS-232 与 UART TTL 电路之间进行电平和逻辑关系的变换。

图 5.3 展示了两个 UART 模块(或设备)之间直接通信的连接方法,注意,需要把双方的 TXD 和 RXD 交叉连接。

图 5.4 展示一个 UART 模块(或设备)和 PC(RS-232 接口)通信的连接方法。典型的 UART<>RS-232 电平转换芯片是 MAX232、MAX3232 等。

图 5.3　UART 模块之间相互通信　　　图 5.4　UART 模块与 PC(RS-232)通信

(2) RS-485 和 RS-422

RS-485 是隶属于 OSI 模型物理层的电气特性规定为二线、半双工、多点通信的标准。它的电气特性和 RS-232 大不一样,并且它没有规定或推荐任何数据协议。RS-485 采用差分信号传输,接收差分门槛电压为(A-B)-200(逻辑 0)~+200 mV(逻辑 1)。典型的 UART<>RS-485 转换驱动芯片是 MAX485,可以单电源供电,可非常方便地与 TTL 电路连接。RS-485 是半双工通信,MCU 需要用一个 GPIO 引脚对驱动芯片进行收发控制。由于 RS-485 采用差分传输技术,大大增强了抗干扰能力,传输距离更远,支持节点更多,总线最长可以传输 1 200 m 以上,最大支持 32(或 128,视驱动芯片而定)个节点,通信速率也可以达到 250 Kbps。RS-485 一般采用总线型网络拓扑结构方式连接,如图 5.5 所示。

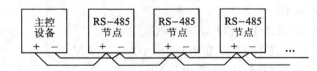

图 5.5　RS-485 总线型网络拓扑

RS-422 是规定采用 4 线、全双工、差分传输、多点通信的数据传输协议。与 RS-485 不同的是,RS-422 不允许出现多个发送端而只能有多个接收端。通信仅在发送方和接收方成对出现时才存在。RS-422 电缆的最高传输速率可达 10 Mbps (长度 1.2 m 时)或 100 Kbps(长度 1 200 m 时)。RS-422 是全双工通信,不能像 RS-485 那样实现真正的多点通信。RS-422 设备之间连接方式如图 5.6 所示。

一种 RS‐422 的 DB9 接口如图 5.7 所示(并无标准规定)。

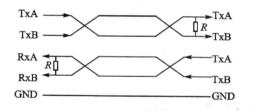

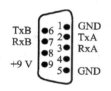

图 5.6　RS‐422 接口连接方式　　　图 5.7　RS‐422 DB9 接口示意图

(3) Modbus 协议

Modbus 协议是应用于电子控制器上的一种通用语言。通过此协议,控制器相互之间、控制器经由网络和其他设备之间可以通信。它已经成为一种通用工业标准,在各种工业设备上被广泛采用。此协议定义了一个控制器能认识使用的消息结构,而不管它们是经过何种网络进行通信的。它描述了控制器请求访问其他设备的过程,如何回应来自其他设备的请求,以及怎样侦测错误并记录。它制定了消息域格式和内容的公共格式。

当在 Modbus 网络上通信时,此协议决定了每个控制器:要知道它们的设备地址,识别按地址发来的消息,决定要产生何种行动。如果需要回应,控制器将生成反馈信息并用 Modbus 协议发出。在其他网络上,包含了 Modbus 协议的消息转换为在此网络上使用的帧或包结构。这种转换也扩展了根据具体的网络解决节地址、路由路径及错误检测的方法。

此协议支持传统的 RS‐232、RS‐422、RS‐485 和以太网设备。许多工业设备,包括 PLC、DCS、智能仪表等都在使用 Modbus 协议作为它们之间的通信标准。

1) Modbus 上的数据传输

标准 Modbus 端口是使用一个 RS‐232 兼容的串行接口,定义了连接器、接线电缆、信号等级,传输波特率和奇偶校验,控制器可直接或通过调制解调器接入总线。控制器通信使用主从技术,即主机能启动数据传输,给从机发送命令或者数据,而其他设备作为从机应该对查询做出响应并返回查询结果给主机,或执行查询所要求的动作。

主机可对各从机寻址发出广播信息,从机返回信息作为对查询的响应。从机对于主机的广播查询,无响应返回。Modbus 协议根据设备地址、请求功能代码、发送和错误校验码建立主机查询格式,而从机的响应信息也用 Modbus 协议组织,它包括确认动作的代码、返回数据和错误校验码。若在接收信息时出现一个错误或从机不能执行要求的动作,从机会组织一个错误信息,并向主机发送作为响应。

2) 其他总线上的数据传输

在其他网络上,控制器间采用对等技术进行通信,即任意一个控制器可向其他控制器启动数据传送。因此,一台控制器既可作为从机,也可作为主机,常提供多重的内部通道,允许并列处理主机和从机传输数据。

尽管网络通信方法是对等的,但是 Modbus 协议仍采用主从方式。若一台控制器作为主机设备发送一个信息,则可从一台从机设备返回一个响应;类似,当一台控制器接收信息时,它就组织一个从机设备的响应信息,并返回至原发送信息的控制器。这一过程称为一个查询响应周期,如图5.8所示。

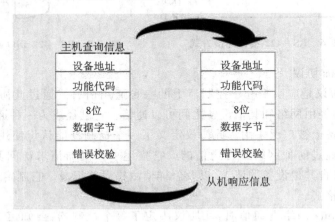

图5.8 主从查询响应周期

查询:查询中的功能代码为被寻址的从机设备应执行的动作类型。数据字节包含从机须执行功能的附加信息,如功能代码03将查询从机,并读保持寄存器,并用寄存器的内容作响应。该数据区必须含有告之从机读取寄存器的起始地址和数量及错误校验区的一些信息,为从机提供一种校验方法,以保证信息内容的完整性。

响应:从机正常响应时,响应功能码是查询功能码的应答,数据字节包含从机采集的数据,如寄存器值或状态。如出现错误则修改功能码,指明为错误响应,并在数据字节中含有一个代码,来说明错误,错误检查区允许主机确认有效的信息内容。

3) 两种串行传输模式

控制器可使用 ASCII 或 RTU 通信模式,在标准 Modbus 上通信。在配置每台控制器时,用户须选择通信模式以及串行口的通信参数(波特率、奇偶校验等)。在 Modbus 总线上的所有设备应具有相同的通信模式和串行通信参数。

选择的 ASCII 或 RTU 模式仅用于标准的 Modbus 总线,它定义了在这些网络上连续传输的消息段的每一位,以及决定怎样将信息打包成消息域和如何解码。

在其他网络上,Modbus 消息被转换成与串行传输无关的帧。

① ASCII 模式:当控制器在 Modbus 总线上以 ASCII 模式通信时,在消息中的每 8 bit(即1字节)作为一个 ASCII 码(两个十六进制字符)发送。这种方式的主要优点是字符发送的时间间隔可达到1 s 而不产生错误。

编码系统:十六进制,ASCII 字符 0~9、A~F 消息中的每个 ASCII 字符都是由一个十六进制字符组成的0数据区:1位起始位;7位数据位,低位先发送;1位奇偶校验位,无奇偶校验时为 0 位;带校验时 1 位停止位,无校验时 2 位停止位。

错误校验区:纵向冗余校验(LRC)。

② RTU 模式:当控制器以 RTU 模式在 Modbus 总线上通信时,在消息中的每 8 bit(即 1 字节)包含两个 4 bit 的十六进制字符。这种方式的优点是:在同样的波特率下,可比 ASCII 方式传送更多的数据。

编码系统:8 位二进制,十六进制 0~9、A~F。

数据区:1 位起始位;8 位数据位,低位先发送;1 位奇偶校验位,无奇偶校验时为 0 位;带校验时 1 位停止位,无校验时 2 位停止位。

错误校验区:虚幻冗余校验(CRC)。

4) Modbus 信息帧

无论是 ASCII 模式还是 RTU 模式,Modbus 信息总是以帧的方式传输,每帧有确定的起始点和结束点,使接收设备在信息的奇点开始读地址,并确定要寻址的设备,以及信息传输的结束时间。可检测部分信息,错误可作为一种结果设定。

① ASCII 帧:在 ASCII 模式中,以(:)号(ASCII 为 3AH)表示信息开始,以回车换行键(CR LF)(ASCII 为 0DH 和 0AH)表示信息结束。

对其他部分,允许发送的字符为十六进制字符 0~9、A~F。网络中设备连续检测并接收一个冒号(:)时,每台设备对地址区解码,找出要寻址的设备。

字符之间的最大间隔为 1 s,若大于 1 s,则接收设备认为出现了一个错误。

ASCII 帧格式如表 5.2 所列。

表 5.2　ASCII 帧格式

开　始	地　址	功　能	数　据	纵向冗余检查	结　束
1 字符(:)	2 字符	2 字符	N 字符	2 字符	2 字符(0D、0A)

② RTU 帧:在 RTU 模式中,信息开始至少需要有 3.5 个字符的静止时间,根据使用的波特率,很容易计算这个静止的时间(如表 5.3 中的 $T_1—T_2—T_3—T_4$)。接着,第一个区的数据为设备地址。

各个区允许发送的字符均为十六进制的 0~9、A~F。

网络上设备连续监测网络上的信息,包括静止时间。当接收第一个地址数据时,每台设备立即对它解码,以决定是否是自己的地址。发送完最后一个字符后,也有一段 3.5 个字符的静止时间,然后才能发送新的信息。

整个信息必须连续发送。如果在发送帧期间出现大于 1.5 个字符的静止时间,则接收设备刷新不完整的信息,并假设下一个地址数据。

同样,一个信息后立即发送一个新信息(若无 3.5 个字符的静止时间),这将会产生一个错误。这是因为合并信息的 CRC 校验码无效而产生的错误。

RTU 帧格式如表 5.3 所列。

表 5.3　RTU 帧格式

开　始	地　址	功　能	数　据	校　验	终　止
T_1—T_2—T_3—T_4	8 位	8 位	N 个 8 位	16 位	T_1—T_2—T_3—T_4

5.2.2　Tiva 微控制器的 UART

Tiva 微控制器配备了多达 8 路 UART（Universal Asynchronous Receiver/Transmitter，通用同步/异步串行收发器），特别适合需要多串口的应用。Tiva 的 UART 拥有以下特征：

- 配备可编程波特率发生器，能够达到 5 Mbps（16 分频）的常规速度以及 10 Mbps 的最高速度（8 分频）。
- 每路 UART 都具有 16×8 的发送和接收缓冲区 FIFO，以降低 CPU 的中断服务程序加载。
- FIFO 长度可编程，提供常规的双缓冲接口来实现 1 字节的深操作。
- FIFO 的触发电平可以为 1/8、1/4、1/2、3/4、7/8。
- 含开始、停止、校验的标准异步通信位。
- 断线的产生和检测。
- 完全可编程的串行接口参数：
  - 5、6、7、8 位数据位；
  - 支持奇校验、偶校验、空格或者无校验位；
  - 1 位或者 2 位的停止位。
- 提供 IrDA SIR 编码器/解码器：
  - 可编程使用的串行红外或者 UART 输入/输出；
  - 半双工的 115 200 bps 数据率的 IrDA 串行红外编码器/解码器功能；
  - 支持标准的 3/16 位时间以及低功耗时间（$1.41 \sim 2.23\ \mu s$）；
  - 可编程内部时钟发生器，根据低功耗模式位持续时间分频参考时钟，分频系数为 $1 \sim 256$。
- 支持 ISO 7816 智能卡通信。
- 调制解调器流控制（仅 UART1）。
- 支持 9 位的 EIA－485：
  - 标准 FIFO 电平和传送结束中断。
  - 通过 μDMA 支持高效传输。
  - 发送和接收独立；
  - 数据在 FIFO 时接收单个请求断言，在可编程 FIFO 电平时处理断言；
  - 当 FIFO 有空间时发送单个请求断言，在可编程 FIFO 电平时处理断言。

1. 信号描述与结构框图

UART 控制器模块主要包括三部分：相关寄存器、发送缓冲区和收发装置。其结构框图如图 5.9 所示。

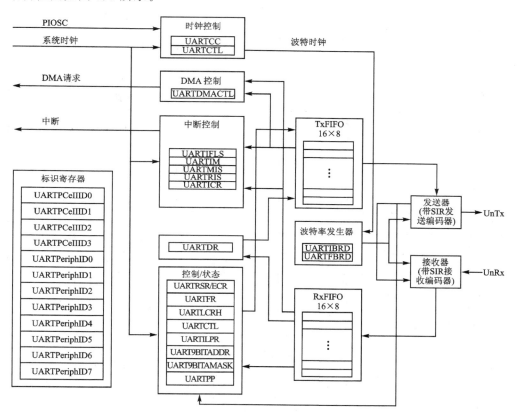

图 5.9　UART 控制器结构图

图 5.9 中，中间部分的分别为 UART 数据寄存器、中断控制寄存器以及控制/状态寄存器，往右是波特率发生器和接收/发送缓冲区 FIFO，最右边是 UART 收发装置。

表 5.4 中列举了 UART 模块的外部信号，并描述了各自的功能。UART 信号是一些 GPIO 信号的复用功能，除了 U0Rx 和 U0Tx 引脚在默认情况下是 UART 功能，其他的在复位之后默认都是 GPIO 功能。"引脚复用/引脚分配"中列举了这些 UART 信号可能的 GPIO 引脚分布。如果要使用 UART 功能，那么必须设置 GPIO 多功能选择寄存器（GPIOAFSEL）中的 AFSEL 位。圆括号中的数字是必须在编程时写入 GPIO 端口控制器寄存器（GPIOPCTL）中 PWCn 域的编码，这提供了将 UART 信号分配到指定 GPIO 引脚的信息。配置 GPIO 请参考 4.1 节。

表 5.4　UART 模块外部信号（64LQFP）

引脚名称	引脚编号	引脚复用/引脚分配	引脚类型	缓冲区类型	描　　　述
U0Rx	17	PA0(1)	I	TTL	UART 模块 0 接收端
U0Tx	18	PA1(1)	O	TTL	UART 模块 0 发送端
U1CTS	15 29	PC5(8) PF1(1)	I	TTL	UART 模块 1 清除发送硬件
U1RTS	16 28	PC4(8) PF0(1)	O	TTL	UART 模块 1 请求发送硬件流控制输出端
U1Rx	16 45	PC4(2) PB0(1)	I	TTL	UART 模块 1 接收端
U1Tx	15 46	PC5(2) PB1(1)	O	TTL	UART 模块 1 发送端
U2Rx	53	PD6(1)	I	TTL	UART 模块 2 接收端
U2Tx	10	PD7(1)	O	TTL	UART 模块 2 发送端
U3Rx	14	PC6(1)	I	TTL	UART 模块 3 接收端
U3Tx	13	PC7(1)	O	TTL	UART 模块 3 发送端
U4Rx	16	PC4(1)	I	TTL	UART 模块 4 接收端
U4Tx	15	PC5(1)	O	TTL	UART 模块 4 发送端
U5Rx	59	PE4(1)	I	TTL	UART 模块 5 接收端
U5Tx	60	PE5(1)	O	TTL	UART 模块 5 发送端
U6Rx	43	PD4(1)	I	TTL	UART 模块 6 接收端
U6Tx	44	PD5(1)	O	TTL	UART 模块 6 发送端
U7Rx	9	PE0(1)	I	TTL	UART 模块 7 接收端
U7Tx	8	PE1(1)	O	TTL	UART 模块 7 发送端

2.　功能概述

每个 TM4C123GH6PM 的 UART 都能实现并口和串口之间的转换。这在功能上和 16C550 的 UART 是相似的，但是两者之间的寄存器却并不兼容。

UART 功能通过 UART 控制寄存器（UARTCTL）的 TXE 和 RXE 位可以配置成接收数据和/或发送数据。接收和发送功能都是在复位之后默认启用的。在编程配置任何寄存器前，必须通过清除 UARTCTL 的 UARTEN 位来禁用 UART。如果在 TX 或者 RX 的操作中禁用 UART，那么就会等到本次数据操作结束才会停止 UART 功能。

UART 模块还包含一个串行红外线（SIR）解码/编码模块，这个模块能够连接到一个红外收发器上，组成一个 IrDA SIR 物理层。SIR 功能通过使用 UARTCTL 寄存器编程配置。

(1) 波特率的产生

波特率除数是一个 22 位的数字,由 16 位的整数部分和 6 位的小数部分组成。波特率发生器可以使用这两个部分组成的数字决定位周期。拥有一个小数的波特率除数允许 UART 产生任何标准的波特率。

16 位整数部分通过 UART 整数波特率除数(UARTIBRD)寄存器加载,6 位小数部分通过 UART 小数波特率除数(UARTFBRD)寄存器加载。波特率除数(BRD)和系统时钟有如下关系:

$$BRD = BRDI + BRDF = UARTSysClk / (ClkDiv×波特率)$$

其中,BRDI 是 BRD 的整数部分而 BRDF 是 BRD 的小数部分,相隔一个小数位;UARTSysClk 是连接到 UART 的系统时钟;ClkDiv 要么是 16(如果 UARTCTL 中 HSE 清零),要么是 8(如果 HSE 置 1)。默认情况下,这个时钟一般是主系统时钟,具体信息参考 2.1.4 小节。另外,UART 的时钟还可以来源于内部精确振荡器(PIOSC),这是独立于系统时钟的做法。这表示允许 UART 的时钟可独立于系统时钟 PLL 进行设置。

6 位小数(这个数会被加载到 UARTFBRD 寄存器的 DIVFRAC 域)能够用来计算波特率的小数部分,只要将小数乘以 64,然后通过加 0.5 以考虑舍入误差,即

$$UARTFBRD[DIVFRAC] = int (BRDF×64 + 0.5)$$

UART 就会产生一个内部波特率参考时钟,大小为波特率的 8 倍或者 16 倍(称为 Baud8 和 Baud16,根据 UARTCTL 的 HSE 位决定)。这个参考时钟经过 8 倍分频或者 16 倍分频后产生发送时钟,在接收操作时也用于错误监测。注意,在 ISO 7816 智能卡模式下,HSE 位的状态对时钟产生是没有影响的(当 UARTCTL 寄存器的 SMART 位置 1)。

除了 UART 控制高字节寄存器(UARTLCRH),UARTIBRD 和 UARTFBRD 寄存器组成了一个内部 30 位的寄存器。这个寄存器只有在对 UARTLCRH 进行写操作时才会更新,任何对波特率因子更改之后都必须紧跟对 UARTLCRH 的写操作,这样才能使更改生效。

要更新波特率寄存器,有四种可能的顺序:

● 写 UARTIBRD,写 UARTFBRD,写 UARTLCRH;

● 写 UARTFBRD,写 UARTIBRD,写 UARTLCRH;

● 写 UARTIBRD,写 UARTLCRH;

● 写 UARTFBRD,写 UARTLCRH。

(2) 数据传送

数据接收和发送都保存在两个 16 字节的 FIFO 缓冲区中,尽管接收缓冲区对每个字节都会用 4 位数据保存字节的状态。数据传送时,数据会先被写入发送缓冲区。

如果启用 UART，那么它会根据 UARTLCRH 寄存器中的参数生成数据帧，开始数据传送。数据会持续发送直到发送缓冲区没有数据。当数据写到发送缓冲区时，UART 标志寄存器的 BUSY 位会立刻被置有效，并且在数据发送过程中保持有效状态。只有当发送缓冲区没有数据，并且包括发送位的最后一个字节也已经从数据位移寄存器发送出去，BUSY 位才会取消有效状态。UART 即使没有被启用也可以显示自己处于忙碌状态。

当接收器处于空闲状态（UnRx 信号一直是 1），并且数据输入变成低电平（接收到一个起始位）时，接收计数器开始运行，而且数据会在 Baud16 的第 8 个周期或者 Baud8 的第 4 个周期采样，这由 UARTCTL 中的 HSE 位决定。

如果在 Baud16 的第 8 个周期或者 Baud8 的第 4 个周期时 UnRx 信号仍然是低电平，那么起始位就是有效和可识别的，否则就会被忽略。在检测到一个有效的起始位后，后续的数据位就会每次都在 Baud16 的第 16 个周期或 Baud8 的第 8 个周期采样，这由编程设置的数据长度和 UARTCTL 的 HSE 位的值决定。如果启用校验模式，则还会检查校验位。数据长度和校验位都会在 UARTLCRH 寄存器中决定。

最后，当 UnRx 信号变成高电平时，会确认一个有效的停止位；否则会发生帧错误。当接收到一个完整的"字"时，数据会保存在接收缓冲区中，并且任何有关这个"字"的错误位信息也会一起保存。

(3) 串行红外模块(SIR)

UART 外设包含一个 IrDA 串行红外的编码器/解码器模块。IrDA 串行红外模块提供了一种功能，实现了在异步 UART 数据流和半双工串行红外接口之间的转换。芯片上不能进行模拟量处理。SIR 模块的功能就是提供数字编码输出和解码输入到 UART。当 SIR 启用时，它使用 UnRx 和 UnTx 引脚传输，并且使用 SIR 协议。这些信号需要连接到一个红外收发器实现 IrDA 串行红外物理层链接。SIR 模块能够接收和发送，但因为它是半双工的，所以接收数据和发送数据不能同时进行。在接收数据前发送必须停止。IrDA 串行红外物理层规定了在发送和接收之间必须有一个最小的 10 ms 延时。SIR 模块有两种操作模式：

① 在正常的 IrDA 模式，0 逻辑电平会在输出引脚上发送一个高电平脉冲，持续时间为选定的波特率位周期的 3/16，而 1 逻辑电平会发送一个静态的低电平信号。这些电平控制红外发射器的驱动，对于每个 0 会发送一个光脉冲。在接收端，接收到的光信号会给接收器的光电晶体管电压，这会拉低它的输出并使 UART 的输入引脚变成低电平。

② 在低功耗 IrDA 模式，通过改变 UARTCTL 寄存器的合适的位可以将发送的红外脉冲的宽度设置为内部产生的 IrLPBaud16 信号周期的 3 倍（1.63 μs，假定为 1.843 2 MHz频率）。

无论设备处于正常 IrDA 模式还是低功耗 IrDA 模式，如果解码器在第一次检测到低电平之后持续 IrLPBaud16 的一个周期的时间仍然为低电平，那么起始位都有效。这能够使一个处于正常模式的 UART 接收端从处于低功耗的 UART 模式的发送端接收数据，并且发送脉冲时间为 1.41 μs。这就是说，对于低功耗和正常模式的操作，UARTILPR 寄存器的 ILPDVSR 域必须设置成 1.42 MHz $<$ $F_{\text{IrLPBaud16}}$ $<$ 2.12 MHz，这就造成了低功耗的脉冲时间为 1.41～2.11 μs。IrLPBaud16 的最小频率确保了小于一个周期的 IrLPBaud16 脉冲会忽略，但是大于 1.4 μs 的脉冲会作为有效脉冲而接收。

图 5.10 显示了 UART 发送和接收信号有 IrDA 调制和没有 IrDA 调制时的不同情况。

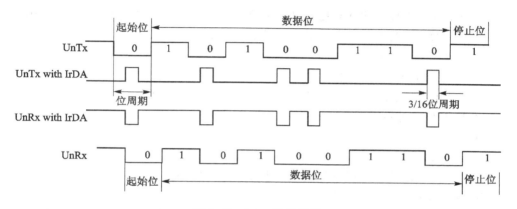

图 5.10　IrDA 数据调制

在正常和低功耗 IrDA 模式：

● 在发送过程中，UART 数据位会作为编码的基础；

● 在接收过程中，解码位会转移到 UART 接收逻辑。

IrDA 串行红外物理层指定了一个半双工的通信链路，并在发送和接收之间指定了一个最小的 10 ms 延迟。这个延迟必须由软件产生，因为它不会由 UART 自动支持。这个延迟时间必须存在，因为红外接收电子设备可能会从相邻的发送 LED 光功率耦合变成偏置或者饱和。这个延迟时间作为等待时间或者接收器的设置时间。

（4）支持 ISO 7816

UART 提供和 ISO 7816 智能卡的通信的基本支持。当 UARTCTL 寄存器的第三位（SMART）设置时，UnTx 信号用作位时钟，UnRx 信号用作连接到智能卡的半双工通信线。一个 GPIO 信号能够用来产生复位信号发送到智能卡，余留的智能卡信号也应该按照系统设计的方式提供。这个模式的最大时钟速率为系统时钟的 1/16。

当使用 ISO 7816 模式时，UARTLCRH 寄存器必须设置成发送 8 位的字（WLEN 位[6:5]设置成 0x3），并且为偶校验（设置 PEN 和 EPS 位）。在这种模式下，UART 自动使用 2 个停止位，同时 UARTLCRH 寄存器的 STP2 位会忽略。

如果在发送过程中检测到校验位错误，UnRx 会在第二个停止位的时候拉低。

嵌入式系统教程——基于 Tiva C 系列 ARM Cortex-M4 微控制器

在这种情况下,UART 会中止发送,刷新发送缓冲区并清除它包含的数据,同时会产生一个校验错误中断,允许软件检测问题并启动受影响数据的重传。注意,这种情况下 UART 不支持自动重传数据。

(5) 支持调制解调器握手

这部分内容描述了在 UART1 作为 DTE(数据终端设备)或者 DCE(数据通信设备),怎么配置和使用调制解调器流控制信号。在通常情况下,调制解调器是 DCE,而连接到调制解调器的计算设备是 DTE。

1) 发信号

通过 UART1 提供的状态信号可以判断 UART 是作为 DTE 还是 DCE 使用的。当作为 DTE 使用时,调制解调器流控制信号有如下定义:

- $\overline{U1CTS}$清除作为发送;
- $\overline{U1RTS}$请求作为发送。

当作为 DCE 使用时,调制解调器流控制信号有如下定义:

- $\overline{U1CTS}$请求作为发送;
- $\overline{U1RTS}$清除作为发送。

2) 流控制

流控制可以由软件或者硬件完成。下面叙述这两种办法。

① 硬件流控制(RTS/CTS)

实现两个设备的硬件流控制可以通过将$\overline{U1RTS}$输出连接到接收设备的清除发送输入端,并且将接收设备的请求发送输出连接到$\overline{U1CTS}$输入端。

$\overline{U1CTS}$输入控制着发送器。当$\overline{U1CTS}$输入端置有效时发送器只能发送数据,$\overline{U1RTS}$输出信号显示了接收缓冲区的状态。$\overline{U1CTS}$会保持有效状态到编程设置的情况达到,这说明接收缓冲区没有剩余空间存储额外的数据了。

UARTCTL 寄存器的第 15 位和第 14 位指定了流控制模式,如表 5.5 所列。

表 5.5　流控制模式

CTSEN	RTSEN	描　　述
1	1	启用 RTS 和 CTS 流控制
1	0	只启用 CTS 流控制
0	1	只启用 RTS 流控制
0	0	不启用 RTS 和 CTS 流控制

注意:当 RTSEN 位为 1 时,软件不能通过 UARTCTL 寄存器的请求发送位(RTS)来修改$\overline{U1RTS}$输出值,这会使 RTS 位的状态被忽略。

② 软件流控制(调制解调器状态中断)

实现两个设备间的软件流控制是通过使用中断来显示 UART 的状态。$\overline{U1RTS}$信号使用 UARTIM 寄存器的第三位产生中断。中断状态可以使用 UARTRIS 和

UARTMIS 寄存器来检查。这些中断可以使用 UARTICR 寄存器来清除。

(6) 9 位 UART 模式

UART 提供了 9 位模式,可以通过 UART9BITADDR 寄存器的 9BITEN 位启用。在多点配置的 UART 中,这个功能很有用,这时候一个连接到多个从机的主机能够和一个指定的从机通信,从机可以通过它的地址指定或者根据一组地址中一个地址字节的标识符指定。所有合适的地址的从机都检查校验位,如果匹配,那么就比较接收到的字节和编程设置的地址。如果地址匹配,那么它会继续接收或发送数据。如果地址不匹配,那么它会丢弃地址字节和随后的数据字节。如果 UART 处于 9 位模式下,那么接收器运行时无需校验。这时候这个地址可以预定义成与接收字节匹配的地址,也可以通过 UART9BITADDR 寄存器配置。匹配可以扩展到一组地址,由 UART9BITAMASK 寄存器中的掩码指定。默认情况下,UART9BITAMASK 是 0xFF,这就意味着只有指定的地址才能够匹配成功。

当没有检测到匹配,那么第 9 位清零的数据的其余部分都会被丢弃。如果发现匹配,那么就会产生一个中断发往 NVIC 并等待进一步操作。随后的数据字节会被保存在缓冲区中。软件可以屏蔽这个中断以防此例中启用了 μDMA 和/或缓冲区操作而不需要处理器干预。9 位模式所有发送的都是数据字节并且第 9 位清零。软件可以重写第 9 位将它设置成奇校验以此来启用一个指定字节作为地址。为了匹配正确配置的发送时间,地址字节能够作为单一的发送单元发送出去。发送缓冲区不包含地址/数据位,因此软件必须考虑什么时候启用地址位才合适。

(7) FIFO 操作

UART 拥有两个 16×8 的缓冲区,一个用于发送一个用于接收。这两个缓冲区都能够通过 UART 数据寄存器(UARTDR)访问。UARTDR 寄存器的读操作返回一个 12 位的值,这个值包含 8 位的数据位和 4 位的写错误标志,这些标志和写 8 位数据到发送缓冲区的状态有关。

复位后 FIFO 都是禁用的并作为 1 字节的保留寄存器。FIFO 通过设置 UARTLCRH 的 FEN 位启用。

FIFO 状态能够通过 UART 标志寄存器(UARTFR)和 UART 接收状态寄存器(UARTRSR)显示。硬件监视空、满和溢出情况。UARTFR 寄存器包含空和满标志(TXFE、TXFF、RXFE、RXFF),而 UARTRSR 寄存器显示了溢出标志(OE)。如果禁用 FIFO,那么空和满标志都根据 1 字节的保留寄存器的状态设置。

FIFO 产生中断的触发条件由 UART 中断 FIFO 电平选择寄存器(UARTIFLS)控制。两个 FIFO 都可单独配置成在不同的电平情况下触发中断。可供选择的配置包含 1/8、1/4、1/2、3/4、7/8。例如,如果接收缓冲区选择 1/4 选项,那么接收器在接收到 4 个数据字节后会产生一个接收中断。复位后,两个 FIFO 都默认配置成在 1/2 选项下触发中断。

(8) 中 断

当以下条件发生时 UART 产生中断：

- 溢出错误；
- 间隔错误；
- 校验错误；
- 帧错误；
- 接收超时；
- 发送（当 UARTIFLS 的 TXIFLSEL 位定义的情况下出现，或者在 UART-TCTL 的 EOT 设置时，或者当要发送的数据的最后一位离开串行时）；
- 接收（当 UARTIFLS 的 RXIFLSEL 定义的情况出现）。

所有的中断会在送入中断控制器之前进行或操作，所以 UART 在任意给定的时间只能产生一个中断请求。软件通过读 UART 屏蔽中断状态寄存器的值，可以在单个的中断服务程序处理多个中断事件。

中断事件设置相应的 IM 位可以触发一个控制器级的中断，这类中断由 UART-IM 寄存器定义。如果不使用中断，那么 UART 原始中断状态寄存器（UARTRIS）中的中断状态总是可访问的。

通过写 1 到 UART 中断清除寄存器（UARTICR）总是可以清除中断（UART-MIS 和 UARTRIS 寄存器中的）。

当接收 FIFO 不为空并且当 HSE 位清零时，超过 1 个 32 位周期时间没有接收到别的数据，或者当 HSE 位置 1 时超过 1 个 64 位周期时间没有接收到别的数据，那么就产生接收超时中断。要么通过读 FIFO 中的数据使 FIFO 为空，要么写 1 到 UARTICR 寄存器的相应位，都可以清除接收超时中断。

当以下任一事件发生时接收中断就会改变状态：

① 如果启用 FIFO 并且接收 FIFO 达到设定的触发水平，那么 RXRIS 位被置位。通过从接收 FIFO 中读数据使它低于触发水平，或者写 1 到 RXIC 位，都可以清除接收中断。

② 如果 FIFO 没有启用、接收到数据并填满缓冲区，那么 RXRIS 位被置位。对接收 FIFO 执行一个单独的读操作，或者写 1 到 RXIC 位，都可以清除接收中断。

当以下任一事件发生时发送中断就会改变状态：

① 如果启用 FIFO 并且发送 FIFO 过程中超过了预先设定的触发水平，那么 TXRIS 位被置位。发送中断是以超过预定水平的转变为基础的，因此对 FIFO 的写操作必须以超过预先设置的水平进行，否则不会产生发送中断。写数据到发送 FIFO 直到大于预先设置的水平，或者写 1 到 TXIC 位，都可以清除发送中断。

② 如果禁用 FIFO 并且在发送缓冲区没有可用数据，那么 TXRIS 位被置位。对发送 FIFO 执行单个的写操作，或者写 1 到 TXIC 位，都可以将 TXRIS 清零。

（9）环回操作

通过设置 UARTCTL 寄存器的 LBE 位可以将 UART 设置成内部环回模式，这样可以进入诊断或者调试状态。在环回模式，UnTx 输出端发送的数据会在 UnRx 端被接收。注意，LBE 位必须在 UART 启用前设置。

（10）DMA 操作

UART 提供一个到 μDMA 控制的接口并拥有单独的发送和接收通道。UART 的 DMA 操作通过 UART DMA 控制寄存器（UARTDMACTL）启用。使用 DMA 操作时，当相关的 FIFO 转移数据时，UART 会在接收通道或者发送通道发起 DMA 请求。对于接收通道，无论何时，只要接收 FIFO 中出现数据，都会产生一个单次的转移请求。无论何时，只要接收 FIFO 中出现大量数据并且达到或者超过 UARTIFLS 寄存器设置的触发水平，就会产生一个应急转移请求。对于发送通道，无论何时，在发送 FIFO 中如果有至少一个空闲位置，都会产生一个单次的转移请求。无论何时发送 FIFO 包含比 FIFO 触发水平更少的字节都会产生应急请求。单个和应急 DMA 请求都可以由 μDMA 控制器根据 DMA 通道的配置自动处理。

要启用接收通道的 DMA 操作，需要设置 UARTDMACTL 的 RXDMAE 位。要启用发送通道的 DMA 操作，需要设置 UARTDMACTL 的 TXDMAE 位。UART 也可以配置成出现接收错误就停止接收通道的 DMA 操作。如果 UARTDMACR 寄存器的 DMAERR 位被置位并且出现一个接收错误，DMA 接收请求会自动禁用。这个错误条件可以通过清除合适的 UART 错误中断而清除。

如果启用 DMA，那么当传输完成时 μDMA 控制器会触发一个中断。中断出现在 UART 中断向量表中。因此如果中断用于 UART 操作并且启用 DMA，UART 中断处理程序必须设计成能够控制 μDMA 完成中断。

5.2.3　初始化及配置

要启用和初始化 UART，需要按照以下步骤进行：

① 使用 RCGCUART 寄存器使能 UART 模块。（通过调用 SysCtlPeripheralEnable（）函数实现）

② 使用 RCGCGPIO 寄存器使能到 GPIO 模块的时钟。

③ 设置 GPIO 相应引脚的 AFSEL 位。

④ 根据选择模式将 GPIO 配置成指定的电压水平和/或转换速率。（通过调用 GPIOPinConfigure（）函数实现）

⑤ 配置 GPIOPCTL 的 PMCn 域将 UART 信号分配到合适的引脚上。（通过调用 GPIOPinTypeUART（）函数实现）

⑥ 配置波特率、校验位等串口参数。（通过调用 UARTConfigSetExpClk（）函数实现）

5.2.4　操作示例

本示例将使用 LaunchPad 的 UART 外设与 PC 进行数据通信:通过计算机使用串口助手向 LaunchPad 的 UART 发送数据,而后 LauchPad 将此数据回传给 PC 端,由串口助手再次接收,实现回路。

将 LaunchPad 连接 PC 并成功安装程序之后,板载仿真器会在 PC 上增加一个虚拟串口,选择计算机→管理→设备管理器,可以看到如图 5.11 中类似项目(其中 COM 口编号随机)。这是在查看操作现象,观看通信数据时要用到。

1. 程序流程图

根据 5.2.3 小节的说明,利用指定的库函数初始化 UART 模块,配置波特率,然后打开串口进行通信。

本程序打算使用 UART0,查找电路图 U0RX 对应的 PA0 引脚,U0TX 对应的 PA1 引脚,如图 5.12 所示。

Stellaris Virtual Serial Port (COM7)

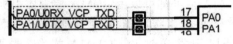

图 5.11　设备管理器中虚拟串口项目　　　　图 5.12　电路原理图中 UART0 引脚

设备初始化步骤如下:

① 设备时钟设置;

② UART 外设使能,GPIO 外设使能;

③ GPIO 端口模式设置;

④ 串口参数初始化;

⑤ 接收发送字符。

串口通信实验流程如图 5.13 所示。

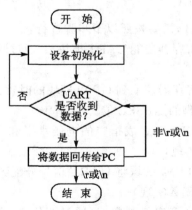

图 5.13　串口通信实验流程图

2. 库函数说明

以下是经常使用的 UART 部分的库函数说明：

1）函数 GPIOPinTypeUART()

功　能：配置引脚作为 UART 外设。

原　型：voidGPIOPinTypeUART（uint32_t ui32Port，uint8_t ui8Pins）

参　数：ui32Port 是 GPIO 口的基地址。

　　　　ui8Pins 是特定的引脚。

描　述：UART 引脚必须被正确配置后其外设才能正常工作。该函数为这些引脚提供了典型配置，根据板子设置（例如片上上拉），其他一些配置也会生效。引脚指定使用一个位填充字节，每一位都被指定为相应的引脚，bit0 代表 GPIO 端口 Pin0，bit1 代表 GPIO 端口 Pin1，以此类推。该函数不能将任意的引脚变成 UART 引脚，只能配置 UART 引脚进行操作。如果有引脚复用的设备，还需要调用 GPIOPinConfigure() 函数。

2）函数 UARTConfigSetExpClk()

功　能：设置 UART 的参数，如端口、波特率等。

原　型：voidUARTConfigSetExpClk（uint32_t ui32Base，

　　　　　　　　　　　　　uint32_t ui32UARTClk，

　　　　　　　　　　　　　uint32_t ui32Baud，uint32_t ui32Config）

参　数：ui32Base 为 UART 端口基地址。

　　　　ui32UARTClk 为提供给 UART 模块的时钟频率。

　　　　ui32Baud 为波特率。

　　　　ui32Config 为端口数据格式，包含配置信息（数据位、停止位、校验位）。

描　述：该函数配置 UART 以特定的参数信息运行，ui32Baud 参数提供波特率，ui32Config 参数提供配置信息。ui32Config 是三个值的逻辑或集合：数据位、停止位和校验位。数据位数量可由 UART_CONFIG_WLEN_8、UART_CONFIG_WLEN_7、UART_CONFIG_WLEN_6、UART_CONFIG_WLEN_5 来分别确定每字节中 8～5 位的数据长度。停止位可由 UART_CONFIG_STOP_ONE 和 UART_CONFIG_STOP_TWO 来确定停止位长度。可由 UART_CONFIG_PAR_NONE、UART_CONFIG_PAR_EVEN、UART_CONFIG_PAR_ODD、UART_CONFIG_PAR_ONE、UART_CONFIG_PAR_ZERO 确定校验模式。外设时钟需要和处理器时钟相同，系统时钟可以由函数 SysCtlClockGet() 得到；或者如果它是不变且已知的，可以通过编码显示标明。Tiva 可以指定 UART 的时钟源（通过函数 UARTClock-

SourceSet()，外设时钟可能改变 PIOSC，所以此时外设时钟需要设置成 16 MHz。

3）函数 UARTCharPut( )

功　　能：发送字符到指定的端口的发送缓冲区。

原　　型：void UARTCharPut(uint32_t ui32Base, unsigned char ucData)

参　　数：ui32Base 为 UART 端口的基地址。

　　　　　ucData 为待发送的字符。

描　　述：从指定端口发送字符。该函数发送字符到指定端口的 FIFO 缓冲区，如果缓冲区已满，则该函数一直等待，直到操作成功。

4）函数 UARTCharGet( )

功　　能：从指定端口接收字符。

原　　型：int32_t UARTCharGet(uint32_t ui32Base)

参　　数：ui32Base 为 UART 端口的基地址。

描　　述：该函数从指定端口的 FIFO 接收缓冲区得到一个字符。如果缓冲区暂时为空，那么该函数一直等待，直到缓冲区不为空。

3. 示例代码

本示例主要演示 UART 外设的收发功能。

程序使用库函数对 UART0 和 GPIO 进行初始化后，先发送"！"字符表示准备就绪，等待用户发送；当用户发送字符后，程序判断是否是"\r"或"\n"，如果是，则结束程序，否则通过 U0Tx 再将数据发送回计算机。

代码如下：

```
/*********************************************
* 函数名:main
* 描　述:主函数,利用 UART 外设和 PC 进行通信实验
* 参　数:无
**********************************************/
int main(void)
{
    char    cThisChar;
    //配置设备时钟频率为 16 MHz,时钟源为外部晶振
    SysCtlClockSet(SYSCTL_SYSDIV_1 | SYSCTL_USE_OSC | SYSCTL_OSC_MAIN |
                    SYSCTL_XTAL_16MHZ);
    //外设使能
    SysCtlPeripheralEnable(SYSCTL_PERIPH_UART0);
    SysCtlPeripheralEnable(SYSCTL_PERIPH_GPIOA);
    //GPIO 引脚配置
    GPIOPinConfigure(GPIO_PA0_U0RX);
    GPIOPinConfigure(GPIO_PA1_U0TX);
    GPIOPinTypeUART(GPIO_PORTA_BASE, GPIO_PIN_0 | GPIO_PIN_1);
```

```
//配置 UART 参数
UARTConfigSetExpClk(UART0_BASE, SysCtlClockGet(), 115200,
                    (UART_CONFIG_WLEN_8 | UART_CONFIG_STOP_ONE |
                    UART_CONFIG_PAR_NONE));
//发送"!"字符表示设备初始化成功,等待接收字符
UARTCharPut(UART0_BASE, '! ');
do{
    cThisChar = UARTCharGet(UART0_BASE);
    //将接收到的字符发送;判断是否为"\r"或者"\n",是则结束循环,否则进入
    //下一个循环
    UARTCharPut(UART0_BASE, cThisChar);
}while((cThisChar != '\n') && (cThisChar != '\r'));
return(0);
}
```

4. 操作现象

打开串口调试助手(监测串口通信的软件,Windows XP 中可以打开超级终端),并正确设置虚拟串口的 COM 端口号,设置波特率为 115 200 bps,校验位为 NONE,数据位为 8,停止位为 1,然后打开串口。

建立并设置好工程,编辑好代码后进行编译,将所有错误警告排除后进行烧写与仿真,载入完毕后让 MCU 全速运行。此时使用串口通信软件向 LaunchPad 发送字符串 Hello LaunchPad,可以看到串口通信软件的显示框也接收到并显示 Hello LaunchPad 字样,如图 5.14 所示,表明串口通信是成功的。

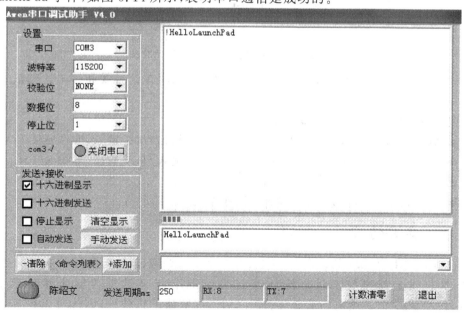

图 5.14　UART 实验现象

5.3　同步串行接口(SSI)

同步串行接口 SSI(Synchronous Serial Interface),是由 TI 公司定义的一种高速、全双工、同步串行外围接口协议,它兼容 Motorola 公司定义的 SPI (Serial Peripheral Interface,串行外设总线) 接口协议。SSI 总线常用在短距离、高速串行传输中,例如高速 ADC、SD 卡、WiFi 数据传输等。

Tiva 微控制器包含了 4 个 SSI 模块,每个 SSI 模块都能以主机或从机方式与外围设备进行通信。

5.3.1　SSI 简介

SSI 采用主从(Master/Slave)模式工作;其时钟由主机控制,在数据传输时,主机通过拉低一个设备的 SS 引脚来选通该设备进行数据传输。

在时钟移位脉冲下,数据按位传输;传输数据高位在前(MSB),低位在后。在 SSI 时钟的驱动下,数据通过移位寄存器,逐位从主机传送到从机,如图 5.15 所示。

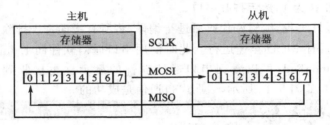

图 5.15　SSI 移位寄存器串行发送示意图

标准 SSI 的接口传输线由两根单向数据线、一根时钟信号线和一根片选信号线组成。

以下是 SSI 标准对 4 根传输线的定义:
- MOSI(Master Output/Slave Input)为主机输出/从机输入,亦作 SSI Tx;
- MISO(Master Input/Slave Output)为主机输入/从机输出,亦作 SSI Rx;
- SCLK(Serial Clock)为时钟信号,由主机产生;
- SS(Slave Select)为从机使能信号,亦作 CS(Chip Select)。

5.3.2　数据传输

在实际应用中,SSI 总线由一个主机与多个从机构成(LaunchPad 扩展板的 SSI0 和 SSI1 总线上都挂接了两个外设)。通常情况下,SSI 数据传输速率介于 1～70 MHz之间,字节长度范围从 8 位、12 位到这些数值的倍数位,因此可以在 SSI 总线上进行较高速的数据传输。

图 5.16 为一典型的 SSI/SPI 总线结构，一个主设备挂接了三个从设备。

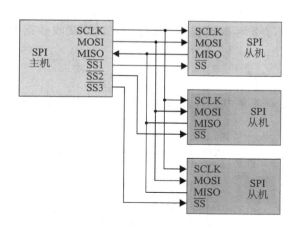

图 5.16　SSI/SPI 典型结构：一个主 SSI 与三个从 SSI

若主机需要向从机发送数据，则在一个 SSI 的时钟周期内，主机向 MOSI 引脚传入 1 位；同时，从机也向 MISO 引脚传入 1 位。需要注意的是，主机发送 bit 到从机数据的同时，从机返回的数据可能仅仅是 Dummy(无效)数据。

主机数据发送完成后，SCLK 时钟信号将暂停，直到下次主机再次发送数据。

若主机需要从从机读取数据，则应通过 MOSI 引脚发送 Dummy(无效)数据，使 SCLK 驱动从机将数据传送到主机。

5.3.3　极性、相位和帧格式

一个 SSI 的主机与一个从机通信时，除了要保证两者之间的时钟 SCLK 要一致外，还要确保 SSI 数据传输的极性和相位一致。

Freescale 公司为 SSI 定义了时钟极性(CPOL)和时钟相位(CPHA)，使其成为了业界标准。SSI 的模式编号、极性、相位及对应关系如表 5.6 所列。

表 5.6　SSI 时钟极性列表

模式编号	CPOL(极性)	CPHA(相位)	对应的 Tiva 库函数定义
0	0	0	SSI_FRF_MOTO_MODE_0
1	0	1	SSI_FRF_MOTO_MODE_1
2	1	0	SSI_FRF_MOTO_MODE_2
3	1	1	SSI_FRF_MOTO_MODE_3

这里的 CPOL 极性、CPHA 相位与 Tiva 库函数的 ui32Protocol 参数相对应；在配置 SSI 时钟时应依据从机的硬件模式选择相应的 SSI 模式，以保证两者可以正常实现 SSI 通信。

嵌入式系统教程——基于 Tiva C 系列 ARM Cortex-M4 微控制器

帧格式　SSI 数据帧的位长在 4～16 之间,并以最高有效位(MSB)格式存储。

需要注意的是,对于 Freescale SPI、Microwire、TI 的帧格式,当 SSI 空闲时,SSI 串行时钟(SSICLK)不会产生时钟信号;只有在发送或接收数据时,SSICLK 才在设置好的频率下工作。

1. Freescale 帧格式

Freescale 的 SSI 有 4 种模式可供选择(图 5.17),其中的 SSIFss(即 SS 片选)信号可用作从机选择。

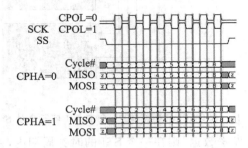

图 5.17　时钟极性和相位的时序图

依照不同的时钟相位和极性,Freescale 的 SSI 有如下 4 种模式:

① CPOL＝0,时钟在低电平时为空闲状态:

● 如果 CPHA＝0,则数据会在 SCK 的上升沿读取,在下降沿变化;

● 如果 CPHA＝1,则数据会在 SCK 的下降沿读取,在上升沿变化。

② CPOL＝1,时钟在逻辑高电平时为空闲状态:

● 如果 CPHA＝0,则数据会在 SCK 的下降沿读取,在上升沿变化;

● 如果 CPHA＝1,则数据会在 SCK 的上升沿读取,在下降沿变化。

Freescale 公司的 SSI 主要特点:通过修改 SSICR0 控制寄存器的 SPO 和 SPH 位,可对 SSIClk 的状态和相位进行编程控制。

③ SPO 时钟极性位:当 SPO 时钟极性控制位被清除时,SSIClk 引脚将被拉低。当 SPO 位被置位,且没有传输数据时,SSIClk 将被拉高。

④ SPH 相位控制位:该位选择时钟边沿捕获数据,并允许它改变状态。此位的状态决定了传输的第一位数据是否产生一次时钟跳变。当 SPH 位被清除时,数据在第一个时钟边沿即可被收到。如果 SPH 被置位,则数据在第二个时钟边沿被收到。

若 SSI 被使能,且发送 FIFO 中有数据,则 SSIFss 拉低表示传输开始。此时主机的 SSITx 输出端口被使能。

在半个 SSIClk 周期后,数据被传输到 SSITx 引脚。当主从数据同步完成后,SSIClk 在半个周期后变为高电平。

传输一个字时,若所有的位传输完毕,SSIFss 将在下一个 SSIClk 周期后回到高电平状态。

在连续传输的情况下,SSIFss 信号必须在每个数据字传输之间被拉高。因此,在向 SSI 写入时,主设备必须将 SSIFss 引脚拉高。在传输完最后一位后,SSIFss 引脚将在下一个 SSIClk 周期后回到空闲状态。

2. TI 帧格式

在 TI 的 SSI 帧格式中,SSInFss 在时钟周期的上升沿产生每个帧的传输脉冲。对于该帧格式,SSI 和外设在 SSInClk 的上升沿输出数据,并在 SSInClk 的下降沿前取走数据,如图 5.18 所示。

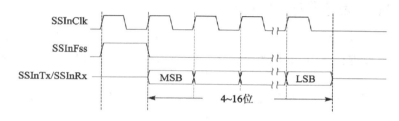

图 5.18　TI 帧格式示意图

当 SSI 模块处于空闲状态时,SSInClk 和 SSInFss 强制拉低,SSI 发送数据引脚 SSInTx 被置为三态。一旦发送 FIFO 的底部入口包含数据,SSInFss 就会变为高电平并持续一个 SSInClk 周期。要发送的值也从发送 FIFO 传输到发送逻辑的串行移位寄存器中。在下一个 SSInClk 时钟上升沿,数据帧(长度为 4~16 位)的最高有效位移位输出到 SSInTx 引脚上。同样,接收到的数据的 MSB 也通过片外串行从器件移到 SSInRx 引脚上。

随后,SSI 和片外串行从器件在 SSInClk 的每一个下降沿时将数据位逐个移入到各自的串行移位器中。

在锁存了 LSB 之后的第一个 SSInClk 上升沿,接收数据从串行移位器传输到接收 FIFO 缓冲区中,从而完成了数据接收。

3. Microwire 帧格式

Microwire(亦称 μWire)是 SSI 协议的前身,可被看作 SSI(模式 0)的一个子集。Microwire 的帧格式与 Freescale 的帧格式相似,但 Microwire 采用的是半双工传输,因此以 Microwire 为帧格式的 SSI 总线传输速率较低(通常只有几 MHz)。

如图 5.19 所示,每次发送时,首先传输 8 位控制位,表示串行传输开始。在接收方接收到数据后,对其进行解码,并且在返回 8 位控制信息的一个时钟周期后,回送请求数据。回送数据帧长为 13~25 位(可包含 4~16 位数据)。

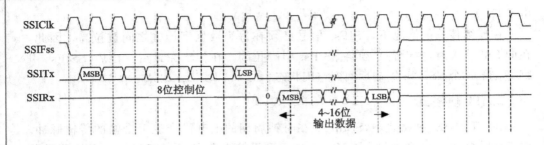

图 5.19　Microwire 帧格式示意图

5.3.4　Tiva 微控制器的 SSI

TM4C123GH6PM 微控制器内置了 4 个 SSI 模块,每个 SSI 模块都能以主机或从机方式与外设进行通信,支持的协议格式包括 Freescale、TI 以及 Microwire 的 SSI 帧格式。

MCU 内部的 SSI 总线模块由中断控制、DMA 控制、发送/接收逻辑、时钟控制以及 FIFO 缓冲模块组成,其框图如图 5.20 所示。

TM4C123GH6PM 微控制器的接收和发送 FIFO 缓冲区是互相独立的,每个缓冲区可分别存储 8 个 16 位数据。

1. 比特率生成器

SSI 的时钟频率由一个可编程时钟分频器和一个预分频器来确定。外围设备与 SSI 连接的比特率最大可达 2 Mbps;该串行比特率由系统时钟频率控制,首先除以 CPSDVSR(取值范围 2～254),该数值由 SSICPSR 寄存器设定;随后除以 1＋SCR (取值范围 1～256),该数值由 SSICR0 寄存器设定。

SSI 时钟频率(SSIClk)可由以下公式计算:

$$SSI\ 时钟频率 = \frac{系统时钟频率}{CPSDVSR \times (1+SCR)}$$

此外,SSI 的时钟频率还应满足表 5.7 所述的条件。

表 5.7　SSI 时钟频率范围

SSI 模式	SSI 最高工作频率/MHz	系统时钟频率/PIOSC
主模式	25	＞ SSI 时钟频率×2
从模式	6.67	＞ SSI 时钟频率×12

2. FIFO 缓冲区

SSI 的 FIFO 缓冲区包括了 FIFO 发送缓存与 FIFO 接收缓存两个独立的缓存。

(1) FIFO 发送缓存

SSI 发送 FIFO 是一组 16 位宽、8 单元深的 FIFO 缓冲区。

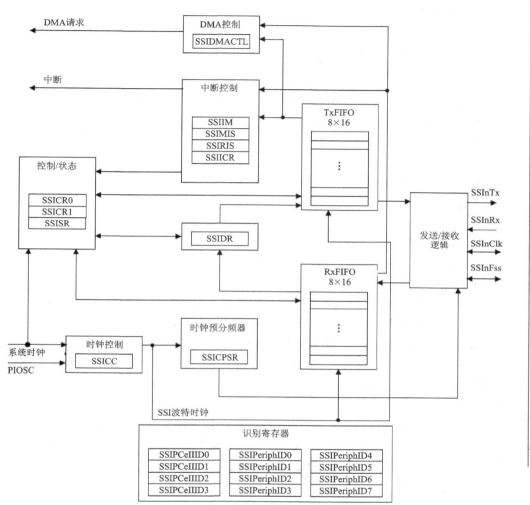

图 5.20　SSI 模块框图

发送数据时,CPU 将数据写入 SSIDR 寄存器。

SSI 配置为主/从模式时,写入 SSITx 引脚的数据将存储到 FIFO 缓冲区中。

若主机发送 FIFO 为空,则主机请求从机将其 FIFO 中的前 8 个数据发送至主机;若从机 FIFO 缓冲区的数据少于 8 个,则未填入数据的 FIFO 缓冲区将发送 0。因此,应确保 FIFO 里有有效数据。对于 DMA 操作,当 FIFO 缓冲区为空时,可产生 μDMA 请求中断。

(2) FIFO 接收缓存

SSI 接收 FIFO 是一组 16 位宽、8 单元深的 FIFO 缓冲区。从串行接口接收到的数据在由 CPU 读出之前一直保存在缓冲区中,CPU 读取 SSIDR 寄存器来访问

FIFO 接收缓存。

当工作于主机或从机模式时，SSInRx 引脚接收的串行数据首先进行保存，而后分别并行载入片外主机或从机接收 FIFO 中。

3. 中断处理

TM4C123GH6PM 微控制器的 SSI 总线能够在以下条件发生时触发中断：

- 当发送 FIFO 缓冲区容量填满到一定值；
- 当接收 FIFO 缓冲区容量填满到一定值；
- 接收 FIFO 超时；
- 接收 FIFO 溢出；
- 传输结束；
- DMA 接收完成；
- DMA 发送完成。

所有的中断在进行"位或"操作后被送到 SSI 中断控制器，随后中断控制器根据中断掩码输出一个中断请求。

SSI 的 FIFO 缓冲区容量中断与 SSI 的其余状态中断是相互独立的，因此，可在特定的 FIFO 水位线触发中断。SSI 原始中断状态寄存器（SSIRIS）和 SSI 屏蔽中断状态寄存器（SSIMIS）保存了各个中断源的状态。

接收 FIFO 缓冲区的超时时间为 32 个 SSIClk。当 Rx FIFO 填入第一个数据时，超时定时器开始计时。如果在 32 个 SSIClk 内，Rx FIFO 被清空，则超时定时器将被复位。

传输结束中断（EOT）表示数据已传输完成（仅在主模式下有效）。该中断可以用来判断何时关闭 SSI 模块时钟，或使系统进入睡眠模式。该中断也表示数据已完成发送，或者数据已完成接收。通常这个中断会比 FIFO 超时中断先触发。

4. DMA 操作

使用 μDMA 控制器，可实现对 SSI 总线数据高速并行发送和接收。

在 DMA 操作时，若接收或发送相关的 FIFO 通道可以传输数据，则 SSI 将产生一个 μDMA 请求。当接收 FIFO 中有数据时，将会触发一个数据接收中断请求。μDMA 控制器将按照配置自动处理如何响应单一或批量 μDMA 传输请求。

配置 SSIDMACTL 的 RXDMAE 位，启用 μDMA 控制器的接收通道；配置 SSIDMACTL 的 TXDMAE 位，启用 μDMA 控制器的发送通道。如果 μDMA 被启用，则 μDMA 控制器传输完成时将触发一个中断。

因此，如果使用了 SSI 中断，且 μDMA 已被启用，则 SSI 中断处理程序必须实现处理 μDMA 触发完成中断的功能。

5.3.5　初始化及配置

启用、初始化 SSI,步骤如下:

① 调用 SysCtlPeripheralEnable() 函数使能 SSI(设置 RCGCSSI 寄存器使能 SSI)。

② 调用 SSIClockSourceSet() 函数初始化 SSI 时钟(设置 RCGCGPIO 寄存器启用相应的 GPIO 模块时钟)。

③ 调用 GPIOPinConfigure() 函数配置 SSI 引脚功能(设置 GPIO AFSEL 位的相应引脚)。

④ 调用 GPIOPinTypeSSI() 函数将 SSI 信号赋给相应的引脚(设置 GPIOPCTL 寄存器的 PMCn 字段)。

对 SSI 传输的帧格式进行配置,步骤如下:

① SSICR1 寄存器的 SSE 位在修改任何配置前已被清除。

② 配置 SSI 为主/从模式。

③ 调用 SSIClockSourceSet() 函数配置 SSI 时钟源、时钟分频(设置 SSICC、SSICPSR 寄存器)。

④ 调用 SSIConfigSetExpClk() 函数配置串行时钟速率、时钟相位和时钟极性、协议模式、数据长度(设置 SSICR0 寄存器)。

⑤ 调用 SSIEnable() 函数使能 SSI(设置 SSICR1 寄存器)。

5.3.6　操作示例

本示例程序通过向扩展板的数/模转换器 DAC7512 发送数据,展示通过 SSI 总线进行数据传输的基本方法。

1. 硬件连接简介

DAC7512 是 TI 公司的一款 12 位精度的 DAC,最高支持 30 MHz 的数据传输速率。该芯片被放置在扩展板的正面,与 LaunchPad 的 SSI1 接口进行了连接,并通过 PF1 进行片选。有关 DAC7512 的详细资料可查阅 TI 公司的 DAC7512 数据手册,图 5.21 所示为 DAC7512 电路原理图。

DAC7512 的 SSI 传输时序如图 5.22 所示,其 SSI 传输的模式为 CPOL=0,CPHA=1,与 Tiva 库函数的 SSI_FRF_MOTO_MODE_1 相对应。

向 DAC7512 传输的 SSI 帧格式如图 5.23 所示,每次传送 2 字节数据,最前两位为任意数据,之后的 PD1、PD0 为设定 DAC7512 的 POWER DOWN 模式,默认 00 为正常工作模式。

因此,向 DAC7512 传送的有效数据为后 12 位(0～4 095)。

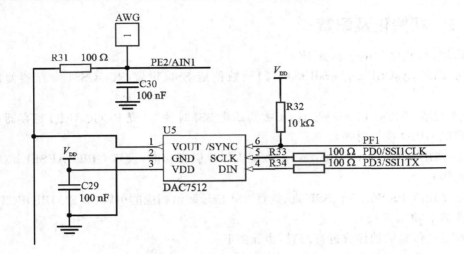

图 5.21　DAC7512 电路原理图

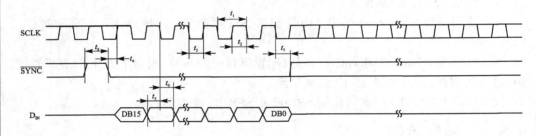

图 5.22　DAC7512 SSI 传输时序图

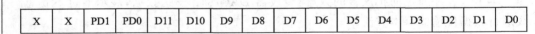

X	X	PD1	PD0	D11	D10	D9	D8	D7	D6	D5	D4	D3	D2	D1	D0

图 5.23　DAC7512 SSI 帧格式示意图

2. 程序流程图

SSI 示例程序流程图如图 5.24 所示。

图 5.24　SSI 示例程序流程图

3. 库函数说明

以下简要说明本例程中使用的 SSI 库函数。

1）函数 SSIConfigSetExpClk( )

功　　能：SSI 配置（需要提供明确的时钟速度）。

原　　型：void SSIConfigSetExpClk(unsigned long ulBase ,unsigned long ulSSIClk,
unsigned long ulProtocol, unsigned long
ulMode,unsigned long ulBitRate,
unsigned long ulDataWidth)

参　　数：ulBase 为 SSI 模块的基址。

ulSSIClk 为提供给 SSI 模块的时钟频率。

ulProtocol 为数据传输的协议。

```
SSI_FRF_MOTO_MODE_0        // Freescale 格式,极性 0,相位 0
SSI_FRF_MOTO_MODE_1        // Freescale 格式,极性 0,相位 1
SSI_FRF_MOTO_MODE_2        // Freescale 格式,极性 1,相位 0
SSI_FRF_MOTO_MODE_3        // Freescale 格式,极性 1,相位 1
SSI_FRF_TI                 // TI 格式
SSI_FRF_NMW                // Microwire 格式
```

ulMode 为 SSI 模块的工作模式。

```
SSI_MODE_MASTER            // SSI 主模式
SSI_MODE_SLAVE             // SSI 从模式
SSI_MODE_SLAVE_OD          // SSI 从模式(输出禁止)
```

ulBitRate 为 SSI 的位速率,该速率必须满足时钟比率标准。

```
ulBitRate≤FSSI/2(主模式)
ulBitRate≤FSSI/12(从模式)
```

ulDataWidth 为数据宽度,取值 4～16。

描　　述：配置 SSI 端口的协议、时钟速率、比特率及数据宽度。

返回值：无

2）函　数 SSIEnable( )

功　　能：使能 SSI 发送和接收。

原　　型：void SSIEnable(unsigned long ulBase)

参　　数：ulBase 为 SSI 模块的基址,取值 SSI_BASE、SSI0_BASE 或 SSI1_BASE。

描　　述：配置 SSI 端口,使能 SSI 发送和接收。

返回值：无

3）函数 SSIDisable( )

功　　能：禁止 SSI 发送和接收。

原　　型：void SSIDisable(unsigned long ulBase)

参　　数：ulBase 为 SSI 模块的基址，取值 SSI_BASE、SSI0_BASE 或 SSI1_BASE。

描　　述：配置 SSI 端口，禁止 SSI 发送和接收。

返回值：无

4）函数 SSIDataPutNonBlocking( )

功　　能：将一个数据单元放入 SSI 的发送 FIFO 里（不等待）。

原　　型：long SSIDataPutNonBlocking(unsigned long ulBase,
　　　　　　　　　　　　　　　　　　 unsigned long ulData)

参　　数：ulBase 为 SSI 模块的基址，取值 SSI_BASE、SSI0_BASE 或 SSI1_
　　　　　BASE。

　　　　　ulData 为要发送的数据单元（4～16 个有效位）。

描　　述：向 SSI 发送数据，并立即返回。

返回值：返回写入发送 FIFO 的数据单元数量（如果发送 FIFO 里没有可用的空
　　　　　间，则返回 0）。

5）函数 SSIDataGetNonBlocking( )

功　　能：从 SSI 的接收 FIFO 里读取一个数据单元（不等待）。

原　　型：long SSIDataGetNonBlocking(unsigned long ulBase ,
　　　　　　　　　　　　　　　　　　 unsigned long * pulData)

参　　数：ulBase 为 SSI 模块的基址，取值 SSI_BASE、SSI0_BASE 或 SSI1_
　　　　　BASE。

　　　　　pulData 为指针，指向保存读取到的数据单元地址。

描　　述：从 SSI 接收数据，并立即返回。若没有接收到数据，则立即返回。

返回值：返回从接收 FIFO 里读取到的数据单元数量（如果接收 FIFO 为空，则
　　　　　返回 0）。

6）函数 SSIDataPut( )

功　　能：将一个数据单元放入 SSI 的发送 FIFO 里。

原　　型：void SSIDataPut(unsigned long ulBase , unsigned long ulData)

参　　数：ulBase 为 SSI 模块的基址。

　　　　　ucData 为要发送数据单元（4～16 个有效位）。

描　　述：从 SSI 接收数据，直到发送完毕前不会返回。

返回值：无

4．示例代码

本示例主要演示了 SSI 主机发送的功能。

例程中使用 SSIConfigSetExpClk( )函数对 SSI 协议、工作模式、位速率和数据
宽度进行了设置。其中，第 2 个参数通过调用 SysCtlClockGet( )函数直接获取

MCU 时钟速率来对 SSI 进行设置,本例程将 SSI 模式配置为模式 1。第 5 个参数是为 SSI 模块设定位速率,本例程使用的是 1 MHz;第 6 个参数指定数据宽度为16 位。

```c
#include <stdint.h>
#include <stdbool.h>
#include "inc/hw_memmap.h"
#include "inc/hw_types.h"
#include "driverlib/gpio.h"
#include "driverlib/interrupt.h"
#include "driverlib/sysctl.h"
#include "driverlib/ssi.h"
#include "driverlib/pin_map.h"


#define DAC_PIN_SPI_PORT            SSI1_BASE
#define DAC_PERIPH_SPI_CS           SYSCTL_PERIPH_GPIOF
#define DAC_GPIO_SPI_CS             GPIO_PORTF_BASE
#define DAC_PIN_SPI_CS              GPIO_PIN_1
/**********************************
* 函数名:main
* 描    述:主函数
* 参    数:无
**********************************/
int main(void)
{
    //设置系统时钟
    SysCtlClockSet(SYSCTL_SYSDIV_4 | SYSCTL_USE_PLL | SYSCTL_OSC_MAIN |
                   SYSCTL_XTAL_16MHZ);
    //使能外设
    SysCtlPeripheralEnable(SYSCTL_PERIPH_SSI1);
    SysCtlPeripheralEnable(DAC_PERIPH_SPI_CS);

    //配置 I/O 引脚
    GPIOPinConfigure(GPIO_PD3_SSI1TX);
    GPIOPinTypeSSI(GPIO_PORTD_BASE, GPIO_PIN_3);
    GPIOPinConfigure(GPIO_PD0_SSI1CLK);
    GPIOPinTypeSSI(GPIO_PORTD_BASE, GPIO_PIN_0);
    GPIOPinTypeGPIOOutput(DAC_GPIO_SPI_CS, DAC_PIN_SPI_CS);
    //配置 SSI 系统时钟、相位
    SSIConfigSetExpClk(DAC_PIN_SPI_PORT, SysCtlClockGet(), SSI_FRF_MOTO_MODE_1,
                       SSI_MODE_MASTER, 1000000, 16);
    SSIEnable(DAC_PIN_SPI_PORT);
```

```
// DAC 片选拉低
GPIOPinWrite(DAC_GPIO_SPI_CS, DAC_PIN_SPI_CS, ~DAC_PIN_SPI_CS);

//向 SSI 写入数据
SSIDataPut(SSI1_BASE, 0xFFF);

//等待 SSI 数据传输完成
while(SSIBusy(SSI1_BASE));
}
```

例程中使用 SSIDataPut()函数对 DAC 进行数据写入。扩展板上的 DAC7512 为 12 位,因此向其写入 0xFFF(即 4 096)为满量程,转换为输入 DAC 的 V_{DD} 参考电压为 3.3 V。更详细的 DAC 实验,请参考 6.3 节。

操作现象

由于 DAC 直接将数据信号转换成了模拟信号,因此可通过测量 DAC 的输出电压 V_{OUT} 来验证 SSI 的数据传输是否成功。

将万用表调至 DC 电压测量挡,并将正极连接至扩展板的 AWG 检测点(该点与 DAC7512 的 V_{OUT} 相连),负极连接 GND 检测点,可以探测到 DAC 输出电压端 V_{OUT} 约为 3.3 V(即 MCU 向 DAC 传送的满量程数据 0xFFF),万用表读数如图 5.25 所示。

图 5.25　DAC 输出读数

5.4　I²C 接口

系统的内部通信有很多方式,如 SPI、I²S、I²C 等,这是由不同的应用需求特征和通信接口的特点共同决定的。那么何时选择 I²C 呢?一般在基于低速传感器(如温湿度)、EEPROM 等数据传输频率要求不高的情况下,会选择 I²C 通信。另外,I²C 是二线总线接口,PCB 布线非常方便,这也是硬件设计时值得考虑的一个优势。

5.4.1　I²C 简介

I²C(Inter – Integrated Circuit)是内部集成电路的称呼,是一种低速的同步串行通信总线,使用多主从架构,是 Philips 公司开发的两线式串行总线,用于连接微控制器及其外围设备,是微电子通信控制领域广泛采用的一种总线标准,具有接口线数少、控制方式简单、器件封装形式小等优点。目前,已有种类繁多的存储芯片、传感器、交互设备采用 I²C 总线与微控制器进行通信。

I²C 总线在物理上由两条信号线和一条地线构成。两条信号线分别为串行数据线(SDA)和串行时钟线(SCL),它们通过上拉电阻连接到正电源。I²C 的时钟频率不高,一般小于 400 kHz。

I²C 总线可以构成多主数据传送系统,但只有带 CPU 的器件可以成为主器件。主器件发送时钟、启动位、数据工作方式,从器件则接收时钟及数据工作方式。接收或发送则根据数据的传送方向而定。

每个 I²C 模块由主机和从机两个功能组成,并由唯一地址进行标识。主机发起的通信会产生时钟信号 SCL。对于正确的操作,SDA 引脚必须被配置为开漏信号。由于内部电路支持高速操作,SCL 引脚不得配置为开漏信号,即使内部电路能够使该引脚实现开漏信号的作用。SDA 和 SCL 信号必须通过一个上拉电阻连接到正向电源电压。一个典型的 I²C 总线配置如图 5.26 所示。有关如何确定正常运行所需的上拉电阻的大小,请参考 I²C 总线规范和用户手册。

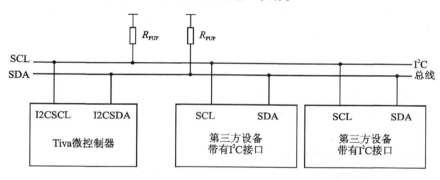

图 5.26 I²C 总线配置

1. I²C 基本概述

I²C 总线只使用两个信号:SDA 和 SCL。SDA 是双向串行数据线,SCL 是双向串行时钟线。这两条总线平时为高电平,总线处于空闲状态,通信时双方使用同一个时钟,因此 I²C 属于同步串行通信。

I²C 总线每次传输的数据长度为 9 位,包括 8 位数据位和 1 位应答位。每次传输的字节数(定义为有效 START 和 STOP 条件之间的时间,请参阅"(1)起始和停止条件")没有限制,但是每个数据字节后面必须紧跟 1 位应答位,而且数据传输时必须首先传送最高有效位(MSB)。当接收器不能完整接收另一个字节时,它可以保持时钟线 SCL 为低电平,并迫使发送器进入等待状态。当接收器释放了时钟线 SCL 时,数据传输得以继续进行。

(1) 起始和停止条件

I²C 总线协议定义了两种状态(START 和 STOP),以便开始和结束数据传输。当 SCL 为高电平时,SDA 线由高到低的跳变被定义为 START 信号;当 SCL 为高电平时,SDA 线由低到高的跳变被定义为 STOP 信号。总线在 START 条件之后被视为忙状态,在 STOP 条件之后被视为空闲(free)状态,如图 5.27 所示。

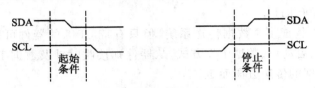

图 5.27　起始和停止条件

STOP 位决定周期是在数据周期结束时停止还是继续运行,直到发生重复的 START 条件。要产生单次传输,应在 I²C 主机从机地址(I2CMSA)寄存器中写入所需的地址,并将 R/S 位清零,在控制寄存器中写入 ACK= X(0 或 1)、STOP= 1、START=1 以及 RUN= 1,以便执行单次传输并停止。操作完成后(或者因为错误退出),中断引脚将激活,数据可能从 I²C 主机数据(I2CMDR) 寄存器中读出。I²C 模块以主接收器模式运行时,ACK 位通常会被置位,这会让 I²C 总线控制器在每个字节接收完之后自动发送一个应答。当 I²C 总线控制器无需接收从发送器发送的数据时,该位必须清零。

当此模块以从机模式运行时,I²C 从机原始中断状态(I2CSRIS)寄存器中 ST-ARTRIS 和 STOPRIS 位用于监测总线上的开始和停止条件;通过配置 I²C 从机屏蔽中断状态(I2CSMIS) 寄存器可将 STARTRIS 和 STOPRIS 位转变成控制器中断(前提是启用了中断功能)。

(2) 带有 7 位地址的数据格式

数据传输遵循的格式如图 5.28 所示。在达到开始条件之后,从机地址将被发送。地址共 7 位,紧跟着的第 8 位是数据传输方向位(I2CMSA 寄存器的 R/S 位)。R/S 位清零表示传输操作(发送),此位置位表示数据请求(接收)。数据传输总是由主机生成一个停止条件而终止的,然而,主机可以在没有产生停止信号的时候,通过再产生一个开始信号和总线上另一个设备的地址,来与另一个设备通信。因此,在一次传输过程中可能会存在各种不同组合的接收/发送格式。

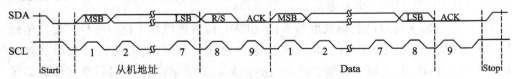

图 5.28　完成 7 位地址的数据传输

第一字节中的前 7 位即构成从机地址(如图 5.29),第 8 位确定报文的方向。R/S位的值为 0 意味着主机将会传输(发送)数据给选定的从机,如果该位的值为 1 则表明主机将要从从机那接收数据。

(3) 数据有效性

SDA 线上的数据在时钟的高电平期间必须稳定,只有在 SCL 为低电平的时候,数据线才能改变(如图 5.30)。

图 5.29　第一字节的 R/S 位

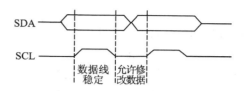

图 5.30　I^2C 总线位传输期间数据的有效性

(4) 应　答

总线上所有传输都带有应答时钟周期,该时钟周期由主机产生。发送器(可以是主机或从机)在应答周期过程中释放 SDA 线,即 SDA 为高电平。为了响应传输,接收器必须在应答时钟周期过程中拉低 SDA。在应答周期内,接收器发出的数据必须遵循数据有效性要求,请参阅"(3)数据有效性"。

当从机不能响应从机地址时,从机必须将 SDA 线保持在高电平状态,使得主机可产生停止条件来中止当前的传输。如果主机在传输过程中用作接收器,那么它有责任应答从机发出的每次传输。由于主机控制着传输中的字节数,因此它通过在最后一个数据字节上不产生应答来向从机发送器指示数据的结束。然后从机发送器必须释放 SDA 线,以便主机可以产生停止条件或重复起始条件。

如果从机需要提供手动的应答或者否定应答,I^2C 从机应答控制(I2CSACKCTL)寄存器可以让从机对无效数据或无效指令做出否定应答,或者对有效数据或有效指令做出应答。当启用该功能时,MCU 从机模块的 I^2C 时钟会在最后一个数据位之后拉低,直到该寄存器写入指定响应。

(5) 重复启动

I^2C 主机模块能够在发生初次传输后执行重复的 START 序列(发送或接收)。

主机传输重复起始序列步骤如下:

① 设备处于空闲状态时,主机将从机地址写入 I2CMSA 寄存器,并将 R/S 位配置为所需的传输类型。

② 将相关数据写入 I2CMDR 寄存器。

③ 当 I2CMCS 寄存器的 BUSY 位为 0 时,主机向 I2CMCS 寄存器写入 0x3,以开启传输。

④ 主机不会产生停止位,但会将另一个从机地址写入 I2CMSA 寄存器,然后写入 0x3,以发起重复的 START。

主机接收重复起始序列与上述步骤相似:

① 设备处于空闲状态时,主机将从机地址写入 I2CMSA 寄存器,并将 R/S 位配置为所需的传输类型。

② 主机读取 I2CMDR 寄存器的数据。

③ 当 I2CMCS 寄存器的 BUSY 位为 0 时,主机向 I2CMCS 寄存器写入 0x3,以

启动传输。

④ 主机不会产生停止位,但会将另一个从机地址写入 I2CMSA 寄存器,然后写入 0x3,以发起重复的 START。

(6) 时钟低电平超时(CLTO)

I²C 从机可以将时钟周期性地拉低,以产生较低的位传输速率,从而延长数据传输的时间。I²C 模块有一个 12 位的可编程计数器,它可以跟踪时钟被拉低了多长时间。该计数器的高 8 位可通过 I²C 主机时钟低电平超时计数(I2CMCLKOCNT)寄存器进行软件编程,低 4 位值为 0x0(用户无法查看)。写入 I2CMCLKOCNT 寄存器中的 CNTL 值必须大于 0x01。应用程序能对计数器最高的 8 位进行编程,以反映可接受的传输累计低电平时间。该计数在 START 条件时加载,并且在主机内部总线时钟的每个下降沿进行递减计数。

注意:即使总线上的 SCL 被拉低,为此计数器生成的内部总线时钟将一直按编程的 I²C 速度运行。达到终端计数时,主机状态机在 SCL 和 SDA 释放时通过发布 STOP 条件在总线上强制执行 ABORT。

例如,如果一个 I²C 模块工作在 100 kHz,由于低 4 位值为 0x0,将 I2CMCLKOCNT 寄存器编程为 0xDA 会让该值转换为 0xDA0。换句话说,也就是 3 488 个时钟周期,即在 100 kHz 下,时钟低电平周期累计时间为 34.88 ms。

当到达时钟超时限时,I²C 主机原始中断状态(I2CMRIS)寄存器中的 CLKRIS 位被置位,以便让主机开始纠正,解决远程从机状态问题。另外,I²C 主机控制/状态 (I2CMCS)寄存器中的 CLKTO 位将被置位;在发送 STOP 条件时或者 I²C 主机复位期间,该位被清零。软件可以读取 I²C 主机总线监视(I2CMBMON)寄存器中的 SDA 和 SCL 位,以获得 SDA 和 SCL 信号的原始状态,从而帮助确定远程从机的状态。

发生 CLTO 条件时,应用软件必须选择如何尝试恢复总线。大多数应用程序可能会尝试手动切换 I²C 引脚,以强制从机释放时钟信号(另外一种常用的解决方案是强制总线 STOP)。如果在猝发传输结束前检测到 CLTO,而且主机成功恢复了总线,那么主机硬件将尝试完成挂起的猝发操作。总线上的实际操作取决于总线恢复后的从机状态。如果从机重新进入能够应答主机的状态(基本上总线挂起之前的状态),则会从之前停止的位置继续运行。但是如果从机重新进入复位状态(或者由于主机发出强制 STOP,导致从机进入空闲状态),它可能忽略主机完成猝发操作的尝试,同时 NAK 主机发送或请求的第一个数据字节。

由于从机的操作无法始终准确预测,建议应用程序软件在 CLTO 中断服务例程期间始终写入 I²C 主机配置(I2CMCR)寄存器的 STOP 位。这一设置可以将总线恢复后主机接收或发送的数据量限制为单字节,并且当单字节在传输线上时,主机将发出一个 STOP。另一种解决方案是在尝试手动恢复总线之前通过应用程序软件将 I²C 外设复位。这种解决方案能够让 I²C 主机硬件在尝试恢复卡滞总线前重新进入已知的良好(以及空闲)状态,并防止线上意外出现数据。

注: 主机时钟低电平超时计数器会计算 SCL 被持续拉低的所有时间。如果 SCL 在任何时候失效,则主机时钟低电平超时计数器将重新加载 I2CMCLKOCNT 寄存器中的值,并从此值开始递减计数。

(7) 双地址

I²C 接口支持从机双地址功能。系统提供额外的可编程地址,启用后也可以进行地址匹配。在传统模式中,双地址功能将被禁用,如果地址与 I2CSOAR 寄存器中的 OAR 域相匹配,I²C 从机会在总线上提供应答。在双地址模式下,如果 I2CSOAR 寄存器中的 OAR 域或者 I2CSOAR2 寄存器中的 OAR2 域匹配,I²C 从机会在总线上提供应答。双地址功能通过对 I2CSOAR2 寄存器中的 OAR2EN 位进行编程而启用,且传统地址不会被禁用。

I2CSCSR 寄存器中的 OAR2SEL 位可以显示出应答地址是否是复用地址。该位被清零时,表示处于传统操作,或者无地址匹配。

(8) 仲　裁

只有在总线空闲时,主机才可以启动传输。在 START 条件的最少保持时间内,两个或两个以上的主机都有可能产生 START 条件。在这些情况下,当 SCL 为高电平时仲裁机制在 SDA 线上产生。在仲裁过程中,第一个竞争的主机在 SDA 上设置 1(高电平),而另一个主机发送 0(低电平),前者将关闭其数据输出阶段并退出,直至总线再次空闲。

仲裁可以在多个位上发生。第一阶段是比较地址位,如果两个主机试图寻址相同的设备,则仲裁将继续比较数据位。

(9) 多主机配置的抗干扰

使用多主机配置时,可将 I²C 主机配置(I2CMCR)寄存器的 GFE 位置位,以为 SCL 和 SDA 线路启用故障抑制,并确保信号值正确。使用 I²C 主机配置 2(I2CMCR2)寄存器的 GFPW 位可将滤波器配置为不同的滤波宽度。故障抑制值将以缓冲系统时钟数的形式给出。

注意: 故障抑制值不为零时,所有信号都将在内部延迟。例如,如果 GFPW 设置为 0x7,则在计算预期处理时间时,应加上 31 个时钟。

2. I²C 中断信号

I²C 会在发生以下条件时产生中断:

● 主机传输完毕;
● 主机仲裁丢失;
● 主机发送错误;

- 从机接收完成；
- 从机请求传输；
- 总线检测到结束条件；
- 总线检测到开始条件。

I²C 主机和从机模块具有单独的中断信号。然而两种模式下都能因为多种情况产生中断，但只有一个中断信号进入中断控制器。

(1) I²C 主机中断

当通信结束（发送或者接收）、仲裁失败或者通信发生错误时，I²C 主机模块将产生一个中断。要启用 I²C 主机中断，应通过软件将 I²C 主机中断屏蔽(I2CMIMR)寄存器中的 IM 位置位。当满足中断条件时，必须通过软件检查 I²C 主机控制/状态(I2CMCS)寄存器中的 ERROR 和 ARBLST 位，以验证错误并未发生在最后一个通信期间，以及确保没有输掉仲裁。如果最后的应答信号不是由从机发出，则可断定有错误发生。如果没有检测到错误的发生，并且主机没有丢失仲裁，应用成员就可以处理传输。将 I²C 主机中断清除(I2CMICR)寄存器中的 IC 位置位，该中断就会被清除。

如果应用程序无需使用中断，那么通过 I²C 主机原始中断状态(I2CMRIS)寄存器可以随时查看原始中断状态。

(2) I²C 从机中断

从机模式可以在已接收完数据或是需要从主机接收数据的时候产生中断。将 I²C 从机中断屏蔽(I2CSIMR)寄存器中的 DATAIM 位置位即可启用该中断。应通过软件检查 I²C 从机控制/状态(I2CSCSR)寄存器中的 RREQ 和 TREQ 位，以确定该模块应该写入（发送）还是读取（接收）来自 I²C 从机数据(I2CSDR)寄存器的数据。如果从机模块处于接收状态，并且已经接收到了第一个字节，则 FBR 和 RREQ 位一起置位。将 I²C 从机中断清除(I2CSICR)寄存器中的 DATAIC 位置位即可清除该中断。

另外，从机模式时，在检测到开始和结束信号的时候也可以产生中断。要启用这些中断，请将 I²C 从机中断屏蔽(I2CSIMR)寄存器中的 STARTIM 和 STOPIM 位置位；要清除这些中断，请将 I²C 从机中断清除(I2CSICR)寄存器中的 STOPIC 和 STARTIC 位置位。

如果应用程序无需使用中断，那么通过 I²C 从机原始中断状态(I2CSRIS)寄存器可以随时查看原始中断状态。

3. I²C 回送操作

将 I²C 主机配置(I2CMCR)寄存器中的 LPBK 位置位即可让 I²C 模块进入内部回送模式，以便进行诊断或者调试工作。在回送模式中，主机的 SDA 和 SCL 信号与从机模块的 SDA 和 SCL 信号绑定，以便在不使用 I/O 接口的情况下对器件进行内部测试。

4. I²C 命令序列流程图

以下描述了主机和从机模式下进行各种类型的 I²C 传输的详细步骤。

（1）I²C 主机命令序列

图 5.31~图 5.37 分别显示 I²C 主机各情况的命令序列。

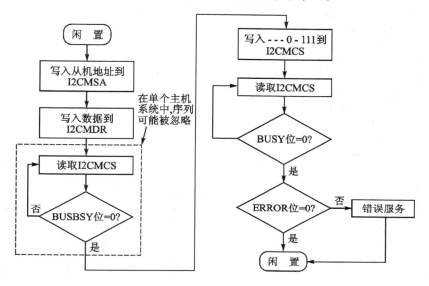

图 5.31　主机单次传输

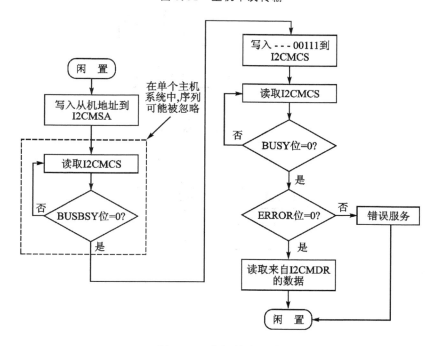

图 5.32　主机单个接收

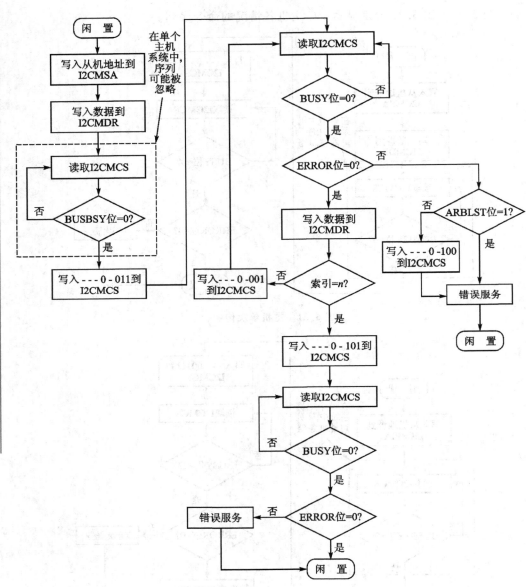

图 5.33 多数据字节主机传输

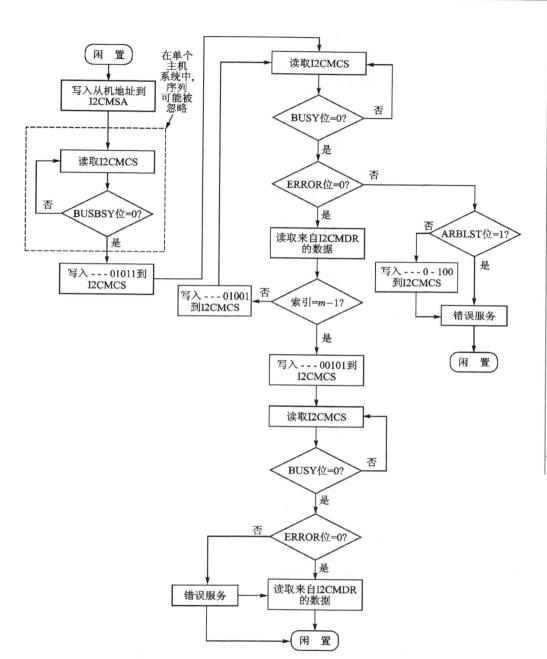

图 5.34　多数据字节主机接收

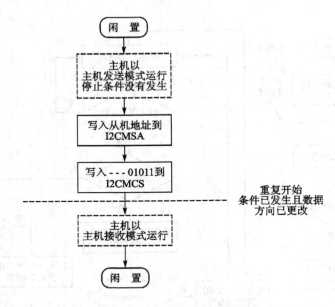

图 5.35　主机传输后以重复开始序列进行的主机接收

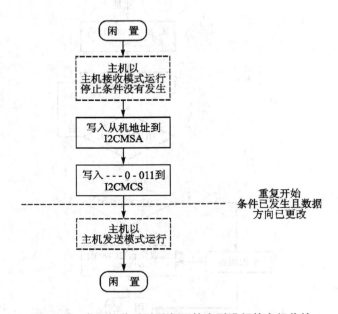

图 5.36　主机接收后以重复开始序列进行的主机传输

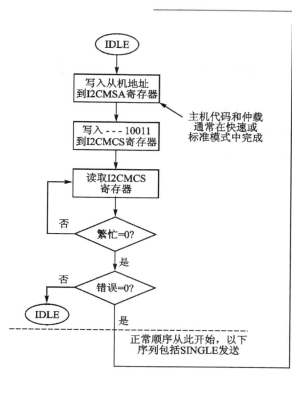

图 5.37　标准高速模式的主机传输

（2） I²C 从机命令序列

图 5.38 显示了 I²C 从机的可用指令序列。

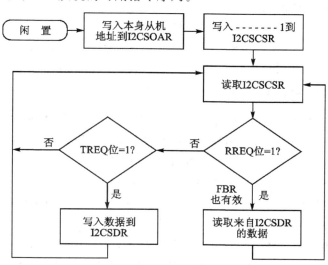

图 5.38　从机命令序列

5.4.2　Tiva 微控制器的 I²C

TM4C123GH6PM 微控制器共配备了 4 个 I²C 模块，且微控制器具有与其他 I²C 总线上的设备交互（发送和接收）的能力。

TM4C123GH6PM 控制器的每个 I²C 模块具有以下特点：

- I²C 总线上的设备可被配置为主机或从机：
  - 支持一个主机或从机发送和接收数据；
  - 同时支持主机和从机操作。
- 4 个 I²C 模式：
  - 主机发送模式；
  - 主机接收模式；
  - 从机发送模式；
  - 从机接收模式。
- 4 个发送模式：
  - 标准模式（100 Kbps）；
  - 快速模式（400 Kbps）；
  - 超快速模式（1 Mbps）；
  - 高速模式（3.33 Mbps）。
- 时钟低电平超时中断。
- 双从地址能力。
- 抗干扰。
- 主机和从机中断的产生：
  - 当主机发送或接收操作完成时（或因错误终止时），产生中断；
  - 当从机发送数据或主机需要数据或检测到起始或停止条件时，产生中断。
- 主机有仲裁和时钟同步，支持多主机，以及 7 位寻址模式。

1. 信号描述与结构框图

内部集成电路（I²C）总线通过一个两线设计（串行数据线 SDA 和串行时钟线 SCL）来提供双向数据传输，使用外部 I²C 的设备有：串行存储器（RAM 和 ROM）、网络设备、LCD、音频发生器等。在 TM4C123GH6PM 微控制器中，它们分别对应 I2CSCL 和 I2CSDA。I²C 的结构如图 5.39 所示，通过 I2CSCL 和 I2CSDA 两根线选择 I²C 相应的主从设备，各个主从设备通过 I²C 控制寄存器来实现相互的数据传输并产生中断操作。

表 5.8 列出了 I²C 接口的外部信号及其功能。I²C 接口信号是某些 GPIO 信号的复用功能，复位时将重置为默认的 GPIO 信号；I2C0SCL 和 I2CSDA 引脚例外，这两个引脚复位时将重置为默认的 I²C 功能。"引脚复用/分配"中列出了 I²C 信号

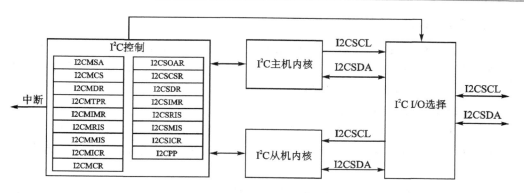

图 5.39　I²C 结构图

GPIO 引脚的布局。GPIO 复用功能选择（GPIOAFSEL）寄存器的 AFSEL 置位，以便选择 I²C 功能。括号中的数字必须编程到 GPIO 端口控制（GPIOPCTL）寄存器 PMCn 位域中，以便给 I²C 信号分配特定的 GPIO 端口引脚。注意，I2CSDA 引脚应使用 GPIO 开漏选择（GPIOODR）寄存器设置为开漏。关于 GPIO 配置的更多信息，请参阅 4.1 节。

表 5.8　I²C 信号（64LQFP）

引脚名称	引脚号	引脚复用/分配	引脚类型	缓冲类型	描　述
I2C0SCL	47	PB2(3)	I/O	OD	I2C0 模块的时钟。请注意，这个信号具有上拉功能。相应的端口引脚不能配置为开漏
I2C0SDA	48	PB3(3)	I/O	OD	I2C0 模块的数据
I2C1SCL	23	PA6(3)	I/O	OD	I2C1 模块的时钟。请注意，这个信号具有上拉功能。相应的端口引脚不能配置为开漏
I2C1SDA	24	PA7(3)	I/O	OD	I2C1 模块的数据
I2C2SCL	59	PE4(3)	I/O	OD	I2C2 模块的时钟。请注意，这个信号具有上拉功能。相应的端口引脚不能配置为开漏
I2C2SDA	60	PE5(3)	I/O	OD	I2C2 模块的数据
I2C3SCL	61	PD0(3)	I/O	OD	I2C3 模块的时钟。请注意，这个信号具有上拉功能。相应的端口引脚不能配置为开漏
I2C3SDA	62	PD1(3)	I/O	OD	I2C3 模块的数据

嵌入式系统教程　——　基于 Tiva C 系列 ARM Cortex-M4 微控制器

2. 功能概述

有效速率模式：I^2C 总线可以运行在以下有效速率模式：标准模式（100 Kbps）、快速模式（400 Kbps）、超快速模式（1 Mbps）和高速模式（3.33 Mbps）。所选速率模式必须与总线上的其他 I^2C 设备相同。

(1) 标准、快速和超快速模式

通过 I^2C 主机定时器周期（I2CMTPR）寄存器中的数值可以选择标准、快速和超快速模式，其 SCL 频率为标准模式 100 Kbps、快速模式 400 Kbps 或超快模式 1 Mbps。

I^2C 时钟频率取决于参数 CLK_PRD、TIMER_PRD、SCL_LP 和 SCL_HP，其中：CLK_PRD 为系统时钟周期；SCL_LP 为 SCL 的低相位；SCL_HP 为 SCL 的高相位。

TIMER_PRD 是 I2CMTPR 寄存器的编程值。通过取代下列方程的已知变量来求解 TIMER_PRD 值。

$$SCL\_PERIOD = 2 \times (1 + TIMER\_PRD) \times (SCL\_LP + SCL\_HP) \times CLK\_PRD$$

例如：CLK_PRD=50 ns，TIMER_PRD=2，SCL_LP=6，SCL_HP=4，产生的 SCL 频率为

$$1/SCL\_PERIOD = 333 \text{ kHz}$$

表 5.9 给出了不同的系统时钟频率下产生标准、快速和超快速模式 SCL 频率的定时器周期的示例。

表 5.9　I^2C 主机定时器周期与速度模式的示例

系统时钟 /MHz	定时器周期	标准模式 /Kbps	定时器周期	快速模式 /Kbps	定时器周期	超快速模式 /kbps
4	0x1	100	—	—	—	—
6	0x2	100	—	—	—	—
12.5	0x6	89	0x01	312	—	—
16.7	0x8	93	0x02	278	—	—
20	0x9	100	0x02	333	—	—
25	0x0C	96.2	0x03	312	—	—
33	0x10	97.1	0x04	330	—	—
40	0x13	100	0x04	400	0x01	1 000
50	0x18	100	0x06	357	0x02	833
480	0x27	100	0x09	400	0x03	1 000

嵌入式系统教程——基于 Tiva C 系列 ARM Cortex-M4 微控制器

（2）高速模式

TM4C123GH6PM 的 I²C 外设支持在主机和从机模式下高速运行。高速模式的配置方法是将 I²C 主机控制/状态（I2CMCS）寄存器的 HS 位置位。高速模式将以高位速率传输数据，其占空比为 66.6%/33.3%，但是通信和仲裁将以标准、快速或者超快速模式的速度进行，用户可以选择其中一种模式。如果 I2CMCS 寄存器中的 HS 位被置位，那么当前模式的上拉功能将启用。

可以使用以下公式选择时钟周期，但是在这种情况下，SCL_LP＝2，SCL_HP＝1。

$$SCL\_PERIOD＝2×(1＋TIMER\_PRD)×(SCL\_LP＋SCL\_HP)×CLK\_PRD$$

例如：CLK_PRD ＝ 25 ns，TIMER_PRD ＝ 1，SCL_LP＝2，SCL_HP＝1，产生的 SCL 频率为 $1/T＝3.33$ MHz。

表 5.10 给出了高速模式下定时器周期和系统时钟的示例。请注意：必须将 I2CMTPR 寄存器的 HS 位置位，以便在高速模式中使用 TPR 值。

表 5.10　高速模式中 I²C 主机定时器周期的示例

系统时钟/MHz	定时器周期	传输模式/MHz
40	0x01	3.33
50	0x02	2.77
80	0x03	3.33

用作主机时，协议如图 5.40 所示。在开始高速模式传输前，主机负责发送标准模式（100 Kbps）或快速模式（400 Kbps）的主机代码字节。主机代码字节必须包含 0000.1XXX 格式的数据，并用于告诉从机设备准备进行高速传输。主机代码字节不应发送到从机，而只用于表示即将传输的数据将以更高的数据速率传输。要发送主机代码字节，软件应将主机代码字节的值置入 I2CMSA 寄存器，并将 0x13 写入 I2CMCS 寄存器。这会将 I²C 主机外设置于高速模式，所有之后的传输（直至 STOP 指令）都通过常规的 I2CMCS 命令位在高速数据速率下进行，而无需将 I2CMCS 寄存器的 HS 位置位。同样，仅在主机代码字节中需要将 I2CMCS 寄存器的 HS 位置位。

用作高速从机时，不再需要其他的软件。

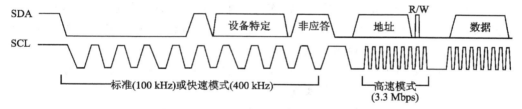

图 5.40　高速数据格式

注：高速模式为 3.4 MHz，条件是设置了正确的系统时钟频率，且 SCL 和 SDA 线具有适当拉力。

5.4.3　初始化及配置

以下介绍 I²C 作为主机传输的两种配置模式。

1. 将 I²C 模块配置为以主机身份传输单字节数据

以下示例介绍如何将 I²C 模块配置为以主机身份传输单字节数据。这里假定系统时钟频率为 20 MHz。

① 在系统控制模块使用 RCGCI2C 寄存器使能 I²C 时钟。（通过调用 SysCtlPeripheralEnable()函数实现）

② 通过在系统控制模块的 RCGCGPIO 寄存器为相应的 GPIO 模块使能时钟。（通过调用 I2CMasterInitExpClk()函数实现）

③ 在 GPIO 模块，通过使能 GPIOAFSEL 寄存器的相应引脚，以确定配置哪个 GPIO。（通过调用 GPIOPinConfigure()函数实现）

④ 使能 I2CSDA 引脚来配置开漏操作。

⑤ 在 GPIOPCT 寄存器配置 PMCn 字段为相应的引脚配置 I²C 信号。（通过调用 GPIOPinTypeI2C()函数实现）

⑥ 向 I2CMCR 寄存器写入 0x00000010 值来初始化 I²C 主机。（通过调用 I2CSlaveInit()函数实现）

⑦ 通过写入 I2CMTPR 寄存器正确的值来设置所需的 100 Kbps 的 SCL 时钟速率。写入 I2CMTPR 寄存器的值代表在一个 SCL 时钟周期中系统时钟周期数。TPR 值由下式确定：

$$TPR = \{System\ Clock / [2 \times (SCL\_LP + SCL\_HP) \times SCL\_CLK]\} - 1 =$$
$$\{20\ MHz / [2 \times (6+4) \times 100\ 000]\} - 1 = 9$$

向 I2CMTPR 寄存器写入 0x00000009。（前面调用 I2CMasterInitExpClk()函数已经实现）

⑧ 规定主机的从机地址，下一个操作是一个发送，该发送通过向 I2CMSA 寄存器值写入 0x00000076 实现。该操作将从机地址设置为 0x3B。（通过调用 I2CmasterSlaveAddrSet()函数实现）

⑨ 通过向 I2CMDR 寄存器写入所需数据，将数据（位）传输到数据寄存器。（通过调用 I2CMasterDataPut()函数实现）

⑩ 启动从主机到从机的数据单字节的传输是通过向 I2CMCS 寄存器写入 0x00000007（STOP、START、RUN）实现的。（通过调用 I2CmasterControl()函数实现）

⑪ 等待直到传输完成,通过轮询 I2CMCS 寄存器的 BUSBSTY 位,直到该位被清除。(通过调用 I2CMasterBusy()函数实现)

⑫ 检测 I2CMCS 寄存器的 ERROR 位以确保传输被应答。

2. 将 I²C 主机配置为高速模式

将 I²C 主机配置为高速模式的方法:

① 在系统时钟模式中,通过 RCGCI2C 寄存器使能 I²C 时钟。(通过调用 SysCtlPeripheralEnable()函数实现)

② 在系统控制模式中,通过 RCGCGPIO 寄存器为相应的 GPIO 模块使能时钟。(通过调用 I2CMasterInitExpClk()函数实现)

③ 在 GPIO 模块中,通过 GPIOAFSEL 寄存器为它们的复用功能使能相应的引脚。(通过调用 GPIOPinConfigure()函数实现)

④ 使能 I2CSDA 引脚以开启开漏操作。

⑤ 配置 GPIOPCTL 寄存器的 PMCn 字段来为相应的引脚分配 I²C 信号。(通过调用 GPIOPinTypeI2C()函数实现)

⑥ 通过向 I2CMCR 寄存器写入 0x00000010 值来初始化 I²C 主机。

⑦ 通过写入 I2CMTPR 寄存器正确的值来设置所需的 100 Kbps 的 SCL 时钟速率。写入 I2CMTPR 寄存器的值代表在一个 SCL 时钟周期中系统时钟周期数。TPR 值由下式确定:

$$TPR = \{System\ Clock/[2\times(SCL\_LP+SCL\_HP)\times SCL\_CLK]\}-1 =$$
$$\{80\ MHz/[2\times(2+1)\times 3330000]\}-1 = 3$$

向 I2CMTPR 寄存器写入 0x00000003。

⑧ 为发送主机代码字节,软件应将主机代码字节值放入 I2CMSA 寄存器并向 I2CMCS 寄存器写入 0x13。(通过调用 I2CmasterSlaveAddrSet()和 I2CMasterControl()函数实现)

⑨ 将 I²C 主机外设放在高速模式中,并且所有的后续传输(直到 STOP)都在高速率下执行,在不设置 I2CMCS 寄存器的 HS 位情况下,使用正常的 I2CMCS 命令位。

⑩ 通过设置 I2CMCS 寄存器的 STOP 位终止数据传输。(通过调用 I2CMasterControl()函数实现)

⑪ 等待直到传输完成,通过轮询 I2CMCS 寄存器的 BUSBSTY 位,直到该位被清除。(前面调用 I2CMasterInitExpClk()函数已经实现)

⑫ 检测 I2CMCS 寄存器的 ERROR 位以确保传输被应答。

5.4.4　操作示例

本示例是对 LaunchPad 的 I²C 的回送操作的验证。该操作设置 I²C 的主、从模式。回送操作内部将主机和从机连接起来。主机发送给从机,从机再将接收到的数据回送给主机,以确定主机发送正确。本示例使用了轮询方法发送和接收数据,并通过超级终端显示主、从机的发送和接收的数据,以检验主、从机是否发送成功。

接下来,我们通过程序流程图宏观地了解本示例的大体操作步骤;而后通过列出的库函数和示例代码进一步掌握 I²C 的基本原理和如何使用;最后通过观察操作现象,验证本示例是否正确实现了相应的功能。

1. 程序流程图

示例流程步骤如下:

① 设置时钟。

② 使能相应端口和外设,配置 I²C 引脚。

③ 配置主机模式并使能从机,设置从机地址。

④ 程序循环,主从机持续发送、接收数据并通过 UART 在超级中断上显示结果。

程序流程图如图 5.41 所示。

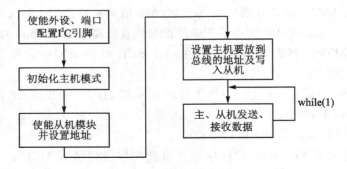

图 5.41 程序流程图

2. 库函数说明

1)函数 I2CMasterInitExpClk()

功　能:初始化 I²C 的主机模块。

原　型:void I2CMasterInitExpClk(uint32_t ui32Base, uint32_t ui32I2CClk, bool bFast)

参　数:ui32Base 是 I²C 主机模块的基地址。

　　　　ui32I2CClk 是为 I²C 提供的时钟频率。

　　　　bFast 为建立快速数据传输。

描　述:该函数通过为主机配置总线速度并使能 I²C 主机模块来初始化 I²C 主机模块的操作。如果 bFast 为 true,则主机模块的传输速率为 400 Kbps;否则,主机模块的传输速率为 100 Kbps。如果需要超快速模式(1 Mbps),则在调用该函数之后,需要手动写入 I2CMTPR 寄存器。对于高速传输模式(3.4 Mbps),与从机的初始通信可在 100 Kbps 或 400 Kbps 速率下完成后,一个特定的命令用于切换到快速模式。

外设时钟与系统时钟相同。该值由 SysCtlClockGet() 函数返回,如果它是常数且已知,那么它可以显式地硬编程。

返回值: 无

2) 函数 I2CSlaveEnable()

功　能: 使能 I²C 从机模块。

原　型: voidI2CSlaveEnable(uint32_t ui32Base)

参　数: ui32Base 为 I²C 从机模块基地址。

描　述: 该函数使能 I²C 从机操作。

返回值: 无

3) 函数 I2CSlaveInit()

功　能: 初始化 I²C 从机模块。

原　型: voidI2CSlaveInit(uint32_t ui32Base, uint8_t ui8SlaveAddr)

描　述: ui32Base 为 I²C 从机模块基地址。

　　　　ui8SlaveAddr 为 7 位从机地址。

描　述: 该函数通过配置从机地址和使能 I²C 从机模块,来初始化 I²C 从机模块的。

返回值: 无

4) 函数 I2CMasterSlaveAddrSet()

功　能: 设置主机放到总线上的地址。

原　型: voidI2CMasterSlaveAddrSet(uint32_t ui32Base,

　　　　　　　　　　　　　uint8_t ui8SlaveAddr, bool bReceive);

描　述: ui32Base 为 I²C 从机模块基地址。

　　　　ui8SlaveAddr 为 7 位从机地址。

　　　　bReceive 表示与从机通信的类型。

描　述: 在开始通信时,该函数配置 I²C 主机放到总线上的地址。当 bReceive 参数被设置为 true 时,表示主机正读取从机;否则,表示主机正写入从机。

返回值: 无

5) 函数 IntMasterEnable()

功　能: 使能处理器中断。

原　型: bool IntMasterEnable(void)

描　述: 该函数允许处理器响应中断。该函数不影响中断控制器中已使能的中断设置；它只控制从控制器到处理器的单个中断。

返回值：当函数被调用时，若中断失能则返回 true；若中断使能则返回 false。

6）函数 I2CMasterDataPut( )

功　能：从 I²C 主机传输一个字节。

原　型：voidI2CMasterDataPut(uint32_t ui32Base,uint8_t ui8Data)

参　数：ui32Base 为 I²C 主机模块基地址。

　　　　ui8Data 为主机传输的数据。

描　述：该函数将提供的数据放入 I²C 主机数据寄存器。

返回值：无

7）函数 I2CMasterControl( )

功　能：控制 I²C 主机模块状态。

原　型：voidI2CMasterControl(uint32_t ui32Base,uint32_t ui32Cmd)

参　数：ui32Base 为 I²C 主机模块基地址。

　　　　ui32Cmd 为向主机下达的指令。

描　述：该函数为控制主机模块的发送状态和接收状态。参数 ui32Cmd 为以下值之一：I2C_MASTER_CMD_SINGLE_SEND、I2C_MASTER_CMD_SINGLE _ RECEIVE、I2C _ MASTER _ CMD _ BURST _ SEND _ START 等。

返回值：无

8）函数 I2CSlaveStatus( )

功　能：获取 I²C 从机模块的状态。

原　型：uint32_tI2CSlaveStatus(uint32_t ui32Base)

参　数：ui32Base 为 I²C 主机模块基地址。

描　述：如果有的话，该函数返回来自主机的活动请求。可能的取值为 I2C_SLAVE_ACT_NONE、I2C_SLAVE _ ACT_RREQ、I2C_SLAVE_ACT_TREQ 等。

返回值：返回 I2C_SLAVE_ACT_NONE 表示没有 I²C 从机模块的请求，I2C_SLAVE_ACT_ RREQ 表示主机已经给从机模块发送数据，I2C_SLAVE_ACT_ TREQ 表示主机请求从机发送数据，I2C_SLAVE_ACT_RREQ_FBR 表示 I²C 主机已经向从机发送了数据并且紧跟从机地址后的第一个字节已被接收，I2C_SLAVE_ACT_OWN2SEL 表示与第二个 I²C 从机地址匹配，I2C_SLAVE_ACT_QCMD 表示接收了一个快速指令，I2C_SLAVE_ACT_QCMD_DATA 表示当接收到快速指令时，设置数据位。

9）函数 I2CSlaveDataGet( )

功　能：接收已经发给从机的一个字节。

原　　型：uint32_tI2CSlaveDataGet(uint32_t ui32Base)

参　　数：ui32Base 为 I²C 从机模块基地址。

描　　述：该函数从 I²C 从机数据寄存器读取数据的一个字节。

返回值：返回接收从机的字节，并强制转换为 uint32_t 类型。

10）函数 I2CSlaveDataPut( )

功　　能：从 I²C 从机传输一字节数据。

原　　型：voidI2CSlaveDataPut（uint32_t ui32Base，uint8_t ui8Data）

参　　数：ui32Base 为 I²C 从机模块基地址。ui8Data 为从机传输的数据。

描　　述：该函数将提供的数据放入 I²C 从机数据寄存器。

返回值：无。

11）函数 I2CMasterBusy( )

功　　能：表示主机是否忙。

原　　型：bool I2CMasterBusy(uint32_t ui32Base)

参　　数：ui32Base 为 I²C 从机模块基地址。

描　　述：该函数返回主机是否忙于传输或接收数据的标识。

返回值：如果主机忙，则返回 true；否则返回 false。

3. 示例代码

```
/ * * * * * * * * * * * * * * * * * * * * * * * * * * * * * * * *
* 函数名:main
* 描　述:无
* 输　入:无
* * * * * * * * * * * * * * * * * * * * * * * * * * * * * * * */
Int main(void)
{
    uint32_t pui32DataTx[NUM_I2C_DATA];    //发送数据缓冲区
    uint32_t pui32DataRx[NUM_I2C_DATA];    //接收数据缓冲区
    uint32_t ui32Index;                    //要发送数据在缓冲区的位置

    //设置时钟源、系统时钟分频数、系统时钟频率
    SysCtlClockSet(SYSCTL_SYSDIV_1 | SYSCTL_USE_OSC | SYSCTL_OSC_MAIN |
                SYSCTL_XTAL_16MHZ);
    //使能 I2C0 外设
    SysCtlPeripheralEnable(SYSCTL_PERIPH_I2C0);
    //使能 PB 端口
    SysCtlPeripheralEnable(SYSCTL_PERIPH_GPIOB);
```

```
//配置引脚 PB2、PB3 复用功能
GPIOPinConfigure(GPIO_PB2_I2C0SCL);
GPIOPinConfigure(GPIO_PB3_I2C0SDA);
//配置 I²C 引脚
(GPIO_PORTB_BASE, GPIO_PIN_2 | GPIO_PIN_3);
//使能回送模式,用于调试
HWREG(I2C0_BASE + I2C_O_MCR) |= 0x01;
//初始化并使能主机模式,使用系统时钟为 I2C0 模块提供时钟频率,主机模块
//传输速率为 100 Kbps
I2CMasterInitExpClk(I2C0_BASE, SysCtlClockGet(), false);
//使能从机模块
I2CSlaveEnable(I2C0_BASE);
//设置从机地址
I2CSlaveInit(I2C0_BASE, SLAVE_ADDRESS);
//设置主机放到总线上的地址,写入从机
I2CMasterSlaveAddrSet(I2C0_BASE, SLAVE_ADDRESS, false);
InitConsole();
UARTprintf("I2C Loopback Example ->");
UARTprintf("\n   Module = I2C0");
UARTprintf("\n   Mode = Single Send/Receive");
UARTprintf("\n   Rate = 100kbps\n\n");


//初始化要发送的数据
pui32DataTx[0] = 'I';
pui32DataTx[1] = '2';
pui32DataTx[2] = 'C';


//初始化接收缓冲区
for(ui32Index = 0; ui32Index < NUM_I2C_DATA; ui32Index++)
{
    pui32DataRx[ui32Index] = 0;
}
//发送 3 个 I²C 数据
for(ui32Index = 0; ui32Index < NUM_I2C_DATA; ui32Index++)
{
```

```
//显示 I²C 正在传输的数据
UARTprintf("  Sending: '%c' ...  ", pui32DataTx[ui32Index]);

//将要发送的数据放到主机数据寄存器中
I2CMasterDataPut(I2C0_BASE, pui32DataTx[ui32Index]);

//初始化 I²C 主机模块状态为单端发送
I2CMasterControl(I2C0_BASE, I2C_MASTER_CMD_SINGLE_SEND);

//等待从机接收数据并确认
while(!(I2CSlaveStatus(I2C0_BASE) & I2C_SLAVE_ACT_RREQ))
{
}

//从从机数据寄存器读取数据
pui32DataRx[ui32Index] = I2CSlaveDataGet(I2C0_BASE);

//等待主机传输完毕
while(I2CMasterBusy(I2C0_BASE))
{
}
//显示从机接收的数据
UARTprintf("Received: '%c'\n", pui32DataRx[ui32Index]);
}
//重置接收缓冲区
for(ui32Index = 0; ui32Index < NUM_I2C_DATA; ui32Index++)
{
    pui32DataRx[ui32Index] = 0;
}
UARTprintf("\n\nTranferring from: Slave -> Master\n");

//主机从该地址读取数据
I2CMasterSlaveAddrSet(I2C0_BASE, SLAVE_ADDRESS, true);

//初始化 I²C 主机模块状态为单端接收
I2CMasterControl(I2C0_BASE, I2C_MASTER_CMD_SINGLE_RECEIVE);
```

嵌入式系统教程
——基于 Tiva C 系列 ARM Cortex-M4 微控制器

```
                    //等待主机请求从机发送数据
                    while(!(I2CSlaveStatus(I2C0_BASE) & I2C_SLAVE_ACT_TREQ))
                    {
                    }
                    for(ui32Index = 0; ui32Index < NUM_I2C_DATA; ui32Index++)
                    {
                        UARTprintf("  Sending: '%c' . . .  ", pui32DataTx[ui32Index]);

                        //将要发送的数据放到从机数据寄存器中
                        I2CSlaveDataPut(I2C0_BASE, pui32DataTx[ui32Index]);

                        //初始化 I²C 主机模块状态为单端接收
                        I2CMasterControl(I2C0_BASE, I2C_MASTER_CMD_SINGLE_RECEIVE);

                        //等待从机发送完毕
                        while(!(I2CSlaveStatus(I2C0_BASE) & I2C_SLAVE_ACT_TREQ))
                        {
                        }
                        //从主机数据寄存器读取数据
                        pui32DataRx[ui32Index] = I2CMasterDataGet(I2C0_BASE);

                        //显示接收的数据
                        UARTprintf("Received: '%c'\n", pui32DataRx[ui32Index]);
                    }

    UARTprintf("\nDone.\n\n");


    return(0);
}


/*****************************************
 * 函数名:initConsole
 * 描  述:无
 * 输  入:无
 *****************************************/
Void  initConsole(void)
```

```
{
    //使能用于 UART0 的端口
    SysCtlPeripheralEnable(SYSCTL_PERIPH_GPIOA);
    // Enable so that we can configure the clock.
    //配置 UART0 时钟并使能
    SysCtlPeripheralEnable(SYSCTL_PERIPH_UART0);

    //使用内部 16 MHz 振荡器作为 UART 时钟源
    UARTClockSourceSet(UART0_BASE, UART_CLOCK_PIOSC);

    //选择引脚的复用功能为 UART
    GPIOPinTypeUART(GPIO_PORTA_BASE, GPIO_PIN_0 | GPIO_PIN_1);

    //初始化 UART
    UARTStdioConfig(0, 115200, 16000000);
}
```

4. 操作现象

在计算机附件中打开超级终端,设置 COM 口、波特率等 UART 参数;超级终端是用来接收验证 I²C 的主、从机是否发送、接收成功。当超级终端设置完毕后,将程序录烧录到 Tiva 中,观察结果。

图 5.42 中,"Tranferring from:Master → Slave"为主机发送给从机的操作;"Tranferring from:Slave →Master"为从机送回主机的操作。

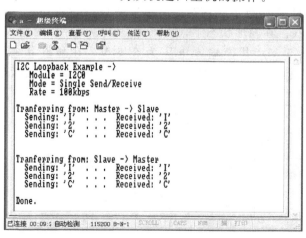

图 5.42　操作现象

5.5　CAN 模块

随着汽车工业的发展,20 世纪 80 年代中期,率先由 Bosch 公司研发出新一代车用总线——控制器局域网(Controller Area Network,简称 CAN 总线或 CAN - bus)。CAN 总线布线简单,典型的总线型结构可最大限度地节约布线与维护成本,通信稳定可靠,实时性、抗干扰能力强,传输距离远。一经推出,CAN 不仅在汽车行业得到广泛的推广与应用,在诸如航天、电力、石化、冶金、纺织、造纸等领域也得到广泛应用。在自动化仪表、工业生产现场、数控机床等系统中也越来越多地使用了CAN 总线。

由于 CAN 总线本身只定义 ISO/OSI 模型中的第一层(物理层)和第二层(数据链路层),通常情况下,CAN 总线网络都是独立的网络,没有网络层标准。在实际使用中,用户还需要自己定义应用层的协议,因此在 CAN 总线的发展过程中出现了各种版本的 CAN 应用层协议,现阶段最流行的 CAN 应用层协议主要有 CANopen、DeviceNet 和 J1939 等协议。

下面先介绍 CAN 总线,然后介绍 Tiva MCU 上的 CAN 通信模块特点和简单使用。

5.5.1　CAN 简介

1. CAN 通信基本概念

CAN 总线采用差分信号传输,通常情况下只需要两根信号线(CAN - H 和 CAN - L)就可以进行正常的通信。在干扰比较强的场合,还需要用到屏蔽地,即CAN - G(主要功能是屏蔽干扰信号)。CAN 协议推荐用户使用屏蔽双绞线作为CAN 总线的传输线。在隐性状态下,CAN - H 与 CAN - L 的输入差分电压为 0 V(最大值不超过 0.5 V),共模输入电压为 2.5 V。在显性状态下,CAN - H 与 CAN - L 的输入差分电压为 2 V(最小值不小于 0.9 V),如图 5.43 所示。

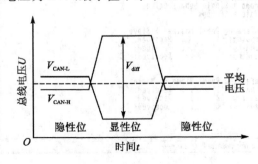

图 5.43　CAN 总线位电平特点

其物理传输层详细和高效的定义,使得 CAN 总线具有其他总线无法达到的优势,注定其在工业现场总线中占有不可动摇的地位。CAN 总线通信主要具有如下特点:

- CAN 总线上任意节点均可在任意时刻主动地向其他节点发起通信,节点没有主从之分,但在同一时刻优先级高的节点能获得总线的使用权,在高优先级的节点释放总线后,任意节点都可使用总线。
- CAN 总线传输波特率为 5 Kbps～1 Mbps,在 5 Kbps 的通信波特率下最远传输距离可以达到 10 km,即使在 1 Mbps 的波特率下也能传输 40 m 的距离。在 1 Mbps 波特率下,节点发送一帧数据最长时间为 134 μs。
- CAN 总线采用载波监听多路访问、逐位仲裁的非破坏性总线仲裁技术。在节点需要发送信息时,节点先监听总线是否空闲,只有当节点监听到总线空闲时才能够发送数据,即载波监听多路访问方式。当总线出现两个以上的节点同时发送数据时,CAN 协议规定,按位进行仲裁,按照显性位优先级大于隐性位优先级的规则进行仲裁,最后高优先级的节点数据毫无破坏地被发送,其他节点停止发送数据(即逐位仲裁无破坏的传输技术)。这样能大大提高总线的使用效率及实时性。
- CAN 总线所挂接的节点数量主要取决于 CAN 总线收发器或驱动器,目前的驱动器一般都可以使同一网络容量达到 110 个节点。
- CAN 总线定义使用了硬件报文滤波,可实现点对点及点对多点的通信方式,不需要软件来控制。数据采用短帧发送方式,每帧数据不超过 8 字节,抗干扰能力强,每帧接收的数据都进行 CRC 校验,使得数据出错机率大幅降低。在错误严重的情况下 CAN 节点具有自动关闭的功能,避免了对总线上其他节点的干扰。
- CAN 总线通信介质可采用双绞线、同轴电缆或光纤,选择极为灵活。可大大节约组网成本。

作为一个总线型网络,其结构如图 5.44 所示,其组网与维护相当方便。CAN 总线具有在线增减设备,即总线在不断电的情况下也可以向网络中增加或减少节点。一条总线最多可以容纳 110 个节点,通信波特率为 5 Kbps～1 Mbps,在通信的过程中要求每个节点的波特率保持一致(误差不能超过 5%),否则会引起总线错误,从而导致节点的关闭,出现通信异常。

2. CAN 通信报文格式

在总线中传送的报文,每帧由 7 部分组成。CAN 协议支持两种报文格式,其唯一不同的是标识符(ID)长度不同,标准格式为 11 位,扩展格式为 29 位。

在标准格式中,报文的起始位称为帧起始(SOF),然后是由 11 位标识符和远程发送请求位(RTR)组成的仲裁域。RTR 位可以表明是数据帧还是请求帧,在请求

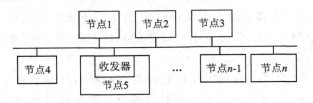

图 5.44　CAN 网络结构拓扑

帧中没有数据字节。

控制域包括标识符扩展位（IDE），用于指出是标准格式还是扩展格式。它还包括一个保留位，为将来扩展时使用。它的最后 4 位用来指明数据域中数据的长度（DLC）。数据域范围为 0～8 字节，其后有一个检测数据错误的循环冗余检查（CRC）。

应答域（ACK）包括应答位和应答分隔符。发送站发送的这两位均为隐性电平（逻辑 1），这时正确接收报文的接收站发送主控电平（逻辑 0）覆盖它。用这种方法，发送站可以保证网络中至少有一个站能正确接收到报文。

报文的尾部由帧结束标出。在相邻的两条报文间有一很短的间隔位，如果这时没有节点进行总线存取，总线将处于空闲状态。

数据帧包含要发送的数据，而远程帧不包含数据，它是用来请求发送一个特定的消息对象。CAN 数据/远程帧的构成如图 5.45 所示。

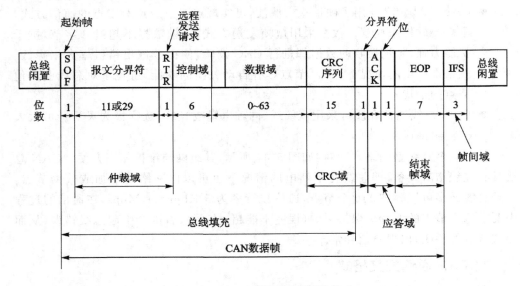

图 5.45　CAN 数据/远程帧的构成

5.5.2　Tiva 微控制器的 CAN

TivaTM4C123GH6PM 微控制器配备了两个 CAN 单元，拥有以下特征：

- 2.0 版本 CAN 协议分为 A 和 B 两部分；
- 波特率高达 1 Mbps；
- 个人识别码支持 32 个报文对象；
- 可屏蔽中断；
- 定时触发 CAN 应用程序中禁用自动重传模式；
- 自检操作的可编程环回模式；
- 可编程 FIFO 模式，能存储多个报文对象；
- 通过 CANnTX 和 CANnRX 信号无缝连接到外部 CAN 收发器上。

1. 信号描述与结构框图

每个 CAN 模块主要包括 4 个部分，分别为控制寄存器、接口、内核以及 32 个报文对象，其结构框图如图 5.46 所示。

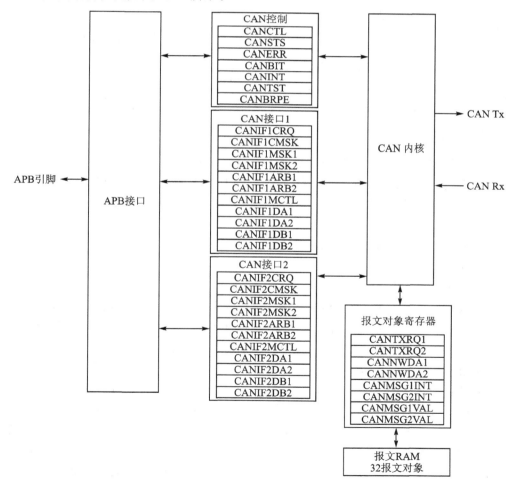

图 5.46　CAN 控制器结构图

表 5.11 列出了 CAN 控制器的外部信号，描述了每个信号的功能。CAN 控制器信号是一些 GPIO 信号的复用功能，复位后的默认状态是 GPIO 信号。"引脚复用/引脚分配"中列出了 CAN 信号可能的 GPIO 引脚分配。设置 GPIO 复用功能选择寄存器（GPIOAFSEL）中的 AFSEL 位可以用来将引脚指定为 CAN 控制器功能。括号中的编码必须编程写入 GPIO 端口控制寄存器（GPIOPCTL）的 PWCn 域，以此将 CAN 信号分配到指定的 GPIO 引脚。

表 5.11　CAN 信号（64LQFP）

引脚名称	引脚编号	引脚复用/引脚分配	引脚类型	缓冲区类型	描　述
CAN0Rx	28	PF0(3)	I	TTL	CAN 模块 0 接收端
	58	PB4(8)			
	59	PE4(8)			
CAN0Tx	31	PF3(3)	O	TTL	CAN 模块 0 发送端
	57	PB5(8)			
	60	PE5(8)			
CAN1Rx	17	PA0(8)	I	TTL	CAN 模块 1 接收端
CAN1Tx	18	PA1(8)	O	TTL	CAN 模块 1 发送端

2．功能描述

TM4C123GH6PM 中的 CAN 控制器符合 2.0 版本的 CAN 协议（A 和 B 部分）。报文传送包括数据帧、远程操作帧和错误帧，同时也支持包含 11 位识别码（标准）或者 29 位识别码（扩展）的过载帧。发送速率可以编程提高到 1 Mbps。

CAN 模块包含三个主要部分：

● CAN 协议控制器和消息处理程序；

● 消息存储器；

● CAN 寄存器接口。

协议控制器从 CAN 总线传输和接收串行数据，然后把数据传给消息处理程序。消息处理程序根据消息对象内存中目前的滤波和识别码把信息加载到合适的消息对象。消息处理程序也负责根据 CAN 总线上的事件产生中断。

消息对象内存是一组 32 个相同的的存储块，保存了每个消息对象的配置、状态和实际数据。这些内存快可以通过 CAN 消息对象寄存器接口进行访问。

TM4C123GH6PM 内存映射中的消息内存不能直接访问，所以 TM4C123GH6PM 的 CAN 控制器提供了一个和消息内存通信的接口，这个接口是通过两个专门和消息对象通信的 CAN 接口寄存器组实现的。这两个接口必须用来读或写每个消息对象。当多个对象可能有新的信息需要处理时，这两个消息对象接口允许并行访问 CAN 控制器消息对象。通常情况下，一个接口用来发送数据而另一个接口用来接收数据。

（1）初始化

要使用 CAN 控制器,需要使用 RCGC0 寄存器启用外设时钟。另外,还要通过 RCGC2 寄存器启用 GPIO 模块的时钟,设置相应 GPIO 引脚的 AFSEL 位。通过配置 GPIOPCTL 寄存器的 PMCn 域将 CAN 信号分配给合适的引脚。

开始软件初始化,可以通过设置 CAN 控制寄存器（CANCTL）的 INIT 位,或者当发送错误计数器超过数值 255 时总线关闭。当 INIT 位置 1 期间,所有从 CAN 总线收发数据都会暂停并且 CANnTX 信号保持高电平。进入初始化状态不会改变 CAN 控制器的配置信息、消息对象和错误计数器的值,但一些配置寄存器只有在初始化状态才是可以访问的。

初始化 CAN 控制器,需要设置 CAN 位时序寄存器（CANBIT）并且配置每个消息对象。如果有某个消息对象不需要,就需要清除 CANIFnARB2 寄存器的 MS-GVAL,位将这个消息对象标记为不可用;否则,所有的消息对象都要初始化。如果消息对象的某个域没有设置有效信息,会导致不可预料的结果。CANCTL 寄存器中的 INIT 和 CCE 位都必须设置,这样才能访问 CANBIT 和 CANBRPE 寄存器来配置位时序。要离开初始化状态,需要清除 INIT 位。随后,内部位流处理器（BSP）会在自己参加到总线活动传输数据之前等待一个含有 11 个连续隐性位的序列出现,当该序列出现时,BSP 会将自己的信息同步到 CAN 总线上。消息对象初始化不需要 CAN 进入初始化状态,该设置可以在 CAN 忙碌状态下完成。然后,消息对象必须分配到独立的识别码,并且在传输数据开始之前设置为不可用。在正常操作期间若要改变一个消息对象的配置信息,只需清除 CANIFnARB2 寄存器的 MSGVAL 位,指明消息对象在改变信息期间不可用即可。当配置完成之后,重新设置 MSGVAL 位,指明消息对象又一次可用。

（2）操　作

两组 CAN 接口寄存器（CANIF1x 和 CANIF2x）可以用来访问消息随机存储器中的消息对象。CAN 控制器协调消息随机存储器和寄存器之间的数据传输。两组寄存器是相互独立但完全相同的,能够用来实现队列交易。通常情况下,一个接口用来发送数据而另一个接口用来接收数据。

一旦 CAN 模块被初始化,而且 CANCTL 中的 INIT 位清零,那么 CAN 模块就会将自己和 CAN 总线同步并开始数据传输。接收到每个数据,它都会经过消息处理程序进行滤波处理,滤波之后,被存入由 CANIFnCRQ 的 MNUM 位指定的消息对象中。整个消息（包括仲裁位、数据长度代码和 8 字节的数据）都会被保存到消息对象中。如果使用了标识码屏蔽,那么本来毫无影响被屏蔽掉的仲裁位可能又会被重写。

CPU 可能在任意时刻通过 CAN 接口寄存器读取或者写入消息。消息处理程序保证了在并发访问情况下数据的一致性。

　　消息对象的传输受到软件的控制，这个软件管理着 CAN 硬件。消息对象能够用作一次性数据传输，也可以作为永久性对象以周期性方式响应。永久性数据对象包含所有的仲裁和控制信息，但只有数据字节会更新。在开始传输的时候，CANTXRQn 寄存器的 TXRQST 位和 CANNWDAn 寄存器的 NEWDAT 位必须置1。如果多个发送消息被分配到相同的消息对象（当消息对象的数量不足够的时候），那么在数据请求传输之前整个消息对象必须配置。

　　相同时间内可能有任意数量的消息对象得到请求；它们根据自己内部的优先级发送，这个优先级基于消息对象的消息标识符（MNUM），1 为最高优先级，而 32 为最低优先级。消息可能在任何时刻被更新或者设置为无效，即使在它们请求的传输还处于挂起的时候。在挂起的传输开始之前，如果消息得到更新，那么旧的数据就会被丢弃。根据消息对象的配置，当接收到一个包含匹配的标识符的远程帧时，消息可能会自主地请求传输。

　　当接收到一个匹配的远程帧时，传输就可以自动开始。要使用这种模式，需要设置 CANIFnMCTL 寄存器的 RMTEN 位。一个接收到的匹配远程帧会导致 TXRQST 位置1，然后消息对象自动传输数据或者产生一个中断，这个中断指明有远程帧请求。远程帧可以是严格意义上的单个消息标识符，也可以是消息对象指定的一系列值。CAN 屏蔽寄存器 CANIFnMSKn 决定了哪些帧可以被认为是远程帧请求。CANIFnMCTL 寄存器的 UMASK 位可以将 CANIFnMSKn 寄存器的 MSK 位置1，这会对那些被认为是远程帧的请求启用过滤操作。如果希望远程帧请求是由 29 位的扩展标识符触发的，那么 CANIFnMSK2 寄存器的 MXTD 位必须置1。

（3）发送消息对象

　　如果 CAN 模块内部的发送移位寄存器处于就绪状态，而且在 CAN 接口寄存器和消息随机存储器之间没有数据传输，那么消息处理程序会将拥有最高优先级并且有挂起的发送请求的有效消息对象加载到发送移位寄存器，然后开始数据传输。随后消息对象的 CANNWDAn 寄存器的 NEWDAT 位会清零。传输成功后，如果从传输开始没有新的数据写入消息对象，那么 CANTXRQn 的 TXRQST 位会清零。如果 CAN 控制器配置成在消息对象成功完成一次数据传输后中断（CANIFnMCTL 的 TXIE 位置1），那么在传输完成后 CANIFnMCTL 的 INTPND 位会被置1。如果 CAN 模块丢失仲裁位或者在传输过程中出现错误，那么消息会在 CAN 总线下一次空闲时重传。如果传输的同时有更高优先级的消息传输请求，那么此请求会抢占当前消息传输，然后根据它们的优先级进行传输。

（4）配置发送报文对象

以下步骤描述了怎样配置一个发送报文对象。

① 在 CANIFnCMASK 寄存器中：

● 设置 WRNRD 位指定一个对 CANIFnCMASK 寄存器的写操作；使用 MASK 位指定是否将报文对象的 IDMASK、DIR 和 MXTD 传输给 CANIFn

寄存器。

- 使用 ARB 位指定是否将消息报文的 ID、DIR、XTD 和 MSGVAL 传输到接口寄存器。
- 使用 CONTROL 位指定是否将控制位传输到接口寄存器。
- 使用 CLRINTPND 位指定是否将 CANIFnMCTL 寄存器中的 INTPND 位清零。
- 使用 NEWDAT 位指定是否将 CANNWDAn 寄存器中的 NEWDAT 位清零。
- 使用 DATAA 和 DATAB 位指定需要传输的数据位。

② 在 CANIFnMSK1 寄存器中,通过 MSK[15:0]位来指定 29 位或者 11 位消息标识码的哪些位用来验证过滤。注意,这个寄存器中的 MSK[15:0]是给 29 位消息标识码的[15:0]位使用的,不是给一个 11 位标识码使用的。如果 MSK 的数值为 0x00,那么将允许所有的消息通过过滤。还要注意,为了要让这些位用于验证过滤,必须设置并启用 CANIFnMCTL 寄存器中的 UMASK 位。

③ 在 CANIFnMSK2 寄存器中,通过 MSK[12:0]位来指定 29 位或者 11 位消息标识码的哪些位用来验证过滤。注意,MSK[12:0]是给 29 位的消息标识码的[28:16]位使用的,而 MSK[12:2]是给 11 位消息标识码的[10:0]位使用的。使用 MXTD 和 MDIR 位指定是否使用 XTD 和 DIR 位验证过滤?如果域中的数值为 0x00,那么将允许所有的消息通过过滤。还要注意,为了让这些位用于验证过滤,必须设置并启用 CANIFnMCTL 寄存器中的 UMASK 位。

④ 对于 29 位标识码,配置 CANIFnARB1 寄存器的 ID[15:0]位对应于标识码 [15:0]位,而 CANIFnARB2 寄存器的 ID[12:0]位对应消息标识码的[28:16]位。设置 XTD 位指明扩展标识码;设置 DIR 位指明传输;设置 MSGVAL 位指明消息对象是有效的。

⑤ 对于 11 位标识码,忽略 CANIFnARB1 寄存器的内容,配置 CANIFnARB2 寄存器的 ID[12:2]位对应于消息标识码的[10:0]位。清零 XTD 位指明标准标识码;设置 DIR 位指明传输;设置 MSGVAL 位指明消息对象是有效的。

⑥ 在 CANIFnMCTL 寄存器中:

- 可选设置 UMASK 位,为验证过滤启用屏蔽(CANIFnMSK1 和 CANIFnMSK2 寄存器中指定的 MSK、MXTD 和 MDIR)。
- 可选设置 TXIE 位,启用在一个传输成功完成后将 INTPND 位置 1。
- 可选设置 RMTEN 位,启用在接收到一个匹配的远程帧后将 TXRQST 位置 1,允许自动传输。
- 设置 EOB 位产生一个单个的消息对象。
- 配置 DLC[3:0]域指定数据帧的大小。注意,在这个配置过程中不许设置 NEWDAT、MSGLST、INTPND 和 TXRQST 位。

⑦ 把要发送的数据加载到 CANIFnDATA 寄存器（CANIFnDA1、CANIFn-DA2、CANIFnDB1、CANIFnDB2）。CAN 数据帧的第 0 个字节存入 CANIFnDA1 寄存器的 DATA[7:0]。

⑧ 把要发送的消息对象数量编程写入 CANIFnCRQ 寄存器的 MNUM 域。

⑨ 当所有的步骤都准备就绪，设置 CANIFnMCTL 寄存器的 TXRQST 位。一旦这个位置 1，那么消息对象将根据优先级和总线是否空闲进行发送。注意，如果设置了 CANIFnMCTL 的 RMTEN 位，那么在接收到一个匹配的远程帧之后也能自动开始消息的发送。

（5）更新发送报文对象

CPU 可能会在任何时候通过 CAN 接口寄存器更新发送报文对象的数据字节。在更新前，CANIFnARB2 的 MSGVAL 位和 CANIFnMCTL 的 TXRQST 位都不需要清零。

即使只有一些数据字节需要更新，但 CANIFnDAn/CANIFnDBn 寄存器的 4 个字节都必须在寄存器信息送到报文对象之前是可用的。要么 CPU 把所有 4 个数据写入 CANIFnDAn/CANIFnDBn 寄存器，要么在 CPU 写新数据之前将报文对象写入 CANIFnDAn/CANIFnDBn 寄存器。

为了仅仅更新报文对象的数据，需要设置 CANIFnMSKn 寄存器的 WRNRD、DATAA 和 DATAB 位，然后就把更新的数据写入 CANIFnDA1、CANIFnDA2、CANIFnDB1 和 CANIFnDB2 寄存器，最后把报文对象的数量写入 CANIFnCRQ 寄存器的 MNUM 域。要尽快开始数据的传输，必须设置 CANIFnMSKn 寄存器的 TXRQST 位。

为了防止在数据传输过程中因为有数据更新而将 CANIFnMCTL 的 TXRQST 位清零，CANIFnMCTL 的 NEWDAT 位和 TXRQST 位必须同时置 1。这些位同时置 1，那么当新的传输开始时，NEWDAT 会立刻清零。

（6）接收到的报文对象

当收到的报文的仲裁和控制信息（CANIFnARB2 寄存器的 ID 位和 XTD 位，CANIFnMCTL 寄存器的 RMTEN 和 DLC[3:0] 位）完全转移到 CAN 控制器，这时控制器的报文处理机制开始扫描报文 RAM 并希望找到一个有效的且匹配的报文对象。要扫描报文 RAM 并找到一个匹配的报文对象，控制器需要使用验证过滤，它是由 CANIFnMSKn 寄存器的屏蔽位设置并启用 CANIFnMCTL 寄存器的 UMASK 位完成的。每个有效的报文对象，都从 1 开始，与接收到的报文比较，以此在报文 RAM 中定位一个匹配的报文对象。如果匹配成功，则停止扫描，然后消息处理程序会根据接收到的是数据帧还是远程帧继续执行。

（7）接收数据帧

消息处理程序会把 CAN 控制器接收移位寄存器中的报文都存入报文 RAM 中匹配的报文对象里。数据字节，所有的仲裁位和 DLC 位都会存入相应的报文对象。

这种方式下,即便使用了仲裁屏蔽,数据字节仍然关联着标识码。CANIFnMCTL 寄存器的 NEWDAT 位置 1 说明接收到了新的数据。当 CPU 读取了报文对象之后,需要把 NEWDAT 位清零,以此向控制器指明报文已经被接收了,缓冲区可以接收新的报文信息。如果 CAN 控制器接收到一个报文并且 NEWDAT 位已经置 1,那么 CANIFnMCTL 寄存器的 MSGLST 位会被置 1,指明先前的数据出现丢失。如果系统需要在成功接收到一个帧的时候产生中断,那么需要设置 CANIFnMCTL 寄存器的 RXIE 位。这种情况下,若同一寄存器的 INTPND 位也置 1,会导致 CANINT 寄存器指向刚接收到的报文的报文对象。要防止发送远程帧,需要将报文对象的 TXRQST 位清零。

(8)接收远程帧

一个远程帧不包含数据,但是却指定了需要传输的对象。当接收到一个远程帧时,匹配的报文对象会有三种不同的配置策略,如表 5.12 所列。

表 5.12　报文对象配置策略

CANIFnMCTL 中的配置	描　述
DIR＝1(发送);CANIFnARB2 寄存器中设置:RMTEN＝1(接收到帧时将 CANIFnMCTL 寄存器中的 TXRQST 位置 1,启用发送)UMASK＝1 或者 0	当接收到匹配的远程帧时,报文对象的 TXRQST 位置 1。报文对象的其余部分保持不变,控制器会尽快传输报文对象中的数据
DIR＝1(发送);CANIFnARB2 寄存器中设置:RMTEN＝0(在接收到帧时不改变 CANIFnMCTL 寄存器中的 TXRQST 位)UMASK＝0(忽略 CANIFnMSKn 寄存器的屏蔽)	当接收到匹配的远程帧时,报文对象的 TXRQST 位保持不变,该远程帧被忽略。这个远程帧无效,没有数据会发送
DIR＝1(发送);CANIFnARB2 寄存器中设置:RMTEN＝0(在接收到帧时不改变 CANIFnMCTL 寄存器中的 TXRQST 位)UMASK＝1(使用屏蔽 CANIFnMSKn 寄存器中的 MSK、MXTD 和 MDIR 位来进行验证过滤)	当接收到匹配的远程帧时,该报文对象的 TXRQST 位清零。移位寄存器中的仲裁和控制域(ID＋XTD＋RMTEN＋DLC)会被存入报文 RAM 中的报文对象里,该报文对象的 NEWDAT 位会置 1。报文对象的数据域保持不变;该远程帧的处理类似数据帧。这种模式对于其他 CAN 设备发送的远程帧请求而 TM4C123GH6PM 此时没现成的数据时候是很有用的。此时,软件必须填补数据然后手动回复该帧

(9)发送/接收优先级

报文对象的接收/发送优先级是由报文数量决定的。报文对象 1 拥有最高优先级,而报文对象 32 拥有最低优先级。如果有超过一个的发送请求挂起,报文对象会按照拥有更少报文数的顺序发送。优先级和标识码是分开的,标识码是由 CAN 总线强制执行的。因此,如果报文对象 1 和报文对象 2 都有报文需要发送,那么报文对象 1 的数据会优先发送。这和报文对象的标识码没有关系。

（10）配置接收到的报文对象

以下步骤描述了怎样配置一个接收到的报文对象。

① 按照前面"（4）配置发送报文对象"中描述的方式设置 CANIFnCMASK 寄存器，对 WRNRD 的置 1 是指定一个对报文 RAM 的写操作。

② 按照前面"（4）配置发送报文对象"中描述的方式设置 CANIFnMSK1 和 CANIFnMSK2 寄存器，以此确定用于验证过滤的位。注意，要把这些位用于验证过滤，必须在 CANIFnMCTL 寄存器中设置 UMASK 位来启用它们。

在 CANIFnMSK2 寄存器中，使用 MSK[12:0] 来指定用于验证过滤的 29 位或 11 位的报文标识码。注意，MSK[12:0] 用于指定 29 位的报文标识码的 [28:16] 位，而 MSK[12:2] 用于指定 11 位报文标识码的 [10:0] 位。使用 MXTD 和 MDIR 位来指定是否使用 XTD 和 DIR 位验收滤波。0x00 值使所有的报文通过验收过滤。注意，为了使这些位能够用于验收滤波，必须设置 CANIFnMCTL 寄存器中的 UMASK 位来启用这些位。

③ 按照"（4）配置发送报文对象"的步骤设置 CANIFnARB1 和 CANIFnARB2 寄存器，以此来配置接收到的报文对象的 XTD 和 ID 位；设置 MSGVAL 位表示这是一个有效的报文；清除 DIR 位表示这个报文已经接收。

④ 在 CANIFnMCTL 寄存器中：

- 可选设置用于验证过滤的屏蔽位（CANIFnMSK1 和 CANIFnMSK2 寄存器指定的 MSK、MXTD 和 MDIR 位）；
- 可选设置 RXIE 位，启用在成功接收一个报文后将 INTPND 位置 1；
- 将 RMTEN 清零，使 TXRQST 位保持不变；
- 设置 EOB 位表示一个单个的报文对象；
- 配置 DLC[3:0] 域指定数据帧的大小。

注意，在这个过程中不要设置 NEWDAT、MSGLST、INTPND 和 TXRQST 位。

⑤ 在 CANIFnCRQ 寄存器中的 MNUM 域设置接收报文对象的数量。只要 CAN 总线上出现匹配的帧报文对象就开始接收。

当消息处理程序把一个数据帧存入报文对象时，它会把接收到的数据长度码和 8 个数据字节存入 CANIFnDA1、CANIFnDA2、CANIFnDB1 和 CANIFnDB2 寄存器。CAN 数据帧的字节 0 存储在 CANIFnDA1 寄存器的 DATA [7:0] 位。如果数据长度码小于 8，那么报文对象其余的字节都由随机值覆盖。

CAN 屏蔽寄存器可以用来允许报文对象接收一组数据帧。CAN 屏蔽寄存器 CANIFnMSKn 配置报文对象能够接收哪些帧组。CANIFnMCTL 寄存器的 UMASK 位使 CANIFnMSKn 寄存器的 MSK 位确定过滤后接收哪些帧。如果报文对象希望只接收 29 位扩展标识码，那么需要将 CANIFnMSK2 寄存器的 MXTD 位置 1。

(11) 处理接收到的报文对象

因为消息处理程序状态机保证了数据一致性，所以 CPU 可能在任何时候都要通过 CAN 接口寄存器读取接收到的报文。

通常情况下，CPU 第一次会写 0x007F 到 CANIFnCMSK 寄存器，然后将报文对象的数量写入到 CANIFnCRQ 寄存器。这种组合设置会将整个接收的报文从消息存储器传输到消息缓冲区寄存器（CANIFnMSKn、CANIFnARBn 和 CANIFnMCTL）。另外，消息存储器中的 NEWDAT 和 INTPND 位都会被清零，表明消息已被读取，同时清除此报文对象产生的挂起中断。

如果报文对象验证过滤时使用屏蔽，那么 CANIFnARBn 寄存器显示全部的可以接收的帧的未屏蔽 ID。

CANIFnMCTL 寄存器的 NEWDAT 位显示从上一次该报文对象被读取后是否接收到新的消息。CANIFnMCTL 寄存器的 MSGLST 位显示从上一次该报文对象被读取后是否接收到多个新的消息。MSGLST 不会自动清零，只能通过软件读取它的状态后清零。

CPU 可能要求从 CAN 总线上的另一个 CAN 节点请求新的数据，这时候使用远程帧。设置接收对象的 TXRQST 位会导致发送一个远程帧，该帧包含接收对象的识别码。此远程帧会触发其他 CAN 节点开始传输匹配的数据帧。如果匹配的数据帧在远程帧发送之前接收到，TXRQST 的位会自动复位。这可以防止 CAN 总线上的其他设备在略早于预期的时候发送数据，可能造成的数据丢失。

1）配置 FIFO 缓冲区

除了 CANIFnMCTL 寄存器的 EOB 位例外，其余的报文对象的配置信息都属于 FIFO 缓冲区，这和单个接收的报文对象的配置是一样的（见"(10) 配置接收到的报文对象"）。在 FIFO 缓冲区中，如果要联系两个或两个以上的报文对象，那么这些报文对象的标识符和屏蔽位（如果使用）必须设置为正确的值。由于报文对象隐含的优先级，所以拥有最少报文数量的报文对象会排在 FIFO 缓冲区的第一个位置。如果 FIFO 缓冲区中所有消息对象的 EOB 位置 1，那么最后一个必须清零。FIFO 缓冲区中最后一个报文对象的 EOB 位被置 1，表明它是缓冲区中的最后一个。

2）接收 FIFO 缓冲区中的报文

FIFO 缓冲区中接收到的匹配报文，按照所拥有的消息数量从小到大顺序存储。当一个消息存储到 FIFO 缓冲区的报文对象时，该报文对象的寄存器 CANIFnMCTL 中的 NEWDAT 位会被置 1。EOB 清零的同时设置 NEWDAT，该报文对象会被锁定，不能由消息处理程序写入，直到 CPU 清除 NEWDAT 位。消息会被存储在 FIFO 缓冲区中，直到最后一个消息对象到达。只有当前面所有的报文对象通过清除 NEWDAT 位释放，更多的报文才会以最后一个报文对象的方式写入 FIFO 缓冲区，并覆盖以前的消息。

3) 读取 FIFO 缓冲区

当 CPU 传输 FIFO 缓冲区的报文对象内容时，会把它的数量写入 CANIFnCRQ 寄存器，CANIFnCMSK 寄存器中的 TXRQST 和 CLRINTPND 位也应该置 1，这样在读取报文之后 CANIFnCMSK 寄存器的 NEWDAT 和 INTPND 位就可以清零。这些 CANIFnMCTL 寄存器中的位在被清除之前反映了报文对象的状态。为了保证 FIFO 缓冲区执行正确的功能，CPU 应该首先读出有最小的消息数量的报文对象。当读 FIFO 缓冲区时，用户应该意识到，一个新收到的消息在 NEWDAT 位清零后，会被存储在拥有最小消息数量的报文对象中。这样的结果会导致，在 FIFO 中的接收到的消息存储顺序不正确。图 5.47 显示了如何连接 FIFO 缓冲区的消息对象才能够让它们被 CPU 处理。

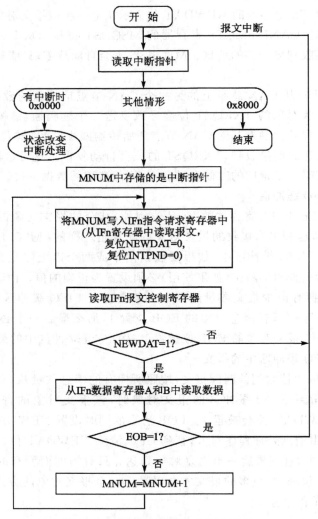

图 5.47　FIFO 缓冲区中的报文对象

（12）处理中断

如果多个中断处于挂起状态，CAN 中断（CANINT）寄存器会指向具有最高优先级的待处理中断，而不管它们的时间顺序。状态中断具有最高优先级。在所有的消息中断中，拥有最小报文数量的报文对象的中断具有最高优先级。清除报文对象的中断可以通过清除 CANIFnMCTL 寄存器的 INTPND 位或读取 CAN 状态（CANSTS）寄存器来完成。状态中断只能通过读取 CANSTS 寄存器清除。

CANINT 寄存器中的中断标识符 INTID 指示了产生中断的原因。当没有中断挂起时，寄存器的值为 0x0000。如果 INTID 域的值不是 0，说明有中断挂起。如果 CANCTL 寄存器中的 IE 位置 1，那么到中断控制器的中断线处于可用状态。中断线保持有效直到 INTID 域为 0，这意味着所有的中断源都清除了（中断被复位）；或者直到 IE 清零，这说明失能了从 CAN 控制器发出的中断。

CANINT 寄存器中的 INTID 域指向了挂起的消息中断中的拥有最高优先级的中断。CANCTL 寄存器中的 SIE 位确定了是否在改变 CANSTS 寄存器的 RXOK、TXOK 和 LEC 位时产生中断。CANCTL 寄存器的 EIE 位确定了是否在改变 CANSTS 寄存器的 BOFF 和 EWARN 位时产生中断。CANCTL 寄存器的 IE 位确定了是否 CAN 控制器的任何中断都会传送到中断控制器。即使当 CANCTL 寄存器的 IE 位清零而 CPU 还未知中断的时候，CANINT 寄存器也会更新。

如果 CANINT 寄存器的值为 0x8000，说明有一个中断挂起，因为 CAN 模块已更新但不一定改变，而 CANSTS 寄存器说明发生了错误或产生了状态中断。对 CANSTS 寄存器的写操作能够清除该寄存器的 RXOK、TXOK 和 LEC 位；但是，只有通过读取 CANSTS 寄存器才能清除状态中断源。

在中断处理过程中可以通过两种方式确定中断源。第一种方式是读取 CANINT 寄存器的 INTID 位来确定处于挂起状态的拥有最高优先级的中断，第二种方式是读取 CAN 报文中断挂起寄存器（CANMSGnINT）来确定所有挂起中断的消息对象。

中断源对应的中断服务程序可能会读取消息，并同时通过设置 CANIFnCMSK 寄存器的 CLRINTPND 位清除报文对象的 INTPND 位。一旦 INTPND 位被清零，CANINT 寄存器就会写入待处理的中断中下一个报文对象的消息数量。

（13）测试模式

测试模式允许执行各种诊断方式。通过设置 CANCTL 寄存器的 TEST 位进入测试模式。一旦进入测试模式，CAN 测试寄存器（CANTST）的 TX[1:0]、LBACK、SILENT 和 BASIC 位可以用来确定 CAN 控制器何种诊断模式。CANTST 寄存器的 RX 位允许监测 CANnRX 信号。当 TEST 位清零，所有 CANTST 寄存器功能都会被禁用。

1）静音模式

静音模式可以用来分析 CAN 总线上的通信量，而不会影响它的显性数据的传输（确认位，错误帧）。设置 CANTST 寄存器的 SILENT 位可以使 CAN 控制器进入静音模式。在静音模式下,CAN 控制器仍然能够接收有效的数据帧和有效的远程帧,但只能在 CAN 总线上发送隐性数据,并且不能主动发起传输。如果 CAN 控制器需要发送一个显性位(ACK 位、超载标志或主动错误标志),该位会在内部改变发送路线,使 CAN 控制器能够监视这个显性位。即使这个时候 CAN 总线仍然处于隐性状态。

2) 环回模式

环回模式具有自检功能。在环回模式下,CAN 控制器内部按照 CANnTX 信号到 CANnRX 信号的路线发送,并将其自己发送的消息作为接收消息,存储(如果它们通过验收滤波)到消息缓冲区。通过设置 CANTST 寄存器的 LBACK 位使 CAN 控制器进入环回模式。为了独立于外部激励,CAN 控制器在环回模式中会忽略确认错误(从数据/远程帧确认间隙采样产生的一个隐性位)。CANnRX 信号的实际值会被 CAN 控制器忽略。所发送的消息可以在 CANnTX 信号中显示。

3) 环回模式结合静音模式

环回模式和静音模式可以结合起来使用,允许 CAN 控制器在不影响连接到 CANnTX 和 CANnRX 信号运行的情况下进行测试。在这种模式下,CANnRX 信号从 CAN 控制器断开,而 CANnTX 信号保持隐性。这种模式可以通过同时设置 CANTST 寄存器的 LBACK 和 SILENT 位启用。

4) 基本模式

基本模式允许 CAN 控制器在不需要消息存储器的情况下执行。在基本模式下,CANIF1 寄存器被用作发送缓冲区。通过设置 CANIF1CRQ 寄存器的 BUSY 位请求 IF1 的内容发送。当 BUSY 位被置位时 CANIF1 寄存器被锁定。BUSY 位反映了传输挂起。一旦 CAN 总线空闲,CANIF1 寄存器的内容就会被加载到 CAN 控制器的移位寄存器中并开始传输。当传输完成后,BUSY 位被清零,而锁定的 CANIF1 寄存器会被释放。待处理的传输可以在任何时间取消,只要在 CANIF1 寄存器被锁定时清除 CANIF1CRQ 寄存器的 BUSY 位即可。当 CPU 已经清除 BUSY 位后,为了防止丢失仲裁或出现错误信息,重传机制会被失能。

CANIF2 寄存器作为接收缓冲区。接收到消息后,移位寄存器的内容会存储到 CANIF2 寄存器中,存储过程不经过任何验证过滤。此外,移位寄存器的实际内容可以在信息传输过程中监视。每次通过设置 CANIF2CRQ 寄存器的 BUSY 位,就会初始化一个读报文对象的操作,然后移位寄存器中的内容就会存储到 CANIF2 寄存器中。

在基本模式下,所有与报文对象相关的控制位和状态位,以及 CANIFnCMSK 寄存器中的控制位都不会被计算。CANIFnCRQ 寄存器的消息数量也不会被计算。在寄存器 CANIF2MCTL 中,NEWDAT 和 MSGLST 的位保留它们的功能,DLC[3:0]域显示接收到的 DLC,其他控制位被清零。

通过设置 CANTST 寄存器中的 BASIC 位启用基本模式。

5) 发送控制

软件有四种不同的方式重写 CANnTX 信号的控制信息。

- CANnTX 由 CAN 控制器控制；
- 监视位时序的采样信号由 CANnTX 信号驱动；
- CANnTX 驱动一个低电平；
- CANnTX 驱动一个高电平。

最后两个功能,结合可读的 CAN 接收引脚 CANnRX,可以用来检查 CAN 总线的物理层。

传输控制功能通过设置 CANTST 寄存器的 TX[1:0] 域启用。其中 CANnTX 信号的三个测试功能会干扰 CAN 协议的功能。当传输 CAN 消息或者选择了环回模式、静音模式、基本模式时,TX[1:0] 必须清零。

(14) 位时序配置错误的注意事项

即使在配置 CAN 位时序的时候出现轻微的错误也不会立刻导致失败,只会导致 CAN 网络性能显著降低。在许多情况下,CAN 位同步会修改 CAN 位时序中的错误配置,直到偶尔产生一个错误帧的程度为止。然而在仲裁的情况下,当两个或两个以上 CAN 节点同时试图发送一个帧时,可能会导致错误的采样点以至于其中一个发送者会被错误的屏蔽。分析这些零散的错误,需要对 CAN 节点内的位同步和 CAN 总线上 CAN 节点互动的位同步有详细了解。

(15) 位时序和比特率

CAN 系统支持小于 1 Kbps 到高达 1 000 Kbps 范围内的比特率。CAN 网络中的每个成员都有自己的时钟发生器。每一个 CAN 节点的位时序参数都可以单独配置并产生一个共同的比特率,即使 CAN 节点振荡器周期不同,如图 5.48 所示。

由于温度或电压的变化,引起频率的微小变化,或者因为质量不好的组件,振荡器也会变得不稳定。只要变化保持在振荡器指定的容差范围内,CAN 节点就能够通过周期性地同步比特流来补偿不同的比特率。

CAN 协议范围如表 5.13 所列。根据 CAN 规范,位时序被分为 4 个部分:同步段、传播时间段、相位缓冲段 1 和相位缓冲段 2。每个部分包含了一个特定的、可编程的时间分量数。时间分量(t_q)是位时序的基本时间单位,由 CAN 控制器的输入时钟(f_{sys})和波特率预分频器(BRP)定义:

$$t_q = BRP/f_{sys}$$

f_{sys} 输入时钟是系统时钟频率,由 RCC 或 RCC2 寄存器配置。

同步段(Sync)在位时序中指明了 CAN 总线电平边缘希望发生的时间；而在 Sync 外部出现的电平边缘和 Sync 之间的距离被称为该边缘的相位差。

传播时间段(Prop)用来补偿 CAN 网络物理层上的延迟时间。

相位缓冲段 1(Phase1)和相位缓冲段 2(Phase 2)处于采样点两边。

同步跳转宽度(SJW)定义了重新同步时可能移动采样点的距离,它由相位缓冲段决定范围,用来补偿边缘相位差。

一个给定的比特率可能满足不同的位时序配置,但要实现 CAN 网络的正常功能,还必须考虑到物理延迟时间和振荡器的容差范围。

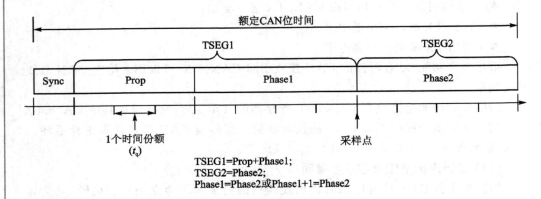

TSEG1=Prop+Phase1;
TSEG2=Phase2;
Phase1=Phase2或Phase1+1=Phase2

图 5.48　CAN 位时序

在 CANBIT 寄存器的两个寄存器字节中配置位时序。寄存器 CANBIT 中,TSEG2、TSEG1、SJW 和 BRP 都需要编程设置数值,该值应该比其函数值小 1,所以这个值不是范围[1..n]内的值而是对应[0..$n-1$]范围。这样一来,例如,SJW(函数值范围[1..4])就只需要 SJW 字段的两位表示。表 5.14 描述了 CANBIT 寄存器值和参数之间的关系。

表 5.13　CAN 协议范围

参　数	范　围	注意事项
BRP	[1..64]	决定了时间分量的长度 t_q,CANBRPE 寄存器能够用来把范围扩展到 1 024
Sync	$1t_q$	固定长度,同步总线时钟与系统时钟
Prop	[1..8]t_q	补偿物理延迟时间
Phase1	[1..8]t_q	根据同步可以暂时延长
Phase2	[1..8]t_q	根据同步可以暂时缩短
SJW	[1..4]t_q	不会比相位缓冲段长

注:该表描述了 CAN 协议规定的最小范围。

表 5.14　CANBIT 寄存器值

CANBIT 寄存器字段	设　置
TSEG2	Phase2-1
TSEG1	Prop+Phase1-1
SJW	SJW-1
BRP	BRP

因此,位时序的长度(编程值):

$$[TSEG1 + TSEG2 + 3] * t_q$$

或者(函数值):

$$[Sync + Prop + Phase1 + Phase2] * t_q$$

CANBIT 寄存器中的数据是 CAN 协议控制器配置的输入。波特率预分频器(由 BRP 字段配置)定义了时间分量的长度,即位时序的基本时间单位;位时序逻辑(由 TSEG1、TSEG2 和 SJW 配置)定义了位时序中时间分量的数量。

位时序的处理、采样点位置的计算和偶尔的同步都由 CAN 控制器控制,并且每次时间分量都会计算。

CAN 控制器实现消息和帧之间的转换。另外,控制器还产生和丢弃封装固定格式的位,插入和提取填充位,计算和检查 CRC 码,进行错误管理,并决定使用哪种类型的同步。每个位的值都是在采样点处接收或发送的。信息处理时间(IPT)在采样点时间之后,用于计算在 CAN 总线上要发送的下一个位的时间。IPT 包括以下任一部分:检索下一个数据位,处理 CRC 位,确定是否需要填充位,产生一个错误标志或者进入空闲状态。

IPT 是每个应用程序专有的,但长度都不会超过 2 倍的 t_q;CAN 的 IPT 是 0 倍的 t_q。IPT 的长度是 Phase2 设置的长度的下限。在同步的情况下,Phase2 可能会缩短到一个小于 IPT 的值,但不影响总线时序。

(16)计算位时序参数

通常情况下,位时序配置的计算都是从所需的位速率或比特时间开始。计算得到的位时间(1/比特速率)必须是系统时钟周期的整数倍。

位时间可能包含 4～25 个时间分量。各种不同的组合可能会导致所需要的位时间是以下步骤的循环组合。

位时间的第一部分定义为 Prop。它的长度依赖于系统中测得的延迟时间。对于可扩展的 CAN 总线系统最大总线长度和最大节点延迟,都需要定义。由此产生的 Prop 时间会转换成时间分量(四舍五入到 t_q 的整数倍)。

Sync 是 1 倍 t_q 长度(固定),这就使两个相位缓冲段的长度为(位时间-Prop-1)倍的 t_q。如果剩余 t_q 的数量是偶数,那么相位缓冲段有相同的长度,也就是相位缓冲段 2=相位缓冲段 1,否则相位缓冲段 2=相位缓冲段+1。

相位缓冲段 2 的最小标准长度也会被忽略。相位缓冲段 2 一般不会短于 CAN 控制器的信息处理时间,这取决于实际的实现,范围为 $[0..2]t_q$。

同步跳转宽度的长度至少设置为 4,或等于 Phase1 或 Phase2 的长度。

生成配置所需的振荡器的容差范围由下面给出的公式计算:

$$(1 - d_f) \times f_{nom} \leqslant f_{osc} \leqslant (1 + d_f) \times f_{nom}$$

式中:d_f 为振荡器频率的最大容差范围;f_{osc} 为实际的振荡器频率;f_{nom} 为标准振荡器频率。最大频率容差必须按照以下公式进行:

$$d_f \leqslant \frac{(Phase\_seg1, Phase\_seg2)min}{2 \times (13 \times t_{bit} - Phase\_seg2)}$$

$$d_{fmax} = 2 \times d_f \times f_{nom}$$

式中:Phase1 和 Phase2 来自表 5.3;t_{bit} 为位时间;d_{fmax} 为两个振荡器之间的最大差值。

如果可能出现一个以上的配置,那么该配置必须允许选择最高的振荡器容差范围。

不同的系统时钟的 CAN 节点,需要不同的配置来达成相同的比特率。CAN 网络中传播时间的计算，是基于整个网络上拥有最长延迟时间的节点上，完成一次传输的时间。

CAN 系统的振荡器的容差范围由节点的最小容差范围限制。

计算表明，可能会降低总线长度或比特率，或者增加振荡器频率稳定性，以便找到一个协议兼容的 CAN 位时序的配置方式。

1) 高波特率位时序示例

本示例中，CAN 时钟频率为 25 MHz，而比特率为 1 Mbps。

$t_{bit} = 1 \ \mu s = n \times t_q = 5 \times t_q$

$t_q = 200$ ns

$t_q = $ 波特率预分频器/CAN 时钟频率

波特率预分频器 $= t_q \times$ CAN 时钟 $= 200$ ns $\times 25$ MHz $= 5$

$t_{Sync} = 1 \times t_q = 200$ ns　　　\\固定为 1 个时间分量

总线驱动延迟 50 ns

接收电路延迟 30 ns

总线延迟（40 m） 220 ns

$t_{Prop \ 400 \ ns} = 2 \times t_q$　　　　\\400 是下一个 t_q 的整数倍

$t_{bit} = t_{Sync} + t_{TSeg1} + t_{TSeg2} = 5 \times t_q$

$t_{bit} = t_{Sync} + t_{Prop} + t_{Phase1} + t_{Phase2}$

$t_{Phase1} + t_{Phase2} = t_{bit} - t_{Sync} - t_{Prop}$

$t_{Phase1} + t_{Phase2} = (5 \times t_q) - (1 \times t_q) - (2 \times t_q)$

$t_{Phase1} + t_{Phase2} = 2 \times t_q$

$t_{Phase1} = 1 \times t_q$

$t_{Phase2} = 1 \times t_q$　　　　　\\$t_{Phase2} = t_{Phase1}$

$t_{TSeg1} = t_{Prop} + t_{Phase1}$

$t_{TSeg1} = (2 \times t_q) + (1 \times t_q)$

$t_{TSeg1} = 3 \times t_q$

$t_{TSeg2} = t_{Phase2}$

$t_{TSeg2} = ($Information Processing Time(IPT) $+ 1) \times t_q$

$t_{TSeg2} = 1 \times t_q$　　　　\\假设 IPT $= 0$

$t_{SJW} = 1 \times t_q$　　　　\\至少为 4，Phase1 and Phase2

上述示例中，CANBIT 寄存器位的值为

TSEG2	= TSeg2−1=1−1=0	SJW	= SJW−1=1−1=0
TSEG1	= TSeg1−1=3−1=2	BRP	= 波特率预分频器−1=5−1=4

最后编程写入 CANBIT 寄存器的值为 0x0204。

2）低波特率位时序示例

本示例中，CAN 时钟频率为 50 MHz，而比特率为 100 Kbps。

$t_{bit} = 10\ \mu s = n \times t_q = 10 \times t_q$

$t_q = 1\ \mu s$

$t_q =$ 波特率预分频器/CAN 时钟频率

波特率预分频器 $= t_q \times CAN = 1\ \mu s \times 50\ MHz = 50$

波特率预分频器 $= 1E-6 \times 50E6 = 50$

$t_{Sync} = 1 \times t_q = 1\ \mu s$　　　　　\\固定为 1 个时间分量

总线驱动延迟 200 ns

接收电路延迟 80 ns

总线延迟（40 m）220 ns

$t_{Prop1\ \mu s} = 1 \times t_q$　　　　　\\1 μs 是下一个 t_q 的整数倍

$t_{bit} = t_{Sync} + t_{TSeg1} + t_{TSeg2} = 10 \times t_q$

$t_{bit} = t_{Sync} + t_{Prop} + t_{Phase1} + t_{Phase2}$

$t_{Phase1} + t_{Phase2} = t_{bit} - t_{Sync} - t_{Prop}$

$t_{Phase1} + t_{Phase2} = (10 \times t_q) - (1 \times t_q) - (1 \times t_q)$

$t_{Phase1} + t_{Phase2} = 8 \times t_q$

$t_{Phase1} = 4 \times t_q$

$t_{Phase2} = 4 \times t_q$　　　　　　　　\\$t_{Phase1} = t_{Phase2}$

$t_{TSeg1} = t_{Prop} + t_{Phase1}$

$t_{TSeg1} = (1 \times t_q) + (4 \times t_q)$

$t_{TSeg1} = 5 \times t_q$

$t_{TSeg2} = t_{Phase2}$

$t_{TSeg2} = (Information\ ProcessingTime(IPT) + 4) \times t_q$

$t_{TSeg2} = 4 \times t_q$　　　　　\\假设 IPT=0

$t_{SJW} = 4 \times t_q$　　　　　\\至少为 4，Phase1 and Phase2

上述示例中，CANBIT 寄存器位的值为

TSEG2	=TSeg2-1=4-1=3	SJW	=SJW-1=4-1=3
TSEG1	=TSeg1-1=5-1=4	BRP	=波特率预分频器=50-1=49

最后编程写入 CANBIT 寄存器的值为 0x34F1。

5.6　USB 控制器

　　USB（Universal Serial Bus）是通用串行总线的缩写，是连接计算机系统与外部设备的一种串口总线标准，也是一种输入/输出接口的技术规范。由于使用方便，USB 已被广泛应用于各种需要与 PC 相连的外部设备，如 U 盘、移动硬盘、无线网

卡、手机、MP3 播放器等。

5.6.1 USB 简介

USB 的最大特点是支持热插拔和即插即用。当设备插入时,主机枚举到此设备并加载所需的驱动程序。USB 在速度上远比并行端口与串行接口(例如 RS - 232)等传统计算机用标准接口快。USB 2.0 的最大传输带宽可达 480 Mbps(高速),而Tiva 微控制器支持的全速模式,最大传输带宽约为 12 Mbps。USB 需要使用 USB控制器来实现其各种规范功能,目前一些相对高端的 MCU 已经集成了 USB 控制器。

1. USB 版本

USB 经历了数代的发展,最新一代是 USB 3.1,传输速度可达 10 Gbps。通常USB 1.1 是较普遍的 USB 规范,其全速方式的传输速率为 12 Mbps(实际数据速率约为 1.5 Mbps),低速方式的传输速率为 1.5 Mbps。USB 的版本标准如表 5.15所列。

表 5.15 USB 硬件版本

USB 版本	速率称号	带　宽	有效数据速率
USB 3.1	超高速+(Super Speed+)	10 Gbps	约 1 000 Mbps
USB 3.0	超高速(Super Speed)	5 Gbps	约 500 Mbps
USB 2.0	高速(Hi - Speed)	480 Mbps	约 60 Mbps
USB 1.1/2.0	全速(Full - Speed)	12 Mbps	约 1.5 Mbps
USB 1.0	低速(Low - Speed)	1.5Mbps	187.5 Kbps

USB 2.0 规范是由 USB 1.1 规范演变而来的。它的传输速率达到了 480 Mbps,折算为 MB 约为 60 MBps,足以满足大多数外设的速率要求。USB 2.0 中的"增强主机控制器接口"(EHCI)定义了一个与 USB 1.1 相兼容的架构。它可以用 USB 2.0的驱动程序驱动 USB 1.1 设备。也就是说,所有支持 USB 1.1 的设备都可以直接在USB 2.0 的接口上使用而不必担心兼容性问题,而且像 USB 线、插头等附件也都可以直接使用。

TM4C123GH6PM 微处理器支持包括 USB 1.0 低速到 USB 2.0 全速的规范。

2. USB 连接器引脚

USB 信号使用分别标记为 D+和 D-的双绞线传输,它们各自使用半双工的差分信号并协同工作,以抵消长导线的电磁干扰。

Micro - USB 除了第 4 针外,其他接口功能与标准 USB 相同,如图 5.49 所示。该引脚可用于支持 USB OTG;Micro - USB 的引脚定义如表 5.16 所列。

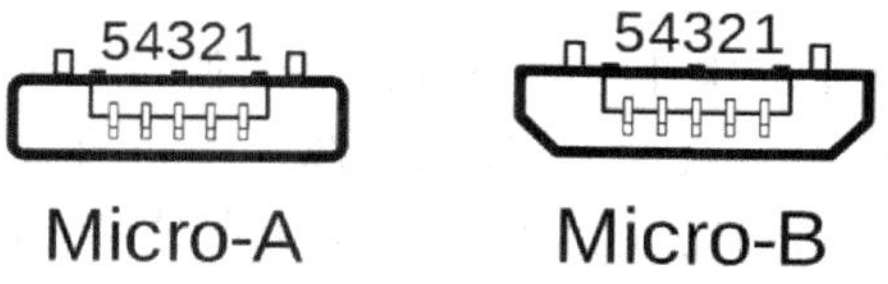

图 5.49　Micro - USB 连接器

表 5.16　USB 引脚定义

引脚号	功能（主机）	功能（设备）	引脚号	功能（主机）	功能（设备）
1	VBUS（4.75～5.25 V）	VBUS（4.4～5.25 V）	4	ID	—
2	D—	D—	5	接地	接地
3	D+	D+			

Micro - USB 的第 4 针成为 ID，地线在 Micro - A 上连接到第 5 针，在 Micro - B 可以悬空亦可连接到第 5 针。

3. USB 数据传输

USB 的数据传输协议使用 NRZI 编码方式：当数据为 0 时，电平翻转；数据为 1 时，电平不翻转。为了防止出现过长时间电平不变化现象，USB 在发送数据时采用了位填充处理。

USB 设备与管道（pipe）联系在一起，管道把主机控制器和被称为端点（end-point）的逻辑实体连接起来。USB 的一个端点只能单向（进/出）传输数据，每个 USB 设备至少有两个端点/管道：它们分别是进出方向的，编号为 0，用于控制总线上的设备。按照各自的传输类型，管道被分为 4 类：

控制传输（Control）——一般用于短的、简单的对设备的命令和状态反馈，例如用于总线控制的 0 号管道。

同步传输（Isochronous）——按照有保障的速度（可能但不必然是尽快地）传输，可能有数据丢失，例如实时的音频、视频。

中断传输（Interrupt）——用于必须保证尽快反应的设备（有限延迟），例如鼠标、键盘。

批量传输（Bulk）——使用余下的带宽大量（但是没有对于延迟、连续性、带宽和速度的保证）地传输数据，例如普通的文件传输。

4. USB OTG 技术

USB OTG 是 USB On-The-Go 的缩写，是 USB 2.0 规格的补充标准。它可使 USB 设备在没有 Host 的情况下，例如手机作为主机，与 U 盘、鼠标或键盘连接。

标准的 USB 使用主/从（Master/Slave）架构，USB 主机端是"主"，而 USB 外设是"从"。只有 USB 主机可以与从设备连接，进行资料传输。USB 外设不能发起数据传输请求,只能回应服务器的指令。

USB OTG 的出现改变了这种状况,并且 OTG 使得 USB 外设也可作为主机端。例如,USB 键盘或打印机可以通过 USB 连接线与手机直接相连。兼容 USB OTG 标准的设备能够发起并控制连接,也可以自动切换主机与外设的角色。

TM4C123GH6PM 微控制器支持 USB OTG 模式,因此可以通过编程,使用 TI 的 USB 驱动库,将 LaunchPad 直接与外部 USB 从设备连接,进行数据交互。

5.6.2 Tiva 微控制器的 USB

Tiva 微处理器包含 1 个 USB 控制器,能够在 USB HOST、USB Device 以及 USB OTG 模式间进行切换,并且可支持 USB 2.0 全速(Full - Speed)模式、USB 1.0 低速(Low - Speed) 模式。

Tiva USB 控制器具有如下功能:支持暂停和恢复信号;支持 16 个 Endpoint(包括两个硬布线控制传输节点:IN EP 和 OUT EP)。通过使用 μDMA 控制器访问 USB 的 FIFO,可大大提升接口访问速度。其接口特点如下所述:

- 符合 USB - IF 认证标准。
- PHY 符合 USB 2.0 全速(12 Mbps)与 USB 1.0 低速(1.5 Mbps)标准。
- 链路电源管理,能够根据链路状态降低功耗。
- 4 种传输类型:控制、中断、批量和同步。
- 16 个端口:
  - 1 个专用的输入控制端口(EP IN)和一个专用的输出控制端口(EP OUT);
  - 7 个可配置的输入端口和 7 个可配置的输出端口。
- 4 KB 专用 EP 端口内存空间:一个 EP 端口可被定义为双缓冲同步(数据包大小 1 023 字节)。
- 支持 V_{BUS}、有效 ID 检测和中断。
- 直接内存访问控制器(μDMA):
  - 3 个输入端口(EP IN)和 3 个输出端口(EP OUT)支持独立的信道发送和接收;
  - 支持 FIFO 数据中断请求。

TM4C123GH6PM USB 控制器支持 SRP 协定以及 HNP 协定,因此能完全支持 USB OTG。

SRP 协议允许 B 设备向 A 设备请求以打开 V_{BUS},随后 HNP 协议用于设备初始化操作。初始化操作可确定哪一方用作 USB 供电,哪一端作为 USB HOST 控制器。

当设备与非 OTG 外设相连时,控制器能够检测另一端连接的设备类型,并且对寄存器进行配置为 HOST 模式或设备模式。USB 控制器将自动识别和进行初始化操作,因此,系统可以使用单一的 A/B 模式连线,而无需使用完全支持 USB OTG 的连接线。

当 USB 控制器被配置为自供电设备时,必须将一个 GPIO 输入或模拟比较器连接至 V_{BUS},并且配置为当 V_{BUS} 掉电时可以产生中断(该中断可用于禁用 USB0DP 信号的上拉电阻)。

需要注意的是,当 USB 工作时,必须设定 MOSC 为时钟源;并且在不使用 PLL 时,系统时钟至少为 20 MHz。

1. USB 模块关系图

TM4C123FH6PM 微处理器拥有一个 USB 模块,可以进行全双工传送操作;此外,USB 接口连接了 μDMA 控制器,因此可以以 USB 2.0 全速(Full - Speed)方式对数据进行批量传送。

USB 模块框图如图 5.50 所示。

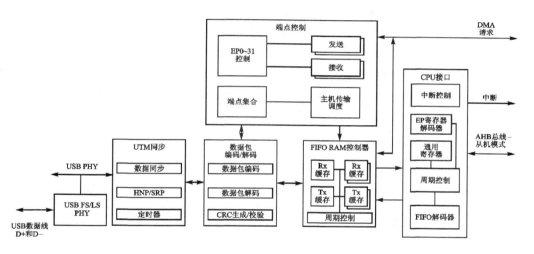

图 5.50　USB 模块框图

2. USB 信号概览

表 5.17 列述了 USB 控制器的引脚信号。其中,一些 USB 控制器的信号在 RESET 时,作为 GPIO 信号使用。

表 5.17　USB 信号定义表(64LQFP)

引脚名称	引脚编号	引脚复用/分配	类　型	缓冲区类型
USB0DM	43	PD4	I/O	模拟
USB0DP	44	PD5	I/O	模拟
USB0EPEN	5	PF4	O	TTL
	14	PC6		
	63	PD2		
USB0ID	45	PB0	I	模拟

嵌入式系统教程——基于 Tiva C 系列 ARM Cortex-M4 微控制器

续表 5.17

引脚名称	引脚编号	引脚复用/分配	类　型	缓冲区类型
USB0PFLT	13 64	PC7 PD(3)	I	TTL
USB0VBUS	46	PB1	I/O	模拟

GPIOAFSEL 寄存器的 AFSEL 位决定了 USB 的功能。GPIOPCTL 寄存器的 PMCn 位组选定了 GPIO 的哪些引脚用于 USB 信号。

通过清除 GPIODEN 信号可以对 USB0VBUS 和 USB0ID 信号进行配置。

其他的 USB 信号已有固定引脚配置,不需要进行特殊配置。

需要注意的是,在 USB OTG 模式下,USB 控制器直接接管控制了 USB 的 V_{BUS} 以及 ID 信号,因此,USB0VBUS 和 USB0ID 信号在该模式下无需进行配置。

如果 USB 控制器被配置为主机模式或设备模式,USBGPCS 寄存器的 DEV-MODOTG 位和 DEVMOD 位可被用于连接 USB0VBUS 和 USB0ID 信号;此时, PB0 和 PB1 可供其他 GPIO 使用。

在连接自供电操作的 USB 设备时,系统必须监控 V_{BUS},以避免 HOST 端意外移除 V_{BUS};此时,设备端应禁用 USB 的 D+/D- 上拉电阻(可通过将 GPIO 连接至 V_{BUS} 解决该问题)。

3. USB 设备模式

在将 USB 控制器配置为设备模式或 HOST 模式前,必须将 SRCR2 寄存器的 USB0 位清除(包括 IN EP、OUT EP、从 SUSPEND 模式中唤醒或进入 SUSPEND 模式,以及由 SOF 触发)。

在设备模式下,IN 操作受 EP 端口控制,通过传输端口寄存器进行数据传输。 OUT 操作端接收数据,并且使用传输端口寄存器进行数据传输。

在配置 FIFO 缓冲区时,必须确保能够正确接收 EP 包大小。

以下是 USB 控制器在 4 种模式下对包大小的限制:

● 块模式(Bulk):块模式 EP 包大小应和最大包大小相同(小于 64 字节),若双缓冲被启用,则应为两倍最大包大小。

● 中断模式(Interrupt):中断模式 EP 包大小应和最大包大小相同(小于 64 字节),若双缓冲被启用,则应为两倍最大包大小。

● 同步模式(Isochronous):同步模式 EP 包大小可为 1～1 023 字节。

● 控制模式(Control):可指定一个单独的 EP(通常应使用 EP0)。

(1) EP 端口

当对设备进行操作时,USB 控制器提供了 16 个 EP 端口,包括两个硬布线控制传输节点 IN EP 和 OUT EP,以及 14 个 EP(7 个 IN EP 端口,7 个 OUT EP 端口)。 寄存器配置决定了 EP 端口的编号及传输方向。

例如,主机端口 EP1 传送数据时,所有的配置及数据都存在于 EP1 及其寄存器中。

EP0 是一个特殊的控制 EP 端口,用于在枚举设备时提供控制信息,或者响应其他发送至 EP0 的控制信息。EP0 端口将 USB 控制器的 FIFO 内存的前 64 字节作为共享内存,用于提供 IN、OUT 传输数据缓冲。

其余的 14 个 EP 端口可被配置为控制、中断、批量和同步模式,7 个 IN EP 端口和 7 个 OUT EP 端口。其中,IN 和 OUT 的类型在传输过程中可以不同。

例如,OUT EP 端口可被配置为批量模式;此时,IN EP 端口可配置为中断模式。

每个 EP 端口的 FIFO 缓冲区的大小、起始地址都可根据需求进行配置。

(2) 来自设备 EP IN 端口的数据传输

当对 USB 设备进行读写时,IN 端口的 FIFO 对设备传输的数据进行了缓存。USBTXFIFOADD 寄存器配置了 7 个 IN 端口的 FIFO 缓存起始地址。

USBTXMAXPn 寄存器配置了 EP 端口的 FIFO 大小(可存放的最大包尺寸)。

EP 端口的 FIFO 缓冲区也可配置为使用双缓冲或单缓存机制。若双缓冲机制被启用,则 FIFO 缓存区内可同时存放两个数据包,此时,FIFO 缓冲区长度必须不小于两个数据包大小;若双缓冲机制未被启用,则 FIFO 只能保存一个数据包。

需要注意的是,最大包大小不能超过 FIFO 大小。在 FIFO 未被清空前,不应修改 USBTXMAXPn 寄存器,否则后果将不可预计。

1)单数据包缓冲

若传输 EP 端口的 FIFO 缓冲区尺寸小于最大包长的两倍大小(FIFO 大小通过 USBTXFIFOSZ 寄存器配置),则此时 FIFO 只能缓冲一个包,并且只能启用单数据包缓冲。

当向 FIFO 填入一个完整的数据包后,应将 USBTXCSRLn 寄存器的 TXRDY 位置位。若 USBTXCSRHn 寄存器的 AUTOSET 被置位,则当最大包长的数据包被放入 FIFO 后,TXRDY 将被自动置位。若填入的数据长度小于最大包长,则需要手动对 TXRDY 进行置位。

在 TXRDY 被置位后,数据将被发送。若数据发送成功,TXRDY 和 FIFONE 位将被清除,并将触发 EP 传输中断。

2)双数据包缓冲

若传输 EP 端口的 FIFO 缓冲区尺寸不小于最大包长的两倍大小(FIFO 大小通过 USBTXFIFOSZ 寄存器配置),则此时 FIFO 能缓冲两个包,可启用双数据包缓冲。

当向 FIFO 填入一个完整的数据包后,应将 USBTXCSRLn 寄存器的 TXRDY 位置位。若 USBTXCSRHn 寄存器的 AUTOSET 被置位,则当最大包长的数据包被放入 FIFO 后,TXRDY 将被自动置位。若填入的数据长度小于最大包长,则需要手动对 TXRDY 进行置位。

当第一个数据包载入完成,TXRDY 位被清除并产生中断;此时可向 FIFO 缓冲区中填入第二个数据包并设置 TXRDY 位。TXRDY 被置位后,数据将被发送。

若两个数据包都发送成功,TXRDY 位被清除并触发 EP 传输中断,表明可向 FIFO 中填入下一个数据包。USBTXCSRLn 寄存器的 FIFONE 位表明缓冲区中可载入的数据包个数。若 FIFONE 被置位,则表明 FIFO 中已有一个数据包,此时只能再向 FIFO 中填入一个数据包。若 FIFONE 被清除,则表明 FIFO 中没有数据包,可以向 FIFO 中填入两个数据包。

需要注意的是,若 USBTXDPKTBUFDIS 寄存器的 EPn 位被置位,则双数据包缓冲将自动被禁用。默认情况下,EPn 位为 1,因此在启用双数据包缓冲前应将该位清除。

(3) 来自设备 EP OUT 端口的数据传输

在设备模式时,USB 控制器的 FIFO 缓冲区负责处理 USB OUT 传输事务。USBRXMAXPn 寄存器配置了 EP 端口的 FIFO 大小(可存放的最大包尺寸)。

EP 端口的 FIFO 缓冲区也可配置为使用双缓冲或单缓存机制。若双缓冲机制被启用,则 FIFO 缓存区内可同时存放两个数据包,此时,FIFO 缓冲区长度必须不小于两个数据包大小;若双缓冲机制未被启用,则 FIFO 只能保存一个数据包。

需要注意的是,最大包大小不能超过 FIFO 大小。

(4) 事务调度

TM4C123GH6PM 的主控制器负责对设备的事务调度控制。USB 控制器能够在任意时间产生事务调度请求。USB 控制器等待主控制器的请求,在事务操作完成或出错时产生中断请求。

若主控制器发送请求时,USB 控制器未在 READY 状态,则 USB 控制器将向主控制器持续返回 NAK。

(5) 附加操作

USB 控制器会根据当前状态自动作出响应;例如,USB 控制器在控制传输中断,或是发送 0 长度的 OUT 数据包时会自动响应。

1) 传输控制终止信号

USB 控制器在下列情况下将自动产生终止握手信号(STALL):

① HOST 端发送了超过协商 OUT 数据长度(在 SETUP 阶段协商)的数据。USB 控制器在发送完 OUT 指令,且 USBCSRL0 寄存器的 DATAEND 被置位时检测到。

② HOST 端请求了超过协商 IN 数据长度(在 SETUP 阶段协商)的数据。USB 控制器在发送完 IN 指令,且 TXRDY 和 DATAEND 被清除时检测到(向 HOST 端发送 ACK 时)。

③ HOST 端发送了超过 USBRXMAXPn 寄存器指定长度的 OUT 数据。

④ HOST 端向 OUT STATUS 发送了大于 0 长度的数据。

2）长度为 0 的 OUT 数据包

长度为 0 的 OUT 数据包用于标记控制字传输结束。

通常,仅在完成整个设备请求时发出该长度为 0 的 OUT 数据包。

若在完成整个设备请求前,HOST 端发出长度为 0 的 OUT 数据包,此时传输将被中止;USB 控制器将自动清除在 FIFO 缓冲区中的 IN 指令,并且将 USBCSRL0 寄存器的 DATAEND 位置位。

（6）配置设备地址

若 HOST 端尝试枚举 USB 设备列表,HOST 端将请求设备配置其映射地址(通过配置 USBFADDR 寄存器)。

在事务处理未完成时,不应对 USBFADDR 寄存器进行更改,仅应在完成发送 SET_ADDRESS 指令后才能对 USBFADDR 寄存器进行更改。

若设备完成 STATUS 状态,则 USB 事务被标记为处理完成。例如,通过响应 HOST 的 IN 请求为一个 0 长度的数据包,标记 SET_ADDRESS 命令处理完成。

当设备响应 IN 请求时,应及时更新 USBFADDR 寄存器,以避免向设备传送的新指令或新地址丢失。

（7）设备休眠模式

若 USB 总线在 3 ms 内没有发生操作,USB 控制器会自动进入待机模式。

USBIE 寄存器启用了休眠中断,此时 USB 控制器将产生休眠中断。在休眠模式下,PHY 也将进入休眠模式;若接收到 RESUME 信号,PHY 将从休眠模式中被唤醒。若 RESUME 中断被启用,将触发唤醒中断。若 USBPOWER 的 RESUME 位被置位,USB 控制器将被从休眠模式下唤醒,并将 RESUME 信号送入总线。在 RESUME 位被置位后,必须在 10 ms(最长 15 ms)内清除 RESUME 信号。

USB 控制器可被配置进入深度睡眠模式。在深度睡眠模式下,USB 控制器所有的状态都将丢失,因此不应在休眠模式下使用深度睡眠模式。

（8）开始帧

当 USB 控制器在设备模式下时,其每毫秒将接收到一个 SOF 开始帧。当 USB 控制器接收到 SOF 时,SOF 的 11 位帧号将填入 USBFRAME 寄存器,并将触发 SOF 中断。

当 USB 控制器开始接收 SOF 帧时,USB 控制器将每毫秒接收到一个新的 SOF 帧。若 SOF 帧在 1.003 58 ms 内没有被接收到,则 USB 控制器认为 SOF 帧丢失,USBFRAME 寄存器将不被更新;此时,USB 控制器将在接收到 SOF 信号后重新对时钟进行同步。

（9）USB 复位

当 USB 控制器在设备模式下,并且在 USB 总线上接收到 RESET 信号后,USB 控制器将自动进行下列操作:

- 清除 USBFADDR 寄存器;

- 清除 USBEPIDX 寄存器；
- 清除所有 EP 端口的 FIFO 缓冲区；
- 清除所有状态寄存器；
- 使能所有 EP 中断；
- 产生 RESET 复位中断。

当 USB 控制器接收到 RESET 复位中断后，所有管道将被关闭，并且 USB 控制器将等待总线设备枚举。

(10) 连接/断开

USB 控制器与 USB 总线的连接受软件的控制。通过修改 USBPOWER 寄存器的 SOFTCON 位可控制 USB PHY 位为标准模式或是不可操作模式。

若 SOFTCON 位被置位，PHY 将被配置为标准模式，并且 USB 总线的 USB0DP/USB0DM 线路将被启用；同时，USB 控制器将不再响应除了 USB RESET 复位信号以外的其他信号。

若 SOFTCON 位被清除，PHY 将被配置为不可操作模式，并且 USB 总线 USB0DP/USB0DM 线路将被设为高阻态；在 USB 总线上表现为断开状态。

默认情况下，USB 控制器为断开状态，程序可通过修改 SOFTCON 位决定何时启用 USB 控制器。通常，系统需要等待初始化完成后再进行 USB 设备枚举。若 SOFTCONN 位被置位，可通过清除 SOFTCON 位断开 USB 控制器连接。

需要注意的是，当 USB 设备连接时，USB 控制器不会产生中断。若 HOST 主动断开连接，USB 控制器才会产生中断。

4. USB 主机模式

TM4C123GH6PM 的 USB 控制器运行在主机模式时可用于点对点通信，或者与另一个集线器连接时，可以多个设备进行通信。

当 USB 控制器从 HOST 模式切换为设备模式，或者从设备模式切换为 HOST 模式时，必须清除 SRCR2 寄存器的 USB0 位。USB 控制器可支持全速和低速设备、点对点设备及与集线器相连的设备。

USB 控制器可自动对与 USB 2.0 集线器的全速、低速设备作出事务变换，并支持控制、中断、批量和同步模式。

在 HOST 模式下，EP 端口对 IN 事务处理进行控置。所有的 IN 事务使用接收 EP 端口寄存器传输，所有的 OUT 事务使用发送 EP 端口寄存器传输。在设备模式下，EP 端口的 FIFO 缓冲区应不小于最大数据包长度。

(1) HOST 的 IN 事务处理

当 USB 控制器工作在设备模式下时，IN 的事务处理和 OUT 事务处理相似。通过对 USBCSRL0 寄存器的 REQPKT 位置位，进行初始化操作；随后事务调度器向设备发送 IN 标记指令。在向 FIFO 缓冲区中填入数据包后，USBCSRL0 寄存器的 RXRDY 位被置位,并产生接收中断,表明可从 FIFO 缓冲区接收该数据包。

当从 FIFO 接收一个完整的数据包后,应将 USBRXCSRLn 寄存器的 RXRDY 位清除。

① 若 USBRXCSRHn 寄存器的 AUTOCL 位被置位,且最大包长的数据包从 FIFO 取走,RXRDY 将被自动置位。若 USBRXCSRHn 的 AUTORQ 位被置位,且 RXRDY 被清除,REQPKT 将被自动置位。在进行 μDMA 操作时,使用 AUTOCL 和 AUTORQ 位可完成批量传输操作。当 RXRDY 位被清除,控制器将向设备发送 ACK。USBRQPKTCOUNTn 寄存器配置了当前需要批量传输的数据包的个数。在每次请求完成后,USB 控制器将自减该数值。若 USBRQPKTCOUNTn 变为 0, AUTORQ 将被置位,并停止事务操作。若需要传输未知长度的数据,USBRQPKT-COUNTn 寄存器必须被清除,并且 AUTORQ 位在接收到一个短包后(小于 US-BRXMAXPn 寄存器保存的数值)自动被清除,标记批量传输结束。

② 若批量传输/中断传输的设备向 IN 端口回应 NAK,则 USB 控制器将尝试在 NAK 重试次数到来前维持事务处理。若目标设备回应 STALL,则 USB 控制器将停止事务处理,并将产生中断(将 USBTXCSRL0 寄存器的 STALLED 位置位)。

③ 若目标设备在超时内未响应,或数据包包含 CRC 位错误,则 USB 控制器将重试该事务。

若以上三种尝试都失败,USB 控制器将清除 REQPKT 位,并将 USBTXCSRL0 寄存器的 ERROR 位置位。

(2) HOST 的 OUT 事务处理

当 USB 控制器工作在设备模式下时,OUT 事务处理和 IN 的事务处理相似。在每个数据包填入 FIFO 缓冲区后,必须将 USBTXCSRLn 寄存器的 TXRDY 位置位。

① 若 USBTXCSRHn 寄存器的 AUTOSET 位被置位,则当最大包长的数据包被放入 FIFO 后,TXRDY 将被自动置位。AUTOSET 位可与 μDMA 控制器相结合,完成 DMA 操作。

② 若目标设备向 OUT 接口回应 NAK,则 USB 控制器将尝试在 NAK 重试次数到来前维持事务处理。若目标设备回应 STALL,则 USB 控制器将停止事务处理,并将产生中断(将 USBTXCSRLn 寄存器的 STALLED 位置位)。

③ 若目标设备在超时内未响应,或数据包包含 CRC 位错误,则 USB 控制器将重试该事务。

若以上三种尝试都失败,USB 控制器将清空 FIFO 缓冲区,并将 USBTXCSRLn 寄存器的 ERROR 位置位。

(3) USB 集线器

当一个全速或低速的设备与 USB 集线器连接时,集线器的地址以及端口将保存在 USBRXHUBADDRn、USBRXHUBPORTn、USBTXHUBADDRn 或 USBTX-

HUBPORTn 寄存器中;同时,设备的速度(全速/低速)将保存在每个 EP 端口的 US-BTYPE0、USBTXTYPEn、USBRXTYPEn 寄存器中。

USB 控制器允许动态更改寄存器保存的地址及速度信息,以便同时支持更多的设备。所有对配置的更改要等待当前 EP 端口的事务操作完成后才能更改。

(4) 干 扰

USB HOST 控制器仅在传输一个数据包的时延后,或在帧传输完成前进行事务处理。若 USB 总线在帧传输结束后仍为活动状态,那么 USB HOST 控制器将认为与其连接的设备工作异常,HOST 控制器停止所有事务处理,并触发干扰中断。

(5) HOST 休眠

若 USBPOWER 寄存器的 SUSPEND 位被置位,那么在 USB HSOT 控制器完成当前的事务处理后,将停止事务调度、帧计数器及事务处理且不再产生 SOF 数据包。

将 RESUME 位置位,SUSPEND 位清除,可使 USB 控制器从 SUSPEND 模式中唤醒。若 RESUME 位被置位,USB HOST 控制器将在 USB 总线上产生持续 20 ms 的 RESUME 信号,标志事务调度的开始。HOST 也支持远程唤醒。

5. OTG 模式

设备向 USB 总线提供 V_{BUS} 电压(A 设备),同时,USB OTG 协定允许设备在不使用 USB 时切断 V_{BUS} 的电源以降低能耗。USB OTG 控制器通过采样 PHY 的 ID 输入来判断连接的是 A 设备或是 B 设备。

在连接 A 类型设备时,ID 信号被拉低(USB OTG 应工作在 A 设备模式下);在连接 B 类型设备时,ID 信号被拉高(USB OTG 应工作在 B 设备模式下)。在 USB 控制器进行 A/B 设备类型切换时,所有寄存器的数据将被保留。

(1) 启动会话

在 USB OTG 控制器开始会话前,必须先配置 USBDEVCTL 寄存器的 SESSION 位,随后 USB 控制器将对 ID 信号进行检测。在连接 A 类型设备时,ID 信号被拉低;在连接 B 类型设备时,ID 信号被拉高。USBDEVCTL 寄存器的 DEV 位也标记了当前连接的是 A 设备或是 B 设备。OTG 控制器提供了 ID 信号检测完成的中断(通过 USBIDVIM 寄存器配置该中断),可用于标志 USBDEVCTL 寄存器的模式位已经配置完成。

在 USB 控制器检测到其已与 A 设备连接后,必须在 100 ms 内向 VBUS 总线提供电源,否则 USB 控制器将回到设备模式。

若 USB OTG 控制器作为 A 设备,则 USB OTG 控制器进入 HOST 模式开启 V_{BUS},并且等待 V_{BUS} 到达最低阈值(等待 USBDEVCTL 寄存器的 V_{BUS} 位变为 0x3),随后等待外设连接。外设连接时将产生连接中断,USBDEVCTL 寄存器的 FSDEV 和 LSDEV 位将根据高速/低速连接被置位,随后 USB 控制器向已连接的设备发送

RESET 复位信号。若检测到干扰或 V_{BUS} 低于阈值电压,USB 控制器将自动结束会话。

需要注意的是,若 USB OTG 控制器与电流较大的设备相连接,可能会意外脱离 HOST 模式;例如突然产生的电涌可能导致控制器脱离 HOST 模式。此时,需要允许 V_{BUS} 低于会话结束时的阈值电压,才能使控制器重新回到 HOST 模式。

此外,若外部设备通知 USB OTG 控制器其可进行主动配置,控制器也将脱离 HOST 模式;此时设备可能会产生电涌,并使 V_{BUS} 电压低于阈值。

若 USB OTG 作为 B 设备工作,则根据 USB OTG 协定,OTG 控制器将按照以下步骤初始化会话协议:首先将 V_{BUS} 放电,当 V_{BUS} 低于最低会话阈值(USBDEVCTL 寄存器的 V_{BUS} 位变为 0x0),且线路状态保持 2 ms 为 0 时,USB OTG 控制器将发送脉冲至数据线和 V_{BUS} 线。在会话结束时,SESSION 位将被 OTG 控制器或通过软件清除,随后将 D+引脚设为上拉电阻,将 A 设备标记为会话结束状态。

(2) 活动检测

当 OTG 端的设备需要启动会话时,若其为 A 设备,将配置 VBUS 为最低阈值电压;若其为 B 设备,将首先发送脉冲至数据线,随后发送脉冲至 V_{BUS}。

USB 控制器将根据不同状态自动对 A 设备或 B 设备进行配置。

若 V_{BUS} 被配置为高于会话阈值电压,则 USB 控制器将作为 B 设备工作,此时 USB 控制器将对 USBDEVCTL 寄存器进行配置。

当 USB 总线检测到 RESET 信号,将产生 RESET 复位中断,标志会话开始。

设备模式是 B 设备的默认模式。

会话结束时,A 设备会关闭 V_{BUS} 供电。当 V_{BUS} 电压降低到最低阈值电压以下时,USB 控制器将会话标记为结束,并将清除 SESSION 位,引发连接断开中断。

会话开始时,必须对 USBDEVCTL 寄存器的 SESSION 位置位。

(3) 主机协商

当 USB 控制器被配置为 A 设备时,ID 信号被拉低;当会话开始时,USB 控制器将自动进入 HOST 模式。当 USB 控制器被配置为 B 设备时,ID 信号被拉高;当会话开始时,USB 控制器将自动进入设备模式。

通过修改 USBDEVCTL 寄存器的 HOSTREQ 位可将 USB 控制器配置为 HOST 模式。

当 USB 控制器进入 SUSPEND 模式,并且 HOSTREQ 位仍然被置位时,USB 控制器将进入 HOST 模式,并且将使 PHY 断开 D+的上拉电阻(USB OTG 规范指定),并使 A 设备切换到设备模式,并连接其上拉电阻。当 USB 控制器检测到该状态,会产生连接中断,并将 USBPOWER 寄存器的 RESET 位置位,并重置系统。

USB 控制器将自动进入 RESET 初始化,并且在 1 ms 内连接 A 设备的上拉电阻;随后 CPU 应至少等待 20 ms 后再清除 RESET 位,再进行设备枚举。

当 USB OTG 的 B 设备完成总线使用后,控制器将对 USBPOWER 寄存器的

SUSPEND 位进行配置，并进入 SUSPEND 模式；A 设备检测到后也将结束会话，并回到 HOST 模式。若 A 设备受 USB OTG 控制器控制，则将产生连接断开中断。

6. DMA 操作

USB 外设向 μDMA 控制器提供了 3 组不同的接收 EP 接口和 3 组不同的 EP 发送接口。通过配置 USBDMASEL 可指定对哪一个 EP 端口使用 DMA 信道。

USBTXCSRHn 寄存器和 USBRXCSRHn 寄存器控制了 USB 的 DMA 发送和接收信道。当 DMA 被启用时，若发送 FIFO 能够传输数据，将在指定的发送信道产生一个 μDMA 请求，表明可以传送数据。μDMA 应被配置为基本模式，并且 μDMA 的传输大小应该限制在 USB FIFO 缓冲区的大小的内。

例如，USBd EP 端口大小被配置为 64 字节，则 μDMA 信道可从该 EP 接收/发送最大 64 字节数据。若传输的数据小于 64 字节，必须通过软件将数据从 FIFO 中存入/取出。

若 USBTXCSRHn/USBRXCSRHn 寄存器的 DMAMOD 位被清除，则当每接收到一个数据包后将产生一个中断(不会中断 μDMA 的操作)。若 DMAMOD 位被置位，则仅当整个 μDMA 操作完成后，才会触发中断，并且该中断存放于 USB 中断向量表中；因此，必须正确注册相应 ISR 回调才能正确响应 μDMA 中断。

在读取接收 FIFO 缓冲区时，数据每次读取都是 4 字节，而不是 USBRXCSRHn 寄存器中的 MAXLOAD 位域的长度。

RXRDY 位将在如表 5.18～表 5.20 所列情况下自动被清除。

表 5.18　剩余长度(MAXLOAD/4)

数　值	描　述
0	MAXLOAD=64 B
1	MAXLOAD=61 B
2	MAXLOAD=62 B
3	MAXLOAD=63 B

表 5.19　实际读取长度

数　值	描　述
0	MAXLOAD
1	MAXLOAD+3
2	MAXLOAD+2
3	MAXLOAD+1

表 5.20　清除 RXRDY 位的包长度

数　值	描　述
0	MAXLOAD,MAXLOAD−1,MAXLOAD−2,MAXLOAD−3
1	MAXLOAD
2	MAXLOAD,MAXLOAD−1
3	MAXLOAD,MAXLOAD−1,MAXLOAD−2

设置 USBRXCSRHn 寄存器的 DMAEN 位可启用 EP 接收端口的 DMA 操作。

设置 USBTXCSRHn 寄存器的 DMAEN 位可启用 EP 发送端口的 DMA 操作。

7. USB CDC 类

USB 的 CDC 类是 USB 通信设备类（Communication Device Class）的简称，其模型示意图如图 5.51 所示。

在 USB 标准子类中，有一类称之为 CDC 类，CDC 类是 USB 组织定义的一类专门给各种通信设备（电信通信设备和中速网络通信设备）使用的 USB 子类。根据 CDC 类所针对通信设备的不同，CDC 类又被分成以下不同的模型：USB 传统纯电话业务（POTS）模型、USB ISDN 模型和 USB 网络模型。

CDC 类可以实现虚拟串口通信的协议，而且由于大部分的操作系统（Windows 和 Linux）都带有支持 CDC 类的设备驱动程序，可以自动识别 CDC 类的设备。

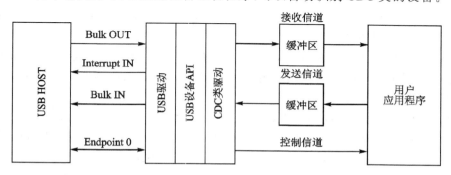

图 5.51　USB CDC 设备模型示意图

为了作为 COM 端口使用，根据通信设备类（CDC）规范，USB 设备需要实现两个接口：

① 抽象控制模型通信：一个输入中断端点。在描述符中申明了但是相关的端点未使用（端点 2）。

② 抽象控制模型数据：一个批量输入端点和一个批量输出端点，在范例中用端点 1 和端点 3 代表，端点 1 用于向 PC 的真实 USB 发送从 USART 收到的数据。端点 3 用于接收来自 PC 的数据并通过 UART 发送。

Tiva 库函数支持的 CDC 类设备事件如下：

发送通道事件：

- USB_EVENT_RX_AVAILABLE；
- USB_EVENT_DATA_REMAINING；
- USB_EVENT_ERROR。

接收通道事件：

- USB_EVENT_TX_COMPLETE。

控制通道事件：

- USB_EVENT_CONNECTED；
- USB_EVENT_DISCONNECTED；

- USB_EVENT_SUSPEND；
- USB_EVENT_RESUME。

设备功能：

- USBD_CDC_EVENT_SEND_BREAK；
- USBD_CDC_EVENT_CLEAR_BREAK；
- USBD_CDC_EVENT_SET_LINE_CODING；
- USBD_CDC_EVENT_GET_LINE_CODING；
- USBD_CDC_EVENT_SET_CONTROL_LINE_STATE。

8. 初始化配置

在启用 USB 控制器前，调用 SysCtlPeripheralEnable( )函数，通过修改 RCG-CUSB 寄存器启用外围时钟。

调用 GPIOPinTypeUSBAnalog( )函数使能 RCGCGPIO 寄存器以启用与 USB 控制器相对应的 GPIO 模块时钟，并且配置 GPIOPCTL 寄存器的 PMCn 位分配 USB 信号相关的引脚。

在进行初始化配置前，调用 USBDCDInit( )函数先对 USB 控制器的物理层（PHY）进行使能操作；接下来对 USB 的 PLL 进行使能，以向 USB 提供时钟信号。

在启用 USB 前还应调用 USBDCDPowerStatusSet( )函数，配置 USB0EPEN 和 USB0PFLT 寄存器禁用 USB0EPEN，并禁用其默认的 GPIO 操作，以避免 USB 总线输出非正常的电压值。

通过调用 USBStackModeSet( )函数对 USB 协议栈模式进行设置；需要注意的是，当 USB 控制器工作在 OTG 模式下时，USB0VBUS 和 USB0ID 与 USB 控制器的 V_{BUS} 和 ID 信号相连，因此无需被配置。如果 USB 控制器被配置为主机模式或设备模式，USBGPCS 寄存器的 DEVMODOTG 位和 DEVMOD 位用于配置 USB0VBUS 和 USB0ID 信号；此时，PB0 和 PB1 可供其他 GPIO 使用。在连接自供电操作的 USB 设备时，系统必须监控 V_{BUS}，以避免 HOST 端意外移除 V_{BUS}；此时，设备端应禁用 USB 的 D+/D－上拉电阻（可将 GPIO 连接至 V_{BUS} 解决该问题）。

端口配置

包含 USB HOST 功能的系统中启用 USB 控制器前，应将 V_{BUS} 电源禁用，并使用外部 HOST 控制器供电。通常，USB0EPEN 寄存器用来控制外部稳压器，所以应将 USB0EPEN 清除，以避免两方同时向 USB 供电。

当 USB 控制器作为 HOST 使用时，其控制了连接外部电源的两组 V_{BUS} 信号。HOST 控制器通过修改 USB0EPEN 寄存器使能/禁用 USB0VBUS 的电源。

当 V_{BUS} 产生电源故障，USB0PFLT 引脚可提供反馈信号，可被配置为自动清除 USB0EPEN 并禁用电源，并产生中断。USB 控制器的 USB0EPEN 和 USB0PFLT 可分别对其功能进行配置。当 USB 设备插入或移除时，USB 控制器也可产生中断，用户程序可根据 ISR 做出相应操作。

9. 操作示例

本示例将对 Tiva 库函数使用进行介绍，使用 USB 的 CDC 设备类接收数据，以展示通过 USB 总线进行数据传输的基本方法。

（1）硬件连接简介

对 Tiva LaunchPad 的 USB 例程调试需要使用两根 USB 连接线，一根作为仿真调试，另一根则作为实际 USB 使用。

USB 线路连接如图 5.52 所示。

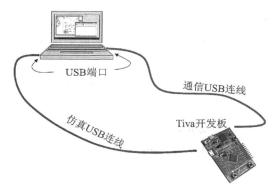

图 5.52　LaunchPad USB 连接调试示意图

（2）程序流程图

USB 示例程序流程如图 5.53 所示。

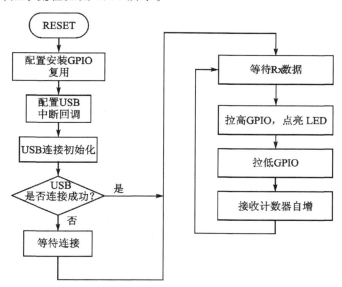

图 5.53　USB 示例程序流程图

(3) 库函数说明

TI 公司提供的 USB 库是一个单独的、完整的库函数软件包（独立于外设驱动库）；包括多种 USB 传输方式（控制、中断、块、同步的方式）的实例和范例，支持 TI 系列的所有微控制器。

TI 公司 USB 库为每种 USB 传输方式都提供了相应的使用范例，包括以下内容：

- 设备固件升级范例：控制传输方式；
- 鼠标范例：中断传输方式；
- 大容量存储范例：批量传输方式；
- 虚拟 COM 端口：批量传输方式；
- USB 音频范例（USB 扬声器）：同步传输方式。

TI 公司的 USB 库定义了各类代码信息，用来识别设备的功能，根据这些功能，以加载相应的设备驱动，如表 5.21 所列。

表 5.21 USB 类设备类型说明

类型号	使用方法	说　　明
00h	设备	使用接口描述符中的 USB 类信息
01h	接口	Audio　音频设备
02h	接口/设备	Communications & CDC　通信设备
03h	接口	HID　人机接口设备
05h	接口	Physical　物理设备
06h	接口	Image　图像设备
07h	接口	Printer　打印机
08h	接口	Mass Storage　大容量存储
09h	设备	Hub　集线器
0Ah	接口	CDC - Data　通信设备（手机）
0Bh	接口	Smart Card　智能卡
0Dh	接口	Content Security　内容安全设备
0Eh	接口	Video　视频设备（摄像头）
0Fh	接口	Personal Healthcare　个人健康设备
10h	接口	Audio/Video　设备 s 音频/视频设备
DCh	接口/设备	Diagnostic　设备诊断设备（USB2 兼容设备）
E0h	接口	Wireless Controller　无线控制器（蓝牙设备等）
EFh	接口/设备	Miscellaneous　杂项（ActiveSync 等）
FEh	接口	Application Specific　应用规范（固件升级，红外等）
FFh	接口/设备	Vendor Specific　供应商自定义规范

以下简要说明本例程中使用的 USB 库函数。

1) 函数 USBDCDCInit( )

功　　能：初始化 CDC 设备硬件、协议，把其他配置参数填入 psCDCDevice 实例中。

原　　型：void ＊ USBDCDCInit(unsigned long ulIndex, const tUSBDCDCDe-
vice ＊ psCDCDevice)

参　　数：ulIndex 为 USB 模块代码，固定值为 USB_BASE0。

　　　　　psDevice 为 CDC 设备类。

描　　述：初始化 USB 设备硬件驱动，在操作 USB 设备前必须先调用此函数进行初始化。

返回值：指向配置后的 tUSBDCDCDevice。

2) 函数 USBDCDCCompositeInit( )

功　　能：初始化 CDC 设备协议，该函数在 USBDCDCInit 中已经调用。

原　　型：void ＊ USBDCDCCompositeInit(unsigned long ulIndex, const tUSBD-
CDCDevice ＊ psCDCDevice)

参　　数：ulIndex 为 USB 模块代码，固定值为 USB_BASE0。

　　　　　psDevice 为 CDC 设备类。

描　　述：在操作 USB CDC 进行串口通信前必须先调用此函数进行初始化。

返回值：指向配置后的 tUSBDCDCDevice。

3) 函数 USBDCDCTxPacketAvailable( )

功　　能：获取可用发送数据长度。

原　　型：unsigned long USBDCDCTxPacketAvailable(void ＊ pvInstance)

参　　数：pvInstance 为 tUSBDCDCDevice 设备指针。

描　　述：获得当前缓冲区中可发送的数据长度大小。

返回值：发送包大小，即可发送的数据长度。

4) 函数 USBDCDCPacketWrite( )

功　　能：通过 CDC 传输发送一个包数据。

原　　型：unsigned long USBDCDCPacketWrite(void ＊ pvInstance, unsigned
char ＊ pcData, unsigned long
ulLength, tBoolean bLast)

参　　数：pvInstance 为 tUSBDCDCDevice 设备指针。

　　　　　pcData 为待写入的数据指针。

　　　　　ulLength 为待写入数据的长度。

　　　　　bLast 表示是否传输结束包。

描　　述：向 CDC 缓冲区写入数据并发送。

返回值：成功发送长度，可能与 ulLength 长度不一样。

5) 函数 USBDCDCRxPacketAvailable( )

功　　能：获取接收数据长度。

原　型：unsigned long USBDCDCRxPacketAvailable(void * pvInstance)

参　数：pvInstance 为 tUSBDCDCDevice 设备指针。

描　述：获得当前缓冲区中可接收的数据长度大小。

返回值：可用接收数据个数，可读取的有效数据。

6）函数 USBDCDCPacketRead( )

功　能：通过 CDC 传输接收一个包数据。

原　型：unsigned long USBDCDCPacketRead (void * pvInstance, unsigned char * pcData, unsigned long ulLength, tBoolean bLast)

参　数：pvInstance 为 tUSBDCDCDevice 设备指针。

　　　　pcData 为读出数据指针。

　　　　ulLength 为读出数据的长度。

　　　　bLast 为是否为最后一个结束包。

描　述：从 CDC 缓冲区中读取数据。

返回值：成功接收长度，可能与 ulLength 长度不一样。

7）函数 USBDCDCSerialStateChange( )

功　能：UART 收到数据后，调用此函数进行数据处理。

原　型：void USBDCDCSerialStateChange(void * pvInstance, unsigned short usState)

参　数：pvInstance 为 tUSBDCDCDevice 设备指针。

　　　　usState 为 UART 状态。

描　述：改变当前 CDC 串口状态。

返回值：无

8）函数 USBDCDCTerm( )

功　能：关闭 CDC 设备。

原　型：void USBDCDCTerm(void * pvInstance);

参　数：pvInstance 为指向 tUSBDCDCDevice。

描　述：结束 CDC 串口操作后，调用此函数关闭设备。

返回值：无

9）函数 USBDCDCSetControlCBData( )

功　能：设置 CDC 控制回调参数。

原　型：void * USBDCDCSetControlCBData(void * pvInstance, void * pvCBData)

参　数：pvInstance 为指向 tUSBDCDCDevice。

　　　　pvCBData 为用于替换的参数。

描　述：设置 CDC 控制回调参数指针。

返回值：旧函数指针。

10）函数 USBDCDCSetRxCBData（ ）

功　　能：设置 CDC 接收回调参数。

原　　型：void ＊USBDCDCSetRxCBData（void ＊pvInstance，void ＊pvCBData）

参　　数：pvInstance 为指向 tUSBDCDCDevice。

　　　　　　pvCBData 为用于替换的参数。

描　　述：设置 CDC 接收回调参数指针。

返回值：旧参数指针。

11）函数 USBDCDCSetTxCBData（ ）

功　　能：改变发送回调函数的第一个参数。

原　　型：void ＊USBDCDCSetTxCBData（void ＊pvInstance，void ＊pvCBData）

参　　数：pvInstance 为指向 tUSBDCDCDevice。

　　　　　　pvCBData 为用于替换的参数。

描　　述：设置 CDC 发送回调参数指针。

返回值：旧参数指针。

在这些函数中，USBDCDCInit（ ）、USBDCDCPacketWrite（ ）、USBDCDCPacket-Read（ ）、USBDCDCTxPacketAvailable（ ）、USBDCDCRxPacketAvailable（ ）函数使用频率较高。其中，USBDCDCInit（ ）在第一次使用 CDC 设备时，用于初始化 CDC 设备的配置与控制。

（4）示例代码

本例程的 USB CDC Device 类使用了 4 个终端点。其中，2 个 bulk 终端点用于与主机的数据传输；Interrupt IN 终端点用于标志串行错误；端点 0 用于传送标准 USB 请求以及 CDC 特定的请求。

```
#include <stdint.h>
#include <stdbool.h>
#include "inc/hw_memmap.h"
#include "inc/hw_types.h"
#include "driverlib/usb.h"
#include "driverlib/interrupt.h"
#include "driverlib/sysctl.h"
#include "driverlib/pin_map.h"

/*****************************************
* 函数名:main
* 描　述:主函数
* 参　数:无
*****************************************/
int main(void)
{
```

```
uint32_t ui32TxCount;
uint32_t ui32RxCount;
uint32_t ui32Loop;
ROM_FPULazyStackingEnable();
//配置 PLL 为 50 MHz
ROM_SysCtlClockSet(SYSCTL_SYSDIV_4 | SYSCTL_USE_PLL | SYSCTL_OSC_MAIN |
                   SYSCTL_XTAL_16MHZ);
//配置 USB 外设的 GPIO 引脚
ROM_SysCtlPeripheralEnable(SYSCTL_PERIPH_GPIOD);
ROM_GPIOPinTypeUSBAnalog(GPIO_PORTD_BASE, GPIO_PIN_5 | GPIO_PIN_4);
//配置 LED 外设的 GPIO 引脚
ROM_SysCtlPeripheralEnable(SYSCTL_PERIPH_GPIOF);
//使能 LED(PF2 & PF3)的 GPIO
ROM_GPIOPinTypeGPIOOutput(GPIO_PORTF_BASE, GPIO_PIN_3|GPIO_PIN_2);
g_bUSBConfigured = false;
//使能 USB UART
ROM_SysCtlPeripheralEnable(USB_UART_PERIPH);
//配置 UART TX/RX 引脚
ROM_SysCtlPeripheralEnable(TX_GPIO_PERIPH);
ROM_SysCtlPeripheralEnable(RX_GPIO_PERIPH);
ROM_GPIOPinTypeUART(TX_GPIO_BASE, TX_GPIO_PIN);
ROM_GPIOPinTypeUART(RX_GPIO_BASE, RX_GPIO_PIN);
//配置 UART 信息和比特率
ROM_UARTConfigSetExpClk(USB_UART_BASE, ROM_SysCtlClockGet(), DEFAULT_BIT_RATE,
                        DEFAULT_UART_CONFIG);
ROM_UARTFIFOLevelSet(USB_UART_BASE, UART_FIFO_TX4_8, UART_FIFO_RX4_8);
//使能 USBUART 中断
ROM_UARTIntClear(USB_UART_BASE, ROM_UARTIntStatus(USB_UART_BASE, false));
ROM_UARTIntEnable(USB_UART_BASE, (UART_INT_OE | UART_INT_BE | UART_INT_PE |
                  UART_INT_FE | UART_INT_RT | UART_INT_TX | UART_INT_RX));
//使能系统时钟
ROM_SysTickPeriodSet(ROM_SysCtlClockGet() / SYSTICKS_PER_SECOND);
ROM_SysTickIntEnable();
ROM_SysTickEnable();
//初始化接收/发送缓冲区
USBBufferInit(&g_sTxBuffer);
USBBufferInit(&g_sRxBuffer);
//配置 USB 协议栈监控状态
USBStackModeSet(0, eUSBModeDevice, 0);
//将设备信息传送至 USB 库,并初始化设备
USBDCDCInit(0, &g_sCDCDevice);
//清除 Tx/Rx 计数器
```

```
ui32RxCount = 0;
ui32TxCount = 0;
//使能中断
ROM_IntEnable(USB_UART_INT);
while(1)
{
    //更新显示状态
    if(g_ui32Flags & COMMAND_STATUS_UPDATE)
    {
        //清除命令位
        ROM_IntMasterDisable();
        g_ui32Flags &= ~COMMAND_STATUS_UPDATE;
        ROM_IntMasterEnable();
    }
    //
    // Has there been any transmit traffic since we last checked?
    //
    if(ui32TxCount != g_ui32UARTTxCount)
    {
        //打开 LED
        GPIOPinWrite(GPIO_PORTF_BASE, GPIO_PIN_3, GPIO_PIN_3);
        //延时
        for(ui32Loop = 0; ui32Loop < 150000; ui32Loop++);
        //关闭 LED
        GPIOPinWrite(GPIO_PORTF_BASE, GPIO_PIN_3, 0);
        //保存传输计数器
        ui32TxCount = g_ui32UARTTxCount;
    }
    //检测是否收到新的数据
    if(ui32RxCount != g_ui32UARTRxCount)
    {
        //打开 LED
        GPIOPinWrite(GPIO_PORTF_BASE, GPIO_PIN_2, GPIO_PIN_2);
        //延时
        for(ui32Loop = 0; ui32Loop < 150000; ui32Loop++);
        //关闭 LED.
        GPIOPinWrite(GPIO_PORTF_BASE, GPIO_PIN_2, 0);
        //更新接收计数器
        ui32RxCount = g_ui32UARTRxCount;
    }
}
}
```

嵌入式系统教程——基于 Tiva C 系列 ARM Cortex-M4 微控制器

（5）操作现象

通过 Keil 将 USB 例程烧写至 Tiva LaunchPad，在 USB CDC 例程运行后，LaunchPad 侧面的 USB 口与计算机连接，Windows 即可检测到 CDC 设备。此时 Windows 会提示安装 USB CDC 驱动（见图 5.54），安装方法如下。

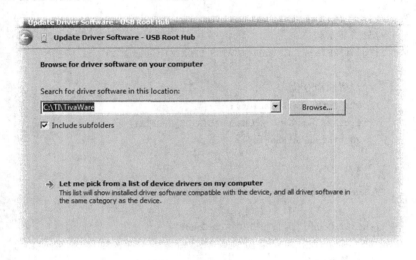

图 5.54　找到新硬件向导

打开"我的电脑"→"控制面板"→"系统"→"硬件"→"设备管理器"→"通用串行总线控制器"，选中带叹号的 USB 字样右击，更新驱动程序，定位到 Tivaware 驱动程序目录，选择该驱动，直到出现警示框，选择"仍然继续"，系统提示"完成安装"。

安装的时候，在 PC 上选择 INF 文件的位置；安装完成后，在设备管理器窗口中出现一个新的 COM 端口，如图 5.55 所示。

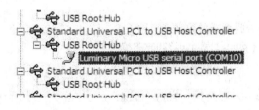

图 5.55　设备管理器检测到 USB CDC 设备

实验时，通过串口通信工具打开串口进行演示。打开超级终端，运行"开始"→"程序"→"附件"→"通信"→"超级终端"，选择 TI 开发板的虚拟串口。串口连接设置如图 5.56 所示。

随后进入超级终端主界面，键入任意数据，可观察到，每键入一次 LaunchPad 的 LED 灯闪烁一次，表明 LaunchPad 的 USB 数据接收成功。

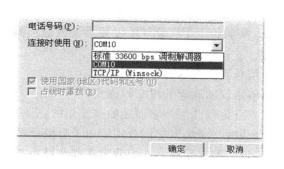

图 5.56　串口连接示意图

思考题与习题

1. 什么是异步通信和同步通信？

2. 什么是串行通信和并行通信？

3. 简述 UART 的帧格式、波特率。

4. 请画出在 RS－232 传输线上传输字符"X"的波形图。假设通信帧格式为1个起始位、8 个数据位、偶校验、1 个停止位，波特率为 9 600 bps。

5. 请简述 Modbus 协议的通信机制，以及它和 RS－232、RS－485 等标准的关系。

6. 在 LaunchPad 上编程实现 UART 模块和 PC 的串口通信，并考虑 MCU 接收使用中断处理：

（1）Tiva MCU 每隔 1 s 发送一个字符串"Hello!"，在 PC 上显示出来。

（2）Tiva MCU 接收到 PC 串口发送的一个字符"A"后，MCU 再发送一个字符串"Hello!"，在 PC 上显示出来。

（3）Tiva MCU 接收到 PC 串口发送的一个字符串"send"后，MCU 再发送一个字符串"Hello!"，在 PC 上显示出来。

注意：要考虑异步通信的异常行为，如数据不完整、错误等。

7. Tiva 串行同步通信 SSI 的最大传输速率是多少？

8. SSI/SPI 总线最少需要几根线才能工作？为什么？

9. 请画出多个 SPI 接口设备应用连接的典型结构图。

10. 编程实现 Tiva 实验板上 SPI 接口 LCD 显示屏的通信操作，并把自己的姓名、学号在 LCD 上显示出来，再实现慢速滚屏显示（上下、左右）。

11. 简述 Tiva I^2C 的基本结构和通信原理。

12. I^2C 有哪几种有效的通信速率模式？

13. 请画出多个 I^2C 接口设备应用连接的典型结构图。

14. 当使用 I^2C 数据通信时,是否可以忽略外围设备的 ACK?

15. 编程实现 Tiva 实验板上 I^2C 总线温度传感器的通信操作,并把读到的温度保留 2 位小数显示出来。

16. 简述 CAN 通信总线具有哪些特点和优势。

17. 简述 CAN 通信协议的原理和报文帧格式。

18. Tiva 的 USB 库分为哪几层? 它们是如何工作的?

19. USB 协议栈分为哪些子类? 它们分别适用于哪些硬件?

20. USB 的端点传输类型有哪些? 它们分别在哪些设备类下工作?

21. 简述 USB 总线及其枚举过程。

嵌入式系统教程
——基于 Tiva C 系列 ARM Cortex-M4 微控制器

第 **6** 章

模拟外设

现实世界的物理量信号（如温度、湿度、大气压、重量、电压、电流、光照等）都是模拟量,这些信号的幅值随着时间的变化都是连续的、非跳跃的。在日常生活和工业控制中,人们经常需要对许多物理量进行精确的测量、分析处理。本章主要介绍与MCU 应用相关的模/数转换器（ADC）、数/模转换器（DAC）和模拟比较器（AC）,并结合 Tiva 微控制器的相关模拟外设,说明其特点和使用方法。

6.1 模/数转换器（ADC）

在实时控制和智能仪表等应用中,控制或测量的对象往往是一些连续变化的模拟量,如温度、压力、流量、速度等。利用传感器把各种物理量检测出来、并转换为电信号,再经过模/数转换器变成数字量,才能被计算机处理和控制。例如,某数字测量仪表的结构框图如图 6.1。本节将以 Tiva MCU 自带的 ADC 模块为例,介绍TivaWare的模/数转换相关函数的功能和使用。

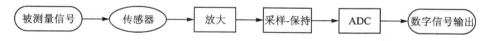

图 6.1 数字测量仪表结构图

6.1.1 ADC 简介

ADC 是 Analog-to-Digital Converter 的缩写,意为模/数转换器。顾名思义,ADC 就是完成从模拟量到数字量转换过程的器件。目前很多 MCU 内部都集成了ADC 部件。

模拟信号转换为数字信号,一般分为四个步骤进行,即取样（Sampling）、保持（Holding）、量化（Quantization）和编码（Encoding）,如图 6.2 所示。取样（即采样）就是对一个时间上和量值上均是连续变化的模拟量,按一定的时间间隔抽取样值。因为 ADC 转换一次需要一定的时间,所以,将模拟信号转换为数字信号实际上只能实现模拟信号的有限个取样值转换为数字信号,这就需要对模拟信号进行取样。同时,为了保证转换的准确性,要求在转换过程中取样值保持不变,这就是保持过程。取样-保持电路的输出信号仍然是模拟信号(一般是一个模拟电压),通常用数字测量单位去测量并取其整数,然后将这个整数值用一组二进制代码来表示,这就是量化-编码过程。一般把取整量的过程称为量化,把用二进制代码表示量化值的过程称为编码。

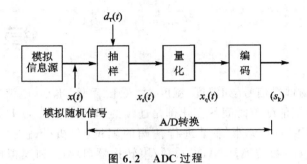

图 6.2　ADC 过程

ADC 有如下几项技术指标:

1. 分辨率

分辨率用来反映 ADC 对输入电压微小变化的响应能力。通常用数字输出最低位(LSB)所对应的模拟输入电压来表示。N 位 A/D 转换能反映出 $1/2^N$ 满量程模拟输入电压。分辨率直接与转换器的位数有关,一般也可简单地用数字量的位数来表示分辨率,即 N 为二进制数,最低位所具有的权值就是它的分辨率。常用的 ADC 位数有 8、10、12、16、24 位等。

2. 精　度

精度有绝对精度和相对精度两种表示方法。一般而言,分辨率(位数)较高的 ADC,精度也相对较高。

(1) 绝对精度

在一个转换器中,对应于一个数字量的实际模拟输入电压和理想模拟输入电压之差并非是一个常数,这些差值的最大值定义为"绝对误差"。通常以数字量的最小有效位(LSB)的个数值来表示绝对精度。

(2) 相对精度

相对精度是指整个转换范围内,任意数字量所对应的模拟输入量的实际值与理论值之差,用模拟电压满量程的百分比表示。

3. 转换时间

转换时间是指完成一次 A/D 转换所需要的时间,即由发出启动转换命令信号到转换结束信号开始有效的时间间隔。转换时间的倒数称为转换速率。ADC 的转换速率与 ADC 的结构类型、位数有关,主要取决于 ADC 的结构类型。如双积分式 ADC 转换速率都比较低(几 SPS 到几十 SPS,SPS 为每秒采样数),而逐次比较式

ADC 转换速率都比较高(几十 KSPS 到几百 KSPS)。

4. 量　程

量程是指 ADC 所能转换的模拟输入电压范围,分单极性和双极性两种。例如,单极性的量程为 $0 \sim +5$ V、$0 \sim +10$ V;双极性的量程为 $-5 \sim +5$ V、$-10 \sim +10$ V。

5. 量化误差

量化误差是指由于 ADC 的有限分辨率而引起的误差,即有限分辨率 A/D 的阶梯状转移特性与理想 A/D 转移特性曲线之间的最大偏差,通常是一个或半个最小数字量(LSB)的模拟变化量。

根据不同的转换原理,ADC 可分为双积分型 ADC、逐次比较型 ADC、$\Sigma - \Delta$ 型 ADC 和流水线 ADC 等。双积分 ADC 和 $\Sigma - \Delta$ 型 ADC 精度都比较高(14 位以上),但转换速率较低。逐次比较式 ADC 精度一般(8~16 位),但转换速率较高。流水线 ADC 把转换过程流水化,转换速率很高,但有采样-输出的固定延迟。

应用开发时,选择 ADC 都会依据具体应用的需求,最主要的指标就是分辨率、精度和转换速率。一般应用中,12 位的逐次比较型 ADC 可以满足大部分的应用需求。ADC 的位数、精度、转换速率越高,价格也越高。对于一些精度要求很高、转换速率要求不高的应用,如称重系统、高精度仪表等,可以采用 $\Sigma - \Delta$ 型 ADC,这类 ADC 的位数一般都在 16~24 位,转换速率为几十 SPS,而且对 50 Hz、60 Hz 的工频干扰有很强的抑制能力,如 AD7792、ADS1232 等。

6.1.2　Tiva 微控制器的 ADC

Tiva 系列 MCU 包括两个相同的逐次比较式 ADC 模块,共享 12 个输入通道。Tiva 的 ADC 模块具有 12 位转换精度并支持 12 个输入通道,还有一个内部温度传感器。每个 ADC 模块包含 4 个可编程序列发生器,无需使用控制器情况下,允许多个模拟输入源的采样。每个采样序列发生器提供灵活的编程,有完全可配置的输入源、触发事件、中断的产生、序列发生器的优先级等内容。此外,转换后的值可以任意地转移到一个数字比较器模块。每个 ADC 模块提供 8 个数字比较器。每个数字的比较器比较两个用户定义的 ADC 转换的值来确定信号的工作范围。ADC0 和 ADC1 可各自采用不同的触发源,也可采用相同的触发源;可各自采用不同的模拟输入端,也可采用同一模拟输入端。ADC 模块内部还具有移相器,可将采样开始时间(采样点)延后至指定的相角。当两个 ADC 模块同时使用时,其采样点既可以配置为同相工作,也可以配置为相互错开一定的相角,请参见"(5)采样相位控制"。

Tiva 微控制器提供两个 ADC 模块,每个模块都具有以下特点:

● 12 个共享模拟输入通道。

● 12 位有效位 ADC。

● 单端、差分输入配置。
● 片内温度传感器。
● 1 MSPS 的最大采样速率。
● 可选的移相器,采样点以采样周期计可延后 22.5°～337.5°。
● 4 个可编程的采样转换序列发生器长为 1～8 个单元不等,且各自带有相应长度的转换结果 FIFO。
● 灵活的转换触发控制:
  – 控制器(软件)触发;
  – 定时器触发;
  – 模拟比较器触发;
  – PWM 触发;
  – GPIO 触发。
● 硬件可对多达 64 个采样值进行平均计算。
● 8 个数字比较器。
● 模拟部分的电源/地与数字部分的电源/地相互独立。
● 用微型直接内存访问(μDMA)有效地传输数据。
  – 每个采样序列发生器的专用通道;
  – ADC 模块的 DMA 操作均采用突发请求。

1. 信号描述与结构框图

Tiva 微控制器包含两个相同的模/数转换器模块。这两个模块(ADC0 和 ADC1),共享 12 个相同的模拟输入通道。每个 ADC 模块独立运作,因此,可以执行不同的样本序列,在任何时间的任何模拟输入通道采样,并产生不同的中断和触发器。图 6.3 显示了如何将两个模块连接到模拟输入和系统总线。

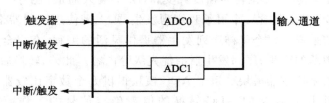

图 6.3 两个 ADC 模块实现

图 6.4 详细描述了 ADC 控制和数据寄存器的内部配置,包括:4 个序列发生器,控制寄存器、状态寄存器、中断控制寄存器和样本序列的各个寄存器,以及模拟信号输入、ADC、硬件均衡器、FIFO 模块、数字比较器。

表 6.1 列出了 ADC 模块的外部信号,并描述了各自的功能。AINX 信号是 GPIO 信号的模拟功能。"引脚复用/引脚赋值"列出了 ADC 信号的 GPIO 引脚布局。这些信号通过清除 GPIO 数字使能(GPIODEN)寄存器对应的 DEN 位和设置

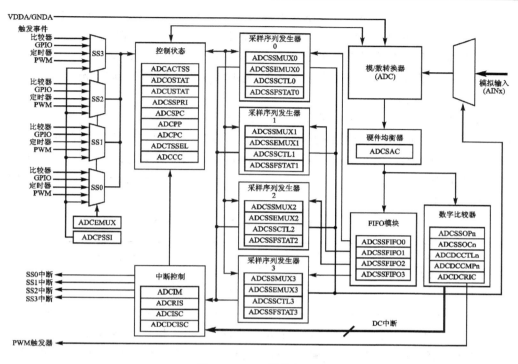

图 6.4　ADC 模块框图

GPIO 模拟数字使能寄存器（GPIOAMSEL）的对应 AMSEL 位来配置。了解更多
GPIO 配置信息，请参考 4.1 节。

表 6.1　ADC 模块外部信号（64LQFP）

引脚名称	引脚数	引脚复用/引脚分配	引脚类型	缓存类型	描述	引脚名称	引脚数	引脚复用/引脚分配	引脚类型	缓存类型	描述
AIN0	6	PE3	输入	模拟	模/数转换输入 0	AIN6	62	PD1	输入	模拟	模/数转换输入 6
AIN1	7	PE2	输入	模拟	模/数转换输入 1	AIN7	61	PD0	输入	模拟	模/数转换输入 7
AIN2	8	PE1	输入	模拟	模/数转换输入 2	AIN8	60	PE5	输入	模拟	模/数转换输入 8
AIN3	9	PE0	输入	模拟	模/数转换输入 3	AIN9	59	PE4	输入	模拟	模/数转换输入 9
AIN4	64	PD3	输入	模拟	模/数转换输入 4	AIN10	58	PE4	输入	模拟	模/数转换输入 10
AIN5	63	PD2	输入	模拟	模/数转换输入 5	AIN11	57	PE5	输入	模拟	模/数转换输入 11

2. 功能概述

　　Tiva ADC 通过使用一种基于序列的可编程方法来收集采样数据，取代了许多
传统 ADC 模块使用的单次采样或双采样的方法。每个采样序列均由一组编程的连
续（背靠背）采样组成，因此 ADC 模块可以从多个输入源中收集数据，而无需处理器

对其重新配置或进行干预。采样序列中的每个采样动作都可灵活编程,可配置的参数包括选择输入源和输入模式(单端输入或差分输入)、采样结束时是否产生中断、是否是队列中最后一个采样动作的标识符,等等。此外,若结合 μDMA 工作,ADC 模块能够更加高效地从采样序列中获取数据,同时无需 CPU 进行任何干预。

采样序列发生器

采样控制和数据采集是由采样序列发生器处理的。所有序列发生器的实现方法都是相同的,区别仅在于能够捕捉的采样数以及 FIFO 深度有所不同。表 6.2 给出了每个序列发生器可捕获的最大采样数及其相对应的 FIFO 深度。所捕获的每个样品被存储在 FIFO 中。在此实现中,每个 FIFO 条目中是一个 32 位字,低 12 位包含的是转换结果。

表 6.2 采样序列发生器的采样数和 FIFO 深度

序列发生器	采样数	FIFO 深度	序列发生器	采样数	FIFO 深度
SS3	1	1	SS1	4	4
SS2	4	4	SS0	8	8

对于一个给定的样本序列,若以 n 代表其序号,则采样序列 n 中的每个采样动作分别以 ADC 采样序列输入多路复用器选择(ADCSSMUXn)及 ADC 采样序列控制(ADCSSCTLn)中的 1 个半字节予以定义。该 ADCSSMUXn 字段用作选择输入引脚,而 ADCSSCTLn 字段包含采样控制位相应的参数,如温度传感器的选择、中断使能、序列的末端和差分输入模式。采样序列通过设置活动采样序列发生器(AD-CACTSS)寄存器相应的 ASENn 位来使能,但也可以在启用前配置。通过设置 ADC 处理器采样序列启动寄存器的 SSN 位来启动软件取样。此外,在配置各个 ADC 模块时,可以配置 ADCPSSI 寄存器的 GSYNC 位和 SYNCWAIT 位同时启动多个 ADC 模块的采样序列。对于使用这些位的更多信息,请参阅后续章节。

当配置采样序列时,允许同一序列中的多个采样动作对同一输入端进行采样。ADCSSCTLn 寄存器中的 IEn 位可针对任意采样动作组合置位,必要时,也可在采样序列中的每一个采样动作后产生中断。同样,END 位也可以在任何采样序列的任一时刻置位。例如,如果使用序列发生器 0,END 位可以在第 5 个采样相关的半字中被置位,从而使采样序列 0 在完成第 5 个采样动作后结束整个采样序列。

在一个采样序列执行完后,结果数据可以从 ADC 采样序列结果 FIFO(ADCSS-FIFOn)寄存器中获取。FIFO 均为简单的循环缓冲区,反复读取同一地址即可"弹出"结果数据。为方便软件调试,通过 ADC 采样序列 FIFO 状态寄存器可查询到 FIFO 头指针和尾指针的位置,以及 FULL 和 EMPTY 状态标志。若 FIFO 已满,则再进行写操作时该写操作会失败,且 FIFO 会出现上溢状况。通过 ADCOSTAT 和 ADCUSTAT 寄存器,可监视上溢和下溢的状态。

3. 模块控制

控制逻辑单元中除采样序列发生器以外剩余部分负责执行以下任务,例如:

- 产生中断;
- DMA 操作;
- 采样序列按优先级执行;
- 触发事件的配置;
- 比较器的配置;
- 采样相位控制;
- 模块计时。

大多数的 ADC 控制逻辑都以 16 MHz 的时钟频率运行。当系统 XTAL 选择 PLL 时,硬件将自动配置内部 ADC 分频器,以便按照 16 MHz 频率工作。

(1) 中断信号

采样序列发生器和数字比较器的寄存器配置可以监控哪些事件会产生原始中断,但对中断是否真正发送给中断控制器没有控制权。ADC 模块的中断信号由 ADC 中断屏蔽(ADCIM)寄存器的 MASK 位的状态控制。中断状态可在以下两处查询:一个是 ADC 原始中断状态(ADCRIS)寄存器,它显示了各种中断信号的原始状态;另一个是 ADC 中断状态和清零(ADCISC)寄存器,它显示由 ADCIM 寄存器使能的实际中断状态。序列发生器中断通过向 ADCISC 寄存器相应的位写 1 来清除中断。请注意,数字比较器中断不是通过本寄存器清除的,而是通过向 ADC 数字比较器中断状态及清除寄存器(ADCDCISC)的对应位写 1 来清除的。

(2) DMA 操作

如果使用 DMA,则每个采样序列发生器能够独立工作,无需微控制器干预或重新配置即可传输数据,从而提高了效率。每个采样序列发生器都可向 μDMA 控制器中相关的专用通道发送请求。ADC 不支持单次的传输请求。当样本序列的中断位设置后(即 ADCSSCTLn 寄存器 IE 位),产生突发传输请求。

μDMA 传输的仲裁大小必须是 2 的整数幂,且 ADCSSCTLn 寄存器相关的 IE 位必须被设置。例如,如果 μDMA 通道 SS0 仲裁大小为 4,那么 IE3 位(第 4 个采样动作)和 IE7 位(第 8 个采样动作)必须被设置。因此,每 4 个采样动作后会触发 1 次 μDMA 请求。除此之外不需要其他特殊步骤,ADC 模块已经能够进行 μDMA 工作。

有关 μDMA 控制器编程的更多细节,请参阅 4.5 节。

(3) 优先级

当多个采样事件(触发)同时发生时,它们的优先级由 ADC 采样序列发生器优先级(ADCSSPRI)寄存器中的值对它们进行排序和依次处理。有效的优先级值在 0～3 范围内。如果多个活动的采样序列具有相同的优先级,将导致转换结果数据不连续。因此软件必须确保当前活动的所有采样序列各自具有唯一的优先级。

（4）采样事件

每个采样序列发生器的采样触发条件均通过 ADC 事件多路复用器选择（AD-CEMUX）寄存器予以定义。触发事件源包括处理器触发（默认）、模拟比较器触发、GPIO ADC 控制（GPIOADCCTL）寄存器指定的 GPIO 外部信号触发、通用定时器触发、PWM 发生器触发以及持续采样触发。软件可以将 ADC 处理器采样序列启动（ADCPSSI）的 SSx 位置位来启动采样序列。

配置持续采样触发条件时务必慎重。假如某个采样序列的优先级过高，可能导致其他低优先级采样序列始终无法运行。通常，要将使用连续采样模式的采样序列器设置为最低优先级。当输入接口上的电压达到了某一特定值，连续采样可以和数字比较器配合使用以产生中断。

（5）采样相位控制

ADC0 和 ADC1 可各自采用不同的触发源，也可采用相同的触发源；可各自采用不同的模拟输入端。如果两个转换器以相同的采样速率运行，那么其采样点既可以配置为同相，也可以配置为相互错开一定的相角（可实现 15 种离散的相位差）。采样点延后的相位通过 ADC 采样相位控制（ADCSPC）寄存器按 22.5° 逐步递增，最大可递增至 337.5°。图 6.5 显示 1 MSPS 速率时各种不同相位关系示例。

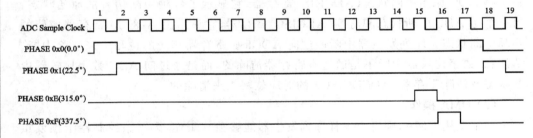

图 6.5 ADC 采样相位

借助此功能可让单个输入通道实现双倍采样率。将 ADC0 和 ADC1 模块配置为采用同一个输入通道，ADC0 模块可以按照标准相位采样（ADCSPC 寄存器的 PHASE = 0）；ADC1 模块可以配置为延后 180° 相位采样（PHASE = 0x8）。通过 ADC 处理器采样序列启动（ADCPSSI）寄存器的 GSYNC 和 SYNCWAIT 位可以将两个模块配置为同步运行。然后由软件将来自两个模块的结果数据结合起来，就能在 16 MHz 工作频率下实现 1 MSPS 的采样速率，如图 6.6 所示。

使用 ADCSPC 寄存器，ADC0 和 ADC1 还能实现许多有趣的应用：

● 不同信号的同步持续采样。两个转换器的采样序列同相进行采样。

    – ADC0，ADCSPC＝0x0，采样 AIN0；

    – ADC1，ADCSPC＝0x0，采样 AIN1。

● 同一信号的交错采样（如图 6.7 所示）。两个转换器的采样序列交错进行异相采样，当采样速率为 1 MSPS 时，交错时间为 0.5 μs。在软件将转换结果

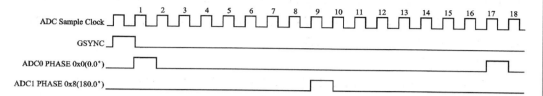

图 6.6　ADC 采样频率倍增

进行交错组合时,此配置可将单个输入通道的转换带宽加倍。

- ADC0,ADCSPC = 0x0,采样 AIN0;

- ADC1,ADCSPC = 0x8,采样 AIN1。

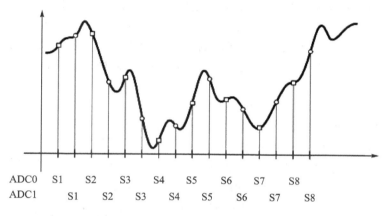

图 6.7　交错采样

(6) 模块时序

　　模块时序的时钟由 16 MHz 时钟提供。该时钟源由 PLL 输出分频,PIOSC 或外部时钟源连接到 MOSC(带有 PLL 旁路模式)。当 PLL 运行时,ADC 时钟源默认来自 PLL 的 25 分频。然而,PIOSC 可以使用 ADC 时钟配置(ADCCC)寄存器用于驱动模块时钟。要使用 PIOSC 驱动 ADC,首先要上电 PLL,然后使能 ADCCC 寄存器的 CS 位组,最后失能 PLL。当 PLL 被旁路时,该模块连接到 MOSC 时钟源的时钟必须是 16 MHz,除非 PIOSC 作为时钟源。要使用 MOSC 驱动 ADC,首先上电 PLL,然后使能 ADC 时钟模块,最后失能 PLL 并切换 MOSC 作为系统时钟。在深度睡眠模式下,如果 PIOSC 是 ADC 模块的时钟源,那么 ADC 模块可继续运行。

　　系统时钟必须在相同的频率或高于 ADC 时钟的频率下工作。所有 ADC 模块使用相同的时钟源有助于在多个转换设备间同步数据采样。可通过 ADCCC 寄存器的 ADC0 对时钟源进行选择和编程。ADC 模块无法以不同的转换速率运行。

(7) 繁忙状态

　　ADCACTSS 寄存器的 BUSY 位用于指示 ADC,目前正在紧张地执行转换。如果当前周期或者后面若干周期不存在可启动新转换的触发条件挂起,BUSY 位将为 0。在向模/数转换器运行模式时钟门控控制(RCGCADC)寄存器写入数据以禁用 ADC 时钟之前,软件必须确认 BUSY 位已清零。

(8) 启用抖动

ADCCTL 寄存器的 DITHER 位用来减少 ADC 采样的随机噪声,并将 ADC 运行保持在模/数转换器(ADC)定义的具体性能限制范围内。在用 ADC 模块采集多个持续样本时,应启用 ADCCTL 寄存器中的 DITHER 位,以及 ADC 采样平均控制(ADCSAC)寄存器中的硬件均分功能。复位时,DITHER 位将默认被禁用。

4. 硬件采样平均电路

使用硬件平均电路,可以产生更高精度的结果,但改善的结果是以吞吐量为代价的。硬件采样平均电路最高可将 64 次采样结果累加并计算出平均值,以平均值作为单次采样的数据写入序列发生器 FIFO 的 1 个单元中。由于是算术平均值,因此吞吐率与求平均值的采样数目成反比。例如,若取 16 次采样进行平均值计算,那么吞吐率将降为 1/16。

默认情况下,硬件采样平均电路是关闭的,转换器捕捉的所有数据直接送入序列发生器的 FIFO 中。进行平均计算的硬件由 ADC 采样平均控制(ADCSAC)寄存器进行控制。每个 ADC 模块只有一个平均电路,不论单端输入还是差分输入都会被执行相同的求平均值操作。

图 6.8 显示了一个例子,其中 ADCSAC 寄存器设置为 0x2,用于 4 个连续硬件采样,并且 IE1 位被设置为提供采样队列,第 2 个平均值储存进 FIFO 后,将产生中断信号。

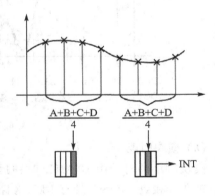

图 6.8　样本平均实例

5. 模/数转换器

模/数转换模块使用逐次逼近寄存器(SAR)架构实现低功耗、高精度的 12 位的 A/D 转换。该逐次逼近架构使用开关电容阵列执行两种功能:采集和保持信号,提供 12 位 DAC 操作。图 6.9 显示了 ADC 输入端等效框图。

ADC 模块同时从 3.3 V 模拟电源和 1.2 V 数字电源取电。在不要求 ADC 的转换精度时,可以将 ADC 时钟配置为低功耗。模拟信号通过特殊的平衡输入通道连接到 ADC,尽量减少输入信号的失真和串扰。关于 ADC 电能供给和模拟输入信号的具体信息请参阅 6.1 节。

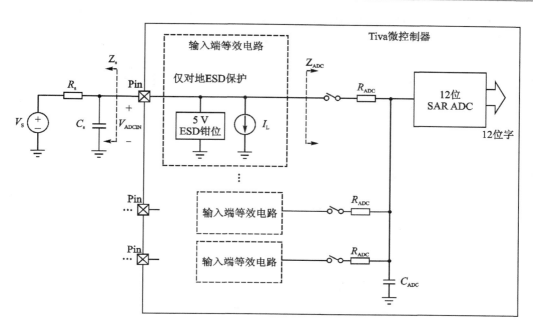

图 6.9　ADC 输入等效框图

参考电压

ADC 使用内部信号 V_{REFP} 和 V_{REFN} 作为参考电压源，以对选定的模拟输入电压进行转换。引脚 V_{REFP} 连接到 V_{DDA}，引脚 V_{REFN} 连接到 GNDA，如图 6.10 所示。

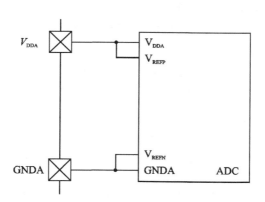

图 6.10　ADC 电压参数

参考电压转换值的范围为 0x000～0xFFF。在单端输入模式中，0x000 对应于 V_{REFN} 上的电平；0xFFF 对应于 V_{REFP} 上的电平。通过这样的配置，分辨率就可以使用 $(V_{\text{REFP}} - V_{\text{REFN}}) / 4\,096$ 计算。

虽然模拟输入引脚能够处理超出此范围的电压，但为了确保结果精确，模拟输入电压必须处于规定的限制范围以内。图 6.11 示出了 ADC 转换值与输入模拟电压的函数关系。

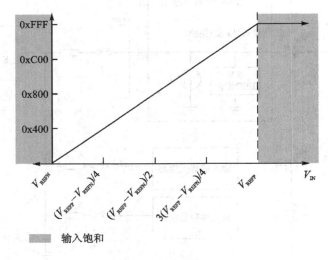

图 6.11　ADC 转换结果

6. 差分采样

除了传统的单端采样,ADC 模块支持两个模拟输入通道的差分采样。为了使能差分采样,软件必须通过一个半字节来配置 ADCSSCTL0n 寄存器的 DN 位。

当一个序列节拍配置为差分采样,必须在 ADCSSMUXn 寄存器配置输入的差分信号对。差分信号对 0 是对模拟输入端 0 和 1 进行采样;差分信号对 1 是对模拟输入端 2 和 3 进行采样;等等(见表 6.3)。ADC 不支持差分信号对的随意组合,如模拟输入 0 和模拟输入 3 。

表 6.3　差分采样对

差分对	模拟输入	差分对	模拟输入
0	0 和 1	3	6 和 7
1	2 和 3	4	8 和 9
2	4 和 5	5	10 和 11

差分模式下采样电压是奇数通道与偶数通道电压的差值:

- 正向输入电压:$V_{\text{IN}+} = V_{\text{IN\_EVEN}}$(偶数通道电压);
- 负向输入电压:$V_{\text{IN}-} = V_{\text{IN\_ODD}}$(奇数通道电压)。

差分输入电压被定义为 $V_{\text{IND}} = V_{\text{IN}+} - V_{\text{IN}-}$,因此:

- 如果 $V_{\text{IND}} = 0$,则转换结果 $= 0\text{x}800$;
- 如果 $V_{\text{IND}} > 0$,则转换结果 $> 0\text{x}800$(范围为 $0\text{x}800 \sim 0\text{xFFF}$);
- 如果 $V_{\text{IND}} < 0$,则转换结果 $< 0\text{x}800$(范围为 $0 \sim 0\text{x}800$)。

使用差分采样时,以下定义是相关的:

- 输入共模电压: $V_{INCM} = (V_{IN+} + V_{IN-}) / 2$;
- 正向参考电压: V_{REFP};
- 负向参考电压: V_{REFN};
- 差分参考电压: $V_{REFD} = V_{REFP} - V_{REFN}$;
- 共模参考电压: $V_{REFCM} = (V_{REFP} + V_{REFN}) / 2$。

差分模式具备以下条件时效果最佳:

- V_{IN_EVEN} 和 V_{IN_ODD} 必须在 $V_{REFP} \sim V_{REFN}$ 范围内,否则无法得到有效的转换结果。
- 最大可能的差分输入摆动或最大差分范围是 $-V_{REFD} \sim +V_{REFD}$,所以最大的峰峰差分输入信号是 $[+V_{REFD} - (-V_{REFD})] = 2\,V_{REFD} = 2(V_{REFP} - V_{REFN})$。
- 为了利用最大可能的差分输入摆幅,V_{INCM} 应该非常接近 V_{REFCM}。

如果 V_{INCM} 不等于 V_{REFCM},那么在最大或最小电压下,差分输入信号可能减弱(这是因为任何单端输入都不能大于 V_{REFP} 或小于 V_{REFN}),而且无法实现全摆幅。因此输入电压和参考电压之间的任何共模差异都会限制 ADC 的差分动态范围。

由于最大峰峰差分信号电压是 $2(V_{REFP} - V_{REFN})$,故 ADC 编码为 $(V_{REFP} - V_{REFN}) / 4\,096$。

图 6.12 显示了如何通过 ADC 读数来表示差分电压 ΔV。

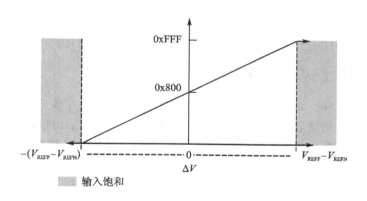

图 6.12　差分电压表示

7. 内部温度传感器

内部温度传感器主要有两个目的:

① 通知系统内部温度过高或过低,保证运行可靠;

② 提供温度测量,来校准休眠模块的 RTC 修正值。

内部温度传感器不能独立地使能/失能操作,因为它还关系到带隙参考电压的产生,必须始终启用。该参考电压不仅提供给 ADC 模块,还需要提供给其他所有模拟模块。另外,在 3.3 V 下该温度传感器有秒掉电输入功能,该功能由休眠模块控制。

内部温度传感器可以将温度转换为电压。该电压值为 V_{TSENS},可由以下公式得出(TEMP 的单位是℃):

$$V_{\text{TSENS}} = 2.7 \text{ V} - (\text{TEMP} + 55 \text{ ℃})/75$$

这种关系如图 6.13 所示。

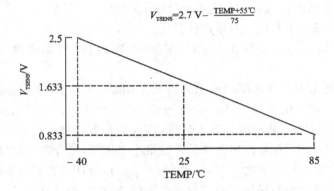

图 6.13　内部温度传感器特性

通过将 ADCSSCTLn 中的 TSn 位置位,即可在采样队列中得到温度感应器的读数。也可以从温度传感器的 ADC 结果通过函数转换得到温度读数。以下公式是基于 ADC 读数(ADC CODE,定义为 0~4 095 的一个不带正负号的十进制数)和最大的 ADC 电压范围($V_{\text{REFP}} - V_{\text{REFN}}$)计算温度(TEMP,单位℃):

$$\text{TEMP} = 147.5 - 75 \times (V_{\text{REFP}} - V_{\text{REFN}}) \times \text{ADC CODE}/4\ 096$$

6.1.3　数据比较器单元

ADC 常用于对外部信号采样,并监测其数值的变动。为了实现此监控过程的自动化,并减少所需的处理器开销,每个 ADC 模块内置 8 个数字比较器。

ADC 转换结果可直接发送到数字比较器,与用户编程的限制范围做比较。ADC 可配置为根据 ADC 是在低值带、中值带还是高值带(可在 ADCDCCMPn 位域进行配置)运行而产生中断。另外可将数字比较器的四种操作模式(单次触发、持续触发、迟滞单次触发及迟滞持续触发)应用于中断配置。

1. 输出功能

输出取决于 ADC 采样序列 n 操作(ADCCSOPn)寄存器中的 SnDCOP 位的设置,ADC 转换结果可以保存到 ADC 采样序列 FIFO 中或供给数字比较器进行比较。这些选定的 ADC 转换结果将被其对应的数字比较器用于监控外部信号。每个比较器有两个输出可能:处理器中断和 PWM 触发事件。

每种输出功能其状态机对被监控的信号实施追踪。中断功能和触发事件功能既可分别使能,也可以同时使能;两种功能将根据同一转换数据判断其条件是否已经满足并据此产生相应的输出。

（1）中断信号

通过设置 ADC 数字比较器控制（ADCDCCTLn）寄存器的 CIE 位，使能数字比较器中断功能。此时中断功能状态机开始运行，并监控输入的 ADC 转换结果。当某组条件满足，且 ADCIM 寄存器的 DCONSSx 位被设置时，将向中断控制器发送一个中断。

注：任何时刻只允许将一个 DCONSSn 位置位。设置一个以上的这些位将导致 AD-CRIS 寄存器的 INRDC 位被屏蔽，并且任何采样序列中断线上不会产生中断。如果使用中断信号，建议在交替采样或者采样序列结束时启用中断。

（2）触发器

将 ADCDCCTLn 寄存器中的 CTE 位置位就可以启用数字比较器触发功能。此时触发功能状态机开始运行，并监控输入的 ADC 转换结果。当某组条件满足时，将相应产生一个数字比较器触发事件并发送给 PWM 模块。

2. 工作模式

数字比较器提供四种运行模式，以支持广泛的应用范围和多种可能的信号需求：持续触发、单次触发、迟滞持续触发、迟滞单次触发。使用 ADCDCCTLn 寄存器的 CIM 或 CTM 域选择工作模式。

（1）持续触发模式

在持续触发模式中，只要 ADC 转换值满足比较条件即会产生相应的中断或触发事件。因此，当转换结果在规定的范围内时，将产生一连串的中断或触发事件。

（2）单次触发模式

在单次触发模式下，只有当前 ADC 转换值满足比较条件并且前一个 ADC 转换值不满足比较条件时，才会产生相应的中断或触发事件。因此，如果 A/D 转换结果处于规定的范围内，将产生单个中断或触发事件。

（3）迟滞持续触发模式

迟滞持续触发工作模式只能结合低值带或高值带工作，只有跨越中值带进入相反的区域时才会清除迟滞条件。在迟滞持续触发工作模式中，满足以下条件时才会产生相应的中断或触发事件：ADC 转换值满足其比较条件，或之前的某个 ADC 结果满足比较条件，并且迟滞条件尚未清除（ADC 转换值尚未落入相反的区域）。因此，在 ADC 转换值进入相反的区域之前，将不断产生一连串的中断或触发事件。

（4）迟滞单次触发模式

迟滞单次触发模式只能结合低频段或高频段区工作，只有跨越中值带进入相反的区域时才会清除迟滞条件。在迟滞单次触发工作模式中，满足以下条件时才会产生相应的中断或触发事件:ADC 转换值满足其比较条件,且前一个 ADC 转换值不满足比较条件,且迟滞条件已清除。因此将产生单个中断或触发事件。

3. 功能作用范围

ADC 数字比较器范围(ADCDCCMPn)寄存器中的两组比较门限 COMP0 和 COMP1 可将转换结果有效划分为 3 个不同区域。这些区域被称为低值带(小于 COMP0)、中值带(大于 COMP0 但小于或等于 COMP1)和高值带(大于或等于 COMP1)。允许将 COMP0 和 COMP1 编程为相等的值,也就是只划分出两个区域。请注意,COMP1 的值必须始终大于或等于 COMP0。若 COMP1 小于 COMP0,其后果将难以预料。

(1) 低值带工作

要让数字比较器在低值带内工作,必须将 ADCDCCTLn 寄存器的 CIC 域或 CTC 域设为 0x0。此设置会在低值带内按照编程的工作模式产生中断或触发事件。图 6.14 显示了在低值带内各种允许的工作模式下产生中断/触发信号的状态示例。请注意,在每个运行模式名称(Always、Once、Hysteresis Always、Hysteresis Once)后的"0"表示不产生中断或触发信号,"1"表示产生中断或触发信号。

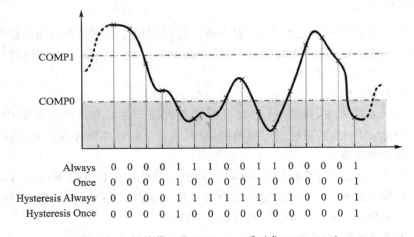

图 6.14　低值带工作(CIC=0x0 和/或 CTC=0x0)

(2) 中值带工作

要让数字比较器在中值带内工作,必须将 ADCDCCTLn 寄存器的 CIC 域或 CTC 域设为 0x1。此设置会在中值带内按照编程的工作模式产生中断或触发事件。只有持续触发工作模式和单次触发工作模式能够在中值带内工作。图 6.15 显示了在中值带内各种允许的工作模式下产生中断/触发信号的状态示例。请注意,在运行模式名称后的"0"表示不产生中断或触发信号,"1"表示产生中断或触发信号。

(3) 高值带工作

要让数字比较器在高值带内工作,必须将 ADCDCCTLn 寄存器的 CIC 域或

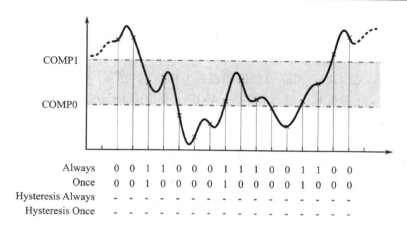

图 6.15 中值带工作(CIC=0x1 和/或 CTC=0x1)

CTC 域设为 0x3。此设置会在高值带内按照编程的工作模式产生中断或触发事件。图 6.16 显示了在高值带内各种允许的工作模式下产生中断/触发信号的状态示例。请注意,在运行模式名称后的"0"表示不产生中断或触发信号,"1"表示产生中断或触发信号。

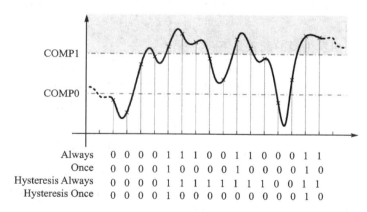

图 6.16 高值带工作(CIC=0x3 和/或 CTC=0x3)

6.1.4 初始化及配置

要想正常使用 ADC 模块,必须通过 RCC 寄存器启用 PLL,并将工作频率编程为 ADC 模块支持的数值。采用不支持的频率有可能造成 ADC 模块的工作发生错误。

1. 模块初始化

ADC 模块的初始化流程比较简单,有以下几步:启用 ADC 提供时钟、失能待用模拟输入引脚的模拟隔离电路、配置采样序列发生器优先级(如果有必要的话)。

嵌入式系统教程——基于 Tiva C 系列 ARM Cortex-M4 微控制器

ADC 的初始化序列,如下所示:

① 通过 RCGCADC 寄存器使能 ADC 时钟。(通过调用 SysCtlPeripheralEnable()函数实现)

② 通过 RCGCGPIO 寄存器使能相应的 GPIO 模块的时钟。要了解需要启用哪些 GPIO 端口,见表 6.1。(通过调用 SysCtlPeripheralEnable()函数实现)

③ 为 ADC 输入引脚设置 GPIO AFSEL 位。(通过调用 GPIOPinConfigure()函数实现)

④ 通过清除 GPIO 数据使能(GPIODEN)寄存器的 DEN 位,将 AINx 引脚配置为模拟输入。(通过调用 GPIOPinTypeADC()函数实现)

⑤ 通过向 GPIOAMSEL 寄存器的相应位写入 1,为所有 ADC 输入引脚失能模拟隔离电路。

⑥ 如果应用程序需要,那么 ADCSSPRI 寄存器中重新配置采样序列发生器的优先次序。默认配置中采样序列发生器 0 为最低优先级,采样序列发生器 3 为最高优先级。(通过调用 ADCSequenceConfigure()函数实现)

2. 采样序列发生器的配置

采样序列发生器的配置比模块初始化稍微复杂一些,因为每个采样序列发生器是完全可编程的。

每个采样序列发生器的配置如下:

① 将 ADCACTSS 寄存器的 ASENn 位清零,禁用采样序列发生器。采样序列发生器不使能也可以进行配置。不过如果在配置期间禁用采样序列发生器,可以有效防止在此期间因满足触发条件而造成的误执行。(通过调用 ADCSequenceConfigure()函数实现)

② 在 ADCEMUX 寄存器中为采样序列发生器配置触发事件。(通过调用 ADCSequenceConfigure()函数实现)

③ 当使用 PWM 发生器作为触发源时,通过 ADC 触发源选择(ADCTSSEL)寄存器来指定该 PWM 发生器在哪个 PWM 模块中。默认的寄存器复位为所有发生器选择 PWM0 模块。(通过调用 ADCSequenceConfigure()函数实现)

④ 对于采样序列中的每个样品,在 ADCSSMUXn 寄存器配置相应的输入源。(通过调用 ADCSequenceStepConfigure()函数实现)

⑤ 针对采样序列中的每个采样动作,对 ADCSSCTLn 寄存器中相应半字节的采样控制位进行配置。在配置最后一个半字节时,应确保 END 位置位。如果 END 不置位,将导致不可预测的执行结果。(通过调用 ADCSequenceStepConfigure()函数实现)

⑥ 如果中断要被使用,则设置 ADCIM 寄存器相应的 MASK 位。(通过调用 ADCIntEnable()函数实现)

⑦ 将 ADCACTSS 寄存器的 ASENn 位置位,启用采样序列发生器逻辑单元。

（通过调用 ADCSequenceEnable（）函数实现）

6.1.5　操作示例

本示例是对 LaunchPad 的 ADC 的差分输入功能进行设计。ADC 配置为：差分采样模式，采样数据由 SS3 处理，差分采样对 0。程序采用超循环模式，持续获取差分输入之差，并通过超级终端显示结果。

接下来，我们通过程序流程图宏观了解该示例的大体操作步骤；然后通过列出的库函数和示例代码进一步掌握 ADC 的基本原理和如何使用；最后通过观察操作现象，验证本示例是否正确实现了相应的功能。

1.程序流程图

实验流程步骤：

① 设置时钟。

② 配置 ADC 模拟输入引脚和 UART 引脚。

③ 使能外设并配置序列产生器。

④ 检测差分输入之差并通过 UART 在超级中断上显示结果。

程序流程图如图 6.17 所示。

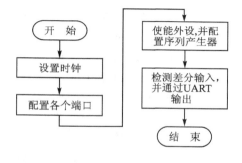

图 6.17　程序流程图

2.库函数说明

1）函数 GPIOPinTypeADC（）

功　　能：为模/数转换输入配置引脚。

原　　型：void GPIOPinTypeADC(uint32_t ui32Port,uint8_t ui8Pins)

参　　数：ui32Port 为 GPIO 端口基地址，ui32Port 代表引脚位。

描　　述：模/数转换输入引脚必须正确配置以使得模/数外设正常运行。该函数为这些引脚提供合理的配置。由字节位组配置特定的位，每一位被设置识别要访问的位，并且字节中 0 位的代表 GPIO 端口的第 0 引脚，字节中 1 位的代表 GPIO 端口的第 1 引脚，等等。

　　　　　注：该函数不能用于将某个引脚转换为一个 ADC 输入；它只能配置 ADC 输入引脚合理地运行。

返回值：无

2）函数 ADCSequenceConfigure（）

功　　能：配置采样序列的触发源和优先级。

原　　型：voidADCSequenceConfigure(uint32_t ui32Base,

　　　　　　　　　　　　　uint32_t ui32SequenceNum,

　　　　　　　　　　　　　uint32_t ui32Trigger,uint32_t ui32Priority)

参　　数：ui32Base 为 ADC 模块的基地址。

ui32SequenceNum 为采样序列号。

ui32Trigger 为触发源，必须为 ADC_TRIGGER_ * 值之一。

ui32Priority 为相关采样序列的优先级。

描　　述：该函数为采样序列配置初始标准。合法的采样序列范围为 0～3；序列 0 最多获取 8 个采样，序列 1 和序列 2 最多获得 4 个采样，序列 3 获取 1 个采样。配置触发条件和优先级。

参数 ui32Trigger 取以下值之一：

- ADC_TRIGGER_PROCESSOR：由处理器通过 ADCProcessorTrigger() 函数产生触发。
- ADC_TRIGGER_COMP0：由第一个模拟比较器通过配置 ComparatorConfigure() 函数产生触发。
- ADC_TRIGGER_COMP1：由第二个模拟比较器通过配置 ComparatorConfigure() 函数产生触发。
- ADC_TRIGGER_COMP2：由第三个模拟比较器通过配置 ComparatorConfigure() 函数产生触发。
- ADC_TRIGGER_EXTERNAL：通过 PB4 引脚输入产生触发。注意，一些微控制器可以通过 GPIOADCTriggerEnable() 函数从任一个 GPIO 中选择触发源。
- ADC_TRIGGER_TIMER：由定时器通过配置 TimerControlTrigger() 函数产生触发。
- ADC_TRIGGER_PWM0：由第一个 PWM 产生器通过配置 PWMGenIntTrigEnable() 函数产生触发。
- ADC_TRIGGER_PWM1：由第二个 PWM 产生器通过配置 PWMGenIntTrigEnable() 函数产生触发。
- ADC_TRIGGER_PWM2：由第三个 PWM 产生器通过配置 PWMGenIntTrigEnable() 函数产生触发。
- ADC_TRIGGER_ALWAYS：总是被触发，导致采样序列重复获取（只要没有更高优先级的触发源运行）。

参数 ui32Priority 取值在 0～3 之间，0 代表最高优先级，3 代表最低优先级。注意，当编程多个采样序列的优先级时，每一个的优先级必须不能相同；由调用方保证优先级的不同。

返回值：无

3）函数 **ADCSequenceConfigure()**

功　　能：配置采样序列的节拍。

原　　型：void ADCSequenceStepConfigure(uint32_t ui32Base,

　　　　　　　　　　　　　uint32_t ui32SequenceNum,

　　　　　　　　　　　　　uint32_t ui32Step,

　　　　　　　　　　　　　uint32_t ui32Config)

参　　数：ui32Base 为 ADC 模块基地址。

　　　　　ui32SequenceNum 为采样序列号。

　　　　　ui32Step 为要配置的节拍。

　　　　　ui32Config 为该节拍的配置，必须为 ADC_CTL_TS、ADC_CTL_IE、ADC_CTL_END、ADC_CTL_D 的逻辑或，输入通道选择 ADC_CTL_CH0～ADC_CTL_CH23 之一，数字比较器选择 ADC_CTL_CMP0～ADC_CTL_CMP7 之一。

描　　述：该函数配置 ADC 采样序列的节拍。ADC 可以配置为单端或差分操作（设置 ADC_CTL_D 位选择差分操作），采样通道可以选择 ADC_CTL_CH0～ADC_CTL_CH23 之一，并且内部温感可由 ADC_CTL_TS 位选择。当触发发生后，参数 ui32Step 决定获取 ADC 采样的顺序。第一个采样序列的范围是 0～7，第二个和第三个采样序列的范围是 0～4，第四个采样序列的范围只能取 0。差分模式只能工作在相邻的通道对（如：0 和 1）。

返回值：无

4）函数 ADCSequenceEnable( )

功　　能：使能采样序列。

原　　型：void ADCSequenceEnable(uint32_t ui32Base, uint32_t ui32SequenceNum)

参　　数：ui32Base 为 ADC 模块的基地址，ui32SequenceNum 是采样序列号。

描　　述：当检测到触发时，允许获取特定的采样序列。采样序列必须在使能前配置。

返回值：无

5）函数 ADCIntClear( )

功　　能：清除采样序列中断源。

原　　型：void ADCIntClear(uint32_t ui32Base, uint32_t ui32SequenceNum)

参　　数：ui32Base 为 ADC 模块的基地址，ui32SequenceNum 为采样序列号。

描　　述：清除指定的采样序列，以便其不再被声明。该函数必须被中断处理函数调用，以防止中断在程序退出时被再次触发。

返回值：无

6）函数 ADCProcessorTrigger( )

功　　能：为采样序列产生一个处理器触发。

原　　型：void ADCProcessorTrigger(uint32_t ui32Base, uint32_t ui32SequenceNum)

参　　数：ui32Base 为 ADC 模块的基地址。ui32SequenceNum 为采样序列号，其值可以为 ADC_TRIGGER_WAIT 或 ADC_TRIGGER_SIGNAL 选择

性的"或"运算。

描　　述：如果采样序列触发器配置为 ADC_TRIGGER_PROCESSOR，该函数
将触发一个处理器初始采样序列。如果 ADC_TRIGGER_WAIT "或"
运算写入序列号，那么处理器初始触发器将被延时，直到后来的不同的
ADC 模块的处理器初始触发器指定为 ADC_TRIGGER_SIGNAL，允
许多种 ADC 以同步方式从处理器初始触发器开始。

返回值：无

7）函数 ADCIntStatus( )

功　　能：获取当前中断状态。

原　　型：uint32_tADCIntStatus(uint32_t ui32Base，uint32_t ui32SequenceNum，
bool bMasked)

参　　数：ui32Base 为 ADC 模块的基地址。ui32SequenceNum 为采样序列号。
bMasked：当需要原始中断状态时为 false，当需要屏蔽中断状态时为
true。

描　　述：该函数为特定的采样序列返回中断状态。允许反映给处理器的原始中
断状态或屏蔽中断状态都可以返回。

返回值：当前原始或屏蔽中断状态。

8）函数 ADCSequenceDataGet( )

功　　能：获取采样序列捕获的数据。

原　　型：int32_tADCSequenceDataGet(uint32_t ui32Base，uint32_t ui32SequenceNum，
uint32_t * pui32Buffer)

参　　数：ui32Base 为 ADC 模块的基地址。ui32SequenceNum 为采样序列号。
pui32Buffer 为数据存储地址。

描　　述：该函数将指定采样序列器输出 FIFO 的数据拷贝到一个独立内存缓冲
区。硬件中的可访问的采样个数被复制到缓冲区，假设缓冲区足够大
可以容纳很多采样值。该函数只返回当前可访问的采样，如果这在采
样的执行过程中，它可能不是所有的采样序列。

返回值：返回复制到缓冲区的采样个数。

3．示例代码

```
/****************************************
* 函数名:main
* 描    述:实现 ADC 差分采样功能,比较 AIN0 与 AIN1 的输入之差,并通过 UART 输出观察现象
* 输    入:无

****************************************/
Int main(void)
```

```
{
    uint32_t pui32ADC0Value[1];  //存储 ADC 的 FIFO 的数据
    //设置时钟
    SysCtlClockSet(SYSCTL_SYSDIV_10 | SYSCTL_USE_PLL | SYSCTL_OSC_MAIN |
                    SYSCTL_XTAL_16MHZ);

    InitConsole();//配置各个端口:ADC 模拟输入,UART
    UARTprintf("ADC - >\n");
    UARTprintf("   Type: differential\n");
    UARTprintf("   Samples: One\n");
    UARTprintf("   Update Rate: 250ms\n");
    UARTprintf("   Input Pin: (AIN0/PE3 - AIN1/PE2)\n\n");
    //使能 ADC0 外设
    SysCtlPeripheralEnable(SYSCTL_PERIPH_ADC0);
    //将 E 端口使能
    SysCtlPeripheralEnable(SYSCTL_PERIPH_GPIOE);


    //配置模拟输入引脚
    GPIOPinTypeADC(GPIO_PORTE_BASE, GPIO_PIN_7 | GPIO_PIN_6);


    //配置序列发生器、触发源、优先级
    ADCSequenceConfigure(ADC0_BASE, 3, ADC_TRIGGER_PROCESSOR, 0);


    //配置序列发生器 3 的节拍 0、差分选择、输入通道 0、使能中断、序列结束选择
    ADCSequenceStepConfigure(ADC0_BASE, 3, 0, ADC_CTL_D | ADC_CTL_CH0 | ADC_CTL_IE |
                            ADC_CTL_END);
    //使能序列发生器 3
    ADCSequenceEnable(ADC0_BASE, 3);
    //清除中断状态标志
    ADCIntClear(ADC0_BASE, 3);

    while(1)
    {
        ADCProcessorTrigger(ADC0_BASE, 3);              //产生一个触发
        while(! ADCIntStatus(ADC0_BASE, 3, false))      //等待转换完成
        {
        }
```

```
        ADCIntClear(ADC0_BASE, 3);                          //清除 ADC 中断状态标志
        ADCSequenceDataGet(ADC0_BASE, 3, pui32ADC0Value); //获取 ADC 序列中的个数
        UARTprintf("AIN0 - AIN1 =  % 4d\r", pui32ADC0Value[0]);
        //串口输出 AIN0(PE7)、AIN1(PE6) 的数字信号值的差
        SysCtlDelay(SysCtlClockGet() / 12); //延迟
    }
}


/*****************************************
 * 函数名:initConsole
 * 描   述:配置 UART
 * 输   入:无
 ****************************************/
Void   initConsole(void)
{
    //使能用于 UART0 的端口
    SysCtlPeripheralEnable(SYSCTL_PERIPH_GPIOA);
    // Enable so that we can configure the clock.
    //配置 UART0 时钟并使能
    SysCtlPeripheralEnable(SYSCTL_PERIPH_UART0);

    //使用内部 16 MHz 振荡器作为 UART 时钟源
    UARTClockSourceSet(UART0_BASE, UART_CLOCK_PIOSC);

    //选择引脚的复用功能为 UART
    GPIOPinTypeUART(GPIO_PORTA_BASE, GPIO_PIN_0 | GPIO_PIN_1);

    //初始化 UART
    UARTStdioConfig(0, 115200, 16000000);
}
```

4. 操作现象

在电脑附件中打开超级终端,设置 COM 口、波特率等 UART 参数;超级终端是用来接收验证 ADC 的差分采样之差。当超级终端设置完毕后,将程序烧到 Tiva 中,观察结果。

图 6.18 中前半部分都是对该 ADC 的配置介绍,最后一句"AIN0 - AIN1 =

1433"是该示例的结果,表示两个模拟输入之差。

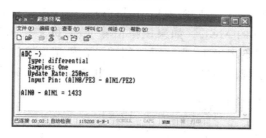

图 6.18 操作现象

6.2 模拟比较器(AC)

在数字电路中,经常需要对两个位数相同的二进制数进行比较,以判断它们的相对大小或者是否相等,用来实现这一功能的逻辑电路就成为数值比较器(也称数字比较器),例如 74LS686 等。而在模拟电路中,对两个模拟值进行比较要用到模拟比较器,它能比较两个模拟电压的大小,并提供一个逻辑输出来表示比较结果。主要用来监控系统模拟电路的一些突发情况,也可以集合软件、实现比较简单的模/数转换。

6.2.1 AC 简介

AC(Analog Comparater),即模拟比较器。AC 和 ADC 是单片机内部最常见的两种支持模拟信号输入的功能接口。模拟比较器将 2 个模拟量(电压值)进行比较,当同相端(十端)的输入电压高于反相端(一端)的输入电压时,输出高(或低)电平;反之,则输出低(或高)电平。AC 原理图与逻辑功能图,请看图6.19、表 6.4。最终的逻辑输出可以产生一个中断信号,也可以用于触发 ADC 模块的转换。

337

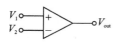

图 6.19 AC 原理图

表 6.4 逻辑功能图

电压值	输 出
$V_1+ > V_2$	$V_{out} = 1$
$V_1 < V_2$	$V_{out} = 0$

将一温度传感信号接于比较器的同相端,反相端接一电压基准(代表某一温度),当温度高于基准值时,比较器输出高电平,控制加热器关闭;反之,当温度信号低于基准值时,比较器输出低电平,将加热器接通。这就是一个简单的温控器的原理。有的模拟比较器具有迟滞回线,称为迟滞比较器,用这种比较器,有助于消除寄生在信号上的干扰以及比较阈值附件的不稳定。

　　模拟比较器通常用来监测模拟信号的变化情况。如果超过某个限度,就会输出一个对应的逻辑信号。如果需要对模拟信号进行更精细的分辨,必须采用 A/D 转换芯片或内置 ADC 部件的 MCU。如果模拟信号的 A/D 转换精度要求不是很高,每秒采样次数也很低(如不超过 10 次),可以利用内含模拟比较器的单片机来完成 A/D 转换,这将明显降低系统的硬件成本,在很多家电产品中非常有意义。

6.2.2　Tiva 微控制器的 AC

　　Tiva 微控制器提供三个独立的集成模拟比较器,比较器可以向器件引脚提供输出,以替换板上的外部模拟比较器。此外,比较器可通过中断信号示意应用程序在 ADC 中开始采样序列或者直接触发采样。中断产生逻辑和 ADC 触发逻辑是分开独立的,例如,中断可以在上升沿产生,而在下降沿触发 ADC。

　　集成的模拟比较器具有以下功能:

- 将外部引脚输入引脚(或内部可编程电压参数)与外部引脚输入引脚相比较。
- 比较器可将测试电压与以下任一电压作比较:
  - 独立的外部电压参数;
  - 共享的外部电压参数;
  - 共享内部电压参数。

1. 信号描述与结构框图

　　图 6.20 所示为 Tiva 模拟比较器模块。Cn－和 Cn＋分别为模拟比较器的两个输入引脚,通过比较这两个引脚的输入值的大小,在 Cno 引脚产生相应的高低电平或产生中断或触发响应的操作,从而控制相应的操作,实现一定的项目目的。

注:图 6.20 描述了 Tiva 微控制器产品系列的模拟比较器及比较器输出的最大数量。本器件的数量可能有所不同。

　　表 6.5 中列出了模拟比较器的外部信号(64LQFP)。模拟比较器输出信号是某些 GPIO 引脚的复用功能,复位时,它默认为 GPIO 信号。"引脚复用/引脚分配"中列出了可以被用作模拟比较器的引脚。通过将 GPIO 备用功能选择(GPIOAFSEL)寄存器中的 AFSEL 位置位来选择模拟比较器功能。括号中的数字是必须写入 GPIO 端口控制(GPIOPCTL)寄存器中的 PMCn 位的编码,以便将引脚配置为模拟比较器功能。通过将 GPIO 数字使能(GPIODEN)寄存器中的 DEN 位清零即可配置正极和负极的输入信号。有关如何配置 GPIO 的更多信息,请参阅 4.1 节。

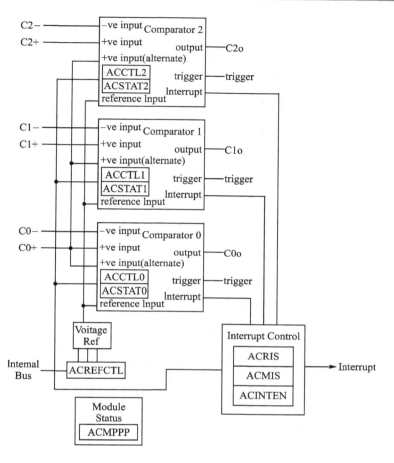

图 6.20　Tiva 模拟比较器模块

表 6.5　模拟比较器外部信号(64LQFP)

引脚名称	引脚编号	引脚复用/引脚分配	引脚类型	缓冲类型	描　　述
C0+	14	PC6	I	模拟	模拟比较器 0 正极输入
C0−	13	PC7	I	模拟	模拟比较器 0 负极输入
C0o	28	PF0(9)	O	TTL	模拟比较器 0 输出
C1+	15	PC5	I	模拟	模拟比较器 1 正极输入
C1−	16	PC4	I	模拟	模拟比较器 1 负极输入
C1o	29	PF1(9)	O	TTL	模拟比较器 1 输出

注：TTL 表示该引脚与 TTL 电平一致。

2. 功能概述

比较器根据对比 V_{IN-} 和 V_{IN+} 的输入,以产生一个输出 V_{OUT}。

$$V_{\text{IN}-} < V_{\text{IN}+}, V_{\text{OUT}} = 1$$
$$V_{\text{IN}-} > V_{\text{IN}+}, V_{\text{OUT}} = 0$$

如图 6.21 所示,$V_{\text{IN}-}$ 输入源为外部输入 $Cn-$,n 为模拟比较器的编号。除了外部输入 $Cn+$ 之外,$V_{\text{IN}+}$ 输入源还可以是 $C0+$ 或者是内部参考源 V_{IREF}。

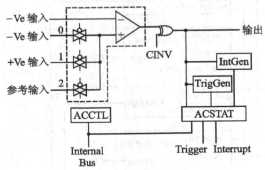

图 6.21　比较器单元结构

比较器通过模拟比较器控制(ACCTL)和模拟比较器状态(ACSTAT)两个状态/控制寄存器来配置。内部参考源通过模拟比较器参考电压控制(ACREFCTL)寄存器进行配置。中断状态和控制通过模拟比较器屏蔽中断状态(ACMIS)、模拟比较器原始中断状态(ACRIS)和模拟比较器中断启用(ACINTEN)三个寄存器来控制。

通常情况下,比较器输出被内部用于产生中断,这点受 ACCTL 寄存器的 ISEN 位控制。该输出也可以用来驱动外部引脚(Cno),或产生模/数转换器(ADC)触发信号。

注:在使用模拟比较器之前,ACCTL 寄存器的 ASRCP 位必须设置。

3. 内部参考编程

比较器内部参考结构如图 6.22 所示。该内部参考电压 V_{IREF} 由配置寄存器 ACREFCTL 控制。

内部参考电压 V_{IREF} 由 ACREFCTL 寄存器的 RNG 位设置,有两种模式(低电平或高电平)。当 RNG 被清除时,内部参考电压 V_{IREF} 处于高电平模式;当 RNG 被设置时,内部参考电压 V_{IREF} 处于低电平模式。

在每种模式中,内部参考电压 V_{IREF} 具有 16 个预先设定的阈值或阶跃值。用于与外部输入电压进行比较的阈值可通过 ACREFCTL 寄存器的 V_{REF} 域选择。

在高电平模式下,V_{IREF} 阈值电压始于理想高电平启动电压 $V_{\text{DDA}}/4.2$,并以理想恒电压阶跃 $V_{\text{DDA}}/29.4$ 增加。

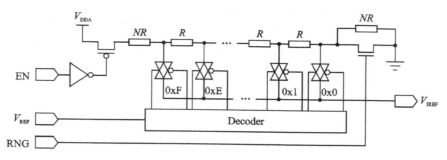

注:NR 表示的 R 值的整数倍。

图 6.22　比较器内部参考结构

在低电平模式下，V_{IREF} 阈值电压始于 0 V，并以理想恒电压阶跃 $V_{DDA}/22.12$ 增加。有关每种模式的理想的 V_{IREF} 阶跃电压，以及 RNG 和 V_{REF} 域对其有何作用，请参考表 6.6。

表 6.6　内部参考电压和 ACREFCTL 位组值

ACREFCTL 寄存器		基于 V_{REF} 位组值输出参考电压
EN 位值	RNG 位值	
EN = 0	RNG=X	任何 V_{REF} 值均为 0 V（GND）。建议使用 RNG = 1 和 V_{REF} =0 来降低参考接地的噪声
EN=1	RNG=0	V_{IREF} 高电平:16 个电压阈值，索引为 V_{REF} =0x0~0xF。 理想启动电压(V_{REF} =0):V_{DDA} / 4.2 理想阶跃电压:V_{DDA} / 29.4 理想 V_{IREF} 阈值:V_{IREF} (V_{REF})=V_{DDA} /4.2+V_{REF} ×(V_{DDA} /29.4)，V_{REF} =0x0~0xF
	RNG=1	V_{IREF} 下限:16 个电压阈值，索引为 V_{REF} = 0x0~0xF。 理想启动电压(V_{REF} =0): 0 V 理想阶跃电压:V_{DDA} /22.12 理想 V_{IREF} 阈值:V_{IREF} (V_{REF}) = V_{REF} ×(V_{DDA} / 22.12)，V_{REF} = 0x0~0xF

注意，表 6.6 中的值是 V_{IREF} 阈值的理想值。实际上每一个阈值阶跃的这些值都是在最小值和最大值之间变动，具体取决于进程和温度。每个步骤的最小值和最大值的值由下式给出：

$$V_{IREF}(V_{REF})\,[最小值] = 理想值\,V_{IREF}(V_{REF}) - (Ideal\ Step\ size - 2\ mV)\,/\,2$$
$$V_{IREF}(V_{REF})\,[最大值] = 理想值\,V_{IREF}(V_{REF}) + (Ideal\ Step\ size - 2\ mV)\,/\,2$$

高和低的范围内(V_{DDA} = 3.3 V)，V_{IREF} 最小和最大值的例子见表 6.7 和表 6.8。注意，这些示例只适用于 V_{DDA} =3.3 V;V_{DDA} 发生变化时，数值将按比例增加和减少。

嵌入式系统教程

——基于 Tiva C 系列 ARM Cortex-M4 微控制器

表 6.7 模拟比较器电压参数特性，V_{DDA} = 3.3 V，EN= 1，RNG = 0

V_{REF} 值	V_{IREF} 最小值	理想 V_{IREF}	V_{IREF} 最大值	单元
0x0	0.731	0.786	0.841	V
0x1	0.843	0.898	0.953	V
0x2	0.955	1.010	1.065	V
0x3	1.067	1.122	1.178	V
0x4	1.180	1.235	1.290	V
0x5	1.292	1.347	1.402	V
0x6	1.404	1.459	1.514	V
0x7	1.516	1.571	1.627	V
0x8	1.629	1.684	1.739	V
0x9	1.741	1.796	1.851	V
0x A	1.853	1.908	1.963	V
0x B	1.965	2.020	2.076	V
0x C	2.078	2.133	2.188	V
0x D	2.190	2.245	2.300	V
0x E	2.302	2.357	2.412	V
0x F	2.414	2.469	2.525	V

表 6.8 模拟比较器电压参数特性，V_{DDA}=3.3 V，EN=1，RNG=1

V_{REF} 值	V_{IREF} 最小值	理想 V_{IREF}	V_{IREF} 最大值	单元
0x0	0.000	0.000	0.074	V
0x1	0.076	0.149	0.223	V
0x2	0.225	0.298	0.372	V
0x3	0.374	0.448	0.521	V
0x4	0.523	0.597	0.670	V
0x5	0.672	0.746	0.820	V
0x6	0.822	0.895	0.969	V
0x7	0.971	1.044	1.118	V
0x8	1.120	1.193	1.267	V
0x9	1.269	1.343	1.416	V
0xA	1.418	1.492	1.565	V
0xB	1.567	1.641	1.715	V
0xC	1.717	1.790	1.864	V
0xD	1.866	1.939	2.013	V
0xE	2.015	2.089	2.162	V
0xF	2.164	2.238	2.311	V

6.2.3　初始化及配置

下面给出如何配置模拟比较器从内部寄存器读出它的输出值。

① 通过向系统控制模块的 RCGCACMP 寄存器写入 0x00000001 值来使能模拟比较器时钟。（通过调用 SysCtlPeripheralEnable()函数实现）

② 通过 RCGCGPIO 寄存器为相应的 GPIO 模块使能时钟。（通过调用 SysCtlPeripheralEnable()函数实现）

③ 在 GPIO 模块中使能 GPIO 端口,并配置相关的引脚为输入。（通过调用 GPIOPinTypeComparator()、GPIOPinTypeGPIOInput()函数实现）

④ 配置 GPIOPCTL 寄存器的 PMCn 位,将模拟比较器输出信号分配给相应的引脚。

⑤ 通过向 ACREFCTL 寄存器写入 0x0000030C,从而配置内部参考电压为 1.65 V。（通过调用 ComparatorRefSet()函数实现）

⑥ 向 ACCTLn 寄存器写入 0x0000040C,将参考选为比较器的内部电压参考源,并且不将输出翻转。（通过调用 ComparatorConfigure()函数实现）

⑦ 延迟 10 μs 。

⑧ 通过读取 ACSTATn 寄存器的 OVAL 值来读取比较器的输出值。（通过调用 ComparatorValueGet()函数实现）

改变比较器负输入信号 C－的电平以观察 OVAL 值的变化。

6.2.4　操作示例

本示例是对 LaunchPad 的 AC 的模拟比较功能进行设计。AC 配置为:无触发模式,双沿触发中断,将参考选为比较器的内部电压参考源,不翻转输出,选用模拟比较器 0。程序采用超循环模式,持续比较输入电压和参考电压大小,并通过超级终端或串口助手输出显示结果。本示例采用串口助手输出显示(与超级终端操作基本相同)。

接下来,我们通过程序流程图宏观了解该示例的大体操作步骤;然后通过列出的库函数和示例代码进一步掌握 AC 的基本原理和如何使用;最后通过观察操作现象,验证本示例是否正确实现了相应的功能。

1. 程序流程图

本实验介绍了应用 Tiva 系列芯片 AC 模块进行电压采集,并与已设定的比较电压进行比较。该实验流程(如图 6.23)步骤如下:

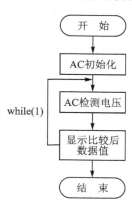

图 6.23　程序流程图

① 设置时钟、端口。

② 配置 AC 模式、设置参考电压。

③ 检测比较电压值。

④ 显示比较后的结果。

2. 库函数说明

1) 函数 ComparatorRefSet( )

功　　能：设置内部参考电压。

原　　型：voidComparatorRefSet(uint32_t ui32Base,uint32_t ui32Ref)

参　　数：ui32Base 是比较模块的基地址。

　　　　　　ui32Ref 为需要的参考电压。

描　　述：该函数设置了内部参考电压值。参考电压取以下值之一：

　　　　　　COMP_REF_OFF 为关闭参考电压；

　　　　　　COMP_REF_0V 为设置参考电压为 0 V；

　　　　　　COMP_REF_0_1375V 为设置参考电压为 0.137 5 V。

2) 函数 ComparatorConfigure( )

功　　能：配置比较器。

原　　型：voidComparatorConfigure(uint32_t ui32Base,uint32_t ui32Comp,

　　　　　　　　　　　　　　　　　　uint32_t ui32Config)

参　　数：ui32Base 为比较模块的基地址；

　　　　　　ui32Comp 比较器的配置索引；

　　　　　　ui32Config 比较器的配置；

描　　述：该函数配置了比较器。参数 ui32Config 的值为 COMP_TRIG_xxx、

　　　　　　COMP_INT_xxx、COMP_ASRCP_xxx 和 COMP_OUTPUT_xxx 的

　　　　　　值的逻辑与。

3) 函数 ComparatorValueGet( )

功　　能：获得当前比较器输出值。

原　　型：boolComparatorValueGet(uint32_t ui32Base,uint32_t ui32Comp)

参　　数：ui32Base 为比较模块的基地址。

　　　　　　ui32Comp 为比较器的配置索引。

描　　述：该函数取出当前比较器的输出值。

返回值：当比较器输出为高时，返回 true；当比较器输出为低时，返回为 false。

4) 函数 ComparatorIntClear( )

功　　能：清除比较器中断。

原　　型：void ComparatorIntClear(uint32_t ui32Base,uint32_t ui32Comp)

参　　数：ui32Base 为比较模块的基地址。

ui32Comp 为比较器的配置索引。

描　　述：该函数必须在中断处理程序中被调用,防止再次中断。

返回值：无

5）函数 ComparatorIntDisable( )

功　　能：失能比较器中断。

原　　型：void ComparatorIntDisable（uint32_t ui32Base,uint32_t ui32Comp）

参　　数：ui32Base 为比较模块的基地址。

　　　　　　ui32Comp 为比较器的配置索引。

描　　述：该函数失能指定比较器的中断产生,只有在使能比较器中断后才能响应处理器。

返回值：无

6）函数 ComparatorIntRegister( )

功　　能：注册一个比较器中断处理函数。

原　　型：void ComparatorIntRegister（uint32_t ui32Base,uint32_t ui32Comp,
　　　　　　　　　　　　　　　　　　void（ ＊ pfnHandler）（void））

描　　述：ui32Base 为比较模块的基地址。

　　　　　　ui32Comp 为比较器的配置索引。

　　　　　　pfnHandler 为一个指向中断处理函数的指针。

描　　述：当比较器中断发生时在中断处理器中使能,该函数注册被调用的中断。

返回值：无

7）函数 ComparatorIntStatus( )

功　　能：获取当前的中断状态。

原　　型：bool ComparatorIntStatus（uint32_t ui32Base,uint32_t ui32Comp,
　　　　　　　　　　　　　　　　　boolbMasked）

参　　数：ui32Base 为比较模块的基地址。

　　　　　　ui32Comp 为比较器的配置索引。

　　　　　　bMasked 当原始中断请求时为 false,当被屏蔽中断请求时为 true。

描　　述：该函数返回比较器中断状态值。

返回值：Ture 为中断请求,false 为没有中断请求。

8）函数 ComparatorIntUnregister( )

功　　能：移除比较器中断处理程序。

原　　型：void ComparatorIntUnregister（uint32_t ui32Base,uint32_t ui32Comp）

参　　数：ui32Base 为比较模块的基地址。

　　　　　　ui32Comp 为比较器的配置索引。

描　　述：当中断发生时,该函数清除被调用的中断处理程序。

返回值：ture 为中断请求,false 为没有中断请求。

3. 示例代码

```
/*****************************************

* 函数名:AC_Init
* 描   述:AC 初始化函数
* 输   入:无
******************************************/

void AC_Init()
{
    SysCtlPeripheralEnable(SYSCTL_PERIPH_COMP0);
    SysCtlPeripheralEnable(SYSCTL_PERIPH_GPIOC);
    GPIOPinTypeComparator(GPIO_PORTC_BASE, GPIO_PIN_7);
    GPIOPinTypeGPIOInput(GPIO_PORTC_BASE, GPIO_PIN_7);
    ComparatorRefSet(COMP_BASE, COMP_REF_1_65V);
    ComparatorConfigure(COMP_BASE, 0,(COMP_TRIG_NONE | COMP_INT_BOTH |
                        COMP_ASRCP_REF | COMP_OUTPUT_NORMAL));
    delay(200000);
}


/*****************************************
* 函数名:AC_ detect
* 描   述:读取 AC 转换后的值
* 输   入:无
******************************************/
void  AC_detect()
{
    bool temp;
    temp = ComparatorValueGet(COMP_BASE, 0);
    if(temp == false)
    num1 = 0;
    else
    num1 = 1;
}
//
/*****************************************
* 函数名:AC_ TEST
* 描   述:AC 测试实验主程序
* 输   入:无
******************************************/
void AC_TEST()
{
```

```
UARTprintf("  Input Pin：(U0RX/PA0 - U0TX/PA1)\n\n");
while(1)
{
    AC_detect();
    UARTprintf("AC = % d\n", num1);
}
}
```

4. 操作现象

在电脑中打开串口助手，设置 COM 口、波特率等 UART 参数；串口助手用来接收验证 AC 的测试结果。当串口助手设置完毕后，将程序烧录到 Tiva 中，观察结果，如图 6.24 所示。

图 6.24 中"Input Pin：(U0RX/PA0 - U0TX/PA1)"为使用 UART 的端口说明，之后的 AC=0 和 AC=1 为转动口袋版上的电位器后的操作现象。

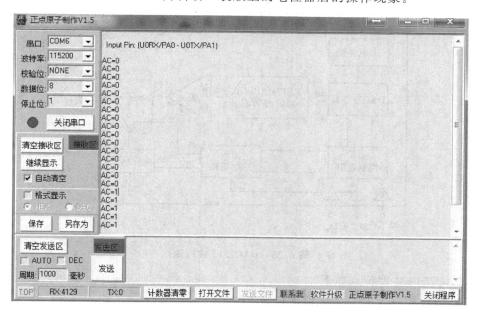

图 6.24　操作现象

6.3　数/模转换器(DAC)

数/模转换器(DAC)完成数字量到模拟量的转换。Tiva C 系列 MCU 中没有 DAC 外设，在此采用 DAC7512 芯片作为扩展，以供读者学习、参考。DAC7512 是 TI 公司生产的具有内置缓冲放大器的低功耗单片 12 位数/模转换器(DAC)，其最高支持 30 MHz 时钟的通用三线串行 SPI 接口。

6.3.1　DAC7512 的基本原理与特点

　　DAC7512 是 12 位串行接口 DAC,片内集成了高精度输出放大器,可获得满幅度的输出。由于它选择电源电压作为参考电压,因而具有较大的动态输出范围。此外,还具有三种低功耗模式。正常状态下,DAC7512 在 5 V 的电压下功耗仅为 0.7 mW,而省电模式下功耗仅为 1 μW。因此,低功耗 DAC7512 是便携式电池供电设备理想器件。

　　DAC7512 结构如图 6.25 所示。图中,输入控制逻辑用于控制 DAC 寄存器写操作;掉电控制逻辑与电阻网络一起用来设置器件工作模式,即选择正常输出还是选择把输出端与缓冲放大器断开,而接入固定电阻。芯片内置缓冲放大器具有满幅输出(Rail to Rail Output)特性,并可驱动 2 kΩ 及 1 000 pF 的并联负载。

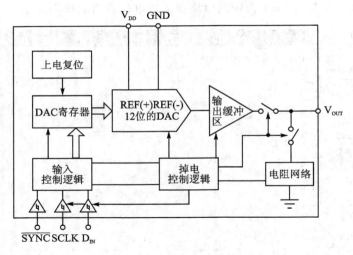

图 6.25　DAC7512 结构图

DAC7512 主要特点如下:

- 微功耗,5 V 时工作电流消耗为 135 μA。
- 在掉电模式时,如果采用 5 V 电源供电,其电流消耗为 200 nA;如果采用 3 V 供电,其电流消耗仅 50 nA。
- 供电电压范围为 +2.7～+5.5 V。
- 上电复位后,DAC 输出 0 V。
- 具有三种低功耗模式可供选择。
- 带有低功耗施密特输入串行接口。
- 内置满幅输出缓冲放大器。
- 具有 SYNC 中断功能。

6.3.2　DAC 工作模式

DAC7512 采用三线制($\overline{\text{SYNC}}$、SCLK 及 D_{IN})串行接口。其串行写操作时序如图 6.26 所示。写操作开始前,$\overline{\text{SYNC}}$要置低,D_{IN}数据在串行时钟 SCLK 下降沿依次移入 16 位寄存器。在串行时钟第 16 个下降沿到来时,将最后一位移入寄存器,可实现对工作模式设置及 DAC 内容刷新,从而完成一个写周期操作。此时,$\overline{\text{SYNC}}$可保持低电平或置高,但在下一个写周期开始前,$\overline{\text{SYNC}}$必须转为高电平并至少保持 33 ns 以便$\overline{\text{SYNC}}$有时间产生下降沿来启动下一个写周期。若$\overline{\text{SYNC}}$在一个写周期内转为高电平,则本次写操作失败,寄存器强行复位。由于施密特缓冲器在$\overline{\text{SYNC}}$高电平时的电流消耗大于低电平时的电流消耗,因此,在两次写操作之间,应把$\overline{\text{SYNC}}$置低以降低功耗。

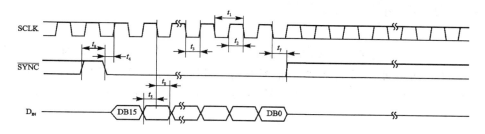

图 6.26　DAC7512 写操作时序图

向 DAC7512 传输的数据帧格式如下:

X	X	PD1	PD0	D11	D10	D9	D8	D7	D6	D5	D4	D3	D2	D1	D0

每次传送 2 字节数据,最前两位为任意数据,之后的 PD1、PD0 为设定 DAC7512 的 POWERDOWN 模式,默认 00 为正常工作模式。之后的 12 位为 MSB 格式数据。

DAC7512 片内移位寄存器宽度为 16 位,其中 DB15、DB14 是空闲位,DB13、DB12 是工作模式选择位,DB11~DB0 是数据位。器件内部带有上电复位电路。上电后,寄存器置 0,所以 DAC7512 处于正常工作模式,模拟输出电压 0 V。

DAC7512 四种工作模式可由寄存器内 DB13、DB12 来控制。其控制关系如表 6.9 所列。

掉电模式下,不仅器件功耗要减小,而且缓冲放大器的输出级通过内部电阻网络接到 1 kΩ、100 kΩ 或开路。而处于掉电模式时,所有的线性电路都断开,但寄存器内的数据不受影响。

与处理器接口:

DAC7512 与微控制器连接如图 6.27 所示。图中,微控制器片选时钟信号线驱动 DAC7512 SCLK,而 SO 则驱动 DAC7512 串行数据线。设计时可用片选线作为$\overline{\text{SYNC}}$信号。在数据传输期间,$\overline{\text{CS}}$要保持低电平。由于 SO 引脚输出时是低位在前,而 DAC7512 片内寄存器接收时是高位在前,故在传送数据前,应当用软件把数据调整好。

表6.9 DAC7512工作模式

DB13	DB12	模 式	
0	0	工作模式	
0	1	掉电模式	输出端1 kΩ到地
1	0		输出端100 kΩ到地
1	1		高阻

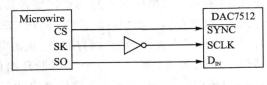

图 6.27 DAC7512 与微控制器连接

DAC7512 的操作示例,请参阅 6.3 节。

6.4 正交编码器(QEI)

正交编码器(又名双通道增量式编码器),用于将线性位移转换成脉冲信号。通过监测脉冲的数目和两个信号的相对相位,用户可以跟踪旋转的位置、方向和速度。此外,还有一索引信号,可用来对位置计数器进行复位,以确定绝对位置。

6.4.1 Tiva 微控制器的 QEI

Tiva 微控制器包括两个正交编码器接口(QEI)模块。每个 QEI 模块对正交编码器轮产生的代码进行解码,将它们解释成位置对时间的积分,并确定旋转的方向。另外,该接口还能捕获编码器转轮的运行速率。

Tiva 微控制器包含两个 QEI 模块,可同时控制两个电机,并具有以下特性:

● 使用位置积分器来跟踪编码器的位置。
● 输入可编程噪声过滤。
● 使用内置的定时器进行速率捕获。
● QEI 输入的频率高达 1/4 处理器频率(例如,50 MHz 系统可达 12.5 MHz)。
● 以下情况下产生中断:
　-检测到索引脉冲;
　-速度定时器发生计满返回事件;
　-旋转方向发生改变;
　-检测到正交错误。

1. 信号描述与结构框图

图 6.28 显示了 Tiva QEI 模块的内部结构。该框图中的 PhA 和 PhB 输入是在外部信号 PhAn 和 PhBn 经过图 6.29 所示反相和相位交换逻辑后,进入正交编码器

的内部信号。QEI 模块具有反转和/或交换输入信号的功能。

　　注意：本章提及的 PhA 和 PhB 均指内部 PhA 和 PhB 输入，它们在外部信号 PhAn 和 PhBn 经过反相和相位交换逻辑后进入正交编码器，而这些逻辑通过 QEI 控制（QEICTL）寄存器使能。

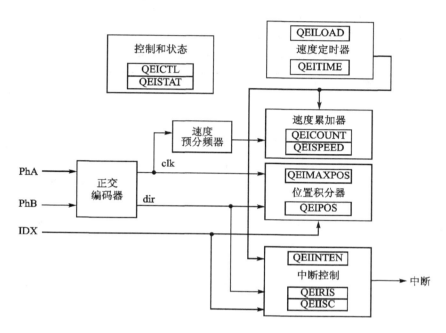

图 6.28　QEI 模块内部结构框图

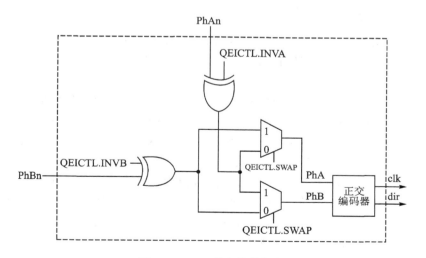

图 6.29　QEI 输入信号逻辑

表 6.10 列出了 QEI 模块的外部信号,并描述了每个信号的功能。对某些 GPIO 引脚,QEI 引脚是可选,并且复位的时候默认是 GPIO 引脚。"引脚复用/引脚分配"中列出了可用的配置成 QEI 的 GPIO 引脚。将 GPIO 备用功能选择(GPIOAFSEL)寄存器中的 AFSEL 位置位,以便选择 QEI 功能。必须将括号中的数字写入 GPIO 端口控制(GPIOPCTL)寄存器的 PMCn 域中,以便把 QEI 信号分配给指定的 GPIO 端口引脚。有关如何配置 GPIO 的更多信息,请参阅 4.1 节。

表 6.10 QEI 模块的外部信号(64LQFP)

引脚名称	引脚编号	引脚复用/引脚分配	引脚类型	缓冲区类型	描 述
IDX0	5	PF4(6)	I	TTL	QEI 0 模块索引信号
	64	PD3(6)			
IDX1	16	PC4(6)	I	TTL	QEI 1 模块索引信号
	32	PG5(6)			
PhA0	28	PF0(6)	I	TTL	QEI 0 模块 A 相信号
	53	PD6(6)			
PhA1	15	PC5(6)	I	TTL	QEI 1 模块 A 相信号
	34	PG3(6)			
	37	PG0(6)			
PhB0	10	PD7(6)	I	TTL	QEI 0 模块 B 相信号
	29	PF1(6)			
PhB1	14	PC6(6)	I	TTL	QEI 1 模块 B 相信号
	33	PG4(6)			
	36	PG1(6)			

注:TTL 表示该引脚与 TTL 电平一致。

2. 功能概述

QEI 模块对正交编码器轮产生的两位格雷码(gray code)进行解码,将它们解释成位置对时间的积分并确定旋转的方向。另外,该接口还能捕获编码器转轮的运行速率。

虽然必须在使能速度捕获前使能位置积分器,但仍然可以单独使能位置积分器和速度捕获。PhAn 和 PhBn 两个相位信号在被 QEI 模块解码前可以进行交换,以改变正向和反向的意义及纠正系统的错误接线(miswiring)。另外,相位信号也可以解释为时钟和方向信号,将它们作为某些编码器的输出。

QEI 模块输入引脚上有数字噪声过滤器,使能它可以避免伪动作。噪声过滤要求在更新边沿探测器之前输入稳定的连续时钟指定数字。将 QEI 控制(QEICTL)寄存器中的 FILTEN 位置位可以启用该滤波器。输入信号更新的频率可以用 QEICTL 寄存器中的 FILTCNT 位域编程确定。

QEI 模块支持两种信号操作模式:正交相位模式和时钟/方向模式。在正交相位模式中,编码器产生两个相位差为 90°的时钟信号;它们的边沿关系被用来确定旋转方向。在时钟/方向模式中,编码器产生一个时钟信号和一个方向信号,分别表示步长和旋转方向。这两种模式的选择由 QEICTL 寄存器中的 SIGMODE 位确定。

在将 QEI 模块设置为使用正交相位模式(SIGMODE 位为 0)时,位置积分器的捕获模式可设置成在 PhA 信号的上升和下降沿(或是在 PhA 和 PhB 的上升和下降沿)对位置积分器进行更新。在 PhA 和 PhB 的上升和下降沿上更新位置计数器可获得更高精度的数据(更多位置计数),但位置计数器的计数范围却相对变少。

当 PhA 的边沿超前于 PhB 的边沿时,位置计数器加 1。当 PhB 的边沿超前于 PhA 的边沿时,位置计数器减 1。当一对上升沿和下降沿出现在其中一个相位上,而在其他相位上没有任何边沿时,这表示旋转方向已经发生了改变。

位置计数器在下列其中一种情况时将自动复位:①检测到索引脉冲;②位置计数器的值达到最大值。复位模式由 QEI 控制(QEICTL)寄存器的 RESMODE 位确定。

当 RESMODE 位为 1 时,位置计数器在检测到索引脉冲时复位。在该模式下,位置计数器的值限制在 $[0 : N-1]$ 内,N 为编码器轮旋转一圈得到的相位边沿数。QEI 最大位置(QEIMAXPOS)寄存器必须设置为 $N-1$,这样,从位置 0 反向就可以使位置计数器移到 $N-1$。在该模式中,一旦出现索引脉冲,位置寄存器就包含了编码器相对于索引(或发起)位置的绝对位置。

当 RESMODE 位为 0 时,位置计数器的范围限制在 $[0 : M]$ 内,M 为可编程的最大值。在该模式中,位置计数器将忽略索引脉冲。

速度捕获包含一个可配置的定时器和一个计数寄存器。定时器在给定时间周期内对相位边沿进行计数(使用与位置积分器相同的配置)。控制器通过 QEI 速度(QEISPEED)寄存器来获得上一个时间周期内的边沿计数值,而当前时间周期的边沿计数在 QEI 速度计数器(QEICOUNT)寄存器中进行累加。当前时间周期一结束,在该段时间内计得的边沿总数便可以从 QEISPEED 寄存器中获得(上一个值丢失)。这时 QEICOUNT 寄存器清零,并在一个新的时间周期开始计数。在给定时间周期内所计得的边沿数目与编码器的速度成正比例。

图 6.30 显示了 Tiva 正交编码器如何将相位输入信号转换为时钟脉冲、方向信号,以及速度预分频器方式(在 4 分频模式中)。

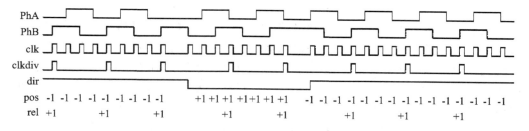

图 6.30 正交编码器和速度预分频器的操作

定时器的周期可通过指定 QEILOAD 寄存器中定时器的装载值来确定。定时器到达 0 时可触发一次中断,硬件将 QEILOAD 的值重新装载到定时器中,并继续递减计数。在编码器的速度较低的情况下,需要一个较长的定时器周期,以便捕获足够多的边沿,从而使得结果有意义。在编码器速度较高的情况下,可以使用较短的定时器周期,也可以使用速度预分频器。

可以使用下面的等式将速率计数器的值转换为 RPM(每分钟的转数):

$$RPM = [clock \times (2 \char`^ VELDIV) \times SPEED \times 60] / (load \times ppr \times edges)$$

其中,clock 表示控制器的时钟速率;ppr 表示实际编码器循环一次的脉冲数;edges 等于 2 或 4,根据 QEICTL 寄存器中设置的捕获模式来决定(CAPMODE 设为 0 时,edges 值为 2,CAPMODE 为 1 时 edges 值为 4)。

例如,有一个运行速率为 600 r/min 的电机。在电机上连接一个每转可产生 2 048 个脉冲的正交编码器,这样,每转可获得 8 192 个相位边沿。当速度预分频器设置为 1 分频(即 VELDIV 设置为 0)并在 PhA 和 PhB 边沿上计时时,每秒可获得 81 920 个脉冲(电机转速 10 r/s)。如果定时器的时钟频率为 10 000 Hz,装载值为 2 500(可定时 1/4 s),则每次更新定时器时,可计得 20 480 个脉冲。

使用上述等式:

$$RPM = (10\ 000 \times 1 \times 20\ 480 \times 60) / (2\ 500 \times 2\ 048 \times 4) = 600\ r/min$$

现在,假设电机速率增加到 3 000 r/min。这时正交编码器每秒产生 409 600 个脉冲,即每 1/4 s 可产生 102 400 个脉冲。再次使用上述等式:

$$RPM = (10\ 000 \times 1 \times 102\ 400 \times 60) / (2\ 500 \times 2\ 048 \times 4) = 3\ 000\ r/min$$

由于某些立即数可能会超过 32 位整数,因此,在计算这个等式时要特别注意。在上例中,时钟为 10 000,分频器为 2 500,我们可以将这两个值预先分频 100(如果它们在编译时是常数),因此这两个值就变为 100 和 25。事实上,如果它们在编译时是常数,则可将它们简化为只简单地乘以 4,而又由于边沿计数因子为 4,因此两个值刚好抵消。

重要: 简化编译时的常量因子和简化计算该等式时的处理请求同是控制该等式的立即数的最好方法。

通过选择定时器装载值使得该式子的除数为 2^n,这样便可避免除法操作,且只需一个简单的移位操作。在编码器每运转一次产生的脉冲数为 2^n,我们很容易会想到选择 2^n 作为加载值。而对于其他编码器,必须选择合适的加载值,使得 load、ppr、edge 的乘积非常接近 2^n。例如,每运转一次 100 个脉冲的编码器,其加载值可设为 82,这样,除数便为 32 800,该值比 2^{14} 大 0.09%。在此情况下,通常 15 次移位就已足够接近于除法操作的结果。如果要求绝对精度,则可以使用微控制器的除法指令。

QEI 模块能够在出现以下事件时产生控制器中断:相位错误、方向改变、接收到索引脉冲、速度定时器发生计满返回事件。该模块还提供标准屏蔽、原始中断状态、中断状态，以及中断清零功能。

6.4.2　中断控制

QEI 会在下列情况下产生中断：
① 检测到索引脉冲；
② 速度定时器计时完成；
③ 旋转方向发生改变；
④ 检测到正交错误。

6.4.3　初始化及配置

下面说明如何配置正交编码器模块来读回绝对位置：
① 通过系统控制模块中的 RCGCQEI 寄存器启用 QEI 时钟。
② 用系统控制模块中的 RCGC2 寄存器启用适当的 GPIO 模块时钟。
③ 在 GPIO 模块中，根据引脚的备用功能，使用 GPIOAFSEL 寄存器来使能相应的引脚。为了确定哪些 GPIO 需要配置。
④ 配置 GPIOPCTL 寄存器中的 PMCn 域，以将 QEI 信号分配到适当的引脚。
⑤ 将正交编码器配置为捕获两个信号的边沿，并在索引脉冲复位时保存绝对位置的信息。使用 1 000 线编码器，每条线有 4 个边沿，因此每转一圈产生 4 000 个脉冲；位置计数器从 0 开始计数，所以将最大位置计数值设置为 3 999(0xF9F)。
● 向 QEICTL 寄存器写入 0x00000018；
● 向 QEIMAXPOS 寄存器写入 0x00000F9F。
⑥ 将 QEICTL 寄存器的位 0 置位，以使能正交编码器。

注意：当通过设置 QEICTL 寄存器的 ENABLE 位启用 QEI 模块后，此模块无法禁用。清除 ENABLE 位的唯一方法即使用正交编码器接口软件复位(SRQEI)寄存器将此模块复位。
⑦ 延迟一段时间。
⑧ 读取 QEIPOS 寄存器值以获取编码器的位置信息。

思考题与习题

1. 简述 ADC 的转换过程及主要技术指标。
2. 在网上查阅双积分 ADC、逐次比较式 ADC、$\Sigma - \Delta$ 型 ADC 和流水线 ADC 的基本原理，并各举一个具体的芯片型号，说明其主要特点。
3. 简述 Tiva ADC 的基本结构、原理和技术指标。
4. 在 Tiva 开发板上，编程实现电位器 ADC 采样并在 LCD 上显示结果。

5. 请说明 Tiva ADC 差分采样的工作原理,采用差分采样有哪些好处?

6. 请说明 Tiva ADC 中有几个序列发生器,以及它们的区别。

7. 请说明 Tiva 模拟比较器内部参考电压的作用。

8. 简述 Tiva 模拟比较器的基本结构,在开发板上编程实现电位器电压比较和结果显示。

9. 在哪些应用情况下可以不使用 ADC 而选择使用模拟比较器?

10. 在数字电路中,数值比较器的用途是什么?

11. 简述 DAC7512 的基本原理和特征,并在 Tiva 开发板上利用 DAC7512 编程实现一个三角波信号发生器。要求输出三角波周期为 20 ms,幅度为 0~3.3 V。

12. QEI 的主要用途是什么? Tiva QEI 可以达到的最高工作频率是多少?

第 **7** 章

嵌入式软件设计

前面章节主要介绍了嵌入式微控制器 MCU 及其主要的硬件外设,以及对这些外设最基本的软件操作。设计开发一个嵌入式应用系统,更多的工作是在软件的设计、实现和调试方面。嵌入式系统的软件一般有两种开发形式:一种是基于裸机的开发,开发的软件无需任何操作系统的支持,大多用于不太复杂的系统。另一种是基于嵌入式操作系统的开发,应用于较复杂的多任务嵌入式系统软件开发。

本章增加了嵌入式 C 语言的基础知识,并对嵌入式系统的软件组成与结构、嵌入式系统的开发方法进行说明。同时,对嵌入式实时系统 RTOS 作简单介绍,并给出部分基于 FreeRTOS 的程序开发框架。

7.1 嵌入式 C 语言基础

本节将简要介绍嵌入式 C 语言程序设计的一些必要基础知识,主要是针对原来使用汇编语言或对 C 语言不太熟悉的开发者。详细的 C 语言程序设计有很多书籍可以学习、参考。对于有 C 语言编程经验的读者,本节内容可以略过。

7.1.1 嵌入式 C 语言程序设计

在嵌入式软件开发中,最常见的是使用 C 语言进行开发。图 7.1 以文件的形式描述了嵌入式系统的交叉开发过程。

如图 7.1 所示,对 C 语言源文件利用 C 编译器生成 file.s 汇编文件,如何管理由多个 C 文件构成的软件项目的编译需要一个 make 文件(有时也称这个文件为 make 脚本)来指定,有些集成开发环境需要用户自己编写 make 脚本,有些集成开发环境只需要用户输入一些选项,由集成开发环境来生成 make 脚本。汇编文件(包括汇编语言源文件和 C 语言编译后生成的汇编文件)经过汇编器生成 file.o 文件。file.o 文件需要经过链接器生成与目标系统存储器相关的可调试文件 file.out,此文件包含很多调试信息,如全局符号表、C 语言所对应的汇编语句等。事实上,不同的厂商链接器输出的可调试文件的格式是不一定相同的。

软件开发人员还可以利用库管理工具将若干个目标文件合并成为一个库文件。一般来说,库文件提供一组功能相对独立的工具函数集,比如操作系统库、标准 C 函数库、手写识别库等。用户在使用链接工具时,可以将所需要的库函数文件一起链接到生成的可调试文件中。图 7.1 流程中,这些软件工具还会生成一些辅助性文件。编译器在编译一个 C 文件时,会生成该文件的列表文件(＊.lst,扩展名可能因不同的编译器而不同)。该列表文件采用纯文本的方式将 C 文件的语句翻译成为一组相应的汇编语句。这个工具有助于程序员分析编译器将 C 文件转化为汇编的过程。链接器除生成内存映像文件外,一般还会生成一个全局符号表文件(＊.xrf,扩展名可能因不同的链接器而不同),开发人员可以利用该文件查看整个映像文件中的任意变量、任意函数在内存映像中的绝对地址。file.out 文件可以由调试器下载到目标系统的 SRAM 中进行调试,也可以通过转换工具转换为二进制文件,再利用烧写工具烧录到目标系统的 Flash 中。

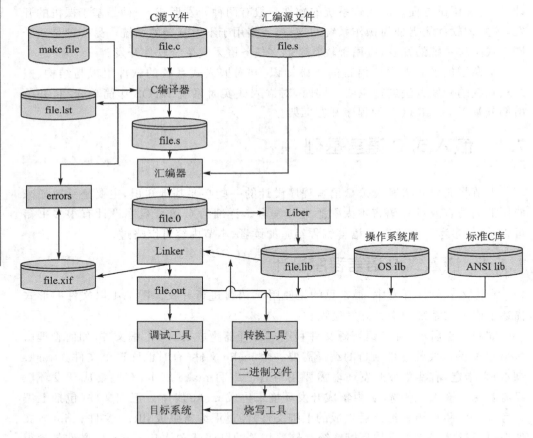

图 7.1　Tiva 软件开发流程图

1. C/C＋＋编译器

一般来说,C/C＋＋语言编译器中功能的实现遵循以下 ISO 标准。

(1) ISO 标准 C 语言

C/C++编译器中 C 语言部分遵循 C 语言标准 ISO/IEC 9889：1990，相当于美国国家信息系统编程语言标准定义的 cX3.159—1989 标准，俗称 C89。此定义是由美国国家标准协会出版的。当然，ISO 标准也发布过 1999 年版，但是 TI 公司的编译器(CCS)仅支持 1990 年版的 ISO，这也是为什么在进行不同编译环境之间的软件移植时，在程序编译过程中可能会出现语法不兼容的情况。

(2) ISO 标准 C++

C/C++编译器中 C++语言部分遵循 C++语言标准 ISO/IEC 14882：1998。编译器还支持嵌入式 C++语言，但对某些特定的 C++类型不支持。

ISO 标准的实时支持编译器工具自带有庞大的实时运行数据库。所有的库函数都符合 C/C++标准。该数据库涵盖的功能有标准输入与输出，字符串操作，动态内存分配，数据转换，计时，三角函数、指数函数以及双曲函数分析等。

ANSI、ISO 标准定义了 C 语言中那些受目标处理器特点、实时运行环境或主机环境影响因素的一些特征。于考虑到实效性，这一功能在不同编辑器之间存在一定差异。

2. 扩展名约定

编译器通过文件扩展名来区分源文件的语言类型，然后根据这种语言类型进行不同的编译。编译器对源文件扩展名的约定如下：

- .c 为扩展名的文件，是 C 语言源代码文件。
- .a 为扩展名的文件，是由目标文件构成的库文件。
- .h 为扩展名的文件，是程序包含的头文件。
- .i 为扩展名的文件，是已经预处理过的 C 源代码文件，一般为中间代码文件。
- .ii 为扩展名的文件，是已经预处理过的 C++源代码文件，也是中间代码文件。
- .s 为扩展名的文件，是汇编语言源代码文件。
- .S 为扩展名的文件，是经过预编译的汇编语言源代码文件。
- .o 为扩展名的文件，是编译后的程序目标文件(object file)，目标文件经过链接生成可执行文件。

7.1.2　编程风格

如前文所述，进行 Tiva 开发所需的例程可以通过 TI 官网下载。示例程序是进行板卡学习和项目开发必不可少的一个辅助工具，TI 提供的 Tiva 例程非常齐全，每个型号的 Tiva 都可以方便地找到相应的示例程序，对单独型号的 Tiva 又针对其每个外设的不同功能分别有相应的示例程序。此外，TI 提供的示例程序结构清晰明了，可以帮助用户了解该例程的内容，进行快速使用和开发。简单的例程包括一个.

C 文件,即源代码(src),按照前文 CCS 新建工程,添加源代码的方法即可实现该例程的使用和调试。下面是这个 C 文件的结构。

```
# include  "tm4c123gh6pm.h"                        //头文件声明
unsigned char applicationMode = APP_STANDBY_MODE;   //变量声明

void InitializeLeds(void);                          //子函数声明
void mian(void)                                     //主函数定义
{
  ⋮
}

void PreApplicationMode(void)                       //自函数定义
{
  ⋮
}

# prama vector = TIMERA0_Vector                     //中断函数的入口地址
__interrupt void Timer_A(void)                      //中断服务子程序定义
{
  ⋮
}
  ⋮
```

由上面的例程可知,Tiva 程序的.c 源代码有以下特点:

● 程序一般用小写字母书写。

● 大多数语句结尾必须用分号作为终止符,表示一个语句结束。同一个语句需要写在一行上。

● 每个程序必须有一个主函数,主函数用 main() 声明,并且只能有一个主函数。在 Tiva 裸机程序中,main()主函数应该是 void 类型。

● 每个程序中的自定义函数和主函数需要用一对"{}"括起来。函数名一般采用动宾结构描述函数行为,单词开头首字母须大写(除 main()函数外)。

● 程序需要使用♯include 预处理命令来包含头文件、库文件,这些文件完成自定义函数和常量的定义。

● 程序可使用♯define 预处理命令定义常量。

下面分别介绍单片机编程过程中,经常使用的注释、预处理命令等语法。

1. 注　释

写在文件开头有一段注释的文字说明,帮助理解程序。以下为 Tiva 的官方例程中 main.c 文件开始的一段文字,对该程序实现的功能做了清晰的描述,包括在程序运行过程中可观测的现象描述和有 release 的版本信息。

```
/*********************************
// blinky.c - Simple example to blink the on-board LED.
//
// Copyright (c) 2012-2013 Texas Instruments Incorporated.  All rights reserved.
// Software License Agreement
//
// Texas Instruments (TI) is supplying this software for use solely and
// exclusively on TI's microcontroller products. The software is owned by
// TI and/or its suppliers, and is protected under applicable copyright
// laws. You may not combine this software with "viral" open-source
// software in order to form a larger program.
//THIS SOFTWARE IS PROVIDED "AS IS" AND WITH ALL FAULTS.
// NO WARRANTIES, WHETHER EXPRESS, IMPLIED OR STATUTORY, INCLUDING, BUT
// NOT LIMITED TO, IMPLIED WARRANTIES OF MERCHANTABILITY AND FITNESS FOR
// A PARTICULAR PURPOSE APPLY TO THIS SOFTWARE. TI SHALL NOT, UNDER ANY
// CIRCUMSTANCES, BE LIABLE FOR SPECIAL, INCIDENTAL, OR CONSEQUENTIAL
// DAMAGES, FOR ANY REASON WHATSOEVER.
//
//This is part of revision 2.0.1.11577 of the EK-TM4C123GXL Firmware Package.
*********************************/
```

有时需要在程序中用自然语言写一段话,提醒自己或者告诉别人,某些变量代表什么,某段程序的逻辑是怎么回事,某几行代码的作用是什么,等等。当然,这部分内容不能被编译,不属于程序的一部分,在预处理过程中会被过滤掉。这样的内容,称为注释。C 语言程序的注释有两种写法。第一种注释可以是多行的,以"/＊"开头,以"＊/"结尾。例如:

```
/*流水灯程序
author:
version:
*/
void main(void) {
volatile unsigned int i;                /*计数值变量,优化为 volatile*/
  ⋮
}
```

注释可以出现在任何地方,注释里的内容不会被编译,因此,随便写什么都行。

第二种注释是单行的,写法是使用两个斜杠"//"。从"//"开始直到行末的内容,都算是注释。例如:

```
void main(void) {
volatile unsigned int i;                //计数值变量,优化为 volatile
  ⋮
}
```

注释非常重要,它的主要功能是帮助理解程序。一定不要认为程序是自己写的,自己当然能理解。只要程序稍长一些或者变量名不够直观,写时能理解,但并不意味着一个星期后自己还能理解。更何况,软件开发是团队工作,没有人希望在看别人程序的时候如读天书,恨不得自己重写一个。所以,在程序中加入足够的、清晰易懂的注释,是程序员的基本修养。

2. 预处理命令

预处理指令是以"♯"号开头的代码行。"♯"号必须是该行除了任何空白字符外的第一个字符。"♯"号后是指令关键字,在关键字和"♯"号之间允许存在任意个数的空白字符。整行语句构成了一条预处理指令,且该指令将在编译器进行编译之前对源代码做某些转换。下面介绍部分常用预处理指令:

- ♯nop　空指令,无任何效果;
- ♯include　包含一个源代码文件;
- ♯define　定义宏;
- ♯undef　取消已定义的宏;
- ♯if　如果给定条件为真,则编译下面的代码;
- ♯ifdef　如果宏已经定义,则编译下面的代码;
- ♯ifndef　如果宏没有定义,则编译下面的代码;
- ♯elif　如果前面的♯if给定条件不为真,当前条件为真,则编译下面的代码;
- ♯endif 结束一个♯if…♯else 条件编译块;
- ♯error 停止编译并显示错误信息。

3. 文件包含

♯include 预处理指令的作用是在指令处展开被包含的文件。包含可以是多重的,也就是说一个被包含的文件中还可以包含其他文件。标准 C 编译器至少支持八重嵌套包含。

预处理过程不检查在转换单元中是否已经包含了某个文件并阻止对它的多次包含。这样就可以在多次包含同一个头文件时,通过给定编译时的条件来达到不同的效果。例如:

```
♯define AAA
♯include"a.h"
♯undef AAA
♯include"a.h"
```

为了避免那些只能包含一次的头文件被多次包含,可以在头文件中用编译时的条件来进行控制。例如:

```
/*my.h*/
```

```
#ifndef MY_H
#define MY_H
  ⋮
#endif
```

在程序中,包含头文件有两种格式:#include＜my.h＞和#include"my.h"。

第一种格式是用尖括号把头文件括起来。这种格式告诉预处理程序在编译器自带的或外部库的头文件中搜索被包含的头文件。第二种格式是用双引号把头文件括起来。这种格式告诉预处理程序在当前被编译的应用程序的源代码文件中搜索被包含的头文件,如果找不到,再搜索编译器自带的头文件。

对 Tiva 的编程,很大程度上其实是对 CPU 或者外设寄存器的配置,所以在进行 Tiva 编程时,记得在程序的开始一定要添加包含的头文件信息。对于 tm4c123gh6pm 程序开发正式代码的开头,必不可少的是下面的语句:

```
#include ＜ tm4c123gh6pm.h＞
```

该语句声明了该文件中使用的头文件。在 CCS 中,这类头文件中的 Tiva 相关以及标准 C 头文件在创建工程时已经自动添加在工程中,我们可以在 Project Explorer 中工程目录下的 Includes 目录中找到包含的头文件目录,如图 7.2 所示。其中,上方的为 Tiva 器件相关的头文件,下方的为通用 C 文件头文件。在这里可以通过浏览的方式找到相应的头文件。

图 7.2　CCS 默认包含头文件路径

所有 Tiva 相关的头文件里面包含的都是 Tiva 的寄存器以及位的定义。通过这些定义,在对 Tiva 寄存器配置时,不需要再去查找寄存器的位置,而是使用头文件中定义的可读性较强的文字进行程序的配置,故 Tiva 的源文件中会有相当多的文字内容。此外,不同的编译环境对头文件的定义不尽相同,例如 CCS 和 KEIL 的头文件名也许是一样,但里面具体的寄存器定义则略有差别,这时候就会出现编译出错的问题。因此,在不同编译环境上进行程序的移植时一定要注意这个问题。

4. 宏定义

宏定义了一个代表特定内容的标识符。预处理过程会把源代码中出现的宏标识符替换成宏定义时的值。宏最常见的用法是定义代表某个值的全局符号。宏的第二种用法是定义带参数的宏,这样的宏可以像函数一样被调用,但它是在调用语句处展开宏,并用调用时的实际参数来代替定义中的形式参数。

(1) #define 指令

#define 预处理指令是用来定义宏的。该指令最简单的格式是:首先声明一个

标识符,然后给出这个标识符代表的代码。在后面的源代码中,就用这些代码来替代该标识符。这种宏把程序中要用到的一些全局值提取出来,赋给一些记忆标识符。

```
#define MAX_NUM 10
int array[MAX_NUM];
for(i = 0;i<MAX_NUM;i + +)
/*
  ⋮
*/
```

在这个例子中,对于阅读该程序的人来说,符号 MAX_NUM 就有特定的含义,它代表的值给出了数组所能容纳的最大元素数目。程序中可以多次使用这个值。作为一种约定,习惯上总是全部用大写字母来定义宏,这样易于把程序宏标识符和一般变量标识符区别开。如果想要改变数组的大小,只需要更改宏定义并重新编译程序即可。

在 Tiva 开发中,以下几种情况可以进行常量定义,从而使编写的代码更加清晰易于修改。

(2) 与硬件连接相关

```
#define      LED2    GPIO_PIN_0
#define      LED3    GPIO_PIN_4
```

上面的语句定义了 LED1 和 LED2,分别与电路板 P0 和 P4 相连。因此,在程序中对涉及 LED1 和 LED2 的 I/O 端口配置可以使用 LED2、LED3。这样做的好处是:一方面增强了程序的可读性;另一方面,当硬件连接发生改变,如其中 LED2 不再和 P0 相连,而是和 P2 相连,用户需要做的修改仅仅是在该处将常量定义做修改,即 #define LED2　GPIO_PIN_2 即可,而在后面的具体函数中无需做任何改变,大大减轻了因硬件改动带来的程序调整的工作量。当然,涉及板上的硬件端口定义比较多,用户可以自己定义一个头文件,如 board_hardware.h,此处进行板级常量的定义,然后在 C 文件的开始将这个 .h 文件包含进去就可以了。

(3) 用户自定义常量

该部分与常规 C 编程中使用的一样。在编程过程中往往会碰到一些固定值的常量,可以在该处对其进行定义;同时,这样做的好处是增强了程序的可读性,对后续程序的修改也提供了便利。例如,如果程序中用到了圆周率 π,可以在开始这样写: #define PI 3.14。在程序中如果用到 π,则可以用 PI 代替;后续如果对精度进行调整,只需在 define 处对 3.14 进行修改即可。

又例如:

```
#define ONE   1
#define TWO   2
#define THREE   (ONE + TWO)
```

　　注意,上面的宏定义使用了括号。尽管它们不是必须的,但出于谨慎考虑,还是应该加上括号。例如:

```
six = THREE * TWO;
```

预处理过程把上面的一行代码可以转换成:

```
six = (ONE + TWO) * TWO;
```

如果没有圆括号,就会转换成:

```
six = ONE + TWO * TWO;
```

宏还可以代表一个字符串常量,例如:

```
#define VERSION "Version 1.0 Copyright(c) 2003"
```

(4) 带参数的 #define 指令

带参数的宏和函数调用看起来有些相似。看以下例子:

```
#define      Cube (x)(x) * (x) * (x)
```

可以用任何数字表达式甚至函数调用来代替参数 x。这里再次提醒大家注意括号的使用。宏展开后完全包含在一对括号中,而且参数也包含在括号中,这样就保证了宏和参数的完整性。观察如下用法:

```
intnum = 8 + 2;
volume = Cube(num);
```

展开后为$(8+2) * (8+2) * (8+2)$。如果没有那些括号就变为$8+2 * 8+2 * 8+2$了。

下面的用法是不安全的:

```
volume = Cube(num ++ );
```

　　如果 Cube 是一个函数,上面的写法是可以理解的。但是,因为 Cube 是一个宏,所以会产生副作用。这里的参数不是简单的表达式,它们将产生意想不到的结果。它们展开后是这样的:

```
volume = (num ++ ) * (num ++ ) * (num ++ );
```

很显然,结果是 $10 * 11 * 12$,而不是 $10 * 10 * 10$。

那么,如何安全地使用 Cube 宏呢? 答案是必须把可能产生副作用的操作移到宏调用的外面进行:

```
intnum = 8 + 2;
volume = Cube(num);
num ++ ;
```

5．条件编译指令

条件编译指令将决定哪些代码被编译,哪些代码是不被编译的。可以根据表达式的值或者某个特定的宏是否被定义来确定编译条件。

(1) #if 指令

#if 指令用于检测跟在关键字后的常量表达式。如果表达式为真,则编译后面的代码,直到出现 #else、#elif 或 #endif;否则就不编译。

(2) #endif 指令

#endif 用于终止 #if 预处理指令。

```
#define DEBUG 0
main()
{
    #if DEBUG
printf("Debugging/n");
    #endif
printf("Running/n");
}
```

由于程序定义 DEBUG 宏代表 0,所以 #if 条件为假,不编译后面的代码,直到出现 #endif,所以程序直接输出 Running。

如果去掉 #define 语句,则效果是一样的。

(3) #ifdef 和 #ifndef

#ifdef 的用法如下:

```
#ifdef 语句 1
语句 2
  ⋮
#endif
```

上面的例子表示,如果宏定义了语句 1,则编译语句 2 及后面的语句,直到出现 #endif 为止;#ifndef 正好相反,同样将上面例子中的 #ifdef 替换为 #ifndef,则表示:如果没有宏定义语句 1,则编译语句 2 及后面的语句,直到出现 #endif 为止。下面是另一个例子:

```
#define DEBUG
main()
{
    #ifdef DEBUG
printf("yes/n");
    #endif
    #ifndef DEBUG
```

```
printf("no/n");
    #endif
}
```

另外,可以用 #if defined 代替 #ifdef,同样, #if ! defined 等价于 #ifndef。

(4) #else 指令

#else 指令用于某个 #if 指令之后,当前面的 #if 指令的条件不为真时,就编译 #else 后面的代码。 #endif 指令将中止上面的条件块。举例如下:

```
#define DEBUG
main()
{
    #ifdefDEBUG
printf("Debugging/n");
    #else
printf("Notdebugging/n");
    #endif
printf("Running/n");
}
```

(5) #elif 指令

#elif 预处理指令综合了 #else 和 #if 指令的作用,放在 #if 和 #else 之间,当前面的 #if 指令的条件不为真时,判断 #elif 后面的条件,如果为真,则编译 #elif 之后和 #else 之间的语句。举例如下:

```
#define TWO
main()
{
int a;
    #ifdef ONE
    a = 1;
    #elifdefined TWO
    a = 2;
    #else
    a = 3;
    #endif
}
```

程序很好理解,最后输出结果是 2。

(6) #error 指令

#error 指令将使编译器显示一条错误信息,然后停止编译。

#error message 表示编译器遇到此命令时停止编译,并将参数 message 输出。该命令常用于程序调试。

　　编译程序时,只要遇到 #error 就会跳出一个编译错误,既然是编译错误,要它干嘛呢? 其目的就是保证程序是按照所设想的那样进行编译。下面举个例子:

　　程序中往往有很多的预处理指令:

```
# ifdef XXX
  ⋮
# else
  ⋮
# endif
```

　　当程序比较大时,往往有些宏定义是在外部指定的(若使用集成开发环境,则可在相应编译设置项中设置),或是在系统头文件中指定的,若你不太确定当前是否定义了 XXX,则可以改成如下格式进行编译:

```
# ifdef XXX
  ⋮
# error "XXX has been defined"
# else
  ⋮
# endif
```

　　如果在编译时出现错误,输出了 XXX has been defined,则表明宏 XXX 已经被定义了。

　　在编译的时候输出编译错误信息,便于程序员检查程序中出现的错误。

　　另一个简单的例子:

```
# include "stdio. h"
int main( int argc, char * argv[])
{
    # define CONST_NAME1 "CONST_NAME1"
printf(" % s/n",CONST_NAME1);
    # undef CONST_NAME1
    # ifndef CONST_NAME1
    # error No defined Constant Symbol CONST_NAME1
    # endif
    ⋮

return 0;
}
```

　　在编译的时候输出编译信息:

```
fatal error C1189: # error : No defined Constant Symbol CONST_NAME1
```

表示宏 CONST_NAME1 不存在,因为前面用♯ifndef CONST_NAME1 把这个宏去掉了。

(7)♯pragma 指令

♯pragma 指令没有正式的定义,编译器可以自定义其用途。它的作用是设定编译器的状态或者是指示编译器完成一些特定的动作。♯pragma 指令对每个编译器给出了一个方法,在保持与 C/C++语言完全兼容的情况下,给出主机或操作系统专有的特征。依据定义,编译指示是机器或操作系统专有的,且对于每个编译器都是不同的。

7.1.3　数据类型及声明

一般,嵌入式 C 语言可用的数据类型如表 7.1 所列。

表 7.1　Tiva 数据类型

类　型	宽　度	表示形式	最小值	最大值
char,signed char	8	ASCII	−128	127
unsigned char,bool	8	ASCII	0	255
short, signed short	16	2's complement	−32 768	32 767
unsigned short	16	Binary	0	65 535
int, signed int	16	2's complement	−32 768	32 767
unsigned int	16	Binary	0	65 535
long, signed long	32	2's complement	−2 147 483 648	2 147 483 647
unsigned long	32	Binary	0	4 294 967 295
long long, signed long long	64	2's complement	−9 223 372 236 854 775 808	9 223 372 236 854 775 807
unsigned long long	64	Binary	0	184 467 440 737 095 551 615
enum	16	2's complement	−32 768	32 767
float	32	IEEE 32 − bit	1.175495E−38	3.402823E+38
double	32	IEEE 33 − bit	1.175495E−38	3.402823E+38
long double	32	IEEE 34 − bit	1.175495E−38	3.402823E+38
pointers, references, pointer to data members	16	Binary	0	0xFFFF

表 7.1 中,ASCII 码使用指定的 8 位二进制数组合来表示,每个 ASCII 码是一个 8 位二进制数,一个 ASCII 码只能表示一个字符。ASCII 码通常是用来表示"字符"的。这里的字符包括了 0~9 十个数字,a~z 的 26 个字母的大小写,各个标点符号,以及回车、空格、退格等一些特殊符号。2's complement(二进制补码)是用来表示带

符号数字的。先将十进制数转换成相应的二进制数,在最高位前加上 0 或 1 代表数字的正负,就产生了数字的原码,再按一定的规则转换成补码。补码只能表示数字,不能表示字母或标点等特殊字符。Binary(二进制码)所表示值为无符号类型,其最高位的 1 或 0,和其他位一样,用来表示该数的大小。

C 变量的定义格式如下:

类型名 变量名;

例如: int number;

其中,number 是变量名;int 表示该变量是整数类型的变量;";"号表示定义语句结束。

不同字长的 CPU,整型变量所占内存空间不同。变量的名字是由编写程序的人确定的,它一般是一个单词或用下画线连接起来的一个词组,用于说明变量的用途。在 C/C++语言中,变量名是满足如下规定的一个符号序列:

① 由字母、数字或(和)下画线组成;

② 第一个符号为字母或下画线。

需要指出的是,同一个字母的大写和小写是两个不同的符号。所以,team 和 TEAM 是两个不同的变量名。定义变量时,也可以给它指定一个初始值。例如:

int numberOfStudents = 80;

对于没有指定初始值的变量,它里面的内容可能是任意一个数值。变量一定要先定义,然后才能使用。

变量的赋值是给变量指定一个新值的过程,通过赋值语句完成。例如:

number = 36;

表示把 36 写入变量 number 中。下面给出一些变量赋值语句的例子:

```
int temp;
int count;
temp = 15;
count = temp;
count = count + 1;
temp = count;
```

变量里存储的数据可以参与表达式的运算,或赋值给其他变量。这一过程称为变量的引用。例如:

```
int total = 0;
int p1 = 5000;
int p2 = 300;
total = p1 + p2;
```

在程序中需要定义和使用一些变量,一般来说可以在以下几个位置进行变量的声明：

① 函数内部；

② 函数的参数定义；

③ 所有函数的外部。

这样，根据声明位置的不同，可以将变量分为局部变量，形式参数和全局变量。举例如下：

```
# include "tm4c123gh6pm.h"
int add( int x, int y);      //函数声明
int z = 9 ;                  //z 为全局变量
void main()
{
    int a = 2;
    int b = 4;//a,b 为局部变量并已初始化
    z = add(a, b);
    while(1)
    {
        _NOP( );
    }
}
int ad( int x, int y)        //x,y 为形式参数
```

如上所示，变量 z 在函数外部进行声明，为全局变量。全局变量，顾名思义，该变量可以被程序中所有函数使用。在运行过程中，无论执行哪个函数都会保留全局变量的值。在 CCS 默认的 cmd 配置文件中，全局变量分配在内存 RAM 空间。相对于在函数外定义的全局变量，局部变量则是指在函数内部定义的变量，例如上面程序中的整型变量 a 和 b；和全局变量不同的是，局部变量只能被当前函数使用，且只有在函数调用时局部变量才会生成，同时当函数调用完成后，该变量空间也被释放，直至函数再次调用，该变量才会重新生成、重新赋值。还有一种变量类型为形式参数，定义的是子函数 add，括号中的整型数 x 和 y 为形参，在 add 子函数中不需要对 x 和 y 进行声明就可以直接使用。

变量在定义中，可以使用变量存储类型：auto、static、const 等，下面分别说明：

(1) auto(自动)类型

auto 关键字用于声明变量的生存期为自动，即除结构体、枚举、联合体和函数中定义的变量视为全局变量，而在函数中定义的变量视为局部变量。无其他修饰，所有的变量默认就是 auto 类型。

(2) static(静态)类型

static 关键字共有 3 个不同的用途：

① 如果 static 关键字用于函数内部的局部变量的声明，则它的作用是改变局部

变量的存储类型。需要说明的是，一旦函数内部变量被声明为 static，则这个函数就有可能变得不可重入。在前文中提到局部变量只有在函数内有效，在离开函数时，内存空间被释放，变量值也会清除，待到再次进入函数时重新生成变量，执行变量的赋值。而 static 静态变量和一般局部变量的差别在于，在离开函数时，静态变量的当前值会被保留，可在下次进入函数时使用。下面给出了两段程序，为定义 add() 子函数，实现的是整型 a 的累加，可以通过全局变量 z 来观察程序的运行状况。两段代码的差别在于右边将 add 子函数中的变量 a 定义为静态变量。通过断点调试，观察到 z 的变化，分别如下列程序所示。

```
# include "tm4c123gh6pm.h"
    int add();
    int z;      //全局变量
    void main();
{
    While(1)
    {
        z = add();
        _NOP();
    }
}
int add()
{
    int a = 1;
    Return (a++);
}
```

```
# include "tm4c123gh6pm.h"
    int add();
    int z;       //全局变量
    void main();
{
    While(1)
    {
        z = add();
        _NOP();
    }
}
int add()
{
    static int a = 1;  /* 该变量保持
    着每次调用时的最新值，它的有效期
    等于整个程序的有效期 */
    Return (a++);
}
```

运行结果分别如下：

```
z = 2;                          z = 2;
z = 2;                          z = 3;
z = 2;                          z = 4;
 ⋮                              ⋮
```

很容易理解产生这样的结果的原因：在调用完 add() 函数后，局部变量 a 的空间被释放，当再次进入 add() 函数时，重新生成变量 a，并初始化为 1，所以 z 的值总是 2。而将 a 定义为静态变量后，初次调用 add() 后，a 的值变为 2，根据静态变量的定义，此时 a 的值会被保留；当再次调用 add() 函数时，a 不会被再次初始化而是使用上次的值 2，所以会观察到 z 的值依次递增。

② 如果 static 关键字被用于函数的定义,则该函数就只能在定义该函数的 C 文件中引用,该 C 文件外的代码将无法调用这个函数。

③ 在用于全局变量的声明时,static 关键字的作用类似于②中函数的情况。这个全局变量的作用域将局限在声明该变量的 C 文件内部,这个 C 文件之外的代码将无法访问这个变量。

(3) extern(外部)变量

在未作特殊说明的情况下,在某个文件下定义的变量只能被当前文件、甚至是特定函数(局部变量)所使用;因此,当工程中包含多个文件时,变量无法被所有文件使用,而 extern 变量则解决了不同文件之间变量的调用问题。将其他文件中已定义的全局变量声明为 extern 型,则该变量不仅可以在当前文件中使用,同时也可以被工程中其他文件中的函数调用。通常在其他文件的 .h 文件中声明为 extern 类型。

```
//file1.c
# include"tm4c123gh6pm.h"
int add();
int z;              //全局变量
void main()
{
    while(1)
    {
        z = add();
        _NOP();
    }
}
int add()
{
    int a = 1;
    return(a++);
}
```

```
//file2.h
# ifndef FILE2_H_
# define FILE2_H_

# include"tm4c123gh6pm.h"
extern int z;              //外部全局变量

int add();

# endif
```

file1 和 file2 为同一工程中的两个源文件。file1 中定义了变量 z;在 file2.c 中,通过语句"extern int z"使得 file1 中的 z 变量同样可以在 file2 中使用。

(4) const(常量)类型

Const 为常量限定修饰符,它限定一个变量在程序运行当中不被改变,与局部变量不同,并不存储在数据区,而是存储在程序段中。程序在编译时,会对 const 定义的变量进行类型检查,而以 # define 宏定义的常数,只是纯字符替换。

```
const int a;
Int const a;
const int * a;
```

```
Int * const a;
Int const * const a;
```

上例中第一行和第二行的含义一样,可根据个人认为比较好的理解方式进行编写,都是声明整数变量 a 是只读的。第三行声明一个指向整数的指针变量 a,这个指针的值是可以改变的,但是这个指针所指向的整数值(＊a)是不可以改变的。第四行是声明一个指向整数的指针变量 a,这个指针的值只读,但是指向的整数值可以改变。第五行是声明一个指针变量 a,指针变量的值和所指向的整数值都是只读的,不可以改变。

const 关键字的作用:

① 欲阻止一个变量被改变,可以使用 const 关键字。在定义 const 变量时,通常需要对它进行初始化,因为以后就没有机会再去改变它了。

② 对指针来说,可以指定指针本身为 const,也可以指定指针所指的数据为 const,或二者同时指定为 const。

③ 在一个函数声明中,const 可以修饰形参,表明它是一个输入参数,在函数内部不能改变其值。

(5) register(寄存器)类型

register 关键字命令编译器尽可能地将变量保存在 CPU 内部寄存器中,而不是通过内存寻址访问以提高效率,使变量内容更快地被访问到。它用于优化被频繁使用的变量,但它只能作为局部变量使用且数量有限。变量必须为 CPU 寄存器所接受的类型,也就是说,register 变量必须是一个单个的值,并且其宽度应小于或等于 CPU 的字长。

另外,如果一个变量被编译器分配到 CPU 内部的寄存器中,那么对这个变量使用"&"运算符来获取变量地址往往是无意义的。因为在许多机器的硬件实现中,并不为寄存器指定与外部存储器统一编址的地址。

(6) volatile 类型

作为指令关键字,确保本条指令不会因编译器的优化而省略,且要求每次直接从端口地址读值,而不是使用保存在寄存器或 cache 里的备份。简单地说,就是防止编译器对代码进行优化而未获得实时值,例如 ADC 的结果,使用这个标识符的声明,通知编译器该变量不应被优化。在嵌入式软件编程中,这个关键字非常重要,一般只要是非存储器单元、任何操作 I/O 端口寄存器的变量前都要使用 volatile 这个关键字,以免因变量被 cache 缓存、导致程序代码无法获得该变量的实时真值。

(7) sizeof 类型

sizeof 是 C 语言中的一个关键字。许多程序员以为 sizeof 是一个函数,其实它是一个关键字,同时也是一个操作符,不过其使用方式看起来的确太像一个函数了。Sizeof 关键字的作用是返回一个对象或者类型所占的内存字节数。Sizeof 有 3 种使用形式,如下:

```
sizeof(var);          /* sizeof(变量); */
sizeof(type_name);    /* sizeof(类型); */
sizeof var;           /* sizeof 变量; */
```

数组的 sizeof 值等于数组所占用的内存字节数,如下:

```
Char * ss = "0123456789";
Sizeof(ss);           /* 结果为 4,ss 是指向字符串常量的字符指针 */
Sizeof( * ss);        /* 结果为 1, * ss 是第一个字符 */

Char ss[] = "0123456789";
Sizeof(ss);           /* 结果为 11,计算到 '\0' 为止,因此是 10 + 1 */
Sizeof( * ss);        /* 结果为 1, * ss 是第一个字符 */

Charss[100] = "0123456789";
Sizeof(ss);           /* 结果为 100,表示在内存中的大小 100×1 */
Strlen(ss);           /* 结果为 10,strlen 是到 '\0' 为止之前的长度 */

Int ss[100] = "0123456789";     /* 结果为 400,ss 表示在内存中的大小 100×4 */
Strlen(ss);           /* 错误! strlen 的参数智能是 char * 且必须以 '\0' 结尾 */
```

7.1.4　操作符与表达式

C 语言中,"+"、"-"、"*"、"/"等符号表示加、减、乘、除等运算,把这些表示数据运算的符号称为运算符。运算符所用到的操作数的个数,称为运算符的目数。比如,"+"运算符需要两个操作数,因此它是双目运算符。将变量、常量等用运算符连接在一起,就构成了"表达式",如"n+5"、"4-3+1"。实际上,单个的变量、常量也可以称为表达式。表达式的计算结果称为表达式的值。如表达式"4-3+1"的值就是 2,是整型的。如果 f 是一个浮点型变量,那么表达式"f"的值就是变量 f 的值,其类型是浮点型。

C 语言运算操作符有赋值运算符、算术运算符、逻辑运算符和位运算符等。常用的如表 7.2 所列。

375

表 7.2　C 语言运算操作符

操作说明	语　法	操作说明	语　法
加法运算	a+b	前置自减运算	--a
前置自加运算	++a	后置自减运算	a--
后置自加运算	a++	乘法运算	a * b
负号	-a	除法运算	a/b
减法运算	a-b	模运算(取余)	a%b

　　其中,求余数的运算符"％"也称为模运算符。它是双目运算符,两个操作数都是整数类型的。a％b 的值就是 a 除以 b 的余数。除法运算符也有一些特殊之处,即如果 a 和 b 是两个整数类型的变量或者常量,那么 a/b 的值是 a 除以 b 的商。比如,表达式"5/2"的值是 2,而不是 2.5。

　　C 语言关系运算符运算的结果是整型,值只有两种:0 或非 0。0 代表关系不成立,非 0 代表关系成立。比如,表达式"3＞5",其值就是 0,代表该关系不成立,即运算结果为假;表达式"3==3",其值就是非 0,代表该关系成立,即运算结果为真。至于这个非 0 值到底是多少,C 语言没有规定,我们编程的时候也不需要关心这一点。C 语言中,总是用 0 代表"假",用非 0 代表"真"。C 语言关系运算符如表 7.3 所列。

　　C 语言逻辑运算符如表 7.4 所示:

表 7.3　C 语言关系运算符

操作说明	语　法
小于比较	a＜b
小于或等于比较	a＜=b
大于比较	a＞b
大于或等于比较	a＞=b
不等于	a!＝b
等于	a==b

表 7.4　C 语言逻辑运算符

操作说明	语　法
逻辑非	！a
逻辑与	a&&b
逻辑或	a‖b

　　对于逻辑与、逻辑或,若通过表达式 a 即可得出结果,则可省去表达式 b 的判断,此为短路径操作。比如"n && n++",若 n=0,由 n 为假,判断结束返回假(0 值),而不做 n++ 运算。

　　C 语言提供了"位运算"的操作,用于实现对某个变量中的某一位(bit)进行操作,比如,判断某一位是否为 1,或只改变其中某一位,而保持其他位都不变。位运算的操作数是整数类型(包括 long、int、short、unsigned int 等)或字符型的,位运算的结果是无符号整数类型的。C 语言位运算符如表 7.5 所列。

　　左移运算规则是按二进制形式把所有的数字向左移动对应的位数,高位移出(舍弃),低位的空位补 0。而对于汇编程序,左移运算会将移出位存储在进位标志中。

　　右移运算规则是按二进制形式把所有的数字向右移动对应的位数,低位移出(舍弃),高位的空位补 0,或者补符号位(即正数补 0,负数补 1)。这与编译器有关。对于汇编程序,右移运算也同样会将移出位存储在进位标志中。

　　具体应用中,如通过掩码置变量某一位为 1,或者清 0,可以通过以下两种方式操作:

　　① 直接按位操作。

```
P5OUT = 0x04;// P5OUT = 0000 0100;
P5OUT | = 0x04;//等效于"P5OUT = P5OUT | 0x04;"结果 P5OUT = XXXX X1XX
P5OUT & = ～0x08;// P5OUT = XXXX 0XXX (X 表示无关)
```

② 对位掩码进行常量定义,使用符号常量位操作。

```
#define  BIT0  (0x0001)    //十六进制 16 位写法,配置到端口或寄存器是低 8 位有效
#define  BIT1  (0x0002)
#define  BIT2  (0x0004)
#define  BIT3  (0x0008)


P5OUT = 0x04;           //P5OUT = 0000 0100;
P5OUT |= BIT2;          //推荐用法 P5OUT = XXXX X1XX
P5OUT &= ~ BIT2;        //推荐用法 P5OUT = XXXX 0XXX
P5OUT |= BIT0|BIT1;     //P5OUT = XXXX XX11
P5OUT |= BIT0 + BIT1;   //推荐用法 P5OUT = XXXX XX11
```

在 Tiva 编程中,获取变量某位数值可以采用如下方式:

```
a = P5IN & 2;           //读取 P5.1 位的值到变量 a 中
```

赋值运算符用于对变量进行赋值,或者运算赋值操作。a+=b 等效于 a=a+b,但是前者执行速度比后者快。常用 C 语言赋值运算如表 7.6 所列。

表 7.5　C 语言位运算符

操作说明	语　法
按位与	&
按位或	|
按位异或	∧
取反	~
左移	<<
右移	>>

表 7.6　C 语言赋值运算符

操作说明	语　法
基本赋值运算	a=b
复合加法赋值运算	a+=b
复合减法赋值运算	a-=b
复合乘法赋值运算	a*=b
复合除法赋值运算	a/=b
复合取模赋值运算	a%=b

C 语言运算还有个特点,若参与运算量的类型不同,则先转换成同一类型,然后进行运算类型自动转换,并遵循以下规则:

① 转换按数据长度增加的方向进行,以保证精度不降低。如 int 型和 long 型运算时,先把 int 量转成 long 型后再进行运算。

- 若两种类型的字节数不同,则转换成字节数高的类型。
- 若两种类型的字节数相同,且一种有符号,一种无符号,则转换成无符号类型。

② 所有的浮点运算都是以双精度进行的,即使仅含 float 单精度量运算的表达式,也要先转换成 double 型,再作运算。

③ char 型和 short 型参与运算时,必须先转换成 int 型。

④ 在赋值运算中,赋值号两边量的数据类型不同时,赋值号右边量的类型将转换为左边量的类型。如果右边量的数据类型长度左边长时,将丢失一部分数据,这样

会降低精度。丢失的部分按四舍五入向前舍入。

C 语言中表达式的所有运算按照表 7.7 所列优先级。

表 7.7　C 语言运算符优先级

优先级	操作符	描　述
最高	()　[]　->	类型转换,下标操作,指针元素访问
	!　~　+　-　&.	单目运算
	*　/　%	乘,除,取模
	+　-	加,减
	<<　>>	左移,右移
	<<=　>>=	关系运算符
	==　!=	
	&.	位"与"
	^	位"异或"
	|	位"或"
	&.&.	逻辑"与"
	||	逻辑"或"
	?	条件表达式
	=　+=　-=　*=　/=　%=　&.=　|=　^= <<=　>>=	赋值运算
最低	,	逗号运算

7.2　嵌入式系统软件组成

与 PC 软件的开发不同,开发嵌入式系统的软件通常需要考虑下列问题:

- 嵌入式操作系统。
- 操作系统与应用软件的集成。
- 软件的结构。
- 嵌入式软件设计需要考虑硬件支持、操作系统支持、程序的初始化和引导等各方面。
- 嵌入式系统的软件可能没有操作系统,直接在裸机上开发。

因此,对于嵌入式软件的开发,必须要使用相应的软件开发方式,并且根据软件的使用情况与需求进行系统结构的选择。

7.2.1　裸机嵌入式系统软件

裸机嵌入式系统软件的结构如图 7.3 所示,由于没有操作系统,用户程序的执行从 main() 函数开始,不存在任务调度与切换。

用户应用程序				
API、中间件				
中断服务	协议	设备驱动	文件系统	库函数
初始化代码				

图 7.3　裸机嵌入式系统软件结构

由于没有操作系统负责任务调度，因此用户程序应合理地设计软件结构，充分利用硬件资源，以实现定时器中断、系统控制等功能，并且必须对内存资源进行合理使用。

7.2.2　初始化引导程序

微控制器上电后，无法从硬件上定位 main() 函数的入口地址，main() 函数的入口地址在微控制器的内部存储空间中不是绝对不变的。每一种微控制器（处理器）都必须有初始化引导程序。

初始化引导程序的作用是负责微控制器从"复位"到"开始执行 main() 函数"中间这段启动过程进行的工作。常见的 51、ARM 或 MSP430 等微控制器都有各自对应的启动文件，开发环境往往自动完整地提供了这个启动文件，不需要开发人员再行干预启动过程，只需要从 main() 函数开始进行应用程序的设计即可。这样能大大减小开发人员从其他微控制器平台迁移至另一平台的难度。

相对于 ARM 上一代的主流 ARM7/ARM9 内核架构，新一代 Cortex 内核架构的启动方式有了比较大的变化。Cortex-M4 内核的启动代码可以有以下 3 种执行模式：

① 通过 boot 引脚设置可以将中断向量表定位于 SRAM 区，即起始地址为 0x2000000，复位后 PC 指针位于 0x2000000 处；

② 通过 boot 引脚设置可以将中断向量表定位于 Flash 区，即起始地址为 0x8000000，复位后 PC 指针位于 0x8000000 处；

③ 通过 boot 引脚设置可以将中断向量表定位于内置 Bootloader 区，本文不对这种情况做论述。

另外，Cortex-M3 内核还规定，起始地址必须存放堆顶指针，而第二个地址则必须存放复位中断入口向量地址。这样当 Cortex-M3 内核复位后，会自动从起始地址的下一个 32 位空间取出复位中断入口向量，跳转执行复位中断服务程序。

7.2.3　设备驱动程序

设备驱动程序是一种可以使应用软件和硬件外设进行交互的特殊程序，它把具体外设的硬件功能，抽象成软件命令接口，应用程序只需调用这个接口，便可控制硬件设备的工作。

用户程序会调用驱动程序函数,驱动程序了解如何与设备硬件通信以获取数据。当驱动程序从设备获取数据后,它会将数据返回到用户程序中。

例如,应用程序要在 LCD 屏上显示一个字符串,用户只需调用函数 lcd_printf(),即:

```
lcd_printf("hello woeld");
```

设备驱动程序即可自动调用相关的库函数,并进行相应配置,把文本输出至 LCD 显示屏上。

对于裸机系统和带操作系统的实时嵌入式系统而言,驱动程序的调用接口是相同的。使用驱动程序可使嵌入式系统的开发模块化,大大增强可移植性。

7.2.4　库函数

库函数由一系列的完成系统 I/O、数据处理的 API 组成,实现了对底层寄存器操作的封装。TI 公司在推出 Tiva 微控制器时,同时也提供了一套完整细致的库函数开发包,里面包含了在 Tiva MCU 开发过程中涉及的所有底层操作。

通过在程序开发中引入这样的库函数开发包,可以使开发人员从复杂冗余的底层寄存器操作中解放出来,将精力专注于应用程序的开发上。因此,和直接操作寄存器的方法相比,使用库函数进行 MCU 产品开发是更好的选择。

随着嵌入式系统的功能越来越复杂,学习使用库函数进行嵌入式软件开发是非常重要的,也符合未来的发展趋势。

7.3　嵌入式系统软件设计方法

根据不同的需求,嵌入式软件与硬件需要采用不同的设计方法。好的设计方法可以使嵌入式软件开发结构化,并且能够节省相应的硬件资源。下面对 4 种常用的嵌入式设计方法进行介绍。

7.3.1　前后台系统

对基于芯片的开发来说,应用程序是一个无限的循环,可称为前后台系统或超循环系统,如图 7-4 所示。

很多基于微处理器的产品采用前后台系统设计,例如微波炉、电话机、玩具等。在另外一些基于微处理器的应用中,从省电的角度出发,平时微处理器处于停机状态,所有事都靠中断服务来完成。

循环中调用相应的函数完成相应的操作,这部分可以看成后台行为。后台也可以叫做任务级。这种系统在处理的及时性上比实际可以做到的要差。

中断服务程序处理异步事件,这部分可以看成前台行为。前台也叫中断级。时间相关性很强的关键操作一定是靠中断服务程序来保证的。

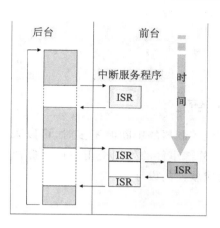

图 7.4　前后台示意图

7.3.2　中断(事件)驱动系统

嵌入式系统的中断是一种硬件机制,用于通知 CPU 有异步事件发生了。中断一旦被识别,CPU 保存部分(或全部)上下文,即部分(或全部)寄存器的值,跳转到专门的子程序,称为中断服务子程序(ISR)。中断服务子程序做事件处理,处理完成后,程序将按如下情况进行处理:

① 在前后台系统中,程序回到后台程序;

② 对非占先式内核而言,程序回到被中断了的任务;

③ 对占先式内核而言,让进入就绪态的优先级最高的任务开始运行。

大多数嵌入式微控制器/微处理器具有低功耗方式,低功耗方式可以通过中断的发生退出。当出现事件的时候,处理器进入中断处理,一旦处理事件结束,立即进入低功耗状态,而没有主程序的循环执行。

主程序在该系统中只完成系统的初始化操作。

```
main() /* 完成硬件和数据结构的初始化 */
    {
        /* to do:系统的初始化 */
        while(1)
        {
            enter_low_power();
        }
    }
```

中断服务程序:外部事件发生时进入中断程序,执行相关的处理,处理完成后回到低功耗状态。

```
Isr_1() /＊其中的一个中断服务程序＊/
{
    /＊to do:处理中断事件＊/
}
```

7.3.3　巡回服务系统

当嵌入式微处理器/微控制器的中断源不多时,可以采用软件的方法,将软件设计成巡回服务系统。把对外部事件的处理交由主循环完成,这样即使嵌入式微处理器没有中断源,也可以完成软件的设计。

```
main()
{
    /＊to do:系统初始化＊/
    while(1)
    {
    action_1();/＊巡回检测事件 1 并处理事件＊/
    action_2();/＊巡回检测事件 2 并处理事件＊/
        ⋮
    action_n();/＊巡回检测事件 n 并处理事件＊/
    }
}
```

7.3.4　基于定时器的巡回服务系统

巡回服务系统中的处理器总是处于全速运行的状态,能耗较高。若系统的外部事件发生不是很频繁,则可以降低处理器服务事件的频率,这样不会降低响应时间,节省了能耗。即采用基于定时器驱动的巡回服务方法。

```
main()
{
    /＊to do:系统初始化＊/
        ⋮
    /＊to do:设置定时器＊/
    while(1)
    {
     enter_low_power();
    }
}

Isr_timer()                /＊定时器的中断服务程序＊/
    {
```

```
action_1();    /＊执行事件 1 的处理＊/
action_2();    /＊执行事件 2 的处理＊/
    ⋮
action_n();  /＊执行事件 n 的处理＊/
}
```

注意：在每次定时器溢出中断发生的期间，必须完成一遍事件的巡回处理。

7.4　RTOS 基础

在嵌入式开发中，嵌入式实时操作系统（RTOS）正得到越来越广泛的应用。实时操作系统与一般的操作系统相比，最大的特色就是其"实时性"，如果有一个任务需要执行，实时操作系统会马上（在较短时间内）执行该任务，不会有延时（或延时在预定范围内）。这种特性保证了各个任务的及时执行。采用嵌入式实时操作系统可以更合理、更有效地利用 CPU 的资源，简化应用软件的设计，缩短系统开发时间，更好地保证系统的实时性和可靠性。

7.4.1　RTOS 的基本概念

RTOS 由基础内核，以及一些附加的功能模块，例如文件系统、网络协议堆栈和某些设备驱动程序组成。RTOS 的核心被称为系统内核，并提供一个可以透过系统内核去创建任务的 API。一个任务就像是一个拥有自己的堆栈、并带有任务控制区块 TCB（Task Control Block）的函数。除了任务本身私有的堆栈之外，每个 TCB 也保有一部分该任务的状态消息。

RTOS 内核还含有一个调度器，调度器会按照一套排程机制来执行任务。各种任务调度器之间主要的差异，就是如何分配执行它们所管理之各种任务的时间。基于优先级的抢占式调度器（如图 7.5 所示）是嵌入式 RTOS 之间最流行和普遍的任务调度算法。通常情况下，相同优先级的任务会以 round-robin 循环的方式加以执行。

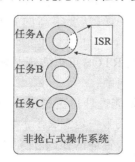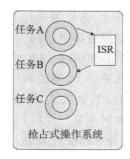

图 7.5　非抢占式与抢占式 RTOS 示意图

多数内核还会利用系统频率（system tick）中断，其典型的频率为 0.01 Hz。如果在 RTOS 中缺乏系统时钟,仍然能够有某种基本形式的调度,但时间相关的服务则不能进行。这种与时间有关的服务内容包括:软件定时器、任务睡眠 API 呼叫、任务时间片以及任务超时的 API 回调等。

　　为了实现系统频率中断,可以通过嵌入式芯片的硬件定时器。大多数的 RTOS 有能力动态地扩增或重新设置定时器的中断频率,以便让该系统进入睡眠,直到被下一个定时器期限或外部事件唤醒。例如,有一个对耗能敏感的应用程序,用户可能不希望每 10 ms 就运行一次不必要的系统频率处理程序,所以假设应用程序处于闲置状态,想要把下一个定时器期限改为 1 000 ms。在这种情况下,定时器可以被重新规划成 1 000 ms,应用程序则会进入低功耗模式。一旦在这种模式下,处理器将进入休眠状态,直到产生了外部事件或是定时器的 1 000 ms 到期。在任一种情况之下,当处理器恢复执行时,RTOS 就会根据已经经过了多少时间来调整内部时间,并恢复 RTOS 和应用程序处理。如此一来,处理器只会在执行应用程序有事可做时进行运算,空闲期间处理器可以睡眠,并且节省电源消耗。

7.4.2　使用 RTOS 的优势

　　无 RTOS 系统就像无 OS 的裸机一样,处理多任务会很不方便,一旦软件结构确定就很难改变,既不能适应系统扩充,也不能适应系统升级换代。

　　通常,无 RTOS 的简单嵌入式系统使用超循环(super-loop)这一概念,其中应用程序按固定顺序执行每个函数。中断服务例程(ISR)用于时间敏感或关键的部分程序,而超循环体内处理一些对时间不敏感的运算和操作。这使得 ISR 函数变得非常重要,并且要尽可能优化。

　　此外,超循环和 ISR 之间的数据交换是通过全局共享变量进行的,因此还必须确保应用程序数据的一致性。对超循环程序的一个简单的更改,就可能产生不可预测的副作用。对这种副作用进行分析通常非常耗时,这使得超循环应用程序变得非常复杂,并且难以调试和扩展。

　　超循环非常适合简单的小系统,但对较为复杂的应用程序会有限制,似乎所做的一切工作都与硬件相关,像使用一台 PC 裸机一样,需要很高的专业水平,并且容易出错,可维护性低,开发效率也不高。

　　虽然不使用 RTOS 也能创建实时程序,但 RTOS 可以实现并解决许多超循环不能实现的嵌入式系统的调度、维护和任务计时问题。

　　使用 RTOS 系统后,嵌入式系统结构上就能设计得更灵活,因而适应性强,可适应各种预想不到的扩展因素。同时,也使系统成为一定意义上的"通用机",可重用性得到提高,也能够充分利用硬件资源,创建任务,管理内存,并能够在多个任务间进行通信与切换,如图 7.6 所示。

　　采用 RTOS 主要有以下好处:

● 系统可重构(reconfigurable)。

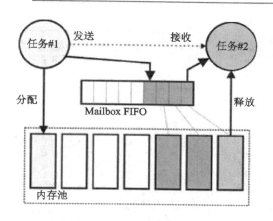

图 7.6 RTOS 的内存管理与任务间通信

- 适应性广,可用于广泛的系统及内存要求。
- 灵活性。改变和增强系统方便,不必做硬件改动。
- 再开发周期短,升级换代能力强。
- 可移植性强。因为是高级语言编程,平台等的更换只需重新编译即可。
- 可积累性。即掌握一种系统、一种语言,就可受用相当长的时间,有助于专心于主要工作,而不必把时间都浪费在学习语言与系统上。
- 任务调度。任务在需要时进行调用,从而确保了更好的程序流和事件响应。
- 多任务。任务调度使得可同时执行多个任务。
- 确定的行为。在定义的时间内处理事件和中断。
- 更短、更简单的 ISR。实现更加确定的中断行为。
- 任务间通信。管理多个任务之间的数据、内存和硬件资源共享。
- 确定的堆栈使用。每个任务分配一个确定的堆栈空间,从而实现可预测的内存使用。
- 系统管理。可以专注于应用程序开发而不是资源管理(内务处理)。

因此,RTOS 的合理使用,对于充分利用嵌入式系统的硬件资源,以及提高嵌入式系统的软件开发效率有诸多好处。

7.4.3 RTOS 的功能组成

标准的嵌入式实时系统 RTOS 通常由系统内核、调度器模块、优先级管理模块、通信模块组成,如图 7.7 所示。

1. 任 务

任务类似于函数,但每个任务都会有它自己的堆栈和任务控制块(TCB)。然而与大多数函数不同的是,一个任务几乎总是一个无限循环。也就是说,一旦它被创建,它(经常是)永远不会退出。

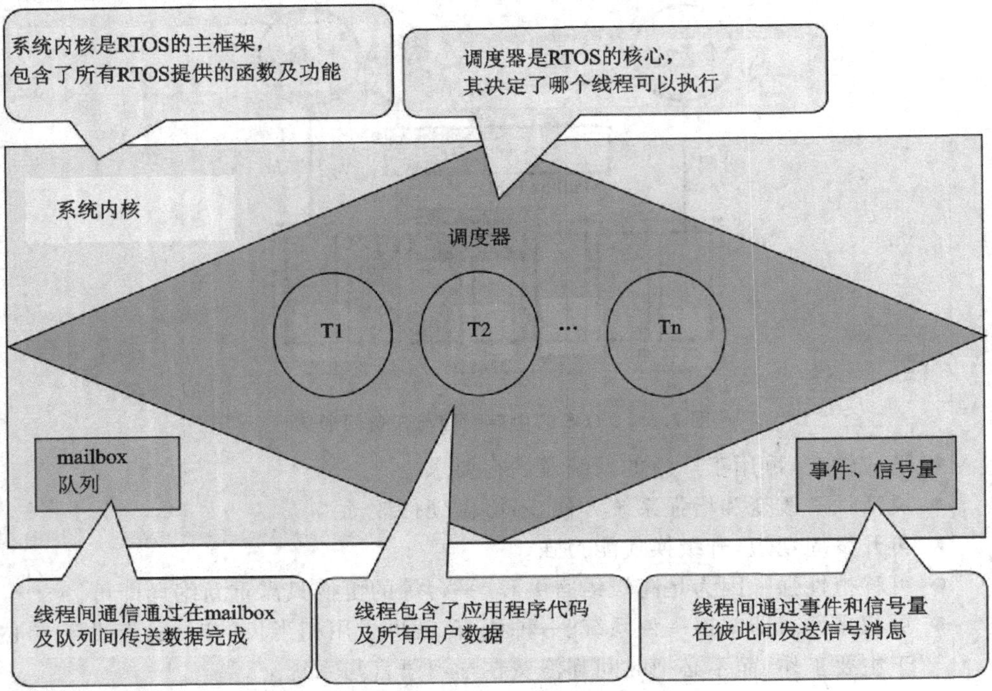

系统内核是RTOS的主框架，
包含了所有RTOS提供的函数及功能

调度器是RTOS的核心，
其决定了哪个线程可以执行

系统内核

调度器

T1   T2   …   Tn

mailbox
队列

事件、信号量

线程间通信通过在mailbox
及队列间传送数据完成

线程包含了应用程序代码
及所有用户数据

线程间通过事件和信号量
在彼此间发送信号消息

图 7.7 RTOS 任务调度示意图

```
void thread( void )
{
while (1) {
    // Send the data...
  }
}
```

一个任务总是处于几种 states(状态)之一,如表 7.8 所列。一个任务可以准备好被执行,也就处于 Ready 状态;或者该任务可能会被暂停(pending),也就是该任务在进入 Ready 状态之前,正在等待某事发生。这就是所谓的 Waiting state。

表 7.8 RTOS 常见任务状态

任务状态	说　明
Executing	当前正在运行的任务
Ready	任务已经就绪
Suspended	任务正在等待。这可能是一个事件或一个消息,也可能是等 RTOS 时钟到达某个特定的值(延迟)
Completed	一个处于完成状态的任务已经完成其运算处理,并且自它的入口函数返回(处于完成状态的任务不会再次被执行)
Terminated	一个任务处于终止状态(处于终止状态的任务不会再次被执行)

2. 调度器

用户可以从两种主要类型的调度器中加以挑选。

(1) 事件驱动调度器—通过优先级控制的调度算法

通常,不同的任务会有不同的响应要求。例如,在一个控制马达、键盘和显示器的应用程序中,马达通常需要比键盘和显示器更快的反应时间。这必须得靠一个事件驱动的调度器。

在事件驱动的系统中,每个任务都会被分配到一个优先级,而优先级最高的任务就会被执行。执行的顺序都仰赖于这个优先级。规则非常简单:调度器从所有就续的任务中挑出具备最高优先级的任务予以执行。

例如,当前 RTOS 有 3 个任务并行执行(如图 7.8 所示),任务 1 的优先级为100,任务 2 的优先级为 50,任务 3 的优先级为 25;但此时任务 1 处于等待状态(Waiting),而任务 2 和任务 3 处于准备状态(Ready),则调度器根据任务优先级,选择任务 2 执行。

(2) 分时共享调度器

最常见的分时算法叫做 round-robin,也就是调度器列出系统中所有任务的列表,然后一一查验下一个任务是否就绪,可以被执行。如果任务为 Ready 时,该任务就会执行。每个任务又分派到一份时间切片(time-slice)。时间切片是每一回合中,单一任务被容许之最长的运行时间。

如图 7.9 所示,通过时间片轮转的方式,任务 1～任务 5 依次得到调度执行。

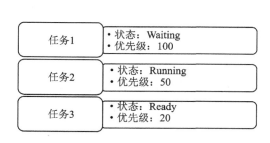

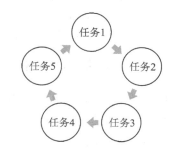

图 7.8　RTOS 任务调度示意图　　　　图 7.9　任务时间片轮转示意图

典型的基于优先级的抢占式调度会同时支持抢占式与非抢占式的调度。

系统在抢占式的情况下,较高优先级的任务会立即打断(抢占)执行中的低优先级任务。而具备相同优先级的任务则会以非抢占式的方式进行调度,而正在被执行的任务会继续完成它的执行,再轮到另一个具备相同或较低优先级的任务。

3. 优先级指定

将正确的优先级指派给不同的任务是相当重要的,对任务的优先级指派,需遵守两项原则:

① 尽量采用最少的优先级层级。仅在抢占是绝对必要的状况下指派不同的优先级。这样可以降低系统中 context switches 的数量,越少的 context switches,就表示有越多的时间是花费在执行应用程序代码上。

② 确保该优先级满足应用程序中所有的时间约束条件。

4. 任务间通信

在 RTOS 应用程序中,系统也必须确保能够在任务之间相互通信。通信可以采用 event、semaphore(旗号)的形式,或者以消息的方式传送给另外一个 thread。

最基本的通信是通过 event 进行的。一个中断服务函数(ISR)也能够传送一个 event 给某个任务。有些 RTOS 还能将单一 event 传送给多个任务。

semaphores 通常被用于保护共享的资源,如不只一个任务想要对同一块内存(变量)进行读写时。做法是让一个变量不会随着另外一个作用中的任务而被改变。原则就是在你读写这块内存之前,必须先获取一个以一个变量保护着的 semaphore。一旦你获得这个 semaphore 之后,其他人都不能对这块内存进行读写,直到释放 semaphore 为止。这样一来就可以确保同时只有一个任务会对该内存位置或变量进行读写。

消息(messages)则能够让你将数据传送给一个或多个任务。这些消息几乎可以是任意的大小,通常以 mailbox 或 queue 的方式来操作,而 mailboxes 与 message queues 的行为会随不同的 RTOS 有所差异。

7.4.4　常用的 RTOS

目前,嵌入式系统的 RTOS 系统已经非常成熟,常用的 RTOS 包括:VxWorks、μC/OS-Ⅱ、FreeRTOS、ThreadX 等下面对这些 RTOS 进行介绍。

1. VxWorks

VxWorks 是美国 WindRiver 公司的产品,是目前嵌入式系统领域中应用广泛、市场占有率比较高的嵌入式操作系统。VxWorks 实时操作系统由 400 多个相对独立、短小精悍的目标模块组成,用户可根据需要选择适当的模块来裁剪和配置系统;提供基于优先级的任务调度、任务间同步与通信、中断处理、定时器和内存管理等功能,内建符合 POSIX(可移植操作系统接口)规范的内存管理,以及多处理器控制程序;并且具有简明易懂的用户接口,在核心方面甚至可以微缩到 8 KB。

2. μC/OS-Ⅱ

μC/OS-Ⅱ是美国嵌入式系统专家 Jean J. Labrosse 用 C 语言编写的一个结构

小巧、抢占式的多任务实时内核。μC/OS-Ⅱ能管理 64 个任务,并提供任务调度与管理、内存管理、任务间同步与通信、时间管理和中断服务等功能,具有执行效率高、占用空间小、实时性能优良和可扩展性强等特点。μC/OS-Ⅱ在中国比较流行,现在已经推出 μC/OS-Ⅲ。

3. FreeRTOS

FreeRTOS 是一个 mini 操作系统内核的小型嵌入式系统。作为一个轻量级的操作系统,功能包括:任务管理、时间管理、信号量、消息队列、内存管理和记录功能等,可基本满足较小系统的需要。

由于 RTOS 需占用一定的系统资源(尤其是 RAM 资源),只有 μC/OS-Ⅱ、embOS、salvo、FreeRTOS 等少数实时操作系统能在小 RAM 单片机上运行。与 μC/OS-Ⅱ、embOS 等商业操作系统相比,FreeRTOS 操作系统是完全免费的操作系统,具有源码公开、可移植、可裁剪、调度策略灵活的特点,可以方便地移植到各种单片机上运行。

由于 FreeRTOS 源码公开、完全免费,符合互联网时代合作分享的精神,在物联网应用中被普遍采用。本书也将介绍 FreeRTOS 及其基本使用。

4. ThreadX

ThreadX 是优秀的硬实时操作系统,具有规模小、实时性强、可靠性高、无产品版权费、易于使用等特点,其支持多种 CPU,系统优先级可于程序执行时动态设定,并且相关配套基础软件完整,且无权利金与弹性商业授权方式,因此广泛应用于消费电子、汽车电子、工业自动化、网络解决方案、军事与航空航天等领域中。

7.5 FreeRTOS

FreeRTOS 作为一个轻量级嵌入式操作系统,具有源码公开、可移植、可裁剪、调度策略灵活的特点,可以方便地移植到各种嵌入式控制器上实现满足用户需求的应用。此外,无论商业应用还是个人学习,都无需商业授权,FreeRTOS 是完全免费的操作系统。

7.5.1 FreeRTOS 的体系结构

FreeRTOS 的体系结构包括:任务调度机制、系统时间管理机制、内存分配机制及任务通信与同步机制等。FreeRTOS 还提供 I/O 库、系统跟踪(trace)及 TCP/IP 协议栈等相关组件。图 7.10 所示为 FreeRTOS 的体系结构框图。

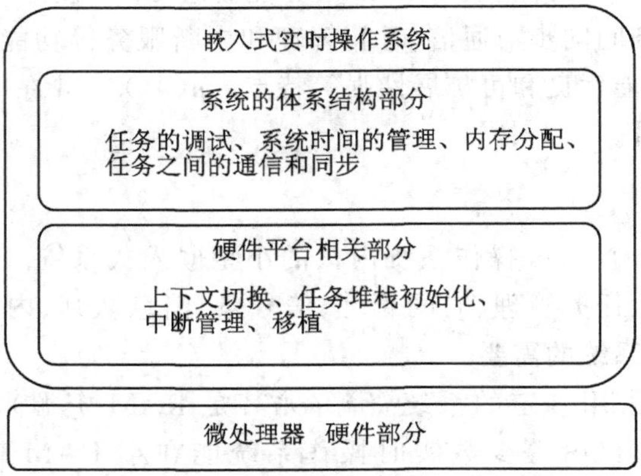

图 7. 10　FreeRTOS 的体系结构框图

7.5.2　FreeRTOS 系统的任务调度机制

FreeRTOS 系统下可实现创建任务、删除任务、挂起任务、恢复任务、设定任务优先级及获得任务相关信息等功能。

1. 从调度方式上分析

可根据用户需要设置为可剥夺型内核或不可剥夺型内核。

- 设置为可剥夺型内核时,处于就绪态的高优先级任务能剥夺低优先级任务的 CPU 使用权,这样可保证系统满足实时性的要求。
- 设置为不可剥夺型内核时,处于就绪态的高优先级任务只有等当前运行任务主动释放 CPU 的使用权后才能获得运行,这样可提高 CPU 的运行效率。

2. 从优先级的配置上分析

- FreeRTOS 系统没有优先级数量上的限制。
- 可以根据需要对不同任务设置不同优先级的大小。其中,0 的优先级最低。
- 可以对不同任务设置相同的优先级,同一优先级的任务,共享 CPU 的使用时间。
- 采用的是双向链表结构,这样既能采用优先级调度算法又能实现轮换调度算法。
- 若此优先级下只有一个就绪任务,则此就绪任务进入运行态。若此优先级下有多个就绪任务,则需采用轮换调度算法实现多任务轮流执行。

3. 系统调度方式

例如,当系统运行了 4 个任务时,系统通过指针 pxIndex 可知任务 1 为当前任务,而任务 1 的 pxNext 结点指向任务 2,因此系统把 pxIndex 指向任务 2 并执行任务 2 来实现任务调度,如图 7.11 所示。当下一个时钟节拍到来时,若最高就绪优先级仍为 1,系统会把 pxIndex 指向任务 3 并执行任务 3。

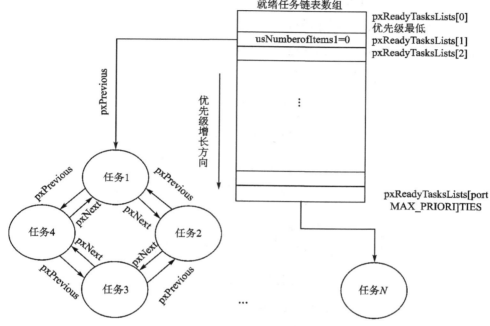

图 7.11 FreeRTOS 系统调度方式框图

7.5.3 FreeRTOS 系统的任务管理机制

1. FreeRTOS 系统的任务创建和任务删除

FreeRTOS 系统下的任务创建:

① 当调用 xTaskCreate()函数创建一个新的任务时,FreeRTOS 首先为新任务分配所需的内存。

② 若内存分配成功,则初始化任务控制块的任务名称、堆栈深度和任务优先级,然后根据堆栈的增长方向初始化任务控制块的堆栈。

③ FreeRTOS 把当前创建的任务加入到就绪任务链表。

④ 若当前此任务的优先级为最高,则把此优先级赋值给变量 ucTopReadyPriorlty。

⑤ 若任务调度程序已经运行且当前创建的任务优先级为最高,则进行任务切换。

FreeRTOS 系统下的任务删除:

① 当用户调用 vTaskDelete()函数后,分两步进行删除:

a. FreeRTOS 先把要删除的任务从就绪任务链表和事件等待链表中删除,然后把此任务添加到任务删除链表。

b. 释放该任务占用的内存空间,并把该任务从任务删除链表中删除,这样才彻底删除了这个任务。

② 采用两步删除的策略有利于减少内核关断时间,减少任务删除函数的执行时间,尤其是当删除多个任务的时候。

2. FreeRTOS 系统中任务状态

图 7.12 所示为 FreeRTOS 系统中任务状态图。

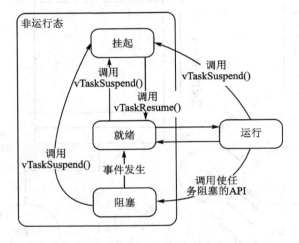

图 7.12　FreeRTOS 系统中任务状态图

应用程序可以包含多个任务,每个任务的状态可分为:运行状态和非运行状态。每一时刻,只有一个任务被执行,即处于运行状态。当某个任务处于运行状态时,处理器就正在执行它的代码。当一个任务处于非运行状态时,该任务进行休眠,它的所有状态都被妥善保存,以便在下一次调试器决定让它进入运行态时可以恢复执行。具体包含 4 种状态(图 7.12):

- 运行状态:当前被执行的任务处在此种状态。运行状态的任务占用处理器资源。
- 就绪状态:就绪的任务是指不处在挂起或阻塞状态,已经可以运行,但是因为其他优先级更高(或相等)的任务正在“运行”,而没有运行的任务。
- 阻塞,又称为等待状态:若任务在等待某些事件或资源,则称此任务处于阻塞状态。
- 挂起,又称为睡眠状态:处于挂起状态的任务对于调度器来说是不可见的,任务只是以代码的形式驻留在程序空间,但没有参与调度。

7.5.4　FreeRTOS 任务通信与同步机制

在 FreeRTOS 操作系统中,任务间的通信与同步机制都是基于队列实现的。通过 FreeRTOS 提供的服务,任务或者中断服务子程序可以将一则消息放入队列中,实现任务之间以及任务与中断之间的消息传送。

- 队列可以保存有限个具有确定长度的数据单元,通常情况下,队列被作为 FIFO(先进先出)使用,即数据由队列尾写入,从队列首读出。
- 队列是具有独立权限的内核对象,并不属于任何任务。
- 所有任务都可以向同一个队列发送消息或读取消息。
- 当队列在使用时,通过消息链表查询当前队列是空还是满。

7.5.5　FreeRTOS 移植到微控制器的方法

所谓移植,是指使一个实时操作系统内核能够在对应的微处理器上运行。嵌入式操作系统的编写者无法一次性完成整个操作系统的所有代码,而必须把一部分与硬件平台相关的代码作为接口保留出来,让用户将其移植到目标平台上。

FreeRTOS 的绝大多数代码用 C 语言编写,只有一小部分与具体编译器和 CPU 相关的代码需要开发人员用汇编语言完成,因此移植较为方便。FreeRTOS 的移植主要集中在两个文件里面:portmacro.h 和 port.c。

- portmacro.h 主要包含编译器相关的数据类型的定义、堆栈类型的定义以及几个宏定义和函数说明。
- port.c 中包含与移植有关的 C 函数,包括堆栈的初始化函数、任务调度器启动函数、临界区的进入与退出、时钟中断服务程序等。

此外,FreeRTOS 只是一个操作系统内核,需外扩第三方的 GUI(图形用户界面)、TCP/IP 协议栈及 FS(文件系统)等才能实现一个较复杂的系统。

7.6　FreeRTOS 操作示例

本节通过两个简单的 FreeRTOS 示例程序,向读者展示编写 RTOS 程序的基本流程,以及相关的库函数调用方法。

7.6.1　FreeRTOS 库函数说明

以下简要说明本例程中使用的 FreeRTOS 库函数。

1）函数 xQueueCreate()

功　能:创建消息队列(队列在使用前必须先被创建)。

原　型:xQueueHandle xQueueCreate(uxQueueLength,uxItemSize)

参　数:uxQueueLength 为队列能够存储的最大单元数目,即队列深度。

uxItemSize 为队列中数据单元的长度,以字节为单位。

描　述:在系统中创建消息队列。

返回值:若返回 NULL(0),表示没有足够的堆空间分配给队列而导致创建失败。若返回非 NULL 值,表示队列创建成功。此返回值应当保存下来,以作为操作此队列的句柄。

2) 函数 xTaskCreate( )

功　能:创建任务。

原　型:int xTaskCreate (P_OSI_TASK_ENTRY pEntry,
　　　　　　　　　　const signed char * const pcName,
　　　　　　　　　　unsigned short usStackDepth,
　　　　　　　　　　void * pvParameters,
　　　　　　　　　　unsigned long uxPriority,
　　　　　　　　　　OsiTaskHandle pTaskHandle)

参　数:pEntry:该函数为一个函数指针,该函数是永不返回的 C 函数;通常,该函数的实现是一个死循环。参数 pEntry 是一个指向任务的实现函数的指针(效果上仅仅是函数名)。

pcName:具有功能性的任务名。这个参数不会被 FreeRTOS 使用。仅用于辅助调试,用户可以通过一个名字对任务进行表示。

usStackDepth:创建任务时,内核为其分配栈空间的容量。该参数的单位为字(即 4 字节),或此处为 10,则实际分配的堆栈空间为 40 字节。建议堆栈空间的大小应根据实际需求的预测并结合运行测试的结果来设置。

pvParameters:指针,其值为传递到任务函数的参数。

uxPriority:任务执行的优先级。优先级的取值范围可以从最低优先级 0 到最高优先级(configMAX_PRIORITIES−1)。

pTaskHandle:用于传出任务的句柄。该句柄将在 API 调用中对该创建出来的任务进行引用,比如改变任务优先级,或者删除任务。如果应用程序中不会用到这个任务的句柄,则 pTaskHandle 可以被设为 NULL。

描　述:在系统中创建任务。

返回值:若返回 OSI_OK,则表明任务创建成功。若返回 OSI_OPERATION_FAILED,由于内存堆空间不足,FreeRTOS 无法分配足够的空间来保存任务结构数据和任务栈,因此无法创建任务。

3) 函数 xQueueReceive( )

功　能:从队列中接收(读取)数据单元(接收到的单元同时会从队列中删除)。

原　型:portBASE_TYPE xQueueReceive (xQueueHandle xQueue,
　　　　　　　　　　const void * pvBuffer,
　　　　　　　　　　portTickType xTicksToWait)

参　数:xQueue:被读队列的句柄。这个句柄是调用 xQueueCreate( )函数创建该队列时的返回值。

pvBuffer：接收缓存指针。其指向一段内存区域,用于接收从队列中复制的数据。数据单元的长度在创建队列时就已经被设定,所以该指针指向的内存区域大小应当足够保存一个数据单元。

xTicksToWait：阻塞超时时间。如果在接收时队列为空,则这个时间是任务处于阻塞状态以等待队列数据有效的最长等待时间。阻塞时间是以系统心跳周期为单位的,所以绝对时间取决于系统心跳频率。如果把 xTicksToWait 设置为 portMAX_DELAY ,并且在 FreeRTOS-Conig.h 中设定 INCLUDE_vTaskSuspend 为 1,那么阻塞等待将没有超时限制。

描　　述：pdPASS：只有一种情况会返回 pdPASS,那就是成功地从队列中读到数据。如果设定了阻塞超时时间(xTicksToWait 非 0),在函数返回之前任务将被转移到阻塞态以等待队列数据有效——在超时到来前能够从队列中成功读取数据,函数则会返回 pdPASS。

返回值：errQUEUE_FULL：如果在读取时由于队列已空而没有读到任何数据,则将返回 errQUEUE_FULL。如果设定了阻塞超时时间(xTicksToWait 非 0),在函数返回之前任务将被转移到阻塞态以等待队列数据有效。但直到超时也没有其他任务或是中断服务例程往队列中写入数据,函数则会返回 errQUEUE_FULL。

4) 函数 xQueueSend( )

功　　能：发送数据到队列尾。xQueueSend( )函数功能完全等同于函数 xQueueSendToBack( )。

原　　型：portBASE_TYPE xQueueSend (xQueueHandle xQueue,
　　　　　　　　　　　　　　　const void * pvItemToQueue,
　　　　　　　　　　　　　　　portTickType xTicksToWait)

参　　数：xQueue：目标队列的句柄。这个句柄即是调用 xQueueCreate( )函数创建该队列时的返回值。

pvItemToQueue：发送数据的指针。其指向将要复制到目标队列中的数据单元。由于在创建队列时设置了队列中数据单元的长度,所以会从该指针指向的空间复制对应长度的数据到队列的存储区域。

xTicksToWait：阻塞超时时间。如果在发送时队列已满,这个时间即是任务处于阻塞态等待队列空间有效的最长等待时间。阻塞时间是以系统心跳周期为单位的,所以绝对时间取决于系统 Tick 频率。如果把 xTicksToWait 设置为 portMAX_DELAY,并且在 FreeRTOSConig.h 中设定 INCLUDE_vTaskSuspend 为 1,那么阻塞等待将没有超时限制。

描　　述：pdPASS：返回 pdPASS 只会有一种情况,即数据被成功发送到队列中。如果设定了阻塞超时时间（xTicksToWait 非 0），在函数返回之前任务将被转移到阻塞态以等待队列空间有效——在超时到来前能够将数据成功写入到队列，函数则会返回 pdPASS。

返回值：errQUEUE_FULL：如果由于队列已满而无法将数据写入，则将返回 errQUEUE_FULL。如果设定了阻塞超时时间（xTicksToWait 非 0），在函数返回之前任务将被转移到阻塞态以等待队列空间有效。但直到超时也没有其他任务或是中断服务例程读取队列而腾出空间，函数则会返回 errQUEUE_FULL。

5）函数 vTaskStartScheduler( )

功　能：启动任务调度器，开始执行任务。

原　型：void vTaskStartScheduler(void)

参　数：无

描　述：当调用 vTaskStartScheduler( )时，调度器会自动创建一个空闲任务。空闲任务是一个非常短小的循环，总是可以运行。空闲任务拥有最低优先级（优先级 0）以保证其不会妨碍具有更高优先级的应用任务进入运行状态。运行在最低优先级可以保证一旦有更高优先级的任务进入就绪状态，空闲任务就会立即从运行状态中退出，并将执行权让给更高优先级的任务。

返回值：无

7.6.2　示例代码

示例 1——优先级任务调度

本示例展示在不同的优先级上创建两个任务。这两个任务都没有调用任何会令其进入阻塞态的 API 函数，所以这两个任务要么处于就绪状态，要么处于运行状态。调度器将选择具有最高优先级的任务来执行，如图 7.13 所示。

```
/ * * * * * * * * * * * * * * * * * * * * * * * * * * * * * * * * * * * *
 * 函数名:vTask1
 * 功　能:创建任务 1
 * 参　数:传入任务 1 的参数
 * * * * * * * * * * * * * * * * * * * * * * * * * * * * * * * * * * * */

void vTask1( void * pvParameters )

{

    unsigned portBASE_TYPE uxPriority;

    / * 本任务将会比任务 2 更先运行,因为本任务创建在更高的优先级上。

    任务 1 和任务 2 都不会阻塞,所以两者要么处于就绪状态,要么处于运行状态 * /
```

396

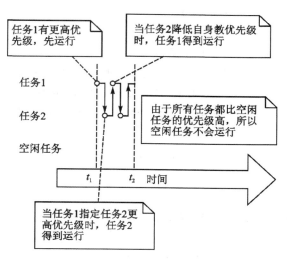

图 7.13　优先级不同的任务 1 和任务 2 任务调度示意图

```
uxPriority = uxTaskPriorityGet( NULL );

for( ;; )
{
    /* Print out the name of this task. */
    vPrintString( "Task1 is running\r\n" );

    /* 把任务 2 的优先级设置到高于任务 1 的优先级,会使得任务 2 立即得到执行(因
       为任务 2 现在是所有任务中具有最高优先级的任务)。注意调用 vTaskPriori-
       tySet()函数时用到的任务 2 的句柄 */
    vPrintString( "About to raise the Task2 priority\r\n" );
    vTaskPrioritySet( xTask2Handle, ( uxPriority + 1 ) );

    /* 本任务只会在其优先级高于任务 2 时才会得到执行。因此,当此任务运行到这
       里时,任务 2 必然已经执行过了,并且将自身的优先级设置为比任务 1 更低的优
       先级 */
}
}

/**************************************
 * 函数名:vTask2
 * 功　能:创建任务 2
 * 参　数:传入任务 2 的参数
 **************************************/
```

```
void vTask2( void * pvParameters )
{
    unsigned portBASE_TYPE uxPriority;
    /* 任务 1 比本任务更先启动，因为任务 1 创建在更高的优先级。任务 1 和任务 2 都不
       会阻塞，所以两者要么处于就绪状态，要么处于运行状态。
       查询本任务当前运行的优先级—传递一个 NULL 值，表示"返回我自己的优先
       级"*/
    uxPriority = uxTaskPriorityGet( NULL );
    for( ;; )
    {
    /* 当任务运行到这里，任务 1 必然已经运行过了，并将本身的优先级设置到高于任务 1
       本身 */
    vPrintString( "Task2 is running\r\n" );

    /* 将自己的优先级设置回原来的值。传递 NULL 句柄值可以"改变当前任务的优先级"。
       把优先级设置为低于任务 1 的优先级，使得任务 1 立即得到执行，即任务 1 抢占本任
       务的执行权 */
    vPrintString( "About to lower the Task2 priority\r\n" );
    vTaskPrioritySet( NULL, ( uxPriority - 2 ) );
    }
}
/* 声明变量用于保存任务 2 的句柄 */
xTaskHandle xTask2Handle;
/******************************************

* 函数名:main
* 功    能:优先级任务调度示例主函数
* 参    数:无
******************************************/

int main( void )
{
    /* 任务 1 创建在优先级 2 上。任务参数没有用到，设为 NULL。任务句柄也不会用到，也
       设为 NULL */
    xTaskCreate( vTask1, "Task 1", 1000, NULL, 2, NULL );
    /* The task is created at priority 2^. */

    /* 任务 2 创建在优先级 1 上——此优先级低于任务 1。任务参数没有用到，设为 NULL。
```

但任务 2 的任务句柄会被用到,故将 xTask2Handle 的地址传入 */

xTaskCreate(vTask2，"Task 2"，1000，NULL，1，&xTask2Handle);

/* The task handle is the last parameter〰〰〰〰〰 */

/* 启动调度器 */

vTaskStartScheduler();

for(;;);

}

示例 2——使用信号量互斥执行任务

本示例通过创建互斥量,确保任务 1 和任务 2 在同一时间只有一个任务能够执行。任务 prvPintTask()的两个实例在创建时指定了不同的优先级。所以运行时,低优先级任务在有些时候会被高优先级的任务抢占。

图 7.14 所示为信号量互斥的任务 1、任务 2 任务调度示意图。

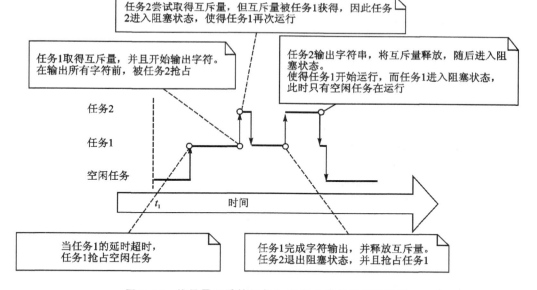

图 7.14 信号量互斥的任务 1、任务 2 任务调度示意图

```
/*********************************
* 函数名:prvNewPrintString
* 功  能:获取互斥量并输出
* 参  数:输出的字符串
```

```
                 **************************************/
static void prvNewPrintString( const portCHAR * pcString )

{

    /* 互斥量在调度器启动之前就已创建,所以在此任务运行时信号量就已经存
       在了。
       试图获得互斥量。如果互斥量无效,则将阻塞,进入无超时等待。xSemaphoreTake()
       只可能在成功获得互斥量后返回,所以无需检测返回值。如果指定了等待超时时
       间,则代码必须检测到 xSemaphoreTake()返回 pdTRUE 后,才能访问共享资源(此处是
       指标准输出)*/
    xSemaphoreTake( xMutex, portMAX_DELAY );

    {

    /* 程序执行到这里表示已经成功持有互斥量。现在可以自由访问标准输出,因为任意
       时刻只会有一个任务能持有互斥量 */
    printf( "%s", pcString ); fflush( stdout );

        /* 互斥量必须归还! */
    }
    xSemaphoreGive( xMutex );

    if( kbhit() )
    {
    vTaskEndScheduler();
    }
}


/******************************************
* 函数名:prvNewPrintString
* 功　能:输出当前的 Task
* 参　数:输出的字符串指针
*******************************************/
static void prvPrintTask( void * pvParameters )

{

    char * pcStringToPrint;

    pcStringToPrint = ( char * ) pvParameters;

    for( ;; )
    {

        prvNewPrintString( pcStringToPrint );
```

/* 等待一个伪随机时间。注意函数 rand()不要求可重入,因为在本例中 rand()函数的
返回值并不重要。但在安全性要求更高的应用程序中,需要用一个可重入版本的

rand()函数 – 或是在临界区中调用 rand() 函数。 */
vTaskDelay((rand() & 0x1FF));
}
}


```
/ * * * * * * * * * * * * * * * * * * * * * * * * * * * * * *
 * 函数名:main
 * 功    能:信号量互斥执行任务示例主函数
 * 参    数:无
 * * * * * * * * * * * * * * * * * * * * * * * * * * * * * */
int main( void )
{
    / * 信号量使用前必须先创建。本例创建了一个互斥量类型的信号量 */
    xMutex = xSemaphoreCreateMutex();

    / * 本例中的任务会使用一个随机延迟时间,这里给随机数发生器生成种子 */
    srand( 567 );

    if( xMutex ! = NULL )
    {
        / * 创建两个任务并输出到 stdout;两个任务使用不同的优先级创建 */
        xTaskCreate( prvPrintTask, "Print1", 1000,
            "Task 1 *****************************\r\n", 1,NULL );
        xTaskCreate( prvPrintTask, "Print2", 1000,
            "Task 2 ---------------------------\r\n", 2,NULL );

        / * 启动调度器 */
        vTaskStartScheduler();
    }

    / * 如果一切正常,main()函数不会执行到这里,因为调度器已经开始运行任务。但如
        果程序运行到了这里,很可能是由于系统内存不足而无法创建空闲任务。 */
    for( ;; );
}
```

思考题与习题

1. 简述 define 与 typedef 的区别?
2. 预处理标识 ♯error 的目的是什么?
3. 嵌入式系统中经常要用到无限循环,用 C 语言编写死循环有哪些方法?

4. 关键字 static 和 const 的作用是什么？

5. 关键字 volatile 有什么含意？在哪些变量前该使用这个关键字？请给出三个不同的例子。

6. 嵌入式实时操作系统 RTOS 的主要特点是什么？

7. 嵌入式系统常用软件设计方法有哪些？

8. 裸机系统软件由哪些部分组成？它们之间的关系是什么？

9. 常见的 RTOS 有哪些？这几种常用的嵌入式操作系统的特点是什么？常用在什么场合？

10. RTOS 任务之间的通信方式有哪几种？每一种方式的特点是什么？

11. RTOS 任务之间的同步方式有哪几种？每一种方式的特点是什么？

12. 非实时系统与实时系统有什么本质的区别？什么情况下应该使用实时操作系统？

13. FreeRTOS 的内核包括哪几部分？调度策略是什么？

14. 时钟中断在 FreeRTOS 作用是什么？试说明其工作原理。

15. FreeRTOS 的移植需要考虑哪几方面的问题？尝试将最新版本的 FreeR-TOS 移植到 Tiva 开发板上。

16. 试在 Tiva 开发板上使用 FreeRTOS,合理使用按键、LED 指示灯、LCD、温度传感器的硬件资源,开发一个多任务的实验例程。

17. 选择一种熟悉的嵌入式操作系统,要求使用嵌入式操作系统常用的系统调用,写一个嵌入式应用软件的框架。

第 **8** 章

低功耗与电磁兼容

嵌入式系统是一个"系统",包含软件和硬件,以及一些其他的系统问题。

功耗问题是近年来嵌入式系统设计中被人们广泛关注的热点与难点,如果解决不好,会严重制约嵌入式系统的应用,因为相当数量的嵌入式设备是由电池来供电的,而且大多数嵌入式设备都有体积和质量的约束。减少电能消耗不仅能延长电池的使用时间,而且有利于提高系统性能和稳定性,降低系统开销,甚至可起到节能环保的作用。

另外,随着电子技术的发展,WiFi、ZigBee、蓝牙等无线技术被广泛采用,处理器的主频也越来越高,那么要保证各种设备在各种环境下协同共存、可靠工作,电磁兼容(EMC)问题也越来越值得重视。嵌入式设备是否能可靠地工作,是否能达到电磁兼容的标准,与系统设计、电子元器件的选择和使用、印制电路板的设计与布线、产品的制造工艺都有很大关系。印制电路板布线、设计和制造工艺的好坏往往直接影响系统的可靠性与抗干扰能力。

本章将简要介绍嵌入式系统的低功耗设计方法,以及电磁兼容性的基本概念和一般设计。完整的知识需要进一步学习相关的专业书籍。

8.1 低功耗设计方法

低功耗系统设计是一个很专业的问题,涉及很多方面,其中不乏一些基础理论的研究。本节介绍在低功耗应用系统设计时,可以考虑使用的一些软硬件方法。低功耗系统设计的一些原则是:

- 尽量使用低功耗器件,如低功耗的 MCU、COMS 逻辑器件等;
- 电源电压宜低不宜高;
- 时钟频率宜慢不宜快;
- 系统显示宜静不宜动;
- 硬件、软件配合,使系统功耗最低。

8.1.1 利用 I/O 引脚为外部器件供电

如今一些 MCU 的 GPIO 引脚有较强的驱动能力,可以提供较大的输出电流(如可达 20 mA),而一些外部器件的功耗又比较低,这样可以利用 MCU 的 GPIO 引脚直接为外部器件供电。使用时,只需要把这些外部器件的电源端连接到处理器的 I/O 引脚上即可,如图 8.1 所示。除此之外,还可以利用嵌入式控制器的 I/O 引脚直接为外部设备接口供电,只要这些 I/O 接口的驱动能力足以驱动外部设备接口即可。这样设计的好处是:当不需要外部器件/设备工作时,只要把 MCU 的 I/O 引脚输出 0,即可关闭外部器件或设备。此时,外部器件或设备几乎就是零功耗的。目前,很多放大器、ADC、传感器均可以采用此方式设计成低功耗应用系统。

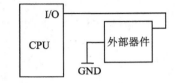

图 8.1　利用 I/O 引脚为外部器件供电

图 8.1 的设计方法的优点:

- 简化电源控制电路,如可以省去晶体管、场效应管;
- 降低控制电路的功耗,如晶体管的基极电流消耗。

8.1.2　电源管理单元的设计

嵌入式系统的电源管理系统,要求系统全速工作时,可以消耗较大的电流;如果处于低速运行或待机状态,那么消耗的功率要较小。如今的 MCU,一般支持多种低功耗模式,如空闲(idle)、掉电(shutdown)、停止(stop)及待机(standby)等。低功耗模式一般可以通过中断退出,中断可以由外部或内部事件产生。有些最低功耗模式(如掉电),连中断也不响应,需要复位才能退出。一般低功耗设计采用的方案是,通过定时器的输出,对 CPU 产生中断或复位。CPU 被唤醒后,再控制相关的外设,进入工作状态。

8.1.3　动态改变 CPU 的时钟频率

单片机的工作频率与功耗的关系很大,频率越高,功耗越大。一般情况下,数字电路消耗的电流与工作时钟频率成正比。如 MSP430F6638 单片机工作在电源为 3.0 V、主频为 8 MHz、激活模式(AM)下,闪存程序执行时电流典型值为 270 μA/MHz;在关断模式(LPM4.5)下,供电电压为 3.0 V 时,电流仅为 0.3 μA。在许多场合,采用低时钟频率实现低功耗是非常有效的。

关于时钟控制的另一种方法是动态改变处理器的时钟频率。CPU 在等待事件发生时,可利用一个 I/O 引脚控制振荡器上的并联电阻器,电阻器值增大将会降低内部时钟频率,同时也会降低处理器消耗的电流。一旦事件发生,电阻可以被接入,处理器将全速运行处理事务。实现这一技术的方法如图 8.2 所示。通过将 I/O 引脚设定为输出高电平,电阻 R_1 的加入将增大时钟频率;I/O 引脚输出低电平,内部时钟频率会降低。现在很多 MCU 都具有多种时钟源选择功能,因此可以获得各种不同频率的工作时钟。

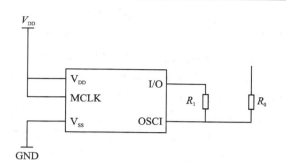

图 8.2　改变时钟频率可降低功耗

　　另外，还可以用软件控制 MCU 内部的 PLL、时钟分频器等，在不同的工作状态使用不同的时钟提供给 CPU。当处理任务重时，控制选择较高的时钟频率；当处理任务较轻、甚至无任务处理而等待时，选择较低的时钟频率。

8.1.4　软件系统的低功耗设计

　　低功耗的嵌入式系统设计，除了前面介绍的硬件因素，软件也起了很大的作用。一般需要软件配合硬件，才能达到理想的效果。本节将从以下几个方面介绍基于低功耗要求的软件设计方法：

- 编译技术与低功耗；
- 硬件软件化；
- 减少处理器的工作时间；
- 优化算法；
- 降低工作频率；
- 延时程序的设计、睡眠方式的使用；
- 显示装置的设计方法。

1. 编译低功耗优化技术

　　编写嵌入式系统的应用软件，对于同一个功能，可以由不同的软件算法实现，也可以使用不同的指令实现同样的功能。对于这一点，汇编语言程序员可以通过对指令的细致分析，采用高效率的指令，降低系统的功耗。比如，实现某一个功能，简单指令和复杂指令执行的时间会不同，对存储器的访问方式和频度也会不同，因此消耗的功率不同。

　　目前，编译器根据高级语言的语句生成汇编语言指令，进而生成机器码。这种生成算法大部分根据功能实现，很少考虑到功耗因素。事实上，编译优化可以降低系统的功耗。

　　由于嵌入式系统的各种应用的不均衡性，使得系统运行时各部件负载的显著不均衡造成了不必要的能量消耗。例如，一个控制系统可能包括 A/D、D/A 转换等功能部件,这些部件不一定在连续工作。在系统对应用程序的优化处理上,硬件和 OS 技术采取的措施是利用过去程序行为的一个窗口来预测将来的程序行为,仅能够在小窗口范围内和低级的程序抽象级别上进行可能的代码重构。而在编译时对功率和能量的优化技术是对硬件和 OS 技术的有效补充,编译器具有能够分析整个应用程序行为的能力,它可以对应用程序的整体结构按照给定的优化目标进行重新构造。在每一个应用的执行过程中,对每一个功能部件的负载都是不均衡的,程序和数据的局部性也是可变的。因此,利用编译器对应用程序进行降低能量消耗的优化和程序变换对降低系统消耗有重要的作用。仅通过对应用程序的指令功能均衡优化和降低执行效率就有可能比优化前节省 50% 的能量消耗。当然,降低功耗的优化比改善性能的优化更为复杂,嵌入式系统应用开发者比较难于涉足。目前已经有一些嵌入式编译器支持功耗优化。

2. 硬件软件化

只要是硬件电路,就必定要消耗功率。在整机的总体设计中,遵循硬件软件化原则,尽量减少硬件,用软件来替代以往用硬件实现的功能。如许多仪表中用到的对数放大电路、抗干扰电路,测量系统中用软件滤波代替硬件滤波器等。但是,软件算法的复杂化,也会增加 CPU 的负荷和计算时间,从而增加功耗。因此,硬件软件化是一个需要综合成本、性能、功耗等因素,分析后再决策的问题。

3. 减少处理器的工作时间

嵌入式系统中,CPU 的运行时间对系统的功耗影响很大,故应尽可能缩短 CPU 的工作时间,使之较长时间处于空闲方式或掉电方式,这是软件设计降低单片机系统功耗的关键。在工作时,用事件中断唤醒 CPU,让它在尽量短的时间内完成对信息或数据的处理,然后就进入空闲或掉电方式。在关机状态下,要让 CPU 进入掉电方式,用特定的引脚或系统复位将它唤醒。这种设计软件的方法,就是所谓的事件驱动的程序设计方法。

4. 采用快速算法

数字信号处理中的很多运算,采用如 FFT 和快速卷积等,可以节省大量运算时间,从而减少功耗。在精度允许的情况下,使用简单函数代替复杂函数作近似,也是减少功耗的一种方法。

5. 通信系统中提高通信的波特率

在多机通信中,通过对通信模块的合理设计,尽量提高传送的波特率(即每秒串行口传送的数据位数),提高通信速率,意味着通信时间的缩短。除此之外,其发送、接收均应采用中断处理方式,而不采用查询方式。

6. 数据采集系统中使用合适的采样速率

在测量和控制系统中,数据采集部分的设计应根据实际情况,不要只顾提高采样速率。因为过高的采样速率不仅增加了 ADC/DAC 的功耗,而且为了传输大量的数据,也会消耗 CPU 的时间和增大功耗。系统如果有数据处理或抗干扰环节,应尽量用软件实现,如数字滤波、误差的自动校正等。

7. 延时程序的设计

嵌入式应用系统设计中,一般都会用到延时程序。延时程序的设计有两种方法:软件延时和硬件定时器延时。为了降低功耗,尽量使用硬件定时器延时。通过定时器延时,一方面可以提高程序的效率,另一方面也可以降低功耗。因为在待机模式时,CPU 停止工作,定时器仍然在工作,但定时器的功耗可以很低。一旦定时器延时时间到,通过中断方式使 CPU 退出待机模式,系统开始运行。

8. 软件设计采用中断驱动方式

根据应用需求,把整个系统软件设计成处理多个事件。当系统上电初始化时,主程序只进行系统的初始化,包括寄存器、外部设备等;初始化完成后,系统进入低功耗状态(如 idle 状态),然后 CPU 控制的设备都分别连接到各个中断输入上。当外部设备发生了一个事件,便产生中断信号,中断信号可以使 CPU 退出低功耗状态,进入事件处理状态,事件处理完成后,继续进入低功耗状态。MSP430 有极短的中断响应时间,可以缩短 CPU 的中断处理时间。软件流程图如图 8.3 所示。

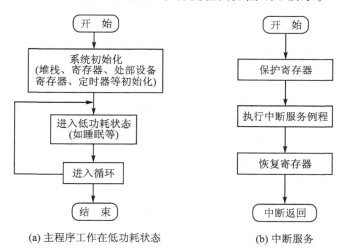

(a) 主程序工作在低功耗状态   (b) 中断服务

图 8.3　软件流程图

9. 静态显示

嵌入式系统的人机界面(显示器)有两种显示方式:静态显示和动态显示。下面以七段数码管为例,简要说明静态显示与动态显示的区别。

所谓静态显示,显示的信息通过锁存器保存,然后接到数码管上。这样一旦把显示的信息写到数码管上,显示内容即固定。此时,处理器不需要干预,甚至可以进入待机方式,只有数码管和锁存器在工作,这样的显示方式就是静态显示。

有些时候,在设计嵌入式系统时,为了降低硬件成本,往往采用动态显示技术。动态显示的原理是利用 CPU 控制显示的刷新,为了达到显示不闪烁,刷新的频率也有底限要求(一般要 50 Hz 以上),可想而知,动态显示技术要消耗额外的功耗。

8.2 电源设计

电源模块是所有嵌入式系统中一个十分重要的部分,也是系统正常工作的基础模块。一个好的电源模块要求具有较宽的输入电压能,对外部电压有较大的容限,以保证外部供电电源出现较大波动时不会损坏系统;同时要有稳定的输出电压以及一定带负载能力,以保证整个系统能够稳定工作。

目前,常见的嵌入式系统一般都具有一个外部的交流-直流(AC - DC)转换器件作为前级电路,即电源适配器,用于将 220 V 交流电压转为直流电压,得到的直流电压作为系统的实际输入电压。由于输入的直流电压一般较高,常见的如 9 V、12 V 等,不能直接用于嵌入式核心器件供电,因此需要经过系统内部的电压转换电路,得到多路不同的低电压,如 5 V、3.3 V、1.8 V 等,才能为处理器、存储芯片等核心器件供电,而这些较低的电压是整个系统实际的工作电压。有些低功耗的嵌入式系统,也可以直接由电池供电。其结构框图如图 8.4 所示。

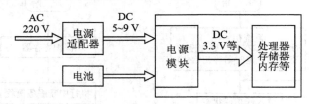

图 8.4 嵌入式系统供电结构框图

通常,电源模块的设计有线性稳压器和开关电源两种方案。本节先介绍电池的类型和特性,及如何根据需要选择合适的电池;然后介绍 LDO(Low Dropout regulator,低压差线性稳压器)和 DC - DC(直流-直流)转换器。

8.2.1 电池的选择

对于手持设备与低功耗设备来说,电池是电源的不二选择。根据可否充电电池可分为可充电电池和一次性电池。下面分别介绍这两类电池的特性和具体型号。

1. 可充电电池

目前常见的可充电电池有铅酸电池、镍镉电池、镍铁电池、镍氢电池、锂离子电池及锂聚合物电池。其中,锂聚合物电池在嵌入式设备中最为常用,容量密度比较高。相比于一次性不可充电电池,可充电电池的自放电率一般都比较高,充满电后,即使不被使用,几个月后电池电量也会有很大损失。因此,对于一些常年不能更换电池或不能充电的低功耗嵌入式产品,可充电电池是不合适的。

锂聚合物电池又称高分子锂电池。相对于以前的电池来说,锂聚合物电池具有能量高、小型化、轻量化等特点,是一种化学性质的电池。在形状上,锂聚合物电池具有超薄化特征,可以配合一些产品的需要,设计成多种形状与容量。理论上,该类电池的最小厚度可达 0.5 mm。

锂聚合物电池除电解质是固态聚合物、而不是液态电解质外,其余与锂离子电池基本相同。它除了具有普通锂离子电池工作电压高、比能量高、循环寿命长、自放电小、无记忆效应、对环境无污染等优点外,还具有以下优点:无电池漏液、可制成薄型电池,可设计成多种形状,可弯曲变形,可制成单颗高电压,容量比同样大小的锂离子电池高出一倍等。

锂聚合物电池的型号都是根据电池的外观尺寸来命名的。一般方形电池用厚度、宽度、长度的尺寸命名,比如 523450,表示其厚度为 5.2 mm,宽度为 34 mm,长度为 50 mm。锂聚合物电池制作工艺一般采用叠片软包装,所以尺寸变化方便灵活,型号非常多。

下面通过一款具体型号的锂聚合物电池来了解一下其特性。图 8.5 所示电池型号为 LP703448,其具体特性如下:

图 8.5 锂聚合物电池

- 标称容量:1 500 mAh;
- 标称电压:3.7 V;
- 质量:约 23 g;
- 内阻:≤200 mΩ;
- 充电方式:恒流恒压;
- 最大充电电流:750 mA;
- 充电上限电压:4.25 V;
- 最大放电电流:1 500 mA;

- 放电终止电压:(2.75±0.1) V;
- 厚度 T:约 7 mm;
- 宽度 W:约 35 mm;
- 长度 L:约 50 mm;
- 充电温度:0～+45 ℃;
- 放电温度:−20～+60 ℃。

2. 一次性电池

一次性电池是不可充电的。常见的一次性电池有碱锰电池、锌锰电池、锂亚硫酰氯电池、银锌电池、锌空电池、锌汞电池和镁锰电池等。不同类型的一次性电池,主要区别在于容量密度、工作环境、漏电流等特性方面。

碱性电池是最成功的高容量干电池,也是目前最具性能价格比的电池之一。碱性电池是以二氧化锰为正极,锌为负极,氢氧化钾为电解液。其特性比碳性电池优异,电容量比较大。

碱性电池采用与普通电池相反的电极结构,增大了正负极间的相对面积。碱性电池用高导电性的氢氧化钾溶液替代了氯化铵、氯化锌溶液,负极锌也由片状改成粒状,增大了负极的反应面积,加之采用了高性能的电解锰粉,所以电性能得以很大提高。一般,同等型号的碱性电池是普通电池(如:碳型电池)容量和放电时间的 3～7 倍,低温性能两者差距更大。碱性电池更适于大电流连续放电和要求高的工作电压的用电场合,特别适用于剃须刀、电动玩具、CD 机、大功率遥控器、无线鼠标、键盘等。

锂亚硫酰氯电池简称锂亚电池,属于很有特色的一种电池,是实际应用电池系列中比能量最高的一种电池。容量大,当然其价格也会比碱性电池高一些。它的电压为 3.6 V,单节就可以直接用于 1.8～3.3 V 的单片机系统。正极材料是亚硫酰氯(二氯亚砜),同时,也是电解液。这种特性,使得它的比能量非常高。由于其特殊的化学特性,优质锂亚电池的年自放电率小于 1%,储存寿命可达 10 年以上,所以被广泛应用于电子水表、电表和燃气表中。锂亚电池分为功率型和容量型两种。前者采用卷绕结构,放电输出功率比同体积的容量型电池大,适合脉冲输出电流较大的应用;后者采用碳包结构,容量较大,适合于小电流应用。锂亚电池的容量从几百 mAh 到上万,使用时须注意安全,不得短路和充电,否则易发生爆炸。

下面介绍一款常用的锂亚电池,来了解其电池特性。图 8.6 所示电池型号为 ER14505(AA 型),其具体特性如下:

- 标称容量:2 400 mAh;
- 标称电压:3.6 V;

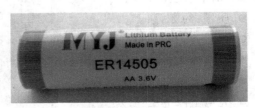

图 8.6　锂亚电池

- 开路电压：≥3.6 V；
- 最大放电电流：100 mA；
- 最大脉冲放电电流：150 mA；
- 使用温度：−55～+85 ℃；
- 外形尺寸：ϕ14.5×50.5 mm；
- 标准质量：20 g；
- 年自放电率：小于 1%。

锂亚电池主要应用领域有：智能仪器、仪表，安全警报系统，信号灯及示位传送器，储存记忆支持电源，医疗器械，无线电及其他军事设备，有源电子标签，胎压测试系统，跟踪定位系统 GPS，全球移动通信系统 GSM。

3. 纽扣电池

纽扣电池（button cell）也称扣式电池，是指外形尺寸像一颗小纽扣的电池。一般，纽扣电池直径较大，厚度较薄（相对于柱状电池，如市场上的 5 号 AA 等电池）。纽扣电池是从外形上对电池来分的，同等对应的电池分类有柱状电池、方形电池、异形电池。

纽扣电池常见的有充电的和不充电的两种。充电的纽扣电池包括 3.6 V 可充锂离子扣式电池（LIR 系列）和 3 V 可充锂离子扣式电池（ML 或 VL 系列）；不充电的纽扣电池包括 3 V 锂锰扣式电池（CR 系列）和 1.5 V 碱性锌锰扣式电池（LR 或 SR 系列）。

纽扣电池的型号名称前面的英文字母表示电池的种类，数字表示尺寸，前两位数字表示直径，后两位表示厚度。比较常见的纽扣电池有用于玩具和礼品上的 AG3、AG10、AG13 电池，计算机主机板上的电池，型号为 CR2032；用于电子词典里的CR2025；用于电子表的 CR2016 或者 SR44、SR626 等。

纽扣电池因体形较小，故在各种微型电子产品中得到了广泛的应用，直径为4.8～30 mm，厚度为 1.0 ～7.7 mm；一般用于各类电子产品的后备电源，如计算机主板、电子表、电子词典、电子秤、记忆卡、遥控器、电动玩具、心脏起搏器、电子助听器、计数器及照相机等。

下面介绍一款常用的纽扣电池，来了解其电池特性。图 8.7 所示电池型号为 CR2032。

CR2032 为锂锰电池，属于锂−二氧化锰结构，正极材料选用化学性质非常稳定的二氧化锰，负极材料选用金属锂，电解液为固体盐类或溶解于有机溶剂的盐类。CR2032纽扣锂电池具有比能量高、贮存期限长、自放电小、使用安全、工作温度范围宽等优点。

图 8.7　纽扣电池

- 标称电压:3 V;
- 开路电压:3.05~3.45 V;
- 平均质量:3.0 g;
- 外形尺寸:(19.7~20.0) mm×(3.0~3.2) mm;
- 放电时间(1 kΩ):75 h;
- 工作温度:−20~+70 ℃。

4. 充电管理

无线、计算、消费、工业和医疗市场中的终端应用不断地扩展到便携式产品领域。TI 的电池管理解决方案可帮助满足系统保护、高性价比线性及高效开关模式电池充电的要求。开关模式充电技术的新发展提高了效率并降低了功耗,从而以节能的方式推进绿色环境的建设。随着电池供电型系统可靠性要求的提高,TI 凭借可保护电池免遭过压和过流条件损坏的充电器确保了最大的产品安全性。

对于可再充电电池而言,锂离子(Li - Ion)电池是使用范围最广的化学电池系列。锂离子电池系列中存在着不同的电池化学组成,其具有不同的工作特性,例如:放电模式和自放电速率。TI 的电池管理 IC 是按照电池化学组成开发的,以补偿这些差异,从而更有效地进行电池充电并更加准确地显示电池中的剩余电能。

TI 的相关产品支持广泛的应用,例如:移动电话、智能手机、平板电脑、便携式消费设备、便携式导航装置、笔记本电脑以及诸多工业和医疗应用等。

BQ2423x 是 TI 推出的针对小封装便携应用的高度集成的锂离子线性充电器和系统电源管理装置。该器件可通过 USB 端口或 AC 适配器充电,充电电流为 25~500 mA。高输入电压范围的输入过电压保护支持低成本、未校准的适配器。USB 输入电流保护使 BQ2423x 满足 USB - IF 的浪涌电流规格。此外,输入动态电源管理(Vin - DPM)可防止充电器设计不当或 USB 源配置错误。BQ2423x 的功能框图如图 8.8 所示,特性如下:

- 完全兼容的 USB 充电器:输入电流为 100~500 mA;
- 28 V 输入过压保护;
- 综合动态电源路径管理(DPPM)功能;
- 支持高达 500 mA 的电流充电电流监测输出(ISET);
- 最大 500 mA 的可编程输入电流限制;
- 可编程终止充电电流(BQ24232);
- 可编程的预充电和快速充电安全定时器;
- 电流、短路反向和热保护;
- NTC 热敏电阻输入;
- 专有的启动顺序限制浪涌电流;

- 状态指示-充电/充满,电源正常;
- 3 mm×3 mm 的 16 引脚 QFN 封装。

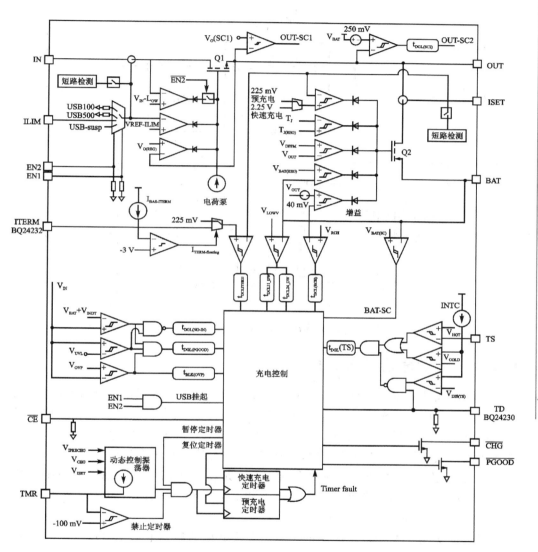

图 8.8　BQ2423x 功能框图

BQ24232 不仅可以设定充电电流,还可以设定终止充电电流,典型应用电路如图 8.9 所示。

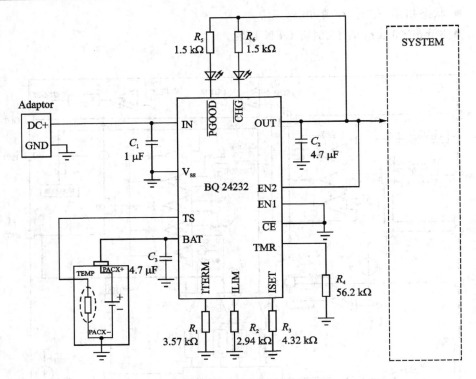

图 8.9　BQ24232 典型应用电路图

8.2.2　超低静态电流 LDO

414

低压差线性稳压器(LDO)是相对于传统的线性稳压器来说的,传统的线性稳压器要求输入电压要比输出电压高 2～3 V,否则就不能正常工作。但是在一些情况下,这样的条件显然是太苛刻了,如 5 V 转 3.3 V,输入与输出的压差只有 1.7 V,显然是不满足条件的。针对这种情况,才有了 LDO 类的电源转换芯片。

TI 公司提供了多种类型的线性稳压器,如高电压高电流 LDO、低静态电流 LDO、低噪声 LDO、宽工作范围 LDO、小封装 LDO 等。详细的电源管理芯片选择,可参见 TI 官方网站 www.ti.com。

适合低功耗嵌入式系统应用的 LDO,应该是超低静态电流 LDO。TPS782xx/783xxx 系列低压降稳压器具有超低静态电流和小型化封装。这两款 LDO 是特别为电池供电应用设计的,其中超低静态电流是关键参数,静态电流仅有 500 nA,是低功耗微控制器、内存卡、烟雾检测器等应用的理想选择。

TPS78233 是 TPS782xx 系列中的型号之一,其功能框图如图 8.10 所示,特性如下:

● 最高输入电压:5.5 V;

- 输出电压：3.3 V；
- 低静态电流（I_q）：500 nA；
- 输出电流：150 mA；
- ＋25 ℃下压降，150 mA 时为 130 mV；
- ＋85 ℃下压降，150 mA 时为 175 mV；
- 3％负载/线路/温度精度；
- 在 1.0 μF 陶瓷电容下可稳定工作；
- 热保护和过流保护；
- CMOS 逻辑电平兼容的使能引脚；
- 可使用 DDC（TSOT23 - 5）或 DRV（2 mm×2 mm SON - 6）封装。

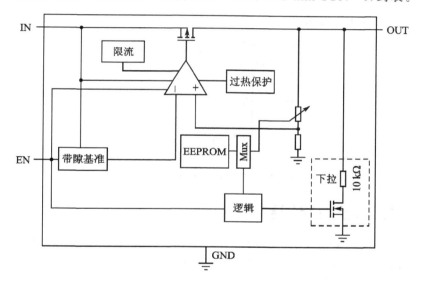

图 8.10　TPS782xx 的功能框图

表 8.1 所列为 TPS782xx 的 DDC 和 DRV 两种封装引脚功能描述。

表 8.1　TPS782xx 的 DDC 和 DRV 封装引脚功能描述

引脚名	DRV 封装 引脚编号	DDC 封装 引脚编号	功能描述
OUT	1	5	电压输出引脚。为稳定工作，该引脚和地之间需要接一个 1 μF 的瓷片电容
N/C	2	—	空脚，无需连接
EN	4	3	EN 引脚的电压若超过 1.2 V，则使能稳压器工作；若低于 0.4 V，则关闭稳压器
GND	3，5	2，4	为了正常工作，所有接地引脚必须接地

续表 8.1

引脚名	DRV 封装 引脚编号	DDC 封装 引脚编号	功能描述
IN	6	1	输入引脚。为了确保稳定,该引脚和地之间应该接入一个电容,典型值为 1.0 μF。输入电容和输出电容的地应该和芯片的地相连,并使其之间有尽量小的阻抗
Thermal pad	散热焊盘	—	建议 SON-6 封装的该焊盘连接到地

TPS782xx 系列的 LDO 是用户可选择固定输出的器件。注意,在启动或者正常工作时,使能引脚(EN)的电压不得超过输入电压 V_{IN} + 0.3 V。图 8.11 所示为 TPS78233 的典型应用电路图。

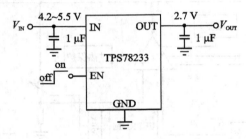

图 8.11 TPS78233 典型应用示例

8.2.3 直流/直流转换器

直流/直流转换器(DC/DC),也即开关电源,其利用电感和电容的储能特性,并利用高频可控的开关管(例如 MOSFET 等),实现电能的持续输出。与线性稳压器不同,直流转换器利用分压电阻来实现对输出电压的控制。分压电阻可以根据输出电压得到一个反馈电压,该电压与内部的基准电压进行比较,并根据比较结果对振荡电路实现控制,进而控制 MOS 管的导通与截止,完成对输出电压的控制。由于没有电阻性耗能原件,开关电源的效率一般都比较高。

DC/DC 转换器分为三类:升压型 DC/DC 转换器、降压型 DC/DC 转换器以及升降压型 DC/DC 转换器。根据需求可采用三类控制:
- PWM 控制型:效率高并具有良好的输出电压纹波和噪声;
- PFM 控制型:适合长时间使用,尤其小负载时具有耗电少的优点;
- PWM/PFM 转换型:小负载时实行 PFM 控制,重负载时自动转换到 PWM 控制。

常用的 DC/DC 产品有两种:一种为电荷泵(charge pump),一种为电感储能 DC/DC 转换器。目前,DC/DC 转换器广泛应用于手机、MP3、数码相机、便携式媒体播放器等产品中。在电路类型分类上属于斩波电路。

TI 公司提供了多种类型的 DC/DC 转换器,如升压型 DC/DC 转换器 TPS61xxx 系列、降压型 DC/DC 转换器 TPS62xxx 系列以及升降压型 DC/DC 转换器 TPS63xxx 系列。详细的 DC/DC 转换器芯片选择,可参见 TI 官方网站 www. ti. com。

在供电系统电压变化比较大的情况下(比如:锂离子电池供电,电压为 2.8～4.2 V),系统需要稳定的工作电压(比如:3.3 V),这时最好选择升降压型 DC/DC 转换器。

TPS63031 是常用的 3.3 V(5 V 对应的型号是 TPS63061)升降压型 DC/DC 转换器。TPS6306x 器件为由 2 节或者 3 节碱性电池、镍镉电池(NiCd)或者镍氢电池(NiMH)电池,或者 1 节锂离子或锂聚合物电池供电的产品提供了一套电源解决方案。当使用 1 节锂离子或者锂聚合物电池时,输出电流可升高至 600 mA,并将电池电压放电至 2.5 V 或者更低。此降压-升压转换器基于一个固定频率的脉宽调制控制器,并采用同步整流的方式以获得最高效率。在低负载电流情况下,此转换器进入省电模式以在宽负载电流范围内保持高效率。若省电模式可被禁用,则强制转换器运行在固定的开关频率下。开关内的最大平均电流被限制在 1 000 mA(典型值)。使用一个外部电阻器分压器可对输出电压进行编程(TPS63030),或者芯片输出电压内部固定(TPS63031)。此转换器可通过控制引脚被禁用,在禁用期间,负载从电池上断开以大大减少电池的消耗。此器件封装在一个 10 个引脚的小外形尺寸 QFN PowerPAD 2.5 mm×2.5 mm 封装内(DSK)。TPS6303x 的功能框图如图 8.12 所示,特性如下:

- 效率高达 96%;
- 3.3 V 降压模式下(V_{IN}＝3.6～5 V)的输出电流为 800 mA;
- 3.3 V 升压模式下(V_{IN}＞2.4 V)的输出电流为 500 mA;
- 降压和升压模式间的自动转换;
- 典型器件静态电流小于 50 μA;
- 输入电压范围为 1.8～5.5 V;
- 1.2～5.5 V 固定和可调输出电压选项;
- 用于改进低输出功率时效率的省电模式;
- 固定运行频率并可实现同步;
- 关机期间负载断开;
- 过温保护;
- 过压保护;
- 采用 2.5 mm×2.5 mm 小外形尺寸 QFN－10 封装。

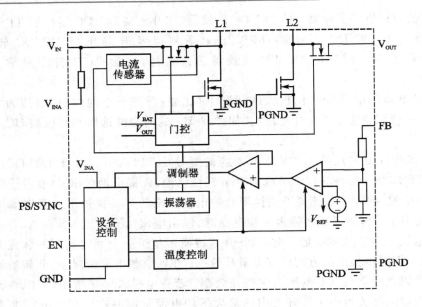

图 8.12　TPS63031 QFN－10 封装图

表 8.2 列出了 TPS6303x 引脚定义。

表 8.2　TPS6303x 引脚功能描述

引脚名称	引脚编号	引脚类型	功能描述
EN	6	输入	芯片使能输入(1:芯片工作;0:芯片关闭)
FB	10	输入	可调输出电压的芯片为电压反馈引脚;固定电压输出的芯片,此引脚必须连接到 V_{OUT}
GND	9	—	控制/逻辑地
PS/SYNC	7	输入	省电模式的开/关(1:关闭省电模式;0:进入省电模式)
L1	4	输入	工作电感
L2	2	输入	工作电感
PGND	3	—	电源地
V_{IN}	5	输入	电压输入引脚。为了确保稳定,该引脚和地之间应该接入一个电容器,典型值为 $4.7~\mu\mathrm{F}$。输入电容和输出电容的地应该与芯片的地相连,并使其之间有尽量小的阻抗
V_{OUT}	1	输出	电压输出引脚。为稳定工作,该引脚和地之间需要接一个 $10~\mu\mathrm{F}$ 的瓷片电容
V_{INA}	8	输入	控制电源输入
PowerPAD	散热焊盘	—	此焊盘必须达到一定的散热功能,建议该焊盘连接到地 PGND

TPS6303x 系列的 DC/DC 转换器是用户可选择可调/固定输出的器件。注意,

在启动或者正常工作时,使能引脚(EN)的电压不得超过输入电压 V_{IN}+0.3 V。

图 8.13 是 TPS64031 的典型应用电路图。

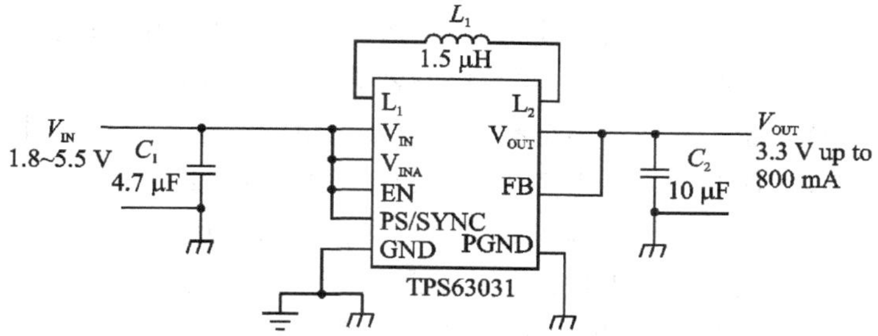

图 8.13　TPS63031 典型应用电路图

8.3　电磁兼容性

电磁兼容性 EMC(Electromagnetic Compatibility)是指设备或系统在其电磁环境中符合要求运行并对其环境中的任何设备不产生无法忍受的电磁干扰的能力。因此,EMC 包括两个方面的要求:一方面是指设备在正常运行过程中对所在环境产生的电磁干扰不能超过一定的限值;另一方面是指器具对所在环境中存在的电磁干扰具有一定程度的抗扰度,即电磁敏感性。

随着 IC 技术的发展,新技术不断涌现。高性能单片机系统逐步采用 32 位字长的 RISC 体系结构,运行频率超过了 100 MHz,8 位单片机也采用新工艺提高系统速度扩展功能接口。嵌入式系统正朝着高集成度、高速度、高精度、低功耗的方向发展。同时,由于电子技术的广泛应用,电子设备密度升高,电磁环境恶化,系统的电磁干扰与抗干扰问题日益突出。

8.3.1　电磁干扰的形成

电磁干扰 EMI(Electromagnetic Interference),有传导干扰和辐射干扰两种。传导干扰是指通过导电介质把一个电网络上的信号耦合(干扰)到另一个电网络。辐射干扰是指干扰源通过空间把其信号耦合(干扰)到另一个电网络。在高速 PCB 及嵌入式系统设计中,高频信号线、集成电路的引脚、各类接插件等都可能成为具有天线特性的辐射干扰源,能发射电磁波并影响其他系统或本系统内其他子系统的正常工作。

为了防止一些电子产品产生的电磁干扰影响或破坏其他电子设备的正常工作,各国政府或一些国际组织都相继提出或制定了一些对电子产品产生电磁干扰有关的规章或标准,符合这些规章或标准的产品就可称为具有电磁兼容性。电磁兼容性(EMC)标准不是恒定不变的,而是天天都在改变,这也是各国政府或经济组织,保护自己利益经常采取的手段。

1．电磁干扰源

电磁干扰源包括微处理器、微控制器、传送器、静电放电和瞬时功率执行元件,如机电式继电器、开关电源、雷电等。在微控制器系统中,时钟电路是最大的宽带噪声发生器,而这个噪声被扩散到了整个频谱。随着大量的高速半导体器件的发展,其边沿跳变速率很快,这种电路将产生高达 300 MHz 的谐波干扰。

无论何种情况下,电磁相容问题的出现总是存在两个互补的方面:一个是干扰发射源,一个为此干扰敏感的受干扰设备。如果一个干扰源与受干扰设备都处在同一设备中,则称为系统内部的 EMC 情况。不同设备间所产生的干扰状况称为系统间的 EMC 情况。

大多数的设备中都有类似天线的特性的零件,如电缆线、PCB 布线、内部配线、机械结构等,这些零件透过电路相耦合的电场、磁场或电磁场而将能量转移。实际情况下,设备间和设备内部的耦合受到了屏蔽与绝缘材料的限制,而绝缘材料的吸收与导体相比,其影响是微不足道的。

2．耦　合

噪声被耦合到电路中,最容易被通过的导体传递。如果一条导线经过一个充满噪声的环境,那么该导线会感应环境噪声,并且将它传递到电路的其余部分。噪声通过电源线进入系统,由电源线携带的噪声就会被传递到整个电路,这是一种耦合情况。

耦合也发生在有共享负载(阻抗)的电路中。例如两个电路共享一条提供电源的导线或一条接地导线,如果其中一个电路需要一个突发的较大电流,而两个电路共享电源线,等效接入同一个电源内阻,这时电流的不平衡会导致另一个电路的电源电压下降。该耦合的影响可以通过减少共同的阻抗来削减,但电源内阻和接地导线是固定不变的。若接地不稳定,一个电路中流动的返回电流就会在另一个电路的接地回路中产生地电位的变动,地电位的变动又会严重降低 ADC、运算放大器和传感器等低电平模拟电路的性能。

另外,电磁波的辐射存在于每个电路中,这就形成了电路间的耦合。当电流改变时,就会产生电磁波。这些电磁波能耦合到附近的导体中,并且干扰电路中的其他信号。

3．敏感设备

所有的电子电路都可能受到电磁干扰。虽然一部分电磁干扰是以射频辐射的方式被直接接受的,但大多数电磁干扰是通过瞬时传导被接受的。在数字电路中,复位、中断和控制信号等临界信号最容易受到电磁干扰的影响。控制电路、模拟的低级放大器和电源调整电路也容易受到噪声的影响。

发射和抗干扰都可以根据辐射和传导的耦合来分类。辐射耦合在高频中十分常见,而传导耦合在低频中更为常见。发射机(干扰源)与接收机(敏感设备)之间的辐射耦合是由电磁能量通过辐射途径传输而产生的。例如来自附近设备的电磁能量通过直接辐射产生的耦合,或者自然界的与类似的电磁环境耦合进入敏感设备。

干扰源与敏感设备之间的传导耦合经由连接两者之间的直接导电通路完成。例如,当干扰源与敏感设备共享同一电源线供电时,干扰会经电源线传送;其他传播途径还有信号线或控制线等。

为了进行电磁兼容性设计,达到电磁兼容性标准,须将辐射减到最小,即降低产品中泄露的射频能量,同时增强其对辐射的抗干扰能力。

电磁干扰三要素之间的关系如图 8.14 所示。

图 8.14　电磁干扰三要素之间的关系

8.3.2　电磁兼容的常用元器件

1. 共模电感

由于 EMC 所面临需要解决的问题大多是共模干扰,因此共模电感也是我们常用的有力元件之一!这里就给大家简单介绍一下共模电感的原理以及使用情况。

共模电感是一个以铁氧体为磁芯的共模干扰抑制器件,它由两个尺寸相同、匝数相同的线圈对称地绕制在同一个铁氧体环形磁芯上,形成一个四端器件,要对共模信号呈现出的大电感具有抑制作用,但对差模信号呈现出很小的漏电感几乎不起作用。原理是流过共模电流时磁环中的磁通相互叠加,从而具有相当大的电感量,对共模电流起到抑制作用,而当两线圈流过差模电流时,磁环中的磁通相互抵消,几乎没有电感量,所以差模电流可以无衰减地通过。因此,共模电感在平衡线路中能有效地抑制共模干扰信号,而对线路正常传输的差模信号无影响。共模电感在制作时应满足以下要求:

- 绕制在线圈磁芯上的导线要相互绝缘,以保证在瞬时过电压作用下线圈的匝间不发生击穿短路;
- 当线圈流过瞬时大电流时,磁芯不要出现饱和;
- 线圈中的磁芯应与线圈绝缘,以防止在瞬时过电压作用下两者之间发生击穿;
- 线圈应尽可能绕制单层,这样做可减小线圈的寄生电容,增强线圈对瞬时过电压的承受能力。

通常情况下,要注意所需滤波的频段,因为共模阻抗越大越好,因此在选择共模电感时需要看器件资料,了解阻抗频率曲线。另外,选择时还要考虑差模阻抗对信号的影响,主要关注差模阻抗,特别是高速端口。

2. 磁　珠

在产品数字电路 EMC 设计过程中,我们常常会使用到磁珠,那么磁珠滤波的原理是什么? 以及如何使用呢?

铁氧体材料是铁镁合金或铁镍合金,这种材料具有很高的磁导率,它可以使电感的线圈绕组之间在高频高阻的情况下产生的电容最小。铁氧体材料通常在高频情况下应用,因为在低频时主要呈电感特性,使得线圈的损耗很小;在高频时主要呈电抗特性,并且随频率改变。实际应用中,铁氧体材料是作为射频电路的高频衰减器使用的。实际上,铁氧体较好地等效于电阻及电感的并联,低频时电阻被电感短路,高频时电感阻抗变得相当高,以至于电流全部通过电阻。铁氧体是一个消耗装置,高频能量在其上转化为热能,这是由其电阻特性决定的。

铁氧体磁珠与普通的电感相比具有更好的高频滤波特性。铁氧体在高频时呈现电阻性,相当于品质因数很低的电感器,所以能在相当宽的频率范围内保持较高的阻抗,从而提高高频滤波效能。在低频段,阻抗由电感的感抗构成,低频时 R 很小,磁芯的磁导率较高,因此电感量较大,L 起主要作用,电磁干扰被反射而受到抑制;并且这时磁芯的损耗较小,整个器件是一个低损耗、高 Q 特性的电感,这种电感容易造成谐振,因此在低频段,有时可能出现使用铁氧体磁珠后干扰增强的现象。在高频段,阻抗由电阻成分构成,随着频率升高,磁芯的磁导率降低,导致电感的电感量减小,感抗成分减小,但是,这时磁芯的损耗增加。电阻成分增加,导致总的阻抗增加。当高频信号通过铁氧体时,电磁干扰被吸收并转换成热能的形式耗散掉。

铁氧体抑制元件广泛应用于印制电路板、电源线和数据线上。例如,在印制板的电源线入口端加上铁氧体抑制元件,就可以滤除高频干扰。铁氧体磁环或磁珠专用于抑制信号线、电源线上的高频干扰和尖峰干扰,它也具有吸收静电放电脉冲干扰的能力。

使用片式磁珠还是片式电感主要还在于实际应用场合。在谐振电路中需要使用片式电感,而需要消除不需要的 EMI 噪声时,使用片式磁珠是最佳的选择。片式磁珠和片式电感的应用场合如下:

片式电感:射频(RF)和无线通信、信息技术设备、雷达检波器、汽车电子、蜂窝电话、寻呼机、音频设备、PDAs(个人数字助理)、无线遥控系统以及低压供电模块等。

片式磁珠:时钟发生电路,模拟电路和数字电路之间的滤波,I/O 内部连接器(比如串口、并口、键盘、鼠标、长途电信、本地局域网),射频(RF)电路和易受干扰的逻辑设备之间,供电电路中滤除高频传导干扰,计算机,打印机,录像机(VCRS),电视系统和手机中的 EMI 噪声抑止。

磁珠的单位是 Ω,因为其单位是按照它在某一频率产生的阻抗来标称的,而阻抗的单位也是 Ω。磁珠的数据手册上一般会提供频率和阻抗的特性曲线图,一般以

100 MHz 为标准，比如频率在 100 MHz 时，磁珠的阻抗相当于 1 000 Ω。针对我们所要滤波的频段，需要选取磁珠阻抗越大越好，通常情况下选取 600 Ω 阻抗以上的磁珠。

另外，选择磁珠时还要注意磁珠的通流量，一般要降额 80％ 处理，用在电源电路时要考虑直流阻抗对压降的影响。

3. 滤波电容器

尽管从滤除高频噪声的角度看，电容的谐振是不希望的，但是电容的谐振并不总是有害的。当要滤除的噪声频率确定时，可以通过调整电容的容量，使谐振点刚好落在骚扰频率上。

在实际工程中，要滤除的电磁噪声频率往往高达数百 MHz，甚至超过 1 GHz。对这样高频的电磁噪声必须使用穿心电容才能有效滤除。普通电容之所以不能有效地滤除高频噪声，有两个原因：一是电容引线电感造成电容谐振，对高频信号呈现较大的阻抗，削弱了对高频信号的旁路作用；二是导线之间的寄生电容使高频信号发生耦合，降低了滤波效果。

穿心电容之所以能有效地滤除高频噪声，是因为穿心电容不仅没有引线电感造成电容谐振频率过低的问题，而且穿心电容可以直接安装在金属面板上，利用金属面板起到高频隔离的作用。但是在使用穿心电容时，要注意安装问题。穿心电容最大的弱点是怕高温和温度冲击，所以穿心电容在金属面板上焊接时比较困难。许多电容在焊接过程中发生损坏。特别是需要将大量的穿心电容安装在面板上时，只要有一个损坏，就很难修复，因为在将损坏的电容拆下时，会造成邻近其他电容的损坏。

随着电子设备复杂程度的提高，设备内部强弱电混合安装、数字逻辑电路混合安装的情况越来越多，电路模块之间的相互干扰成为越来越严重的问题。解决这种电路模块相互干扰的方法之一是用金属隔离舱将不同性质的电路隔离开，但是所有穿过隔离舱的导线要通过穿心电容；否则会造成隔离失效。当不同电路模块之间有大量的连线时，在隔离舱上安装大量的穿心电容是十分困难的事情。为了解决这个问题，国外许多厂商开发了"滤波阵列板"，这是用特殊工艺事先将穿心电容焊接在一块金属板上构成的器件，使用滤波阵列板能够轻而易举地解决大量导线穿过金属板的问题。

8.3.3　电磁兼容的常用技巧

目前，电子器材用于各类电子设备和嵌入式系统仍然以印制电路板为主要装配方式。实践证明，即使电路原理图设计正确，若印制电路板设计不当，也会对电子设备的可靠性产生不利影响。例如，如果印制板两条细平行线靠得很近，则会形成信号波形的延迟，在传输线的终端形成反射噪声。因此，在设计印制电路板的时候，应注意采用正确的方法。

理论和实践的研究表明,不管是复杂系统还是简单装置,任何电磁干扰的发生必须具备三个基本条件:首先,应该具有干扰源;其次,有传播干扰能量的途径和通道;第三,还必须有被干扰对象的响应。在电磁兼容性理论中,把被干扰对象统称为敏感设备(或敏感器),因此抑制电磁干扰的方法主要有三种:

- 设法降低电磁波辐射源或传导源;
- 切断耦合路径;
- 增加接收器的抗干扰能力。

1. 地线设计

在嵌入式系统中,接地是控制干扰的重要方法。如果能将接地和屏蔽正确结合起来使用,则可解决大部分干扰问题。电子设备中,地线结构大致有系统地、机壳地(屏蔽地)、数字地(逻辑地)和模拟地等。在地线设计中应注意以下几点:

(1) 正确选择单点接地与多点接地

在低频电路中,信号的工作频率小于 1 MHz,它的布线与器件间的电感影响较小,而接地电路形成的环流对干扰影响较大,因而应采用一点接地。当信号工作频率大于 10 MHz 时,地线阻抗变得很大,此时应尽量降低地线阻抗,应采用就近多点接地。当工作频率在 1~10 MHz 时,如果采用一点接地,则其地线长度不应超过波长的 1/20,否则应采用多点接地法。

(2) 将数字电路与模拟电路分开

电路板上既有高速逻辑电路,又有线性电路,应使其尽量分开,两者的地线不要相混,分别与电源端地线相连。另外,要尽量加大线性电路的接地面积。

(3) 尽量加粗接地线

若接地线很细,接地电位则随电流的变化而变化,致使电子设备的定时信号电平不稳,抗噪声性能变差。因此应将接地线尽量加粗,使它能通过 3 倍于印制电路板的允许电流。如有可能,接地线的宽度应大于 3 mm。

(4) 将接地线构成闭环路

设计只由数字电路组成的印制电路板的地线系统时,将接地线做成闭环路可以明显提高抗噪声能力。其原因在于:印制电路板上有很多集成电路组件,尤其遇有耗电多的组件时,因受接地线粗细的限制,会在地结上产生较大的电位差,使抗噪声能力下降;若将接地结构成环路,则会缩小电位差值,提高电子设备的抗噪声能力。

根据电路的分类和信号的特性来选择设计系统的接地方式,如图 8.15 所示。

2. 电磁兼容性设计

电磁兼容性是指电子设备在各种电磁环境中仍能够协调、有效地进行工作的能力。电磁兼容性设计的目的是使电子设备既能抑制各种外来的干扰,使电子设备在特定的电磁环境中能够正常工作,同时又能减少电子设备本身对其他电子设备的电磁干扰。

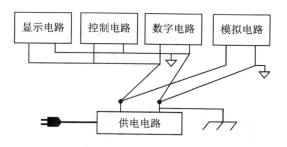

图 8.15　典型的接地方式

（1）选择合理的导线宽度

由于瞬变电流在印制线条上所产生的冲击干扰主要是由印制导线的电感成分造成的，因此应尽量减小印制导线的电感量。印制导线的电感量与其长度成正比，与其宽度成反比，因而短而精的导线对抑制干扰是有利的。时钟引线、行驱动器或总线驱动器的信号线常常载有大的瞬变电流，印制导线要尽可能地短。对于分立组件电路，印制导线宽度在 1.5 mm 左右时，即可完全满足要求；对于集成电路，印制导线宽度可在 0.2~1.0 mm 之间选择。

（2）采用正确的布线策略

采用平等走线可以减小导线电感值，但导线之间的互感和分布电容值增加，如果布局允许，最好采用井字形网状布线结构。具体做法是：印制板的一面横向布线，另一面纵向布线；然后在交叉孔处用金属化孔相连。为了抑制印制板导线之间的串扰，在设计布线时应尽量避免长距离地平等走线。

3. 去耦电容配置

在直流电源回路中，负载的变化会引起电源噪声。例如在数字电路中，当电路从一个状态转换为另一种状态时，就会在电源线上产生一个很大的尖峰电流，形成瞬变的噪声电压。配置去耦电容可以抑制因负载变化而产生的噪声，是印制电路板的可靠性设计的一种常规做法，配置原则如下：

① 电源输入端跨接一个 10~100 μF 的电解电容器。如果印制电路板的位置允许，采用 100 μF 的以上的电解电容器的抗干扰效果会更好。

② 为每个集成电路芯片配置一个 0.01 μF 的陶瓷电容器。如遇到印制电路板空间小而装不下时，可每 4~10 个芯片配置一个 1~10 μF 钽电解电容器。这种器件的高频阻抗特别小，在 500 kHz~20 MHz 范围内阻抗小于 1 Ω，而且漏电流很小（0.5 μA 以下）。

③ 对于噪声能力弱、关断时电流变化大的器件以及 ROM、RAM 等存储型器件，应在芯片的电源线（V_{CC}）和地线（GND）间直接接入去耦电容。

④ 去耦电容的引线不能过长，特别是高频旁路电容不能带引线。

去耦电容和旁路电容的配置方式如图 8.16 所示。

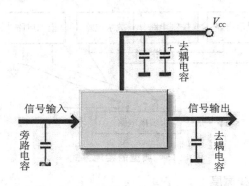

图 8.16　去耦电容和旁路电的配置方式

4. 印制电路板的尺寸与器件的布置

印制电路板大小要适中,过大则印制线条长,阻抗增加,不仅抗噪声能力下降,成本也高;过小则散热不好,且易受临近线条干扰。在器件布置方面与其他逻辑电路一样,应把相互有关的器件尽量放得靠近些,这样可以获得较好的抗噪声效果。时钟发生器、晶振和 CPU 的时钟输入端都易产生噪声,要相互靠近些。易产生噪声的器件、小电流电路、大电流电路等应尽量远离逻辑电路,如有可能,应另做电路板,这一点十分重要。

5. 散热设计

从有利于散热的角度出发,印制板最好是直立安装,板与板之间的距离一般不应小于 2 cm,而且器件在印制板上的排列方式应遵循一定的规则:

① 对于采用自由对流空气冷却的设备,最好是将集成电路(或其他器件)按纵长方式排列;对于采用强制空气冷却的设备,最好是将集成电路(或其他器件)按横长方式排。

② 同一块印制板上的器件应尽可能按其发热量大小及散热程度分区排列,发热量小或耐热性差的器件(如小信号晶体管、小规模集成电路、电解电容等)放在冷却气流的最上游(入口处),发热量大或耐热性好的器件(如功率晶体管、大规模集成电路等)放在冷却气流的最下游。

③ 在水平方向上,大功率器件尽量靠近印制板边沿布置,以便缩短传热路径;在垂直方向上,大功率器件尽量靠近印制板上方布置,以便减少这些器件工作时对其他器件温度的影响。

④ 对温度比较敏感的器件最好安置在温度最低的区域(如设备的底部),千万不要将它放在发热器件的正上方,多个器件最好是在水平面上交错布局。

⑤ 设备内印制板的散热主要依靠空气流动,所以在设计时要研究空气流动路径,合理配置器件或印制电路板。空气流动时总是趋向于阻力小的地方流动,所以在

印制电路板上配置器件时,要避免在某个区域留有较大的空域。

6. 屏　蔽

屏蔽必须要连接到被保护电路的零信号基准点,即输入和输出的共用端。有些情况下,共用端没有接地,电压非零,但相对于输入和输出信号仍是一零信号基准点。

很多 EMI 抑制都采用外壳屏蔽和缝隙屏蔽结合的方式来实现,大多数时候下面这些简单原则可以有助于实现 EMI 屏蔽:从源头处降低干扰;通过屏蔽、过滤或接地将干扰产生电路隔离以及增强敏感电路的抗干扰能力等。EMI 抑制性、隔离性和低敏感性应该作为所有电路设计人员的目标,这些性能在设计阶段的早期就应完成。

对设计工程师而言,采用屏蔽材料是一种有效降低 EMI 的方法。如今已有多种外壳屏蔽材料得到广泛使用,从金属罐、薄金属片和箔带到在导电织物或卷带上喷射涂层及镀层(如导电漆及锌线喷涂等),无论是金属还是涂有导电层的塑料,一旦设计人员确定为外壳材料,就可以着手开始选择衬垫。

设备一般都需要进行屏蔽,这是因为结构本身存在一些槽和缝隙。所需屏蔽可通过一些基本原则确定,但是理论与现实之间还是有差别的。例如,在计算某个频率下衬垫的大小和间距时,还必须考虑信号的强度,如同在一个设备中使用了多个处理器时的情形。表面处理及垫片设计是保持长期屏蔽以实现 EMC 性能的关键因素。图 8.17 展示了各种类型的 PCB 屏蔽罩。

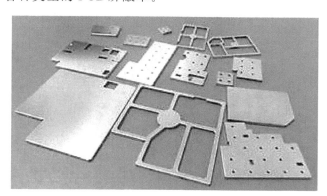

图 8.17　各种类型的 PCB 屏蔽罩

思考题与习题

1. 低功耗系统设计的基本原则是什么?
2. 查阅资料,列出 3 种低功耗 MCU 的型号,以及它们的主要功耗指标。
3. 查阅资料,归纳说明逻辑芯片 74LS04 和 74HC04 的差异性。
4. 低功耗系统中,软件设计方法有哪些?

5. 简述嵌入式系统中电源结构,并举例说明嵌入式系统中电源的种类。

6. 常用的电池有哪些? 各自的特点是什么?

7. 简述 LDO 的特点和选型注意事项。

8. 简述 DC/DC 的工作原理、种类和特点。

9. 简述电磁干扰的三大要素。

10. 磁珠的结构是什么? 用途是什么?

11. 接地的方法主要有哪些? 分别适用于什么场合?

12. 简述抑制电磁干扰的方法,应采取哪些措施?

嵌入式系统教程——基于 Tiva C 系列 ARM Cortex-M4 微控制器

第 **9** 章

软件开发环境

本章将介绍目前常用的几种 MCU 软件开发工具，主要讲述 ARM MDK、TI CCS 集成开发工具的基本特征、功能组成、安装以及如何建立工程和仿真等常用操作，并对 TivaWare 各种不同类型库作简单介绍。本书例程开发过程中，选用了 ARM MDK 集成开发工具和 TivaWare 软件库。

9.1 常用软件开发工具

近年来，嵌入式发展非常迅速，业内使用的开发工具各种各样。下面主要介绍几款常用的 IDE：MDK、CCS、IAR、Eclipse。

1. MDK

Keil MDK‐ARM（旧称 RealView MDK）开发工具源自德国 Keil 公司（后被 ARM 收购），被全球上百万的嵌入式开发工程师验证和使用，是 ARM 公司目前最新推出的针对各种嵌入式处理器的软件开发工具。

Keil MDK 集成了业内最领先的技术，包括 μVision3、μVision4、μVision5 集成开发环境与 ARM 编译器。支持 ARM7、ARM9、Cortex‐M0、Cortex‐M0＋、Cortex‐M3、Cortex‐M4、Cortex‐R4 内核核处理器。

Keil MDK 可以自动配置启动代码，集成 Flash 烧写模块，具有强大的 Simulation 设备模拟、性能分析等功能，与 ARM 之前的工具包 ADS 等相比，ARM 编译器的最新版本可将性能改善超过 20％以上。

2. CCS

CCS（Code Composer Studio）是 TI 公司推出的一整套用于开发和调试嵌入式应用的工具。它包含适用于每个 TI 器件系列的编译器、源码编辑器、项目构建环境、调试器、描述器、仿真器以及多种其他功能。CCS IDE 提供了单个用户界面，可帮助用户完成应用开发流程的每个步骤。借助于精密的高效工具，用户能够利用熟悉的工具和界面快速上手并将功能添加至他们的应用。

Code Composer Studio IDE 采用统一用户界面，可帮助开发人员顺利完成应用开发流程的每个步骤。该版本包含一系列可为嵌入式处理应用简化软件设计的工具,能够通过通用开发环境加速软件代码开发、分析与调试。最新版的 Code Composer Studio IDE v6 兼容于 TI 丰富嵌入式处理产品系列中的众多器件,包括单核与多核数字信号处理器(DSP)、微控制器、视频处理器以及微处理器等。

3. IAR

IAR Embedded Workbench 是一套用于编译和调试嵌入式系统应用程序的开发工具,支持汇编、C 语言和 C++语言。它提供完整的集成开发环境,包括工程管理器、编辑器、编译链接工具和 C-SPY 调试器。IAR Systems 以其高度优化的编译器而闻名。每个 C/C++编译器不仅包含一般全局性的优化,也包含针对特定芯片的低级优化,以充分利用所选芯片的所有特性,并且确保较小的代码尺寸。IAR Embedded Workbench 能够支持由不同的芯片制造商生产,且种类繁多的 8 位、16 位或 32 位芯片,如 EWARM、EW430 等。

4. Eclipse

Eclipse 是一个开放源代码的软件开发项目,专注于为高度集成的工具开发提供一个全功能的、具有商业品质的工业平台。它主要由 Eclipse 项目、Eclipse 工具项目和 Eclipse 技术项目三个项目组成,具体由四个部分组成:Eclipse Platform、JDT、CDT 和 PDE。JDT 支持 Java 开发,CDT 支持 C 开发,PDE 支持插件开发,Eclipse Platform 则是一个开放的可扩展 IDE,提供了一个通用的开发平台。它提供建造块和构造并运行集成软件开发工具的基础。Eclipse Platform 允许工具建造者独立开发与他人工具,无缝集成的工具,从而无须分辨一个工具功能在哪里结束,而另一个工具功能在哪里开始。

Eclipse SDK(软件开发者包)是 Eclipse Platform、JDT 和 PDE 所生产的组件合并,它们可以一次下载。这些部分合在一起提供了一个具有丰富特性的开发环境,允许开发者有效地建造可以无缝集成到 Eclipse Platform 中的工具。Eclipse SDK 由 Eclipse 项目生产的工具和来自其他开放源代码的第三方软件组合而成。Eclipse 项目生产的软件以 CPL 发布,第三方组件有各自自身的许可协议。

9.2　Keil MDK 简介

Keil MDK-ARM 系列开发工具是德国 Keil 公司(后被 ARM 公司收购)推出的嵌入式软件开发系统,被全球众多嵌入式开发工程师验证和使用,是 ARM 公司目前最新推出的针对各种嵌入式处理器的软件开发工具。它支持 1 200 多种基于 ARM Cortex-M 系列、ARM7、ARM9 和 Cortex-R4 处理器的设备。它包含众多示例、项目模板和中间件库,具有广泛的 TCP/IP 软件堆栈、Flash 文件系统、USB 主机和设备堆栈、CAN 访问以及舒适的图形用户界面解决方案。

MDK-ARM 专为微控制器应用程序而设计,它易于学习和使用,同时具有强大的功能,适用于多数要求苛刻的嵌入式应用程序。其易于使用的 IDE 和带有高级分析功能的全功能调试器可帮助开发人员快速启动项目,并集中精力实现其应用程序的差异功能。其主要特征如下:

- 完全支持 Cortex‑M、Cortex‑R4、ARM7、ARM9 设备;
- 行业领先的 ARM C/C++编译工具链;
- μVision IDE、调试器和模拟环境;
- Keil RTX 确定性、占用空间小的实时操作系统(具有源代码);
- TCP/IP 网络套件提供多个协议和各种应用程序;
- USB 设备和 USB 主机堆栈配备标准驱动程序类;
- 完整嵌入式系统的图形用户界面 GUI 库;
- ULINKpro 支持对正在运行的应用程序进行即时分析并记录执行的每条 Cortex‑M 指令;
- 有关程序执行的完整代码覆盖率信息;
- 执行性能分析器和性能分析器支持程序优化;
- 大量示例项目可帮用户快速熟悉 MDK‑ARM 强大的内置功能;
- 符合 CMSIS Cortex 微控制器软件接口标准。

其功能框图如图 9.1 所示。

该成套工具提供了功能强大,易于使用、学习的嵌入式应用程序开发环境。它包括创建工程部件、调试和集成 C/C++源程序,以及微控制器和相关外设的仿真等功能操作。实时操作系统内核库可以帮助我们完成复杂并对实时性要求严格的软件设计。

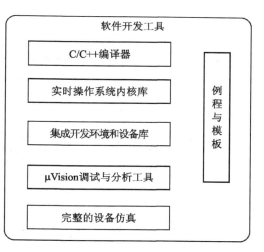

图 9.1 功能框图

9.2.1 Keil MDK‑ARM 的安装

网上有很多资源下载,这里就不在陈述了。读者可自行下载最新版本的 Keil MDK,本书使用的是 Keil MDK4.73。下载完毕之后首先开始 MDK 的安装。

① 双击安装的图标后,首先看到如图 9.2 所示界面。

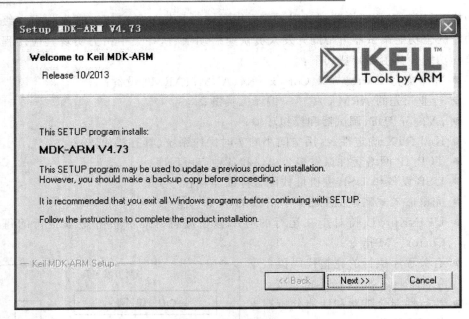

图 9.2 开始安装 Keil MDK

② 单击 Next 按钮,选中 I agree to all the terms of the preceding License Agreement,如图 9.3 所示。

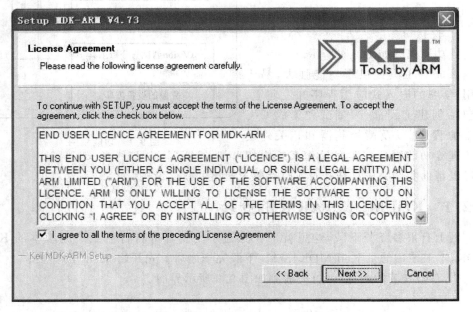

图 9.3 勾选 I agree to all the terms of the preceding License Agreement

③ 继续单击 Next 按钮,选择合适的安装路径,如图 9.4 所示。

④ 单击 Next 按钮,填写用户信息,个人用户可随意填写,如图 9.5 所示。

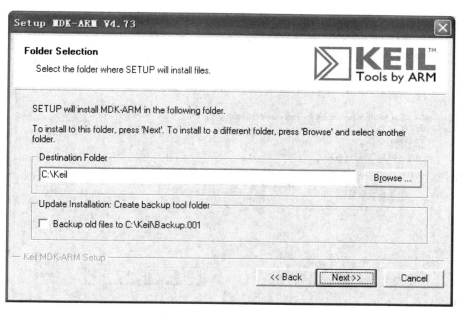

图 9.4　选择安装路径

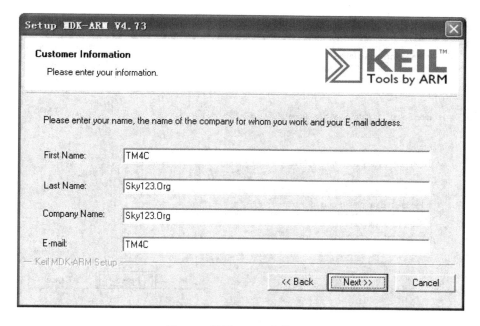

图 9.5　填写 MDK 安装信息

⑤ 单击 Next 按钮进入实质的安装过程中,如图 9.6 所示。

⑥ 单击 Next 按钮,来到最后一个安装界面,如图 9.7 所示,可根据需要进行选择。

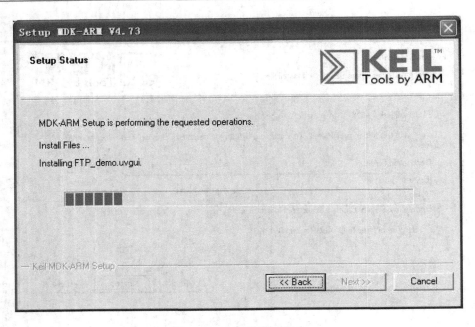

图 9.6　MDK 安装进行中

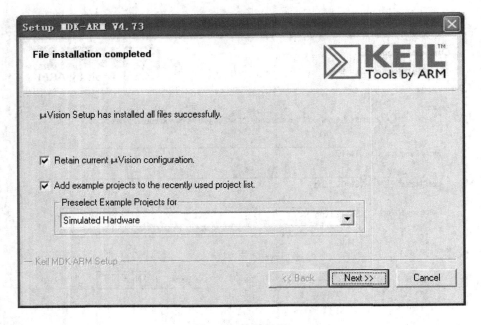

图 9.7　安装界面

⑦ 安装完毕，单击 Finish 按钮即可，如图 9.8 所示。

安装完成后，桌面上会生成快捷方式图标，如图 9.9 所示。双击该图标即可打开

MDK 开发环境,如图 9.10 所示,为 MDK 的基本用户界面,由菜单栏、工具栏、状态栏等构成。

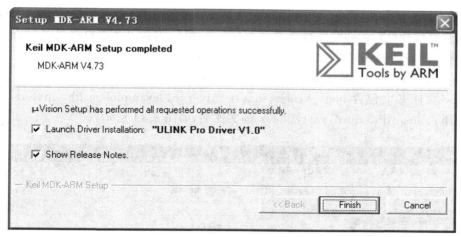

图 9.8 安装完成

图 9.9 快捷图标

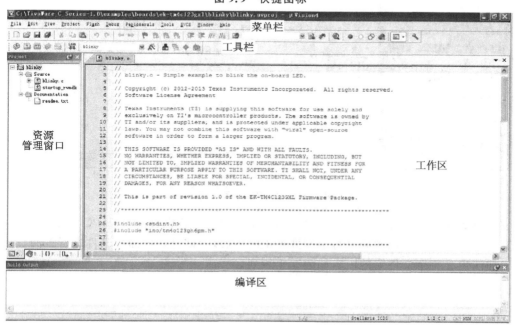

图 9.10 MDK 开发界面

9.2.2　Keil MDK – ARM 工程的建立与调试

首先从地址 http://www.ti.com/tool/sw-ek-tm4c123gxl 下载 SW-EK-TM4C123GXL 软件,安装该软件后的路径文件夹里包含各个软件库、例程以及串口驱动等。通过其中的各个外设的例程可以快速熟悉各个外设的应用。

TivaWare 安装完成后,默认位于 C:\ti\TivaWare_C_Series-2.0.1.11577。TivaWare 文件夹中包含 boot_loader、docs、driverlib、examples、grlib、inc、usblib、IQmath、sensorlib、third_party、tools 等文件夹,如图 9.11 所示。

图 9.11　TivaWare 目录构成

下面就每个文件夹的作用作简单的介绍。建议读者也打开自己 PC 上已安装的 TivaWare 目录,并依次浏览每个文件夹里的内容,尝试打开里面的文件进行查阅,以增加认识。每个文件夹的内容如表 9.1 所列。

表 9.1　TivaWare 目录结构说明

文件夹	简　介
boot_loader	该目录包含引导加载程序的源代码
docs	该目录包含 TivaWare 说明文档
driverlib	该目录包含外设驱动库
example	该目录包含各外设使用的范例
grlib	该目录包含 TivaWare 图形库
inc	该目录包含头文件和硬件寄存器定义等
IQmath	该目录包含高精度数学运算函数库
sensorlib	该目录包含环境传感器函数库
usblib	该目录包含 Tiva USB 驱动程序库
third_party	该目录包含 Tiva 微控制器家族已使用（ported）的第三方文件系统、TCP/IP 协议和实时内核等软件包
utils	该目录包含一组实用程序函数，供示范应用使用
windows_drivers	存放在 Windows 系统使用到的串口驱动

1. 建立工程

下面介绍如何建立一个工程。

① 新建一个文件夹 MyProject，并将 driverlib、inc、utils 文件夹复制到文件夹 MyProject 中，user 文件夹是作者自己创建的文件夹，用于存放用户文件和代码；另外再建立 output 和 listing 文件夹，output 文件夹用来存放软件编译后输出的文件，listing 用于保存编译后产生的链接文件；如图 9.12 所示。

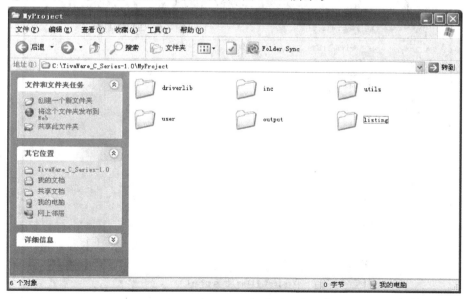

图 9.12　建立 MyProject 文件夹

② 新建一个 MDK 工程，如图 9.13 所示。

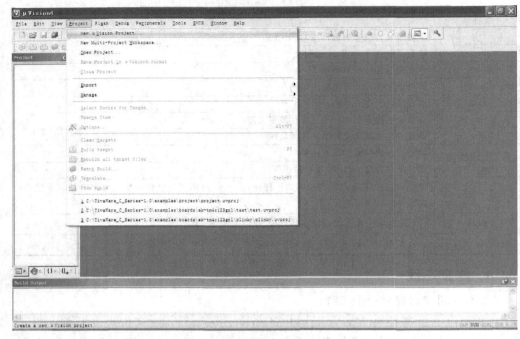

图 9.13 新建工程

③ 将工程命名为 test，保存在 MyProject 文件夹下，如图 9.14 所示。

图 9.14 保存工程路径

④ 选择芯片公司以及型号，如图 9.15 所示。

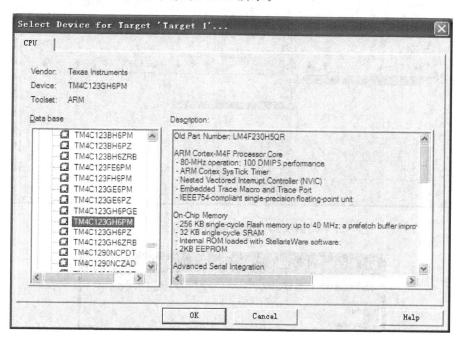

图 9.15 选择芯片型号

⑤ 单击 OK 按钮，在出现的提示框中选择"否"，不添加启动文件到工程，如图 9.16 所示。（在工程建立完成后，手动添加启动文件 startup_rvmdk.S。）

图 9.16 不使用自带的启动代码

⑥ 对工程进行配置，单击 ▲ ，在弹出的对话框中进行工程文件添加设置。先将 target 1 改为工程名 TEST，再在 group 里面添加几个文件夹，如图 9.17 所示。

⑦ 添加完文件夹后，就要添加所需要的各个文件夹里的文件。如：单击 user 文件夹，在 Files 一栏中单击 Add Files，选择文件添加，此处添加要添加的文件 blinky.c，如图 9.18 所示。

⑧ 单击软件工具栏中的 图标，对工程进行配置，在 Target 选项卡中勾选 Use MicroLIB 复选框。这里若不勾上有时会在编译时出问题，如图 9.19 所示。

⑨ 在 Output 选项卡中勾选 Create HEX File 复选框，以便于将程序用其他方式

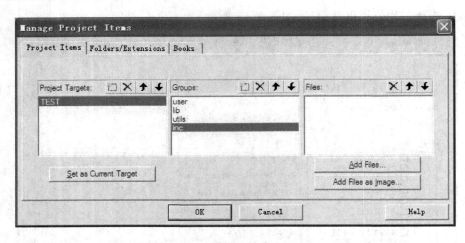

图 9.17 添加 groups 文件夹

图 9.18 添加所需要的文件

烧写到芯片所用。单击 Select Folder for Objects 按钮，选择 output 文件夹，用于保存软件编译后输出的文件，如图 9.20 所示。同样，在 Listing 选项卡中，单击 Select Folder for Objects 按钮，选择 Listing 文件夹，用于存放编译后生成的链接文件。

⑩ 在 C/C++选项卡中的 Define 配置如图 9.21 所示。单击 Include Paths 后的 ⬚ 按钮，选择并添加工程文件的路径。（在工程中用到什么文件，文件的路径就要添加进去。注意，在头文件包含处已经添加了一层路径，所以在这里要选择文件的上一层路径添加进来即可，如图 9.21 所示。）

⑪ 选择串口调试，在 Debug 选项卡中，选择 Stellaris ICDI，如图 9.22 所示。

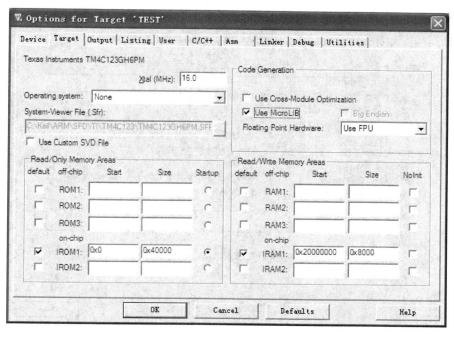

图 9.19 勾选 Use MicroLIB 复选框

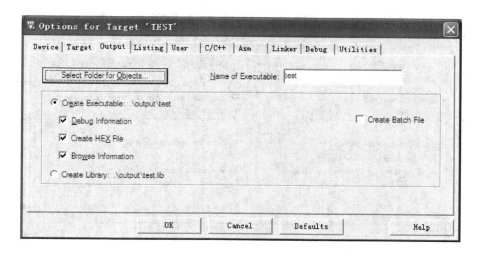

图 9.20 选择 output 路径

⑫ 在 Utilities 选项卡中选择 Stellaris ICDI,如图 9.23 所示。

⑬ 单击图 9.23 中的 Settings 显示 Stellaris Debug Inlerface DLL 对话框,按图 9.24所示进行选择。

嵌入式系统教程——基于 Tiva C 系列 ARM Cortex-M4 微控制器

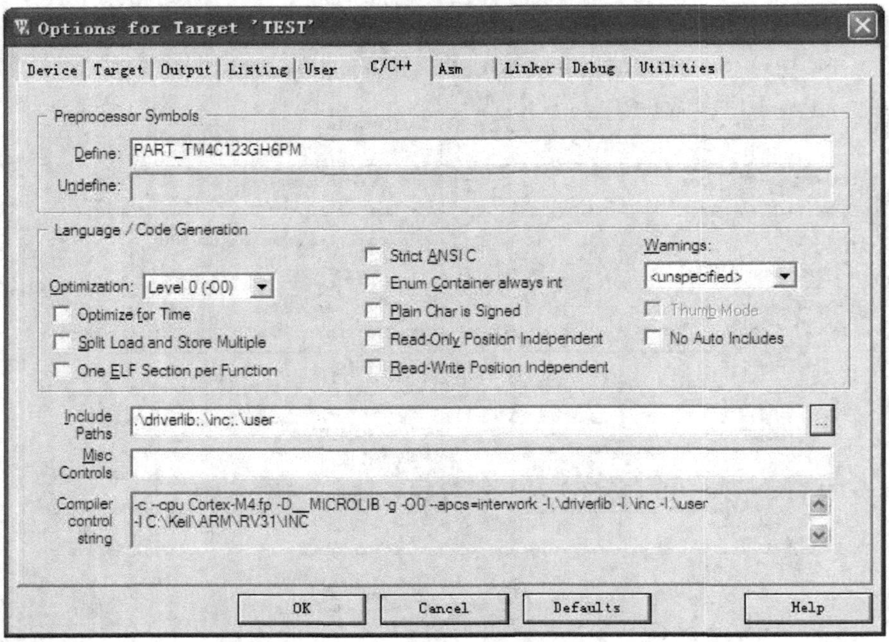

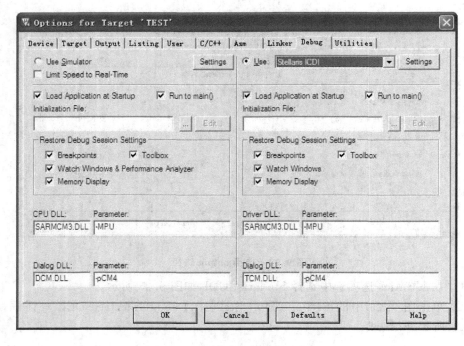

图 9.21　配置 C/C++选项卡

图 9.22　串口调试工具选择

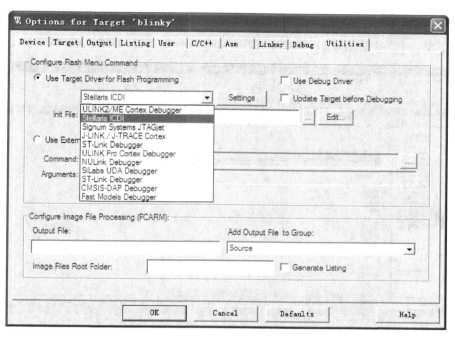

图 9.23　Utilities 选项

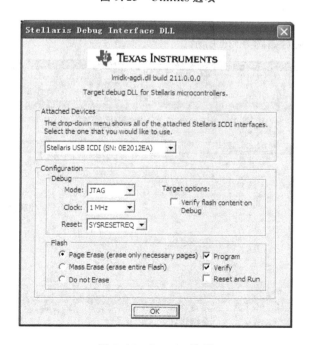

图 9.24　Settings 选项

嵌入式系统教程——基于 Tiva C 系列 ARM Cortex-M4 微控制器

2. 在线调试

① 单击 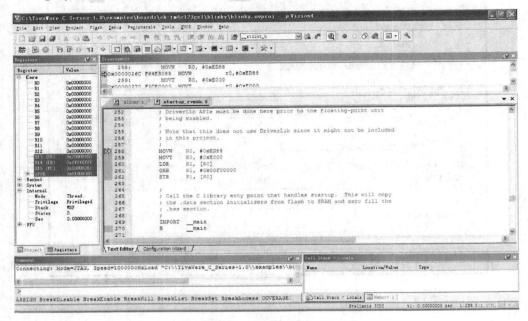 按钮编译后，再单击 按钮进行在线调试，如图 9.25 所示。

图 9.25　在线调试界面

② 各个界面说明如图 9.26 所示。

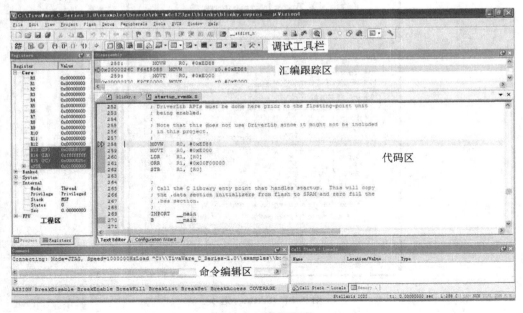

图 9.26　界面说明

下面讲述 Reset、Run、Step、Step Over、Step Out 几个按钮的作用：

- Reset：复位按钮，其作用是让程序回到起始处的位置。
- Run：全速运行按钮，作用是使程序全速运行。
- Step：单步进入函数内部按钮（快捷键 F11），如果当前语句是一个函数调用，则按下该按钮会进入该函数的实现代码，但只运行一句 C 代码。
- Step Over：单步越过执行下一条语句。
- Step Out：单步跳出函数，如果当前处于某函数内部，按下此按钮则运行至该函数退出后的第一条语句。

9.3　CCSv6 软件开发环境

9.3.1　CCSv6 概述

Code Composer Studio(CCStudio)是用于 TI 公司嵌入式处理器系列主要的集成开发环境(IDE)，可在 Windows 和 Linux 系统上运行。CCS 包含一整套用于开发和调试嵌入式应用的工具。它包含适用于每个 TI 器件系列的编译器、源码编辑器、项目构建环境、调试器、描述器、仿真器、实时操作系统以及多种其他功能。

CCStudio 以 Eclipse 开源软件框架为基础。Eclipse 软件框架最初作为创建开发工具的开放框架而被开发，为构建软件开发环境提供了出色的软件框架。CCStudio 将 Eclipse 软件框架的优点与 TI 的嵌入式调试功能相结合，为嵌入式开发人员提供了一个功能丰富的开发环境。

最新的 CCSv6 IDE 基于 Eclipse 开源软件框架(v4+)并融合了 TI 设备的支持与功能，适于在 Windows 和 Linux 系统环境下开发。CCSv6 是基于原版的 Eclipse，并且 TI 将直接向开源社区提交改进，用户可以随意地将其他厂商的 Eclipse 插件或 TI 的工具拖放到现有的 Eclipse 环境，用户可以享受到 Eclipse 中所有最新的改进所带来的便利。

445

9.3.2　CCSv6 安装

CCS 的安装过程主要包括接受协议和选择安装目录、安装模式、安装组件及处理器等。下面将给出安装步骤并配以图片说明：

① 运行下载的安装程序，在此以 CCS6.0.0.00190.exe 为例。如图 9.27 所示，选择图(a)中的 I accept the terms of the license agreement 单选框，然后单击 Next 按钮；在图(b)中单击 Browse 按钮，选择安装路径，然后单击 Next 按钮；按图(c)选择 32-bit ARM MCUs 及目录下的 Tiva C Series Support，然后单击 Next 按钮进入手动选择安装通道；图(d)中 Select Emulators 采用默认选择；图(e)中 Software 勾择 GUI Composer，然后单击 Finish 按钮，开始安装。

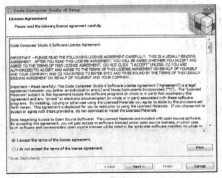

(a) 界面一

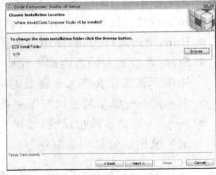

(b) 界面二

(c) 界面三

(d) 界面四

(e) 界面五

(f) 界面六

(g) 界面七

图 9.27　CCSv6 安装过程

　　② 直至安装完成，单击 Finish 按钮。第一次打开 CCSv6 需要设置工作区（workspace）的目录。Eclipse 为了方便工程管理，建议用户将同类工程放在同一个工作区下，CCS 延续了 Eclipse 这一优点。

　　③ 设置工作区后，首次运行 CCS 还需进行软件许可的设置。

　　④ 单击 Finish 按钮即可进入 CCS 软件开发集成环境，开发环境界面相较以前版本变得非常简洁，主要由 7 部分组成，如图 9.28 所示 1～7 分别为：主菜单、工具栏、当前视图选择栏、工程浏览窗口、控制台和错误提示窗口。

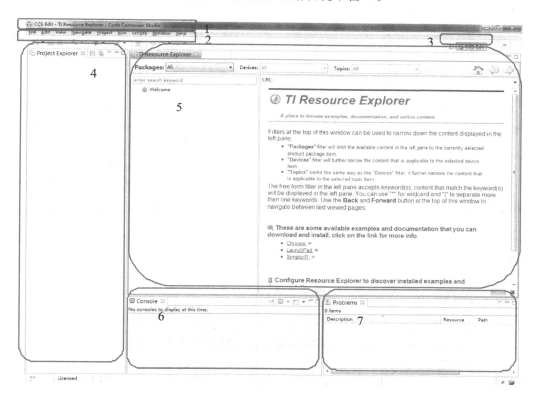

图 9.28　工作区窗口界面

　　更多的功能模块窗口可通过菜单栏中的 View 选择。尽管一个工作区支持同时打开多个工程，但是当前活跃的工程仅有一个，所以在编译运行前应激活该工程。右击"工程"选择 Properties，会弹出属性对话框。该对话框提供了工程编译、链接和调试等过程的属性配置。编译工程以后，可以在 Console 视图显示编译工程的结果，提示已成功编译工程并生成.out 文件，如果编译过程出错，则会在 Console 视图显示提示错误的大致原因，而在 Problems 视图显示详细的警告和错误信息，作为补充。

9.3.3 CCSv6 工程开发

1. 新建工程

CCSv6 与早期广泛使用的 CCS3.3 或更早版本有了较大的变化,不再需要首先设置 CCS setup,而是在新建工程的过程中进行芯片和仿真器的选择。除此之外,与 CCSv4 版本相比,启动时间和调试器的响应时间都大大缩短,界面更加简洁,更易使用。使用 CCSv5 进行工程开发的具体步骤如下:

① 打开 CCS 并确定工作区,选择 Project→New CCS Project 项,弹出图 9.28 左图所示对话框。

② 在 Target 下拉列表框里选择目标芯片型号,Connection 下拉列表框中选择 Stellaris In-Circuit Debug Interface。

③ Advanced settings 栏默认选择。其中有两个选项:Executable 和 Static library,前者为构建一个完整的可执行程序,后者为静态库。在此选择默认 Executable。

④ 在 Project name 文本框中输入新建工程的名称:HelloCCS。

⑤ 选择要建立的工程,本例选择空工程,然后单击 Finish 按钮完成创建。

⑥ 创建的工程将显示在 Project Explorer 中,如图 9.29 右图所示。在工程浏览出现相应的工程名。该工程结构由头文件、链接配置、工程配置文件以及项目源代码组成。

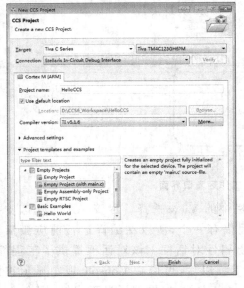

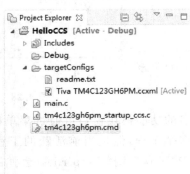

图 9.29 新建 CCS 工程对话框和初步创建的新工程

⑦ 新建或导入已有的.h 或.c 文件(图 9.30),步骤如下:

a. 新建.c 文件:右击工程,选择 File→New→Source File 项。在 Source file 中输入 c 文件的名称。注意,必须以.c 结尾,在此输入 main.c。

b. 新建.h 文件:在工程名上右击,选择 File→New→Header File 项。在 Header file 中输入 c 文件的名称。注意,必须以.h 结尾,在此输入 main.h。

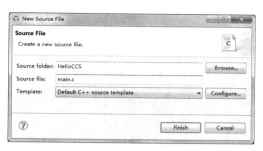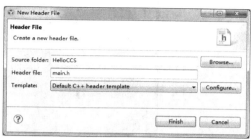

图 9.30 新建.h 和.c 文件对话框

⑧ 若是导入已有.h 或.c 文件,则在工程名上右击,选择 Add Files 即可。找到所需导入的文件位置,单击打开,选择 Copy files,单击 OK 按钮,即可将已有文件导入到工程中。如果选择 Link files 则采用的是快捷方式。建议文件导入最好采用 copy 的方式,文件夹导入采用 link 的方式,⑨中会讲到。

注意:若已用其他编程软件(例如 IAR)或 CCSv3.3 及更早期版本完成了整个工程的开发,则该工程无法直接由 CCSv5 打开,但可以通过在 CCSv5 中新建工程,并根据以上步骤新建或导入已有.h 和.c 文件,从而完成整个工程的移植;如之前使用 CCSv4 新建的工程,在使用 CCSv5 打开后需要进行工程转换,但转换后的 CCSv5 工程将无法再使用 CCS v4 打开。

⑨ 若是导入已有文件夹,则右击"工程",选择 Import→General→File System 项。在 Browser 中选择要导入的文件夹,可通过以下两种方式导入文件夹中的文件:

a. 选取该文件夹中要导入的文件,以 copy 的方式导入进工程目录,这样在工程栏中就不会看到以文件夹组织文件的形式;

b. 如果想让工程以文件夹形式组合,看起来更明晰,或者是移植工程,建议选中该文件夹,以 link 的方式将整个文件夹导入工程。

2. 导入已有工程

在此以 HelloCCS 的工程为例进行讲解:

① 打开 CCS 并确定工作区,选择 Project→Import Existing CCS/CCE Eclipse Project 项,弹出导入工程对话框,也可通过选择 File→Import…→Code Composer Studio→Existing CCS Eclipse Project 项,弹出与前种方式一样的导入对话框。

② 单击 Browse 按钮,选择需导入到工程所在目录,在此选择 D:\CCS6_Workspace;Discovered projects 对话框会出现该目录下包含的工程,可以选择 Copy project into workspace,表示将该工程复制到当前工作区,如图 9.31 所示,单击 Finish 按钮,即可完成既有工程的导入。

注意:工程浏览视图中显示了所有打开的工程,但是一个工作区不能被多个运

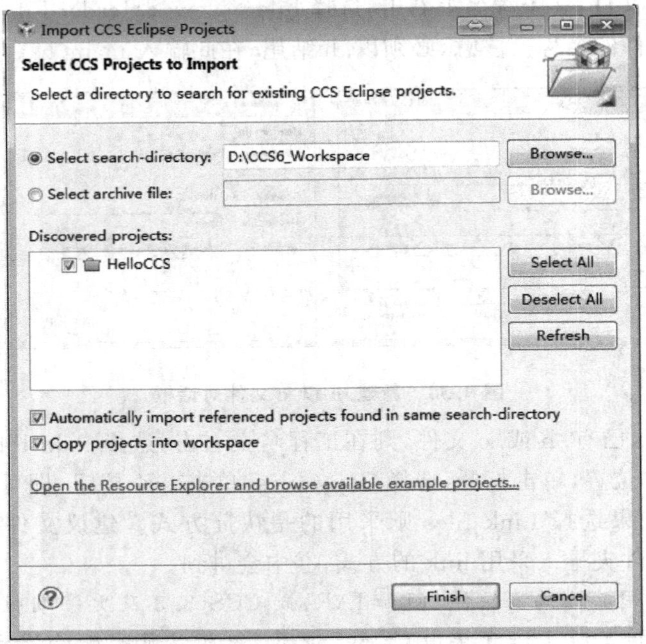

图 9.31　选择导入工程

行的 CCS 实例共享，即在同一时刻，只能有一个 CCS 实例是处于 active 状态的，如图 9.32所示。工程名字体加粗表示该工程处于 active 状态。

图 9.32　工程浏览器

3. 启动调试器

① 将 HelloCCS 工程进行编译：选择 Project→Build Project 项，或者单击工具栏上的 按钮，编译目标工程。

② 连接开发板，单击绿色的 Debug 按钮 ，进行下载调试。

　　③ 单击运行按钮 ▶ 运行程序。在程序调试的过程中,可通过设置断点来调试程序:选择需要设置断点的位置,右击,选择 Breakpoints→Breakpoint,断点设置成功后将显示图标 ,可以通过双击该图标来取消该断点。程序运行的过程中可以通过单步调试按钮 配合断点单步的调试程序,单击重新开始按钮 可定位到 main()函数,单击复位按钮 可以复位。通过中止按钮 可返回到编辑界面。

　　④ 在程序调试的过程中,通过 CCS 可以查看变量、寄存器、汇编程序或者是 Memory 等的信息显示出程序运行的结果,以和预期的结果进行比较,从而顺利地调试程序。打开 View Variables,可以查看到变量的值,如图 9.33 所示。

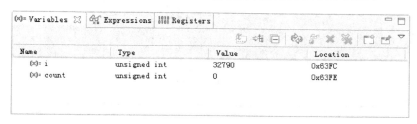

图 9.33　变量查看窗口

　　⑤ 打开 View Expressions,可以得到观察窗口,如图 9.34 所示。可以通过窗口下 Add new expression 添加观察变量,或者在所需观察的变量上右击,选择 Add Watch Expression 添加到观察窗口。

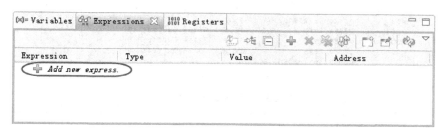

图 9.34　观察窗口

　　⑥ 打开 View Registers,可以查看到 Tiva 片内各寄存器的值,如图 9.35 所示。
　　⑦ 打开 View Breakpoints,可以得到断点查看窗口,如图 9.36 所示。
　　⑧ 打开 View Disassembly,可以得到汇编程序观察窗口,如图 9.37 所示。
　　⑨ 打开 View Memory Browser,在地址查找框中输入查找的内存地址值,通过查找可得到内存查看窗口,如图 9.38 所示。

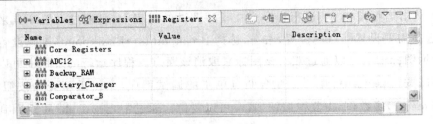

图 9.35　寄存器查看窗口

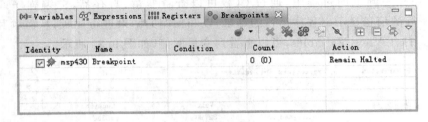

图 9.36　断点查看窗口

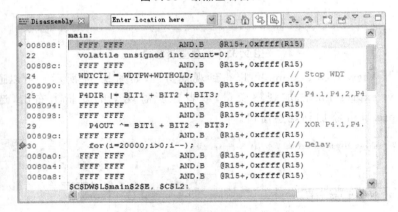

图 9.37　汇编程序观察窗口

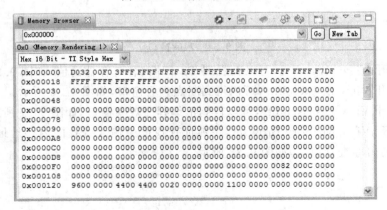

图 9.38　内存查看窗口

9.4 TivaWare 库

C 系列库为用户提供了使用例程或自由创建工程的灵活性。外设驱动程序库提供了一套广泛用于控制各种 TM4C 系列器件外设功能的驱动包,即驱动库函数。图形库包含一组图形元素和在具有图形显示的 TM4C 系列的微控制器板上创建图形用户界面的小部件集外设库。USB 库快速、高效地实现 USB 主机、USB 设备和 USB 便携式的操作。

通过图 9.39 软件库结构图,宏观了解下软件库的组成。

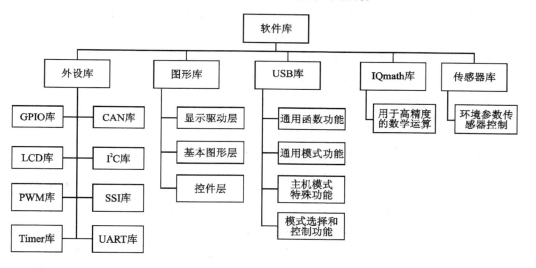

图 9.39 软件库结构图

9.4.1 外设驱动库

本小节简单介绍外设库的使用。最新外设驱动函数库下载地址为 http://software-dl.ti.com/-c/SW-DK-TM4C123G/latest/index_FDS.html,文档名称为 SW-TM4C-DRL-UG-2.0.1.11577。

TI 公司的 Ware 外设驱动库是一个为访问 ARM Cortex – M 微处理器的系列外设的驱动包。外设驱动库不是单纯意义的操作系统上的驱动,而是提供了一个可以简单使用设备外设的机制。

驱动库基本用 C 语言编写,各个驱动库相互独立并合理高效地使用内存和处理器资源,驱动库的后续设计不一定和之前的一样高效(从代码量和/或运行角度来看)。有些外设提供了比较复杂的功能,这些功不能够由驱动库直接使用。但 TI 公司给出的例程中现有的代码可作为参考,从而为这些复杂的功能驱动库的编写提供便利。

对于大部分应用程序,该驱动库是可以使用的,无需了解芯片内部的寄存器详细内容。通过直接调用硬件的 API 函数便可以实现快速的系统开发。但是在一些情况下，驱动库必须提高性能或重写以满足应用程序的功能、内存、处理器的需求。如果这样，现有的驱动可作为如何操作外设的参考。因为 TivaWare 的外设驱动库包括微处理器的所有种类的驱动，对于某些 MCU 的部分硬件功能，未能做到全面支持。因此，绝大部分应用可以直接采用驱动库驱动方式进行开发，但某些功能必须通过自行添加或修改库的代码来实现。在小型化的应用中，如果库的函数不能实现的功能，开发人员一般采用操作寄存器访问的方式来实现这部分功能，也就是混合使用操作寄存器和使用库函数的方式。

以下为可支持的开发工具：

- Keil™ RealView® Microcontroller Development Kit(Keil MDK)
- MentorGraphics Sourcery CodeBench for ARM EABI
- IAR Embedded Workbench®
- Texas Instruments Code Composer Studio™

目录结构概述

以下是外设驱动库源程序机制的概述：

EULA.txt　最终用户许可协议的全部内容包含了该软件包的使用。

driverlib/　该目录包含驱动的源代码。

hw_*.h　每一个外设对应一个头文件，描述所有寄存器和每一个外设寄存器的域。这些头文件由驱动使用，直接访问外设，并可由应用程序代码使用来旁路外设驱动库 API。

inc/　该目录包含部分特定的头文件，这些头文件用于直接寄存器访问编程模块。

9.4.2　图形库

本小节简单介绍图形库的使用。最新图形函数库下载地址为 http://software-dl.ti.com/-c/SW-DK-TM4C123G/latest/index_FDS.html，文档名称为 SW-TM4C-GRL-UG-2.0.1.11577。

TI 公司的图形库包含一组基本图形元素和在具有图形显示的 C 系列的微控制器板上创建图形用户界面的小部件集外设库。该图形库由三个图层组成（每一个后续层建立在上一层的基础上以提供更多功能）：

- 显示驱动层：针对使用显示设备（点阵 LCD）的情况下移植相关的驱动程序。
- 基本图元层：提供在显示中无抖动的单独绘画部件的能力，比如：线、圆、文本框等。
- 控件层：提供了一个或多个图形元素的封装来绘制一个用户接口元素，并有提供应用程序定义响应给用户交互的能力，支持复选框、按钮、单选按钮、滑块、列表框等控件。

一个应用程序可以调用三层中的任意一层的 API 函数,这些 API 函数不是独立的。各个层的选择使用依赖于应用程序的需求。

窗口包提供了"超级窗口",其具有更多功能,可用于一个特定的应用程序。尽管它能够更有效地执行一个应用程序需求的窗口,但这将使得每一个窗口变成具有相同功能的复用窗口,而不是一个多功能的混合窗口。如果需要,一个特定功能的窗口可以在现有的窗口函数库中驱动。

目录结构概述

以下是图形库源程序机制的概述和每部分参数的详细描述:

Makefile   建立图形库的规则。

canvas.c   该源代码是关于窗口布局的。

canvas.h   包含窗口布局的原型。

ccs/   该目录包含 Code Composer Studio 工程文件。

Charmap.c   该源代码是关于文本标签映射功能的。

Checkbox.c   该源代码是关于检验盒窗口的。

Checkbox.h   该头文件包含检验盒窗口的原型。

Circle.c   该源代码是关于圆形元素的。

container.c 该源代码是关于容器控件的。

Fonts/   该目录包含字体结构,字体由图形库提供。

9.4.3 USB 库

本小节简单介绍 TivaWare USB 库的基本内容。最新 USB 函数库下载地址为 http://software-dl.ti.com/-c/SW-DK-TM4C123G/latest/index_FDS.html ,文档名称为 SW-TM4C-USBL-UG-2.0.1.11577。

TivaWare USB 库是为创建 USB 设备、主机和 OTG 应用的一组数据类型和功能集合。USB 库的内容和它的相关头文件分成 4 个主要部分:通用功能函数、设备模式特定函数、主机模式特定函数及模式检测和控制函数。

通用功能函数可用于设备、主机和双模式的应用程序,包括解析 USB 描述符和配置 USB 功能。设备模式特定函数是为所有 USB 设备应用程序提供的、与类无关的函数,例如:对主机发出的标准描述符请求的信令和响应。USB 库也包含一组模块,用来处理来自 USB 主机的、与类相关的请求,以及应用交互层。USB 库还提供了一组较低层的、与类无关的 USB 主机函数,用于 USB 主机应用程序,比如:设备检测和枚举、端点管理等。这个低层操作对大部分应用程序是不可见的,但可以通过特定类的 USB 主机模块暴露给应用程序。像设备模式层,主机模式的特定类模块,可以提供一个接口以允许较低层的 USB 库代码直接与 USB 总线通信,并有一个较高层的接口与应用程序交互。USB 库也提供了一些函数，用于配置 USB 控制器处理主机和设备模式操作的切换。

操作模式

USB 库可以工作在 5 种操作模式下，具体模式可由应用程序来设置。当 USB 控制器被配置为检测 USB 并连接到另一个设备时，USB 控制器进入运行时间操作模式。这种模式检测可以通过使用全 OTG 操作自动实现，在使用双模式操作或固定为主机或设备模式时，需手动实现。在所有情况下，这些模式控制 USB 控制器与 USB VBUS 和 USB ID 引脚的交互。

当一个应用程序只需要在 USB 主机模式下运行时，它可以选择器件如何驱动 V_{BUS}、过流检测、自动监测 V_{BUS} 等。这些都是在初始化时通过调用函数 USBStackModeSet()实现的。如果应用程序不需要监测 V_{BUS}，它可以选择使用 eUSBModeForceHost 选项。此时仍然提供了控制 V_{BUS} 电源和过电流检测功能，但不监测 V_{BUS} 引脚的电压。当应用程序需要控制器能够监测 V_{BUS} 时，可使用 eUSBModeHost 参数设置。此设置也需要 USB ID 引脚在外部被拉低，因为这样它才不会完全禁止 OTG 模式进行模式检测。

如果应用程序只需要在设备模式下运行，有两个选项来控制进入设备模式。函数 USBStackModeSet()仍然用于控制模式，但如果应用程序需要使用 V_{BUS} 和 ID 引脚作为其他用途，可以使用 eUSBModeForceDevice 参数忽略这些引脚。这样做的影响是，应用程序将不会接收到 USB 断线事件，因为它不能监控 V_{BUS}。这仅仅是自供电应用系统的问题，这样的系统可以通过另外的一个引脚来监控 V_{BUS} 做相应的处理。如果应用程序需要接收到断线事件，就必须把 V_{BUS} 引脚连接到 USB 接口，并使 ID 引脚悬空。

有些应用程序需要 USB 控制器以主机或设备模式运行，USB 库提供了两种方法可以动态进行模式切换。第一种方法是使用通常的 USB OTG 信令来控制模式切换，这需要 ID 和 V_{BUS} 两个引脚连接到 USB 连接器。这种设计可用于单一的 USB AB 连接器。可以参阅有关 USB OTG 的内容，进一步理解 USB OTG 模式。切换操作模式的另一种方法，是允许应用程序手动选择 USB 控制器的操作模式。当应用程序正在使用一个主机和设备连接器，并检测到需要手动切换 USB 工作模式时，这种方法是更有用的。

目录结构概述

以下是 USB 库的源代码组织的概述以及引用，每个部分在原文档中都有详细的说明。

Usblib	DriverLib 下的主目录包含用于构建库的 Makefile、源文件、头文件的函数和数据类型，用于 USB 设备和主机应用程序。
usblib/device/	该目录包含了 USB 设备操作相关的源代码和头文件。

usblib/host/　　　该目录包含了 USB 主机操作相关的源代码和头文件。

9.4.4　IQMath 库

当用户在开发一些实时应用,且这些应用对计算速度和计算精度都有较高的要求时,就要考虑采用 IQMath 库了。它提供了高精度的数学运算,并对代码的效率做过很多优化。调用库里的函数,可以将浮点数的运算无缝移植到定点数的算法代码。

9.4.5　传感器库

传感器库的函数让我们更容易实现对各类传感器的控制。这些传感器主要是环境参数传感器,包括加速度传感器、角度传感器(陀螺仪)、磁场传感器、温度传感器、压力传感器、亮度传感器、相对湿度传感器及位移传感器等。这些传感器与数据通信接口都采用了 I^2C,库函数主要实现对传感器的配置和数据传送。

思考题与习题

1. 根据自己的需要或兴趣选择合适的开发环境,并独立完成软件安装、建立工程、编辑源代码、下载代码。

2. 学习使用断点调试、变量观察窗口。

3. 学习 Tiva 外设驱动库的大体内容、架构和主要库函数,在各外设模块应用中使用。

第10章

硬件实验平台

为了配合嵌入式系统的学习,更好地理解嵌入式系统的原理和应用,本书配套一款嵌入式系统的口袋实验平台(Tiva 实验板)。在此平台上,可以完成本书介绍的几乎所有外设实验,做很多创新实验。

该平台由 TM4C123GXL LaunchPad 评估板和 DY – Tiva – PB 扩展板组合而成,资源丰富,方便、易用,是一种全新的教学、实验形式。该实验系统体积小巧,开发者可以随身携带,可以脱离实验室自主学习和实验开发。该系统集成了硬件仿真器、Tiva TM4C123GH6PMI MCU,以及丰富的外设接口,不仅可以进行一般 MCU、单片机实验,还可以进行课程设计和项目开发。

图 10.1 所示为 DY – Tiva – PB 口袋板与 TM4C123GXL LaunchPad 评估板对插连接后的实物图,两者的尺寸基本一致,配色方面也很协调。

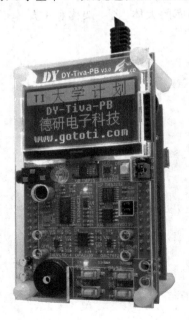

图 10.1　Tiva 口袋实验平台

注意: 为了保证口袋板的正常使用,请确认将 TM4C123GXL LaunchPad 上的 R9 和 R10 两个电阻拆掉!!

10.1　LaunchPad 概述

　　LaunchPad 是 TI 公司为了方便用户学习、评估 TI MCU 设计开发的一种小型实验评估板。TivaC 系列 TM4C123G LaunchPad 评估板是基于 ARM Cortex - M4F 微控制器的低成本评估平台。该 Tiva C 系列 LaunchPad 的设计突出了 TM4C123GH6PMI 微控制器的 USB 2.0 设备接口,休眠模块和动态控制脉宽调制器(MC PWM)模块,并且都集成了 USB - JTAG 仿真器。

　　Tiva C 系列 LaunchPad 带有用户可编程按钮和一个可由应用程序定义的 RGB 三色 LED。LaunchPad 还有 BoosterPack XL 可堆叠头接口,可以很容易连接现有的 BoosterPack 附加板和其他外设来扩展功能。图 10.2 显示了 Tiva C 系列 LaunchPad 的图片,板子上半部分是板载仿真器(包含一个 TM4C123GH6PM 微控制器),用于调试板子下半部分的目标 MCU(也是 TM4C123GH6PM),仿真器部分用户一般不必关心。

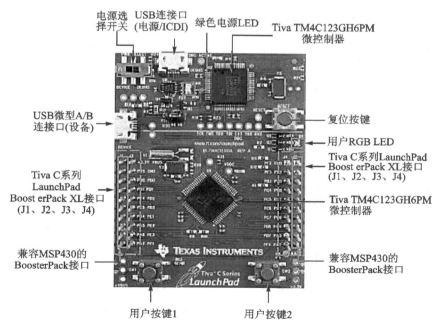

图 10.2　Tiva C 系列 TM4C123G LaunchPad 评估板

　　该 Tiva C 系列 LaunchPad 包含以下特点:

- Tiva TM4C123GH6PMI 微控制器；
- 动态控制 PWM；
- 为 USB 设备、主机、和 OTG 提供连接的 USB 微型 A 和微型 B 接口；
- RGB LED；
- 两个用户使用的按键；
- 配套 0.1 英寸长网格头的可用 I/O；
- 板上 ICDI；
- 复位按键；
- 预加载 RGB 快速启动应用程序；
- 支持 TivaWare C 系列软件库，包括 USB 库和外设驱动库；
- TIVA C 系列 TM4C123G LaunchPad BoosterPack XL 接口，其特点为可堆叠插座，以扩大 TIVA C 系列 LaunchPad 开发平台的功能。

10.1.1　BoosterPacks

BoosterPacks 是配合 LaunchPad 使用的一系列扩展板，同一采用 LaunchPad BoosterPack XL 接口（简称 BP 接口），可以直接插在 LaunchPad 上使用。本章后续介绍的 DY-Tiva-BP 口袋板，也是一种 BP 扩展板。BoosterPacks 扩大了 Tiva C 系列 LaunchPad 的可用外设和潜在应用。

10.1.2　规　格

表 10.1 总结了 Tiva C 系列 LaunchPad 的规格。

表 10.1　EK - TM4C123GXL 规格

参　数	值
供电电压	DC4.75~5.25 V，由以下两者之一提供： ● 调试（ICDI）USB 微型 B 接口线（连接计算机） ● USB 设备微型 B 接口线（连接计算机）
尺寸	2.0 in×2.25 in×0.425 in(5.08 cm×5.715 cm×1.0795 cm)($L×W×H$)
电源输出（BP 接口）	● DC3.3 V（最大 300 mA） ● DC5.0 V（根据 DC3.3 V 用法，23~323 mA）
RoHS 状态	符合

10.2　LaunchPad 硬件资源

　　Tiva C 系列 LaunchPad 包括一个 TM4C123GH6PM 微控制器和一个集成的 ICDI JTAG 仿真器,以及一些有用的外设功能,如图 10.3 所示。图 10.4 是 Tiva C LaunchPad 的原理图(包含 ICDI - JATG 仿真器部分)。以下将简单介绍这些外设、接口的连接情况。

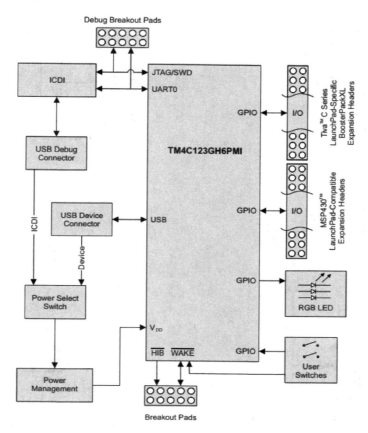

图 10.3　Tiva C 系列 LaunchPad 评估板结构框图

　　注:图 10.3~图 10.5 为仿真原图,未做规范化处理。——出版者

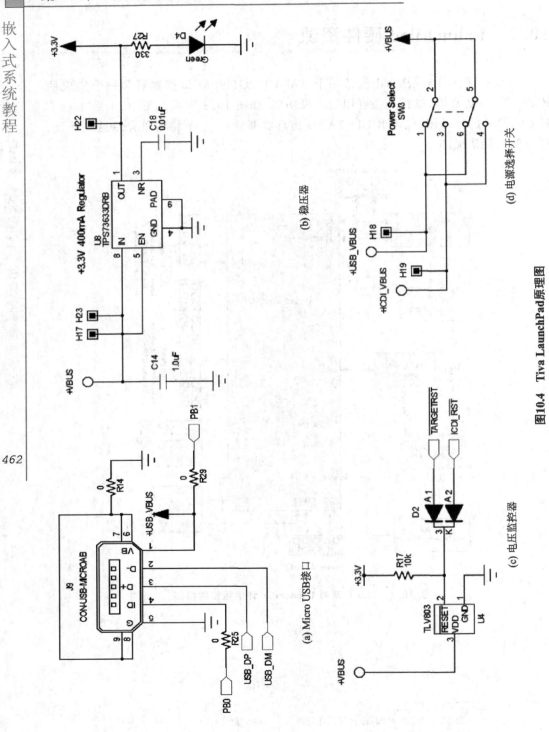

(a) Micro USB接口

(b) 稳压器

(c) 电压监控器

(d) 电源选择开关

图10.4　Tiva LaunchPad原理图

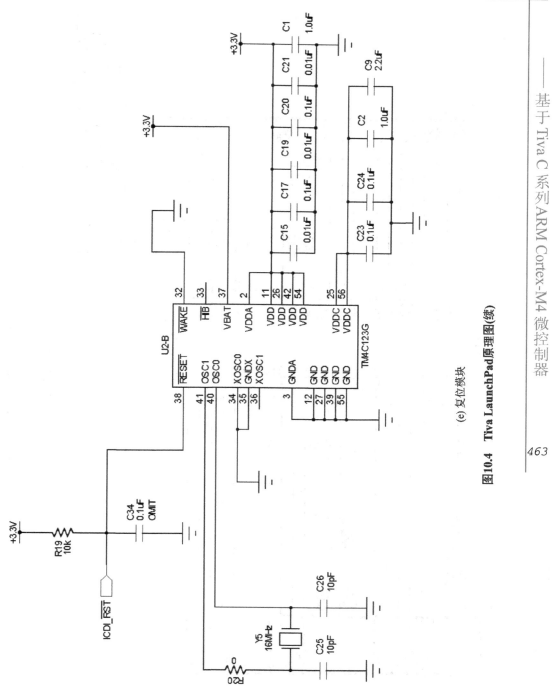

(e) 复位模块

图10.4　Tiva LaunchPad原理图(续)

嵌入式系统教程
——基于 Tiva C 系列 ARM Cortex-M4 微控制器

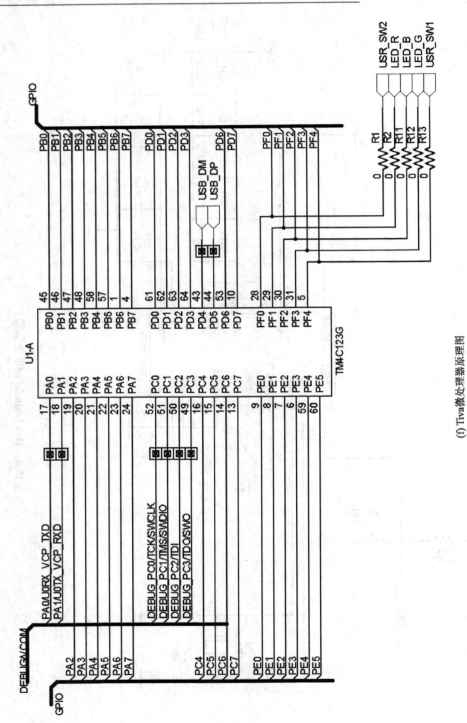

(f) Tiva 微处理器原理图

图10.4　Tiva LaunchPad原理图(续)

464

嵌入式系统教程
——基于 Tiva C 系列 ARM Cortex-M4 微控制器

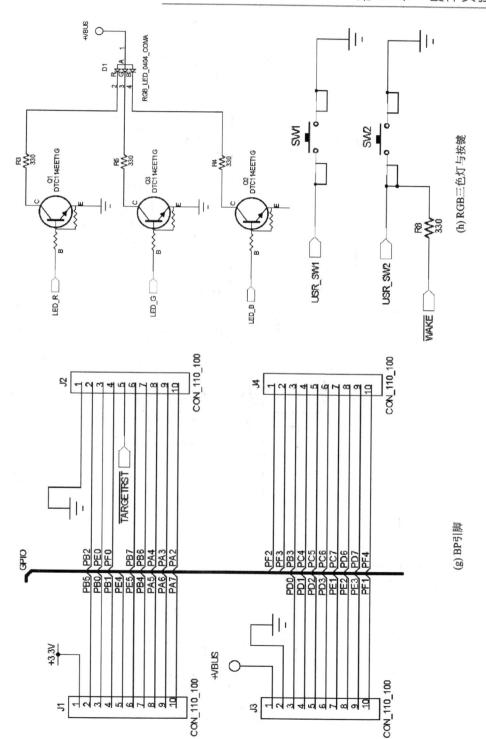

(h) RGB三色灯与按键

(g) BP引脚

图10.4　Tiva LaunchPad原理图(续)

嵌入式系统教程
——基于 Tiva C 系列 ARM Cortex-M4 微控制器

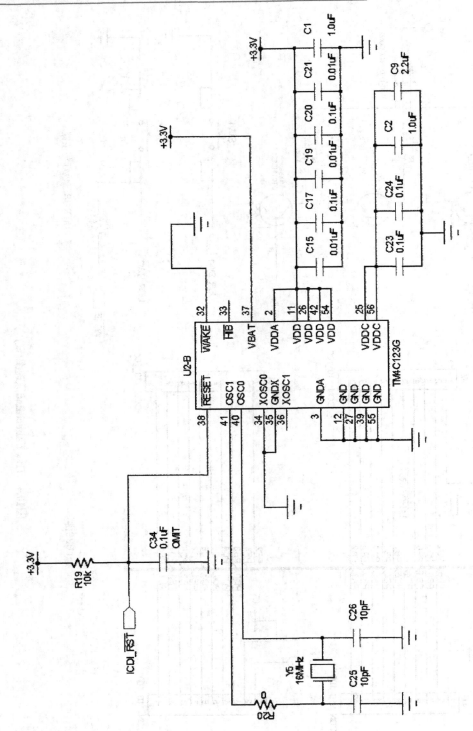

(i) 时钟源、供电模块

图10.4　Tiva LaunchPad原理图(续)

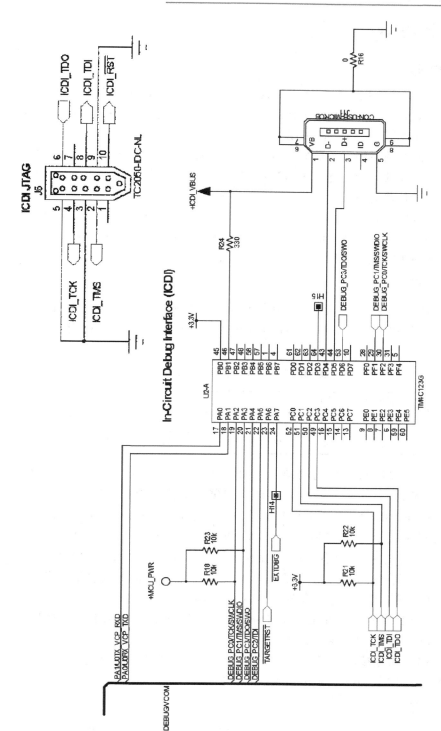

（j）调试接口模块

图10.4　Tiva LaunchPad原理图（续）

嵌入式系统教程

——基于 Tiva C 系列 ARM Cortex-M4 微控制器

10.2.1　功能描述

1. 微控制器

该 TM4C123GH6PM 是基于 32 位的 ARM Cortex - M4 微控制器，配有 256 KB 闪存，32 KB SRAM，以及 80 MHz 工作频率，USB 主机，设备和 OTG 连接性，一个休眠模块和 PWM，以及一系列其他外设。

大多数微控制器的引脚信号都被连接到 0.1 in(2.54 mm) 的 BP 插针。内部多路复用器允许将不同的外设功能分配给这些 GPIO 端口。当添加外部电路时，需要考虑评估板电源的负载能力。

TM4C123GH6PM 微控制器在出厂时就烧录了一个可以快速启动的演示程序。快速启动程序编程存储在在片上闪存中，并且每次通电时候就运行，除非快速启动应用程序已经被替换为其他用户程序。

2. USB 连接

EK - TM4C123GXL 设计成不需要硬件改动就可以成为 USB 设备。USB 设备信号都用来作 USB 功能并且不和 BoosterPacks 公用。USB 设备信号在表 10.2 中列出。

表 10.2　USB 设备信号

GPIO 引脚	引脚功能	USB 设备
PD4	USB0DM	D-
PD5	USB0DP	D+

TM4C123GH6PM 目标设备也能嵌入 USB 主机和提供 OTG 功能。OTG 功能可以通过在 R_{25} 和 R_{29} 之间填充 0 Ω 的电阻来使能。这些电阻把 USB ID 和 USB V_{BUS} 信号连接到 PB0 和 PB1。当这些电阻被填充后，PB0 和 PB1 必须保持各自的 USB 引脚模式配置，以防止设备损坏。PB0 和 PB1 也存在于 J1 BoosterPack 头中。因此，如果 R_{25} 或 R_{29} 填充，必须小心，不要让这些信号与 BoosterPack 信号发生冲突。

USB 嵌入式主机操作可以以启用自供电的 USB 设备同样的方式启用。当作为 USB 主机时提供电源，需要带电源开关的 BoosterPack 和适当的连接器。除了 D＋ 和 D－，所有的 USB 主机信号在 BoosterPack 接口上都可用，D＋ 和 D－ 仅适用于 USB 微型 A/B 连接器和两个相邻测试点。

当作为 USB 设备连接时，评估板可由 ICDI 或 USB 设备连接器供电。用户可以通过移动电源选择开关(SW3)到相应的位置选择电源。

3. 运动控制

EK - TM4C123GXL 包括 Tiva C 系列运动控制 PWM 技术，具有两个能够产生

16 路 PWM 输出的 PWM 模块。每个 PWM 模块提供了很大的灵活性,可以产生简单的 PWM 信号,例如,那些由一个简单的电荷泵需要的信号,以及有死区延迟的成对的 PWM 信号,例如那些由一个半 H 桥驱动器需要的信号。三个发生器模块还可以产生完整的六通道门控信号,这是由三相逆变桥所需要的。

两个正交编码器接口(QEI)也能够提供运动控制反馈。

4. 用户按钮和 RGB LED

该 TIVA C 系列的 LaunchPad 配备了一个 RGB 三色 LED。该指示灯应用在预装的 RGB 快速启动程序中,也可以配置成在用户应用程序中使用。

板上还配备了两个用户按钮。它们都在预装的快速启动程序中使用,用来调整 RGB LED 的颜色,以及控制进入和退出休眠状态。用户按钮可以在用户的自定义应用程序作其他用途。

该评估板还拥有一个绿色的电源指示灯。表 10.3 显示了这些功能是如何连接到微控制器的引脚的。

表 10.3　用户开关和 RGB LED 信号

GPIO 引脚	引脚功能	USB 设备	GPIO 引脚	引脚功能	USB 设备
PF4	GPIO	SW1	PF2	GPIO	RGB(Blue)
PF0	GPIO	SW2	PF3	GPIO	RGB LED(Green)
PF1	GPIO	RGB LED(Red)			

5. 插座和 BoosterPacks

大多数 TM4C123GHPM 微控制器的 GPIO 引脚都映射到了两组双排的堆叠插针上。它们分别被标记为连接口 J1、J2、J3、J4。J3 和 J4 连接口位于 J1 和 J2 里面 0.1 in(2.54 mm)的位置。J1、J2、J3 和 J4 连接口的所有 40 个引脚组成了 Tiva C 系列 TM4C123GH6PM LaunchPad BoosterPack XL 接口。表 10.4～表 10.7 列出了这些引脚如何连接到微控制器的引脚以及每个引脚可选择的 GPIO 功能。

表 10.4　J1 连接口

J1 Pin	GPIO	Analog Function GPIO AMSEL	On-board Function	Tiva C Series MCU Pin	GPIOPCTL Register Setting									
					1	2	3	4	5	6	7	8	9	14	15
1.01					3.3 V										
1.02	PB5	AIN11	—	57	—	SSI2Fss	—	M0PWM3	—	—	T1CCP1	CAN0Tx	—	—	—
1.03	PB0	USB0ID	—	45	U1Rx	—	—	—	—	—	T2CCP0	—	—	—	—
1.04	PB1	USB0VBUS	—	46	U1Tx	—	—	—	—	—	T2CCP1	—	—	—	—
1.05	PE4	AIN9	—	59	U5Rx	—	I2C2SCL	P0PWM4	1MPWM2	—	—	CAN0Rx	—	—	—
1.06	PE5	VIN8	—	60	U1Tx	—	I2C2SDA	P0PWM5	M1PWM3	—	—	CAN0Tx	—	—	—
1.07	PB4	AIN10	—	58	—	SSI2Clk	—	P0PWM2	—	—	T1CCP0	CAN0Rx	—	—	—
1.08	PA5	—	—	22	—	SSI0Tx	—	—	—	—	—	—	—	—	—
1.09	PA6	—	—	23	—	—	I2C1SCL	—	M1PWM2	—	—	—	—	—	—
1.10	PA7	—	—	24	—	—	I2C1SDA	—	M1PWM3	—	—	—	—	—	—

嵌入式系统教程——基于 Tiva C 系列 ARM Cortex-M4 微控制器

表 10.5　J2 连接口

J2 Pin	GPIO	Analog Function GPIO AMSEL	On-board Function	Tiva C Series MCU Pin	1	2	3	4	5	6	7	8	9	14	15
2.01	GND														
2.02	PB2	—	—	47		I2C0SCL		—		—	T3CCP0	—			
2.03	PE0	AIN3	—	9	U2Rx										
2.04	PF0	—	USR_SW2/WAKE(R1)	28	U1RTS	SSI1Rx	CAN0Rx		M1PWM4	PhA0	T0CCP0	NMI	CD0		
2.05	RESET														
2.06	PB7	—	—	4		SSI2Tx		M0PWM1			T0CCP1				
2.06	PD1	AIN6	Connected for MSP430 Compatibility (R10)	62	SSI3Fss	SSI1Fss	I2C3SDA	P0PWM7	M1PWM1		WT2CCP1				
2.07	PB6	—	—	1		SSI2Rx		M0PWM0			T0CCP0				
2.07	PD0	AIN7	Connected for MSP430 Compatibility (R9)	61	SSI3Clk	SSI1Clk	I2C3SCL	M0PWM6	M1PWM0		WT2CCP0				
2.08	PA4	—	—	21	SSI0Rx										
2.09	PA3	—	—	20	SSI0Fss										
2.10	PA2	—	—	19	SSI0Clk										

表 10.6　J3 连接口

J3 Pin	GPIO	Analog Function GPIO AMSEL	On-board Function	Tiva C Series MCU Pin	1	2	3	4	5	6	7	8	9	14	15
3.01	5.0 V														
3.02	GND														
3.03	PD0	AIN7	—	61	SSI2Clk	SSI1Clk	I2C3SCL	M0PWM6	M1PWM0	—	WT2CCP0	—			—
3.03	PD6	—	Connected for MSP430 Compatibility(R9)	1		SSI2Rx		M0PWM0		—	T0CCP0				
3.04	PD1	AIN6	—	92	SSI3Fss	SSI1Fss	I2C3SDA	M0PWM7	M1PWM1	—	WT2CCP1	—			—
3.04	PB7	—	Connected for MSP430 Compatibility(R10)	4		SSI2Tx		M0PWM1		—	T0CCP1				
3.05	PB2	AIN5	—	63	SSI3Rx	SSI1Rx		M0FAULT0			WT3CCP0	USB0EPEN			
3.06	PD3	AIN4	—	64	SSI3Tx	SSI1Tx					WT3CCP1	USB0PFLT			
3.07	PD1	AIN2	—	8	U7Tx							—			
3.08	PE1	AIN1	—	7							—	—			
3.09	PE3	AIN0	—	6							—	—			
3.10	PF1	—	—	29	U1CTS	SSI1Tx			M1PWM5		T0CCP1	—	G10	TRD1	

表 10.7　J4 连接口

J4 Pin	GPIO	Analog Function GPIO AMSEL	On-board Function	Tiva C Series MCU Pin	1	2	3	4	5	6	7	8	9	14	15
4.01	PF2	—	Blue LED (R11)	30	—	SSI1Clk	—	M0FAULT0	M1PWM6	—	T1CCP0	—	—		TRD0
4.02	PF3	—	Green LED (R12)	31	—	SSI1Fss	CAN0Tx		M1PWM7	—	T1CCP1	—	—		TRCLK
4.03	PB3	—	—	48	—	—	I2C0SDA			—	T3CCP1	—	—	—	
4.04	PC4	C1−	—	16	U4Rx	U1Rx		M0PWM6		IDX`	WT0CCP0	U1RTS			
4.05	PC5	C1+	—	15	U4Tx	U1Tx		M0PWM7		PhA1	WT0CCP1	U1CTS			
4.06	PC6	C0+	—	14	U3Rx					PhB1	WT1CCP0	USB0EPEN			
4.07	PC7	C0−	—	13	U3Tx						T1CCP1	USB0PFLT			
4.08	PD8	—	—	53	U2Rx					PhA0	WT5CCP0				
4.09	PD7	—	—	10	U2Tx					PhB0	WT5CCP1		NMI		
4.10	PF4	—	USR_SW1(R13)	5				M1FAULT0	IDX0	T2CCP0	USB0EPEN				

Tiva C 系列 TM4C123GH6PM LaunchPad BoosterPack XL 接口的 J1 和 J2 连接口提供了与 MSP430LaunchPad BoosterPacks 的兼容性。表 10.3～表 10.5 中阴影部分显示了和 MSP430 LaunchPad 的兼容性配置。

10.2.2 电源管理

1. 电源供应

Tiva C 系列 LaunchPad 能够通过板上 ICDI USB 线和 USB 设备线两种方式中任一种供电。

电源选择开关(SW3)用来选择两种方式的一种。同一事件只能选择一种电源。

2. 休 眠

Tiva C 系列 LaunchPad 提供了一个外部 32.768 kHz 的晶体振荡器(Y1)作为 TM4C123GH6PM 休眠模块的时钟源。可以通过对 LaunchPad 做一些小的调整,以此测量在休眠时候的电流。本过程会在后面更详细地阐明。

能够给 LaunchPad 休眠模块产生唤醒信号的条件是实时时钟(RTC)匹配和/或置 WAKE 引脚有效。第二个用户开关(SW2)连接到微控制器上的 WAKE 引脚。WAKE 引脚和 V_{DD}、HIB 引脚一样,能够很容易通过对 LaunchPad 的扩展进行访问。

Tiva C 系列 LaunchPad 的休眠模块没有外部电池,这意味着需要使用 VDD3ON 电源控制机制。这种机制使用的内部开关从 Cortex - M4 处理器将电源转移到大多数模拟和数字功能上,同时保留 I / O 引脚的电源。

为了测量休眠模式电流或运行模式电流,连接 3.3 V 引脚和 MCU_PWR 引脚之间的 V_{DD} 跳线帽必须移除。电流表应被放置在 3.3 V 引脚和 MCU_PWR 引脚上来测试 IDD(或 IHIB_VDD3ON)。TM4C123GH6PM 微控制器在 VDD3ON 休眠模式下使用 V_{DD} 作为其电源,所以 IDD 为休眠模式(VDD3ON 模式)的电流。这种测量也可以在运行模式进行,测量微控制器运行模式下 IDD 电流。

3. 复 位

送入 TM4C123GH6PM 微控制器的复位信号连接着 RESET 开关,同时连接着 IDCI 电路用作调试控制的复位。

当以下三种条件的一种满足时外部复位置有效:

● 上电复位;

● RESET 开关按下;

● 由 IDCI 电路通过调试器复位(该功能是可选的,或许不支持所有的调试器)。

10.2.3　内部电路调试接口(ICDI)

Tiva C 系列 LaunchPad 评估板带有一个板上内部电路调试接口(ICDI)。该 IC-DI 允许使用 LM Flash 编程器和/或任何支持的工具链对 TM4C123GH6PM 进行编程和调试。注意 ICDI 仅支持 JTAG 调试。外部调试接口可连接用于串行线调试(SWD)和 SWO(跟踪)。

表 10.8 显示了用于 JTAG 和 SWD 的引脚。这些信号也映射到了板上的针头上以方便使用。

当和 PC 相连、安装好相应驱动后,设备会模拟出一个调试器和一个虚拟 COM口。表 10.9 显示了 COM 口到微控制器引脚的连接。虚拟 COM 口在开发调试过程中是非常有用的,可以借助 PC 超级终端或其他串口调试工具作为控制台,与被调试的 MCU 系统进行交互调试,或显示/打印出 MCU 运行过程中的一些调试信息。

表 10.8　内部电路调试接口(ICDI)信号

GPIO 引脚	引脚功能
PC0	TCK/SWCLK
PC1	TMS/SWDIO
PC2	TDI
PC3	TDO/SWO

表 10.9　虚拟 COM 口信号

GPIO 引脚	引脚功能
PA0	U0RX
PA1	U0TX

10.3　DY‐Tiva‐PB 扩展板简介

DY‐Tiva‐PB 口袋板是配合 Tiva TM4C123G LaunchPad 的口袋实验平台。它有两个特点:一是体积小巧,和 LaunchPad 系列电路板外形尺寸基本一致;二是能够脱离实验室仪器自行学习,方便、易用。不仅可以进行一般 MCU、单片机等实验,还可以进行课程设计和项目开发。图 10.5 为 DY‐Tiva‐PB 扩展板的原理图。

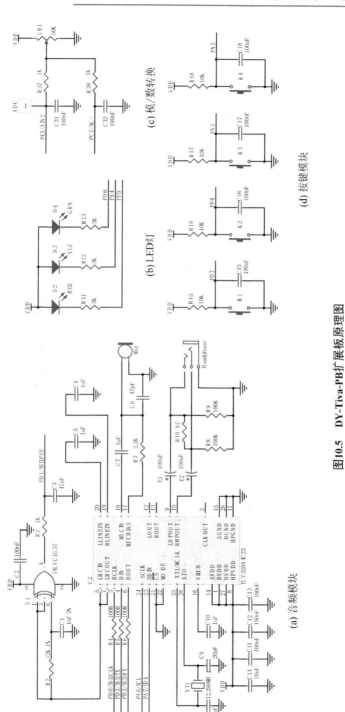

图10.5　DY-Tiva-PB扩展板原理图

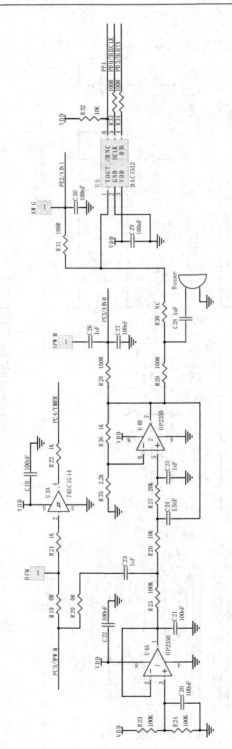

(e) SPWM和DAC模块

图10.5　DY-Tiva-PB扩展板原理图（续）

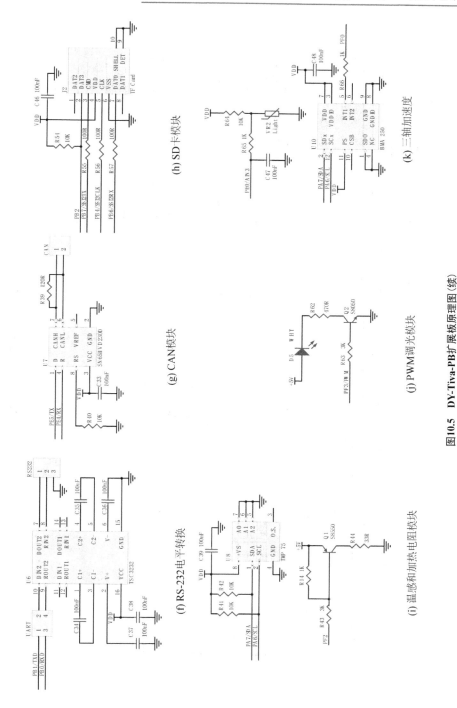

图10.5　DY-Tiva-PB扩展板原理图（续）

嵌入式系统教程

——基于 Tiva C 系列 ARM Cortex-M4 微控制器

476

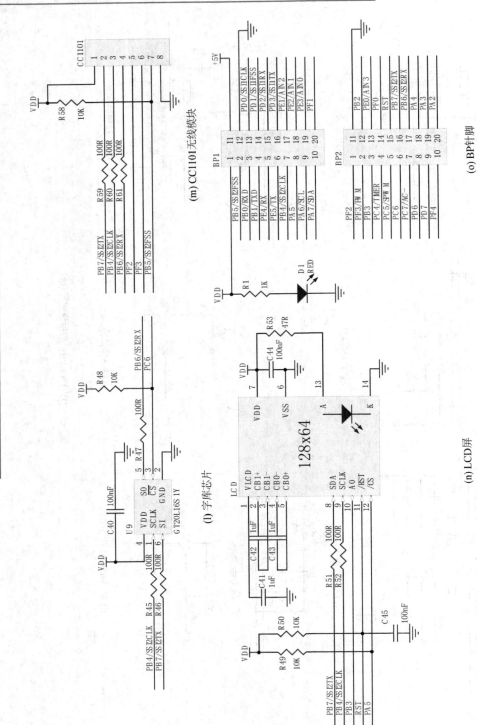

(m) CC1101无线模块

(l) 字库芯片

(n) LCD屏

(o) BP针脚

图10.5　DY-Tiva-PB扩展板原理图（续）

10.3.1 DY – Tiva – PB 硬件规格

DY – Tiva – PB 口袋扩展板基本包含了一般单片机实验板的所有功能,可以开展 MCU、单片机等的所有的功能实验。口袋板 PCB 设计紧凑,按照功能划分,布局清晰,易于学习。硬件规格如下:

- 4 个独立的按键;
- 3 色 LED 指示灯;
- 128×64 点阵式 LCD;
- GB2312 中文字库,16×16 点阵;
- RS – 232 通信;
- CAN 总线通信;
- Audio 语音的播放和录制;
- TF 卡存储;
- 圆盘式电位器;
- 12 位 DAC;
- 双运算放大器;
- 施密特反相器;
- 温度传感器,带闭环控制;
- 光照传感器;
- 基于 PWM 的 LED 调光;
- 无线模块扩展;
- RFID 读写管理。

10.3.2 DY – Tiva – PB 功能单元介绍

为了充分发挥 TM4C123G 的功能,DY – Tiva – PB 口袋板的设计不仅包含了 Tiva MCU 的全部外设功能,还扩展了一些常用的功能。图 10.6 为口袋扩展板的 PCB 正面功能区域划分图,图 10.7 为口袋扩展板的反面功能区域 PCB 图。

DY – Tiva – PB 口袋板 PCB 是按照功能布局的,这里仅对各功能模块作简单介绍,详细的分析和编程见《Tiva C 系列微控制器实战演练》一书。

1. 按键和 LED 指示单元

按键和 LED 指示是最基本的输入和输出设备,DY – Tiva – PB 上设有 4 个按键和 3 个 LED 指示灯。按键的功能可以自定义,具有硬件防抖的功能;LED 分别显示红、黄、绿三种颜色,代表的指示也是可以自定义的,当然,本书中会有提供一套默认的功能和指示。

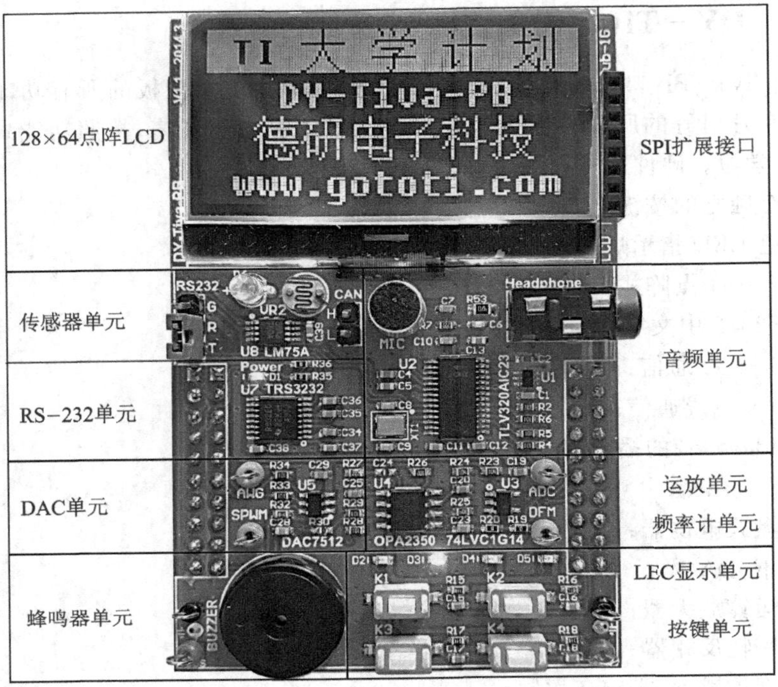

图 10.6　DY－Tiva－PB 口袋扩展板正面功能区域图

2. 运放单元

运算放大器(简称"运放")是具有很高放大倍数的电路单元,是一个从功能的角度命名的电路单元,是最重要的模拟电路元件之一。随着半导体技术的发展,大部分的运放是以单芯片的形式存在。运放的种类繁多,广泛应用于电子行业当中。

PWM 技术是数字技术应用的一个重要方法,特别是在电机控制等领域。很多以前必须用模拟方法实现的电路,现在都逐渐被数字 PWM 技术等效取代。在PWM 等效过程中,模拟滤波器在其中扮演着重要的角色。PWM 波形,借助由运放构成的有源低通滤波器,数字 PWM 便可转变为模拟信号。虽然越来越多的数字取代了模拟,但滤波器的设计将长期是模拟技术最后坚守的阵地。

运放单元由 OPA2350 双运放构成了一个二阶有源低通滤波器,第一个运放用于产生偏置电压。滤波器元件参数的计算,可借助 TI 公司的滤波器设计软件 FilterPro。滤波器被用于对输出的 PWM 或者 SPWM 滤波,波形可以通过 SPWM 端子用示波器观看,也可以通过 ADC 采样并显示在 LCD 上,同时还可以驱动蜂鸣器Buzzer,通过声音判断 SPWM 的变化。

3. 数字频率计单元

数字频率计(DFM)是采用数字电路制做成的能实现对周期性变化信号频率测

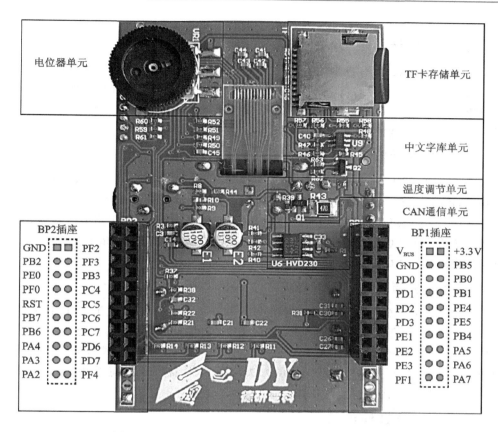

图 10.7　DY‐Tiva‐PB 口袋扩展板反面功能区域图

量的电路。频率计主要用于测量正弦波、矩形波、三角波和尖脉冲等周期信号的频率值。其扩展功能可以测量信号的周期和脉冲宽度。

最常用的方法是电子计数器法,数字计数式频率计能直接计数单位时间内被测信号的脉冲数,然后以数字形式显示频率值。这种方法测量精确度高、快速,适合不同频率、不同精确度测频的需要。电子计数器测频有两种方式:一是直接测频法,即在一定闸门时间内测量被测信号的脉冲个数;二是间接测频法,如周期测频法。

口袋板上设计了一个利用电子计数器法实现的数字频率计,通过施密特反相器SN74LVC1G14 构成了一个频率计,用于波形的整形和波形频率的测量,MCU 自身产生或者外接的频率信号(通过 DFM 端子),通过 Timer Capture 功能可以测量出信号的频率。

4. 电位器单元

利用 TM4C123GXL 自带的 ADC 和比较器功能,通过圆盘电位器调节电压,同时输出给 ADC 和比较器,来完成 ADC 和比较器的实验,实验的结果还可以显示在

LCD 上。

5. DAC 单元

TM4C123GXL 没有自带的 DAC,DY - Tiva - PB 板上扩展了一片 DAC,并可用于任意波形发生器(AWG)。采用 TI 的 12 位 DAC 器件 DAC7512,实现 DAC 及任意波形的产生。产生的信号可以在 AWG 端子上通过示波器观看,还可以通过 ADC 读入 CPU,经过处理后显示在 LCD 上。

6. LCD 显示单元

TM4C123GXL 芯片没有专用的 LCD 接口,但是芯片的速度较快,自身功能比较强大,所以先择一个点阵的 LCD 是最好的,可以显示任意的文字和图形。同时由于 TM4C123GXL LP 上的 I/O 资源很有限,并口的 LCD 会占用很多 I/O 资源,所以选择一个串口的 LCD 是最合适的。DY - Tiva - PB 口袋板上选择了一个 128×64 点阵的串行接口 LCD。

7. 字库扩展单元

为了方便在 LCD 上显示的汉字,DY - Tiva - PB 板上配置了一个字库芯片 GT20L16S1Y。GT20L16S1Y 是一款内含 16×16 点阵的汉字库芯片,支持 GB 2312 国标简体汉字(含有国家信标委合法授权)、ASCII 字符。排列格式为竖置横排。用户通过字符内码,利用芯片手册提供的方法计算出该字符点阵在芯片中的地址,就可以从该地址连续读出字符点阵信息。

8. RS - 232 通信单元

RS - 232 通信是 MCU 最基本的通信方式。DY - Tiva - PB 板上也配置了 RS - 232 通信接口,采用 TI 的 TRS3232 芯片来实现电平的转换。由于板子面积有限,只能留出 3 芯的插针引出(TXD、RXD、GND)。做实验时是可以用一个转接电缆,实现和 PC 的串口通信。

9. CAN 总线通信单元

CAN 总线协议是汽车计算机控制系统和嵌入式工业控制局域网的标准总线。DY - Tiva - PB 板上也配置了 CAN 通信接口,采用 TI 的 SN65HVD230D 芯片来实现数据的驱动转换。由于板子面积有限,只留出 2 芯的插针引出(H、L)信号。

10. 传感器单元

DY - Tiva - PB 板上设计了几个常有的传感器,可以学习一般传感器的使用方法。通过这几个传感器的应用,可以扩展到其他类型的传感器。

(1) 温度传感器

DY - Tiva - PB 口袋板上配置了一个 TI 的温度传感器 TMP75。TMP75 是一款工业级的数字温度传感器,I^2C 接口,内部具有 9~12 位 ADC 分辨率,温度值的最高分表率为 0.062 5 ℃,I²C 通信的速度高达 400 kHz,TMP75 有 3 个可选的逻辑地址引脚,允许同时接 8 个这样的器件而不发生地址冲突。

　　另外,温度传感器的背面有一个"加热"电阻,可提高 TMP75 的温度,这部分通过 PWM 端口实现闭环控制,可做温度的 PID 调节。

（2）关照传感器

　　光感应单元主要是由光敏电阻器组成,光敏电阻器是利用半导体的光电导效应制成的一种电阻值随入射光的强弱而改变的电阻器,又称为光电导探测器;常用的光敏电阻是入射光强,电阻减小,入射光弱,电阻增大。

　　通过 TM4C123GXL 自带的 ADC,可以检测出光敏电阻对应的电压,从而计算出光照的强度。

（3）LED 调光器

　　随着 LED 照明技术的迅速推广,LED 的亮度的调节的问题也出现在人们的面前,但是 PWM 技术的普及,使得 LED 的调光变得简单,实用。PWM 调光是以某种快至足以掩盖视觉闪烁的速率(通常高于 100 kHz)在零电流和最大 LED 电流之间进行切换。该占空比改变了有效平均电流,从而可实现高达 3 000∶1 的调光范围(仅受限于最小占空比)。由于 LED 电流要么处于最大值,要么被关断,所以该方法还具有能够避免在电流变化时发生 LED 色偏的优点,最大限度地减少了能量的损耗。

　　口袋板上设计了一个基于 PWM 的 LED 调光器,带有呼吸灯的示例程序。

11. 音频单元

　　为体现 Tiva Cortex-M4 MCU 的高性能,DY-Tiva-PB 口袋板扩展了音频接口,具有立体声音乐播放和录音功能。音频接口采用了 TI 具有耳机放大器的低功耗立体声音频编解码器芯片 TLV320AIC23B,实现了立体声播放和录音。

　　TLV320AIC23B 是 TI 推出的一款高度集成模拟功能的高性能立体声音频编解码器。片内的 ADC 和 DAC 使用多位 Σ-Δ 技术,集成了超采样数字插值滤波器,数据传输字的长度支持 16 位、20 位、24 位、32 位以及从 8～96 kHz 的采样率。ADC 的 Σ-Δ 调制器的具有三阶多位架构,高达 90 dB 的信号噪声比(SNR)和高达 96 kHz 的音频采样率,可在低功耗状态下实现音频的录音。DAC 的 Σ-Δ 调制器采用二阶多位架构,高达 100 dB 的信噪比(SNR),音频采样率高达 96 kHz,可在功耗低于 23 mW 的状态下,实现高品质的立体声数字音频播放能力。

　　由于 Tiva C 系列芯片没有音频 I²S 接口,只能采用 SSI 来模拟 I²S 实现音频的播放和录音等功能,采用 SSI2 模拟 I²S 作为数字音频接口,并且配置为 Slave 模式;通过 I²C 接口对 TLV320AIC23B 进行配置和控制,如音量调节等。由于口袋板比较小,没有配扬声器,通过外接耳机听音乐。由于一般耳机阻抗较高(32 Ω),左右声道各通过一个 100 μF/10 V 的电解电容进行音频的耦合。对于更低阻抗的耳机/喇叭,需要用更大的电容才能有较好的低频效果。板载小型麦克风,通过芯片可实现录音等。

12. TF 卡存储单元

Tiva MCU 内部资源、功能较多，可以实现文件系统等高级应用。本单元的主要功能，就是使用 TF 卡实现文件读写操作。

TF 卡也叫 MircoSD 卡，与 SD 卡的引脚操作几乎完全一致，只是体积缩小了。作为一种非常流行的存储器，学习如何用单片机控制 SD 卡将很有意义。此外，还可同时学习 SPI 通信协议，以及几乎无限扩大 MCU 的存储空间。

13. SPI 扩展单元

Tiva 的连通性（connectivity）是其重要特性，除了 MCU 自带的通信接口，无线接口扩展也是现在应用经常需要的。TI 公司提供了一系列的廉价、高性能、低功耗的 Sub‑1 G 芯片产品，Sub‑1 G 通信穿透性强，适用于障碍物较多、距离较远的无线传输应用。DY‑Tiva‑PB 板上配有标准的 SPI 接口，可以外接 SPI 接口的 Sub‑1 G，WiFi 等模块。

10.3.3 DY‑Tiva‑PB 实验目录

DY‑Tiva‑PB 口袋板既可以完成一些基本的 MCU 的实验，也可以进行一些综合实验和课程设计等。

1. 基础的实验

- GPIO 输入/输出实验；
- GPIO 中断实验；
- RTC 实验；
- OSC 实验；
- DMA 实验；
- Timer 中断计数实验；
- 128×64 点阵 LCD 显示实验；
- 中文字库实验；
- 看门狗定时器实验；
- PWM 实验；
- SPWM 实验；
- UART 发送与接收实验；
- CAN 总线通信实验；
- TF 卡文件系统实验；
- SPI 通信实验；
- SPI 模拟 I²S 语音实验；
- ADC 实验；

- DAC 实验；
- I²C 实验；
- TMP75 温度采集实验；
- 光照强度实验；
- 电位器输入实验；
- AC 模拟比较器实验；
- Sub‐1G 通信实验；
- RFID 读写实验。

2. 高级实验和课程设计

① 低功耗温度记录仪。要求采样低功耗软件设计方法，设计实现一个温度记录仪。按键激活 LCD、菜单选择功能，可设置采集间隔时间；数据以文件形式记录在 TF 卡；PC 软件可通过 USB 读取 SD 卡中的数据文件；PC 软件具有图形、曲线数据显示功能。

② 便携式音频播放、录音机。PC 可以通过 USB 接口复制音频文件（wav）到 TF 卡，具有基本菜单功能，可选择播放、暂停、快进、快退等功能；LCD 有进度条显示；有录音、回放功能。

③ PID 温控器。利用口袋板上的加入电阻、温度传感器，用 PID 算法，实现高精度（±0.1 ℃）温度控制。可设定预置温度。

④ 无线对讲机。利用 CC1101 无线模块、口袋板音频电路功能，设计实现一对无线对讲机（半双工）。

⑤ 多功能波形发生器。利用板载的 DAC，使用 DDS 技术，合生正弦波、三角波、方波、锯齿波等，要求尽可能提高最高输出频率。LCD、按键实现菜单显示、功能选择。

⑥ 简单示波器。利用口袋板的高速 ADC，实现一个简易示波器的功能。要求在 LCD 上对 ADC 数据抽取显示稳定的波形（同步），可以按键选择时间刻度。要求尽可能提高测量带宽。

完整的 Tiva 口袋实验平台硬件电路分析、实验例程等，可参考《Tiva C 系列微控制器实战演练》一书。

思考题与习题

1. 简述 Tiva 口袋实验平台的特点。
2. TM4C123GXL LaunchPad 的硬件资源主要包括哪些？
3. DY‐Tiva‐PB 口袋板包括哪些功能单元？
4. 除了本章中列出的实验，还能用口袋实验平台做哪些实验？
5. 选择一个口袋实验平台的课程设计，认真完成，写出设计、实验报告。

附录　TivaWare 库函数清单

函数原型	函数描述
AC 库函数	
void ComparatorConfigure（uint32_t ui32Base, uint32_t ui32Comp, uint32_t ui32Config）	配置比较器
void ComparatorIntClear（uint32_t ui32Base, uint32_t ui32Comp）	清除比较器中断
void ComparatorIntDisable（uint32_t ui32Base, uint32_t ui32Comp）	失能比较器中断
void ComparatorIntEnable（uint32_t ui32Base, uint32_t ui32Comp）	使能比较器中断
void ComparatorIntRegister（uint32_t ui32Base, uint32_t ui32Comp, void（＊pfnHandler）(void)）	为比较器中断注册中断处理函数
boolComparatorIntStatus（uint32_t ui32Base, uint32_t ui32Comp, boolbMasked）	获取当前中断状态
void ComparatorIntUnregister（uint32_t ui32Base, uint32_t ui32Comp）	清除比较器中断处理函数
void ComparatorRefSet（uint32_t ui32Base, uint32_t ui32Ref）	设置内部参考电压
boolComparatorValueGet（uint32_t ui32Base, uint32_t ui32Comp）	获取当前比较器值
ADC 库函数	
boolADCBusy（uint32_t ui32Base）	确定 ADC 是否处于忙碌状态
uint32_t ADCClockConfigGet（uint32_t ui32Base, uint32_t ＊pui32ClockDiv）	返回为 ADC 配置的时钟
void ADCClockConfigSet（uint32_t ui32Base, uint32_t ui32Config, uint32_t ui32ClockDiv）	为 ADC 配置时钟参数
void ADCComparatorConfigure（uint32_t ui32Base, uint32_t ui32Comp, uint32_t ui32Config）	配置 ADC 数值比较器
void ADCComparatorIntClear（uint32_t ui32Base, uint32_t ui32Status）	清除样本序列比较器中断源
void ADCComparatorIntDisable（uint32_t ui32Base, uint32_t ui32SequenceNum）	失能样本序列比较器中断

续表

函数原型	函数描述
void ADCComparatorIntEnable（uint32_t ui32Base, 　　　　uint32_t ui32SequenceNum）	使能样本序列比较器中断
uint32_t ADCComparatorIntStatus（uint32_t ui32Base）	获取当前比较器中断状态
void ADCComparatorRegionSet（uint32_t ui32Base,uint32_t ui32Comp, 　　　　uint32_t ui32LowRef, 　　　　uint32_t ui32HighRef）	定义 ADC 数字比较器的域
void ADCComparatorReset（uint32_t ui32Base, 　　　　uint32_t ui32Comp, 　　　　boolbTrigger,boolbInterrupt）	复位当前 ADC 数值比较器条件
void ADCIntClear（uint32_t ui32Base, 　　　　uint32_t ui32SequenceNum）	清除采样序列中断源
void ADCIntClearEx（uint32_t ui32Base, uint32_t ui32IntFlags）	清除指定 ADC 中断源
void ADCIntDisable（uint32_t ui32Base, 　　　　uint32_t ui32SequenceNum）	失能样本序列中断
void ADCIntDisableEx（uint32_t ui32Base, uint32_t ui32IntFlags）	失能 ADC 中断源
void ADCIntEnable（uint32_t ui32Base, 　　　　uint32_t ui32SequenceNum）	使能样本序列中断
void ADCIntEnableEx（uint32_t ui32Base, uint32_t ui32IntFlags）	使能 ADC 中断源
void ADCIntRegister（uint32_t ui32Base,uint32_t ui32SequenceNum, 　　　　void(* nHandler)(void)）	注册 ADC 中断处理函数
uint32_t ADCIntStatus（uint32_t ui32Base, 　　　　uint32_t ui32SequenceNum, 　　　　boolbMasked）	获取当前中断状态
uint32_t ADCIntStatusEx（uint32_t ui32Base, boolbMasked）	获取指定 ADC 模块的中断状态
void ADCIntUnregister（uint32_t ui32Base, 　　　　uint32_t ui32SequenceNum）	清除 ADC 中断处理函数
void ADCProcessorTrigger（uint32_t ui32Base, 　　　　uint32_t ui32SequenceNum）	处理器触发样本中断
uint32_t ADCReferenceGet（uint32_t ui32Base）	返回当前设置的 ADC 参数
void ADCReferenceSet（uint32_t ui32Base, 　　　　uint32_t ui32Ref）	选择 ADC 参数
void ADCSequenceConfigure（uint32_t ui32Base, 　　　　uint32_t ui32SequenceNum, 　　　　uint32_t ui32Trigger, 　　　　uint32_t ui32Priority）	配置采样序列的触发源和优先级

函数原型	函数描述
int32_tADCSequenceDataGet(uint32_t ui32Base, 　　　　uint32_t ui32SequenceNum, 　　　　uint32_t * pui32Buffer)	为采样序列获取数据
void ADCSequenceDisable（uint32_t ui32Base, 　　　　uint32_t ui32SequenceNum）	失能采样序列
void ADCSequenceDMADisable（uint32_t ui32Base, 　　　　uint32_t ui32SequenceNum）	为采样序列失能 DMA
void ADCSequenceDMAEnable（uint32_t ui32Base, 　　　　uint32_t ui32SequenceNum）	为采样序列使能 DMA
void ADCSequenceEnable（uint32_t ui32Base, 　　　　uint32_t ui32SequenceNum）	使能采样序列
int32_t ADCSequenceOverflow（uint32_t ui32Base, 　　　　uint32_t ui32SequenceNum）	确定是否样本序列发生溢出
void ADCSequenceOverflowClear（uint32_t ui32Base, 　　　　uint32_t ui32SequenceNum）	清除某个采样序列的溢出条件
void ADCSequenceUnderflowClear(uint32_t ui32Base, 　　　　uint32_t ui32SequenceNum）	清除某个采样序列的下溢条件
EEPROM 库函数	
uint32_t EEPROMBlockCountGet（void）	确定 EEPROM 中的内存块数量
uint32_t EEPROMBlockCountGet（void）	
uint32_t EEPROMProgram（uint32_t * pui32Data, 　　　　uint32_t ui32Address, 　　　　uint32_t ui32Count）	向 EEPROM 中写数据
void EEPROMRead（uint32_t * pui32Data, 　　　　uint32_t ui32Address, 　　　　uint32_t ui32Count）	从 EEPROM 中读取数据
GPIO 库函数	
uint32_t GPIODirModeGet（uint32_t ui32Port, uint8_t ui8Pin）	获取引脚配置的模式和方向
void GPIODirModeSet（uint32_t ui32Port,uint8_t ui8Pins, 　　　　uint32_t ui32PinIO）	设置引脚的模式和方向
void GPIOIntClear（uint32_t ui32Port, uint32_t ui32IntFlags）	清除指定 GPIO 中断源
void GPIOIntDisable（uint32_t ui32Port, uint32_t ui32IntFlags）	失能指定 GPIO 中断源
void GPIOIntEnable（uint32_t ui32Port, uint32_t ui32IntFlags）	使能指定 GPIO 中断源
void GPIOIntRegister（uint32_t ui32Port, void（ * pfnIntHandler)(void)）	为 GPIO 端口注册中断处理函数
uint32_t GPIOIntStatus（uint32_t ui32Port, boolbMasked）	获取 GPIO 中断状态

函数原型	函数描述
uint32_t GPIOIntTypeGet（uint32_t ui32Port，uint8_t ui8Pin）	获取引脚的中断类型
void GPIOIntTypeSet（uint32_t ui32Port， 　　　　　　　uint8_t ui8Pins, uint32_t ui32IntType）	设置引脚的中断类型
void GPIOIntUnregister（uint32_t ui32Port）	移除 GPIO 端口的中断处理函数
void GPIOPadConfigGet（uint32_t ui32Port,uint8_t ui8Pin， 　　　　　　　uint32_t * pui32Strength， 　　　　　　　uint32_t * pui32PinType）	获取引脚的配置状态
void GPIOPadConfigSet（uint32_t ui32Port， 　　　　　　　uint8_t ui8Pins, uint32_t ui32Strength， 　　　　　　　uint32_t ui32PinType）	配置指定的引脚
void GPIOPinConfigure（uint32_t ui32PinConfig）	开启引脚的复用功能
int32_t GPIOPinRead（uint32_t ui32Port，uint8_t ui8Pins）	读取指定引脚值
void GPIOPinTypeADC（uint32_t ui32Port，uint8_t ui8Pins）	将指定引脚复用为 ADC 输入功能
void GPIOPinTypeCAN（uint32_t ui32Port，uint8_t ui8Pins）	将指定引脚复用为 CAN 输入功能
void GPIOPinTypeComparator（uint32_t ui32Port，uint8_t ui8Pins）	将指定引脚复用为比较器输入功能
void GPIOPinTypeGPIOInput（uint32_t ui32Port，uint8_t ui8Pins）	将引脚设置为输入
void GPIOPinTypeGPIOOutput（uint32_t ui32Port，uint8_t ui8Pins）	将引脚设置为输出
void GPIOPinTypeI2C（uint32_t ui32Port，uint8_t ui8Pins）	将指定引脚复用为 I²C 功能
void GPIOPinTypePWM（uint32_t ui32Port，uint8_t ui8Pins）	将指定引脚复用为 PWM 功能
void GPIOPinTypeSSI（uint32_t ui32Port，uint8_t ui8Pins）	将指定引脚复用为 SSI 功能
void GPIOPinTypeTimer（uint32_t ui32Port，uint8_t ui8Pins）	将指定引脚复用为 Timer 功能
void GPIOPinTypeUART（uint32_t ui32Port，uint8_t ui8Pins）	将指定引脚复用为 UART 功能
void GPIOPinTypeUSBAnalog（uint32_t ui32Port，uint8_t ui8Pins）	将指定引脚复用为 USB 外设
void GPIOPinTypeUSBDigital（uint32_t ui32Port，uint8_t ui8Pins）	将指定引脚复用为 USB 外设
void GPIOPinTypeWakeHigh（uint32_t ui32Port，uint8_t ui8Pins）	将指定引脚复用为休眠模块的高电平唤醒源
void GPIOPinTypeWakeLow（uint32_t ui32Port，uint8_t ui8Pins）	将指定引脚复用为休眠模块的低电平唤醒源
休眠模块	
void HibernateEnableExpClk(uint32_t ui32HibClk)	使能休眠模块
void HibernateRTCSet(uint32_t ui32RTCValue)	设置实时时钟计数值
void HibernateRTCMatchSet(uint32_t ui32Match, uint32_t ui32Value)	设置 RTC 匹配寄存器的值
void HibernateIntEnable(uint32_t ui32IntFlags)	使能休眠模块中断
I²C 模块	
uint32_t I2CFIFODataGet（uint32_t ui32Base）	在接收 FIFO 缓冲区读取 1 字节数据

函数原型	函数描述
uint32_t I2CFIFODataGetNonBlocking (uint32_t ui32Base, uint8_t * pui8Data)	在接收 FIFO 缓冲区读取 1 字节数据
void I2CFIFODataPut (uint32_t ui32Base, uint8_t ui8Data)	向发送 FIFO 缓冲区写入 1 字节数据
uint32_t I2CFIFODataPutNonBlocking (uint32_t ui32Base, uint8_t ui8Data)	向发送 FIFO 缓冲区写入 1 字节数据
uint32_t I2CFIFOStatus (uint32_t ui32Base)	获取当前 FIFO 状态
void I2CIntRegister (uint32_t ui32Base, void (* pnHandler)(void))	为 I²C 模块注册中断处理函数
void I2CIntUnregister (uint32_t ui32Base)	溢出 I²C 中断处理函数
bool I2CMasterBusBusy (uint32_t ui32Base)	I²C 总线是否忙碌
bool I2CMasterBusy (uint32_t ui32Base)	I²C 主机是否忙碌
uint32_t I2CMasterDataGet (uint32_t ui32Base)	接收已经发给 I²C 主机的 1 字节数据
void I2CMasterDataPut (uint32_t ui32Base, uint8_t ui8Data)	发送来自 I²C 主机的 1 字节数据
void I2CMasterInitExpClk (uint32_t ui32Base, uint32_t ui32I2CClk, boolbFast)	初始化 I²C 主机模块
void I2CMasterSlaveAddrSet (uint32_t ui32Base, uint8_t ui8SlaveAddr, boolbReceive)	设置主机将数据发往的总线地址
voidI2CMasterControl(uint32_t ui32Base, uint32_t ui32Cmd)	控制 I²C 主机状态
uint32_t I2CSlaveDataGet (uint32_t ui32Base)	获取已经发给从机的 1 字节数据
void I2CSlaveDataPut (uint32_t ui32Base, uint8_t ui8Data)	I²C 从机发送 1 字节数据
void I2CSlaveDisable (uint32_t ui32Base)	失能从机模块
void I2CSlaveEnable (uint32_t ui32Base)	使能从机模块
Void I2CSlaveInit(uint32_t ui32Base, uint8_t ui8SlaveAddr)	初始化从机模块
uint32_t I2CSlaveStatus (uint32_t ui32Base)	获取 I²C 从机状态
PWM 库函数	
uint32_t PWMClockGet (uint32_t ui32Base)	获取当前 PWM 时钟配置
void PWMClockSet (uint32_t ui32Base, uint32_t ui32Config)	设置 PWM 时钟配置
void PWMGenConfigure (uint32_t ui32Base, uint32_t ui32Gen, uint32_t ui32Config)	配置 PWM 产生器
void PWMGenDisable (uint32_t ui32Base, uint32_t ui32Gen)	失能 PWM 产生模块的定时器/计数器
void PWMGenEnable (uint32_t ui32Base, uint32_t ui32Gen)	使能 PWM 产生模块的定时器/计数器
uint32_t PWMGenPeriodGet (uint32_t ui32Base, uint32_t ui32Gen)	获取 PWM 产生器模块的周期
void PWMGenPeriodSet (uint32_t ui32Base, uint32_t ui32Gen, uint32_t ui32Period)	设置 PWM 产生器模块的周期

续表

函数原型	函数描述
void PWMOutputState（uint32_t ui32Base， 　　　　uint32_t ui32PWMOutBits，boolbEnable）	使能/失能 PWM 输出
void PWMPulseWidthSet（uint32_t ui32Base， 　　　　uint32_t ui32PWMOut，uint32_t ui32Width）	设置 PWM 输出占空比
SSI 库函数	
boolSSIBusy（uint32_t ui32Base）	SSI 发送方是否忙碌
uint32_t SSIClockSourceGet（uint32_t ui32Base）	获取指定 SSI 外设的数据时钟源
void SSIClockSourceSet（uint32_t ui32Base，uint32_t ui32Source）	设置指定 SSI 外设的数据时钟源
void SSIConfigSetExpClk（uint32_t ui32Base，uint32_t ui32SSIClk， 　　　　uint32_t ui32Protocol， 　　　　uint32_t ui32Mode，uint32_t ui32BitRate， 　　　　uint32_t ui32DataWidth）	配置同步串行接口
int32_t SSIDataGetNonBlocking（uint32_t ui32Base，uint32_t * 　　　　pui32Data）	在 SSI 接收 FIFO 中获取一个数据元素
void SSIDataPut（uint32_t ui32Base，uint32_t ui32Data）	向 SSI 发送 FIFO 中放入一个数据元素
int32_t SSIDataPutNonBlocking（uint32_t ui32Base，uint32_t 　　　　ui32Data）	向 SSI 发送 FIFO 中放入一个数据元素
void SSIDisable（uint32_t ui32Base）	失能同步串行接口
void SSIDMADisable（uint32_t ui32Base，uint32_t ui32DMAFlags）	失能 SSI 的 DMA 操作
void SSIDMAEnable（uint32_t ui32Base，uint32_t ui32DMAFlags）	使能 SSI 的 DMA 操作
void SSIEnable（uint32_t ui32Base）	使能同步串行接口
void SSIIntClear（uint32_t ui32Base，uint32_t ui32IntFlags）	清除 SSI 中断源
void SSIIntDisable（uint32_t ui32Base，uint32_t ui32IntFlags）	失能 SSI 中断源
void SSIIntEnable（uint32_t ui32Base，uint32_t ui32IntFlags）	使能 SSI 中断源
void SSIIntRegister（uint32_t ui32Base，void（* pfnHandler）(void)）	注册 SSI 中断处理函数
uint32_t SSIIntStatus（uint32_t ui32Base，boolbMasked）	获取当前 SSI 中断状态
void SSIIntUnregister（uint32_t ui32Base）	移除 SSI 中断处理函数
系统控制库函数	
uint32_t SysCtlClockGet（void）	获取处理器时钟频率
void SysCtlClockSet（uint32_t ui32Config）	设置处理器时钟频率
void SysCtlDelay（uint32_t ui32Count）	提供短暂延时
void SysCtlIntClear（uint32_t ui32Ints）	清除系统控制中断源
void SysCtlIntDisable（uint32_t ui32Ints）	失能系统控制中断源
void SysCtlIntEnable（uint32_t ui32Ints）	使能控制中断源

函数原型	函数描述
void SysCtlIntRegister（void（＊pfnHandler)(void)）	注册系统控制中断处理函数
uint32_t SysCtlIntStatus（boolbMasked）	获取系统控制中断状态
void SysCtlIntUnregister（void）	移除系统控制中断处理函数
void SysCtlPeripheralDisable（uint32_t ui32Peripheral）	失能外设时钟
void SysCtlPeripheralEnable（uint32_t ui32Peripheral）	使能外设时钟
uint32_t SysCtlPWMClockGet（void）	获取当前 PWM 时钟配置
void SysCtlPWMClockSet（uint32_t ui32Config）	设置当前 PWM 时钟配置
void SysCtlSleep（void）	使处理器进入睡眠模式
系统时钟	
void SysTickDisable（void）	失能系统时钟计数器
void SysTickEnable（void）	使能系统时钟计数器
void SysTickIntDisable（void）	失能系统时钟中断
void SysTickIntEnable（void）	使能系统时钟中断
void SysTickIntRegister（void（＊pfnHandler)(void)）	注册系统时钟中断处理函数
void SysTickIntUnregister（void）	移除系统时钟中断处理函数
uint32_t SysTickPeriodGet（void）	获取系统时钟计数周期
void SysTickPeriodSet（uint32_t ui32Period）	设置系统时钟计数周期
uint32_t SysTickValueGet（void）	获取系统时钟计数值
定时器库函数	
uint32_t TimerClockSourceGet（uint32_t ui32Base）	返回定时器时钟源
void TimerClockSourceSet（uint32_t ui32Base，uint32_t ui32Source）	设置定时器时钟源
void TimerConfigure（uint32_t ui32Base，uint32_t ui32Config）	配置定时器
void TimerDisable（uint32_t ui32Base，uint32_t ui32Timer）	失能定时器模块
void TimerEnable（uint32_t ui32Base，uint32_t ui32Timer）	使能定时器模块
void TimerIntClear（uint32_t ui32Base，uint32_t ui32IntFlags）	清除定时器中断
void TimerIntDisable（uint32_t ui32Base，uint32_t ui32IntFlags）	失能定时器中断
void TimerIntEnable（uint32_t ui32Base，uint32_t ui32IntFlags）	使能定时器中断
void TimerIntRegister（uint32_t ui32Base，uint32_t ui32Timer， void（＊pfnHandler)(void)）	注册定时器中断处理函数
uint32_t TimerIntStatus（uint32_t ui32Base，boolbMasked）	获取定时器中断状态
void TimerIntUnregister（uint32_t ui32Base，uint32_t ui32Timer）	移除定时器中断处理函数
uint32_t TimerLoadGet（uint32_t ui32Base，uint32_t ui32Timer）	获取定时器装载值
uint64_t TimerLoadGet64（uint32_t ui32Base）	获取 64 位定时器装载值

续表

函数原型	函数描述
void TimerLoadSet（uint32_t ui32Base，uint32_t ui32Timer，uint32_t ui32Value）	设置定时器装载值
void TimerLoadSet64（uint32_t ui32Base，uint64_t ui64Value）	设置 64 位定时器装载值
uint32_t TimerValueGet（uint32_t ui32Base，uint32_t ui32Timer）	获取当前定时器的值
uint64_t TimerValueGet64（uint32_t ui32Base）	获取当前 64 位定时器的值
uint32_t TimerMatchGet（uint32_t ui32Base，uint32_t ui32Timer）	获取定时器匹配值
uint64_t TimerMatchGet64（uint32_t ui32Base）	获取 64 位定时器匹配值
void TimerMatchSet（uint32_t ui32Base，uint32_t ui32Timer，uint32_t ui32Value）	设置定时器匹配值
void TimerMatchSet64（uint32_t ui32Base，uint64_t ui64Value）	设置 64 位定时器匹配值
uint32_t TimerPrescaleGet（uint32_t ui32Base，uint32_t ui32Timer）	获取定时器预分频值
uint32_t TimerPrescaleMatchGet（uint32_t ui32Base，uint32_t ui32Timer）	获取定时器
void TimerPrescaleMatchSet（uint32_t ui32Base，uint32_t ui32Timer，uint32_t ui32Value）	获取定时器预分频匹配值
void TimerPrescaleSet（uint32_t ui32Base，uint32_t ui32Timer，uint32_t ui32Value）	设置定时器预分频值
UART 库函数	
boolUARTBusy（uint32_t ui32Base）	检测 UART 发送方是否忙碌
uint32_t UARTClockSourceGet（uint32_t ui32Base）	获取 UART 波特率
void UARTClockSourceSet（uint32_t ui32Base，uint32_t ui32Source）	设置 UART 波特率
void UARTConfigGetExpClk（uint32_t ui32Base，uint32_t ui32UARTClk，uint32_t * pui32Baud，uint32_t * pui32Config）	获取当前 UART 配置
void UARTConfigSetExpClk（uint32_t ui32Base，uint32_t ui32UARTClk，uint32_t ui32Baud，	配置 UART
void UARTEnable（uint32_t ui32Base）	使能 UART
void UARTDisable（uint32_t ui32Base）	失能 UART
void UARTIntClear（uint32_t ui32Base，uint32_t ui32IntFlags）	清除 UART 中断函数
void UARTIntDisable（uint32_t ui32Base，uint32_t ui32IntFlags）	失能 UART 中断
void UARTIntEnable（uint32_t ui32Base，uint32_t ui32IntFlags）	使能 UART 中断

嵌入式系统教程——基于 Tiva C 系列 ARM Cortex-M4 微控制器

续表

函数原型	函数描述
void UARTIntRegister（uint32_t ui32Base, void（* pfnHandler）(void)）	注册 UART 中断处理函数
uint32_t UARTIntStatus（uint32_t ui32Base，boolbMasked）	获取 UART 中断状态
void UARTIntUnregister（uint32_t ui32Base）	移除 UART 中断处理函数
看门狗库函数	
void WatchdogEnable（uint32_t ui32Base）	使能看门狗定时器
void WatchdogIntClear（uint32_t ui32Base）	清除看门狗定时器中断
void WatchdogIntEnable（uint32_t ui32Base）	使能看门狗定时器中断
void WatchdogIntRegister（uint32_t ui32Base, void（* pfnHandler）(void)）	注册使能看门狗定时器中断
uint32_t WatchdogIntStatus（uint32_t ui32Base，boolbMasked）	获取看门狗定时器中断状态
void WatchdogLock（uint32_t ui32Base）	使能看门狗定时器锁机制
boolWatchdogLockState（uint32_t ui32Base）	获取看门狗定时器锁机制状态
uint32_t WatchdogReloadGet（uint32_t ui32Base）	获取看门狗定时器重新加载值
void WatchdogReloadSet（uint32_t ui32Base, uint32_t ui32LoadVal）	设置看门狗定时器重新加载值
void WatchdogResetDisable（uint32_t ui32Base）	失能看门狗定时器复位
void WatchdogResetEnable（uint32_t ui32Base）	使能看门狗定时器复位
void WatchdogUnlock（uint32_t ui32Base）	解除看门狗锁机制
uint32_t WatchdogValueGet（uint32_t ui32Base）	获取当前看门狗定时器值

参考文献

[1] TivaWare Peripheral Driver Library User's Guide. http://www.ti.com.

[2] Tiva C Series TM4C123G LaunchPad Evaluation Board User's Guide. http://www.ti.com.

[3] Tiva TM4C123GH6PM MicrocontrollerDATA SHEET. http://www.ti.com.

[4] Tiva C Series Development and Evaluation Kits for KeilRealView MDK. http://www.ti.com.

[5] TI Wiki. http://processors.wiki.ti.com/index.php/Tiva_C_Series_TM4C123G_LaunchPad.

[6] 沈建华,杨艳琴. MSP430 超低功耗单片机原理与应用.2 版.北京:清华大学出版社,2013.

[7] 张大波,吴迪,郝军,等. 嵌入式系统原理、设计与应用. 北京:机械工业出版社,2004.

[8] Andrew N. SLOSS,等. ARM 嵌入式系统开发——软件设计与优化.沈建华,译.北京:北京航空航天大学出版社,2005.

[9] 叶朝辉.TM4C123 微处理器原理与实践.北京:清华大学出版社,2014.

[10] (英国)姚文详(Joseph Yiu). ARM Cortex - M3 权威指南.宋岩,译.北京:北京航空航天大学出版社,2009.

[11] 刘军. 例说 STM32. 北京:北京航空航天大学出版社,2011.

[12] 蒙博宇. STM32 自学笔记.北京:北京航空航天大学出版社,2012.

[13] 刘火良,杨森.STM32 库开发实战指南.北京:机械工业出版社.2013.

[14] 李志明.STM32 嵌入式系统开发实战指南:FreeRTOS 与 LwIP 联合移植.北京:机械工业出版社,2013.

[15] RTX Real-Time Operating System. http://www.keil.com/rl-arm/kernel.asp.